EDA 应用技术

CMOS 模/数转换器设计与仿真

张　锋　陈铖颖　范　军　编著

電子工業出版社
Publishing House of Electronics Industry
北京·BEIJING

内容简介

在自然界中，人们能感受到的信号都是模拟量，如声音、风力、振动等。随着 21 世纪信息社会的到来，人们要对模拟信号进行精细化的数字处理。模/数转换器承担着模拟数据获取与重构的重任，也自然成为模拟世界与数字世界的桥梁。目前，模/数转换器广泛应用于语音处理、医疗监护、工业控制及宽带通信等领域中，是现代电子设备必不可少的电路模块。

本书采取理论与设计实例相结合的方式，分章节介绍了模/数转换器的基础知识，以及流水线型模/数转换器、逐次逼近型模/数转换器、Sigma-Delta 模/数转换器三大类结构。最后，还对重要的高速串行接口电路进行了分析讨论。

通过对本书的学习，读者可以深刻了解 CMOS 模/数转换器理论和基本设计方法。本书适合从事 CMOS 模拟集成电路设计的技术人员阅读使用，也可作为高等学校相关专业的教学用书。

图书在版编目（CIP）数据

CMOS 模/数转换器设计与仿真 / 张锋，陈铖颖，范军编著. —北京：电子工业出版社, 2019.5
（EDA 应用技术）
ISBN 978-7-121-36411-2

Ⅰ. ①C… Ⅱ. ①张… ②陈… ③范… Ⅲ. ①CMOS 电路－电路设计－计算机仿真 Ⅳ. ①TN432.02

中国版本图书馆 CIP 数据核字（2019）第 079726 号

策划编辑：张　剑（zhang@phei.com.cn）
责任编辑：靳　平
印　　刷：北京盛通数码印刷有限公司
装　　订：北京盛通数码印刷有限公司
出版发行：电子工业出版社
　　　　　北京市海淀区万寿路 173 信箱　邮编　100036
开　　本：787×1092　1/16　印张：15.75　字数：403.2 千字
版　　次：2019 年 5 月第 1 版
印　　次：2024 年 3 月第10 次印刷
定　　价：68.00 元

凡所购买电子工业出版社图书有缺损问题，请向购买书店调换。若书店售缺，请与本社发行部联系，联系及邮购电话：（010）88254888，88258888。

质量投诉请发邮件至 zlts@phei.com.cn，盗版侵权举报请发邮件至 dbqq@phei.com.cn。

本书咨询联系方式：zhang@phei.com.cn。

前　　言

模/数转换器（Analog-to-Digital Converter，ADC）作为混合信号集成电路的典型代表，是各类电路和系统中不可替代的组成部分，在工业控制、通信传输、医疗监护、国防军事中发挥着重要作用。掌握基本模/数转换器的设计是广大模拟、混合信号集成电路工程师所必备的技能之一。

本书编著者结合理论与工程实例详细介绍了流水线型模/数转换器、逐次逼近型模/数转换器、Sigma-Delta 模/数转换器三类主要模/数转换器的设计方法，并结合混合信号集成电路中一类重要的接口电路——高速串行接口电路进行分析讨论，供学习 CMOS 模拟集成电路设计与仿真的读者参考讨论之用。

本书内容主要分为 3 部分，共 9 章。

第 1 章和第 2 章首先介绍模/数转换的基本原理和模/数转换器的基础知识，主要包括采样、保持、量化、编码及模/数转换器相关参数的定义，可使读者对模/数转换器有一个概括性的了解。

第 3～8 章详细介绍了流水线型模/数转换器、逐次逼近型模/数转换器、Sigma-Delta 模/数转换器三类主要模/数转换器的基本理论和设计方法。其中，第 5～8 章重点对单环、多位量化及亚阈值反相器型 Sigma-Delta 模/数转换器进行了探讨。

第 9 章在分析高速串行接口电路概念和原理的基础上，通过实例介绍 5Gbit/s 高速串行接口发送端和接收端的电路设计，作为混合信号集成电路设计的补充知识。

本书内容丰富，具有较强的实用性。本书由中国科学院微电子研究所张锋研究员主持编写，厦门理工学院微电子学院陈铖颖老师、中国科学院微电子研究所高级工程师范军和厦门理工学院微电子学院陈黎明老师一同参与完成。其中，张锋研究员完成了第 1、9 章的编写，陈铖颖完成了第 2～4 章和第 7 章的编写，第 5 和第 6 章由范军编写，陈黎明完成第 8 章的编写工作。此外，中国科学院微电子研究所联合培养的研究生樊明同学、李熙泽同学也查阅了大量资料，参与了本书第 2 章和第 3 章的编写工作，正是有了大家的共同努力，才使本书得以顺利完成。

本书涉及知识面较广，但由于时间和编著者水平有限，书中难免存在不足和局限，恳请读者批评指正。

编著者

目　　录

第 1 章　模/数转换原理

在自然界中，人们能感受到的信号都是模拟量，如声音、风力、振动等。随着 21 世纪信息社会的到来，人们要对模拟信号进行精细化的数字处理。模/数转换器（Analog-to-Digital Converter，ADC）承担着模拟数据的获取与重构的重任，自然就成为模拟世界与数字世界的桥梁。目前，模/数转换器广泛应用于语音处理、医疗监护、工业控制及宽带通信等领域中，是现代电子设备必不可少的电路模块。

在本章中，我们将对模/数转换中的采样、保持及量化 3 个基本概念进行分析讨论，作为研究模/数转换器的基础知识。

1.1　采样原理

采样是模/数转换中的第一步，也是最为重要的转换环节。本节将详细介绍采样原理及采样的基本步骤，同时对调制及噪声采样也进行相关讨论。

采样技术在我们的日常生活中随处可见，一部电影实际上是由一帧帧采样后的画面构成的；同样，广播信号也可以分解为单音节的采样语音信号。采样过程决定了预定时刻的信号值，而采样的确切时间则是由采样频率 f_s 来限定的，即

$$t = n/f_{\mathrm{s}} = nT_{\mathrm{s}}\text{，}\quad n = -\infty,\cdots,-2,-1,0,1,2,\cdots,\infty \tag{1.1}$$

我们将每两个采样时刻的时间间隔定义为采样周期 T_s。通过采样，可以将连续时间信号转换为离散时间信号。采样过程可以应用于不同的信号中。最常见的是模拟连续时间信号经过采样后，转换为模拟离散时间信号。当然，诸如脉冲宽度调制信号等连续时间数字信号也可以进行采样操作。

在数学上，我们用狄拉克函数 $\delta(t)$ 来表示采样过程。$\delta(t)$ 的结构比较特殊，它仅仅在整数的范围内可定义，即由狄拉克函数提供的积分变量在某一点的积分值为

$$\int_{t=-\infty}^{\infty} f(t)\delta(t-t_0)\mathrm{d}t = f(t_0) \tag{1.2}$$

在通常情况下，当 $\varepsilon \to 0$ 时，我们认为狄拉克函数的积分值近似为 1，即

$$\begin{aligned} &\varepsilon(t)=0, && -\infty<t<0 \\ &\varepsilon(t)=1/\varepsilon, && 0<t<\varepsilon \quad \Rightarrow \int_{t=-\infty}^{\infty}\delta(t)\mathrm{d}t=1 \\ &\varepsilon(t)=0, && \varepsilon<t<\infty \end{aligned} \tag{1.3}$$

一个狄拉克脉冲序列可以定义为

$$\delta_{\mathrm{s}}(t) = \sum_{n=-\infty}^{n=\infty}\delta(t-nT_{\mathrm{s}}) \tag{1.4}$$

此时，这个具有时间间隔为 T_s 的脉冲序列等效为一个离散傅里叶序列。因此，这个离

散傅里叶序列除了基波 f_s=1/T_s 以外，还具有其他谐波分量。设每一个谐波分量 kf_s 的倍乘系数为 C_k，我们可以得到该序列的表达式为

$$\sum_{n=-\infty}^{n=\infty}\delta(t-nT_s)=\sum_{n=-\infty}^{n=\infty}C_k\mathrm{e}^{\mathrm{j}k2\pi f_s t} \tag{1.5}$$

只考虑单边带的情况时，根据傅里叶反变换，可以得到系数 C_k 为

$$C_k=\frac{1}{T_s}\int_{t=-T_s/2}^{T_s/2}\sum_{n=-\infty}^{n=\infty}\delta(t-nT_s)\mathrm{e}^{-\mathrm{j}k2\pi f_s t}\mathrm{d}t \tag{1.6}$$

在可积分范围内，当 t=0 时仅存在一个狄拉克脉冲，所以式（1.6）可以简化为

$$C_k=\frac{1}{T_s}\int_{t=-T_s/2}^{T_s/2}\sum_{n=-\infty}^{n=\infty}\delta(t-nT_s)\mathrm{e}^{-\mathrm{j}k2\pi f_s t}\mathrm{d}t=\frac{1}{T_s}\mathrm{e}^{-\mathrm{j}k2\pi f_s\times 0}=\frac{1}{T_s} \tag{1.7}$$

在时域中，我们将 C_k 的计算结果代入狄拉克脉冲序列的离散傅里叶变换（Discrete Fourier Transform，DFT）表达式中，可得

$$\sum_{n=-\infty}^{n=\infty}\delta(t-nT_s)=\frac{1}{T_s}\sum_{k=-\infty}^{n=\infty}\mathrm{e}^{\mathrm{j}k2\pi f_s t}=\frac{1}{T_s}\int_{f=-\infty}^{\infty}\sum_{k=-\infty}^{k=\infty}\delta(f-kf_s)\mathrm{e}^{\mathrm{j}k2\pi f_s t}\mathrm{d}f \tag{1.8}$$

式（1.8）中的最后一项是对频率求和的标准反傅里叶变换。因此，对于离散傅里叶序列，狄拉克函数之和在时域内和频域内的关系为

$$\sum_{n=-\infty}^{n=\infty}\delta(t-nT_s)\Leftrightarrow\frac{1}{T_s}\sum_{k=-\infty}^{k=\infty}\delta(f-kf_s) \tag{1.9}$$

从式（1.9）可以看出，无限短时脉冲序列会在采样频率的倍频处产生无限频率序列分量。快速傅里叶变换（Fast Fourier Transform，FFT）是计算 DFT 的有效方法。该方法可以以频率 $f_{\text{bin}}=1/T_{\text{means}}$ 的间隔对信号进行网格状量化。因此，我们使用 DFT 或 FFT 可以精确地分析一个离散时间重复信号。但如果我们用 FFT 算法来处理连续时间信号，那么就会发生频率量化或离散化现象，从而产生误差。

在带宽 BW 之内，信号 $A(t)$所对应的响应为 $A(\omega)=A(2\pi f)$ 。模拟信号的采样过程如图 1.1 所示，同时有

$$A(\omega)=\int_{t=-\infty}^{\infty}A(t)\mathrm{e}^{-\mathrm{j}2\pi ft}\mathrm{d}t \tag{1.10}$$

从数学角度考虑，采样过程可以理解为将连续时间信号 $A(t)$乘以狄拉克脉冲序列，从而由图 1.1（a）得到图 1.1（b）中的离散时间信号。因此，在采样周期 T_s 成倍的时间点上，我们定义连续时间函数与狄拉克序列作用的结果为

$$A_s(t)=\sum_{n=-\infty}^{n=\infty}A(t)\delta(t-nT_s)\Rightarrow\sum_{n=-\infty}^{n=\infty}A(nT_s) \tag{1.11}$$

继续采用频域中对采样信号的描述方法，在频域内，连续时间函数 $A(t)$的时间序列采样值 $A_s(t)$ 定义为 $A_s(\omega)$，即

$$\begin{aligned}A_s(\omega)&=\int_{t=-\infty}^{\infty}\left[\sum_{n=-\infty}^{n=\infty}A(t)\delta(t-nT_s)\right]\mathrm{e}^{-\mathrm{j}2\pi ft}\mathrm{d}t\\&=\int_{-\infty}^{\infty}A(t)\frac{1}{T_s}\sum_{k=-\infty}^{\infty}\mathrm{e}^{\mathrm{j}k2\pi f_s t}\mathrm{e}^{-\mathrm{j}2\pi ft}\mathrm{d}t\end{aligned}$$

$$= \sum_{k=-\infty}^{\infty} \frac{1}{T_s} \int_{t=-\infty}^{\infty} A(t) e^{-j2\pi(f-kf_s)t} dt \tag{1.12}$$

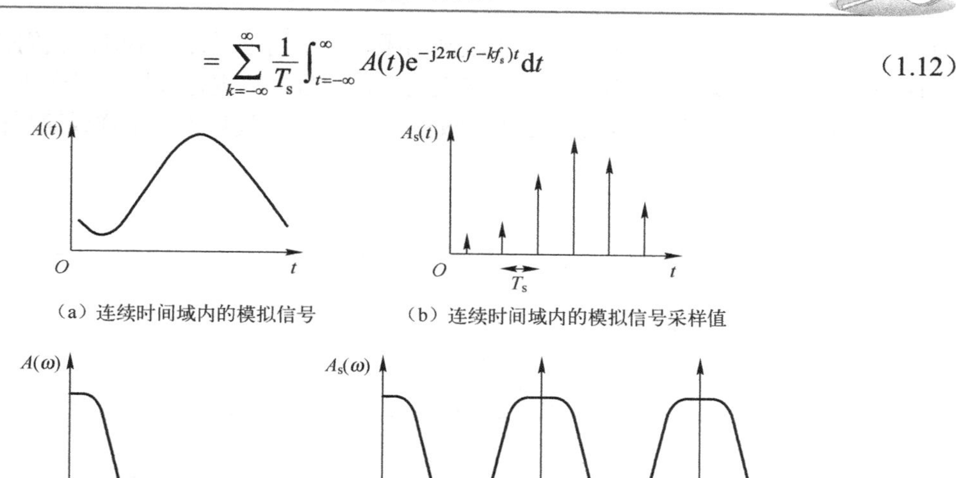

（a）连续时间域内的模拟信号

（b）连续时间域内的模拟信号采样值

（c）频域内的连续时间信号

（d）在采样频率及其倍频上的采样信号

图 1.1　模拟信号的采样过程

将式（1.12）的最终积分结果与之前 $A(\omega)$ 的转换结果进行比较，我们可以发现该积分结果等价于将傅里叶变换结果进行了 $k\omega_s$ 的频移，因此完整的频谱 A_s 为

$$A_s(\omega) = \sum_{k=-\infty}^{\infty} \frac{1}{T_s} A(\omega - k\omega_s) = \sum_{k=-\infty}^{\infty} \frac{1}{T_s} A(2\pi(f - kf_s)) \tag{1.13}$$

这时原始的连续时间信号 $A(t)$只与频域信号 $A(\omega)$ 中的一个频带相关联。我们再利用狄拉克脉冲序列对该信号进行采样，就可以在采样频率 f_s 倍频的两侧产生原始频谱信号 $A(\omega)$ 的复制。

在时间连续域中，即使信号频率不同，当采用同样间隔的采样频率对其进行采样时，也可能得到同样的采样数据。例如，采用 2MHz 采样时钟信号对 100kHz、1.9MHz、3.9MHz 连续时间信号的采样结果如图 1.2 所示，虽然 100kHz、1.9MHz、3.9MHz 在时域的信号完全不同，当采用 2MHz 采样时钟信号对它们采样时，仍可能得到同样的结果。

从以上讨论中，我们可以得出两个结论：连续时间域中的每个信号都被映射为基带信号的一个样品组；连续时间域中的不同信号在离散时间域中可能具有相同的表示形式。

1．混叠

从前面的讨论中，我们知道如果信号在连续时间域内增加带宽，那么在采样频率倍频处的镜像信号频带也会随之加宽。当信号带宽大于采样频率 1/2 时，采样结束后的信号通带会发生交叠现象，这种现象称为混叠现象。与原始信号通带最接近的镜像信号上边带称为混叠带。混叠现象如图 1.3 所示。

因此，在离散时间域中，最大可用的信号带宽必须满足：$\text{BW} \leqslant f_s/2$。

2．亚采样

在之前的讨论中，我们都假设输入信号为一个从 0Hz 开始，带宽为 BW 的基带信号。混叠带出现在采样频率及其谐波附近。这种有用频带的选择对于大多数设计都是必需的。然而在实际情况中，当信号带宽上限位于较高的频率甚至超过采样频率时，我们依然可以对其进行采样，这时可以通过与其频率最为接近的采样信号谐波进行采样。同样地，此时信号频带也会出现在 0Hz 及所有采样频率的倍频处，这个采样过程称为欠采样或亚采样。

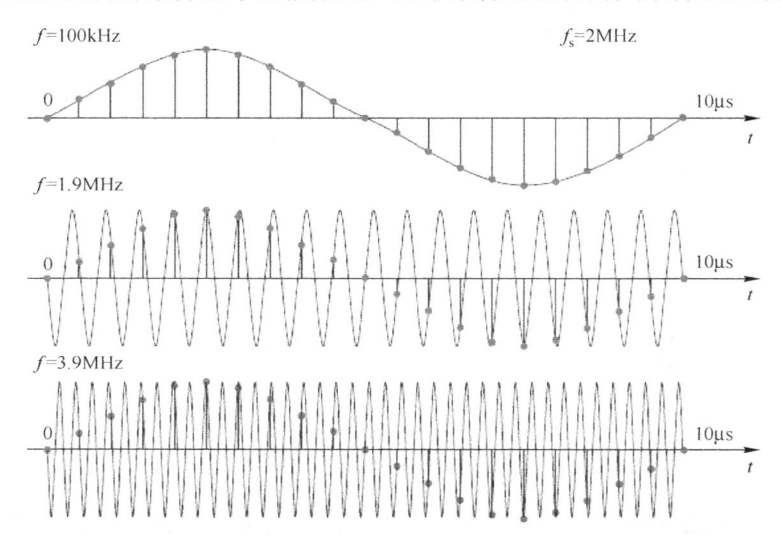

图 1.2　采用 2MHz 采样时钟信号对 100kHz、1.9MHz、3.9MHz 连续时间信号的采样结果

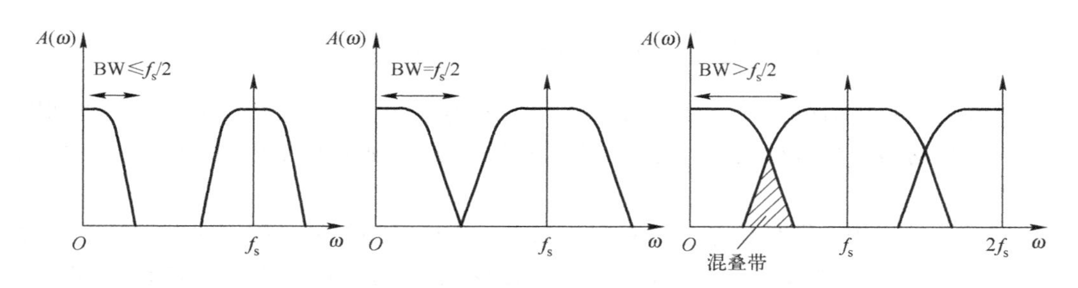

图 1.3　混叠现象

此时，如果有信号分量位于采样频率附近，那么它们也会被采样到相同的频带中，这就会导致混叠现象的产生。在一些通信系统中，工程师们会使用这种亚采样技术来进行信号解调，中频调频信号的解调和亚采样过程（信号带宽为 10.7MHz，采样频率为 5.35MHz）如图 1.4 所示。在以下 3 种情况中，当不必要的信号出现在信号通带内，我们会采用亚采样技术进行消除。

（1）在基带信号中出现谐波失真。

（2）在输入信号频带内出现热噪声。

（3）其他电路或天线产生了干扰信号。

3．采样、调制和斩波

在实际中，信号的采样与信号的调制过程类似。在这两个过程中，都产生了原始信号的频带移动。信号的调制和采样如图 1.5 所示，在调制过程中，正弦波调制信号乘以基带信号，在载波频率附近产生上边带和下边带的调制信号。在理想情况下，调制和采样频率信号并不会出现在最终的频谱中，这里保留它们作为参考频率信号。

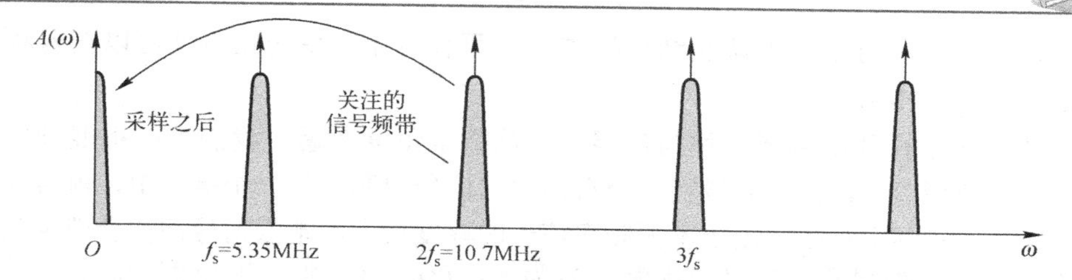

图 1.4　中频调频信号的解调和亚采样过程（信号带宽为 10.7MHz，采样频率为 5.35MHz）

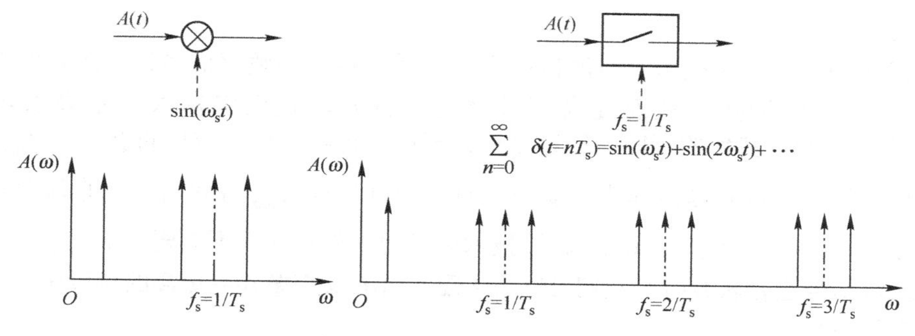

图 1.5　信号的调制和采样

从数学角度考虑，调制的过程就是信号与角频率为 ω_{local} 的正弦波信号相乘的过程，即

$$G_{\text{mix}}(t) = A(t)\sin(\omega_{\text{local}}t) \tag{1.14}$$

$$A\sin(\omega t)\sin(\omega_{\text{local}}t) = \frac{A}{2}\cos[(\omega_{\text{local}} - \omega)t] - \frac{A}{2}\cos[(\omega_{\text{local}} + \omega)t] \tag{1.15}$$

从式（1.15）的结果可以看出，在输入频率处不存在任何频率分量，而是在调制频率附近出现了两个不同频率的信号。式（1.15）也是幅度调制的基本原理。如果输入信号 $A(t)$是一个带限频谱信号，那么调制的结果则会产生两个频带信号，即

$$G_{\text{mix}}(t) = A(t)\sin(\omega_{\text{local}}t) \tag{1.16}$$

$$G_{\text{mix}}(\omega) = \frac{1}{2}A(\omega_{\text{local}} - \omega) - \frac{1}{2}A(\omega_{\text{local}} + \omega) \tag{1.17}$$

调制后的信号频率会出现在 ω_{local} 频率的两侧。通常，我们只要其中一个频带内的信号，而另一个频带信号称为镜像信号。

如果我们继续对此时的信号进行调制，那么可以恢复原始的正弦波信号为

$$\begin{aligned} G_{\text{mix-down}}(t) &= G_{\text{mix}}(t)\sin(\omega_{\text{local}}t)(\frac{A}{2}\cos[(\omega_{\text{local}} - \omega)t] - \frac{A}{2}\cos[(\omega_{\text{local}} + \omega)t)]\sin(\omega_{\text{local}}t) \\ &= \frac{A}{2}\sin(\omega t) - \frac{A}{4}\sin(2\omega_{\text{local}}t + \omega t) + \frac{A}{4}\sin(2\omega_{\text{local}}t - \omega t) \end{aligned} \tag{1.18}$$

从式（1.18）中可以看出，在原始信号两侧 $2\omega_{\text{local}}$ 的频率上出现了两个信号。在电路中我们可以通过低通滤波器滤除这两个频率的信号。

与调制过程相比，采样过程主要在采样频率倍频的上边带产生频率分量。这时狄拉克脉冲序列等效于采样频率倍频处正弦波的求和，即

$$D_{\text{s}}(\omega) = \frac{2\pi}{T_{\text{s}}}\sum_{k=-\infty}^{k=\infty}\delta\left(\omega - \frac{2\pi k}{T_{\text{s}}}\right) \tag{1.19}$$

因此，采样过程可以视为调制结果的求和。两者内在联系的相似性可以在射频信号下的变频过程中得以体现。

一种特殊的采样和混频形式称为自混频。从数学角度考虑，我们可以将混频器看成一个具有两个等效端口的器件。假设当一个端口中的信号泄漏到另一个端口中，就会发生自混频现象。在一些实际电路中，由于本振频率信号的幅度较大，本振信号往往会泄漏到幅度较小的输入端口中。如果我们定义该泄漏信号为 $\alpha\sin(\omega_{\text{local}}t)$，那么输出信号就会变为 $\alpha/2+\sin(2\omega_{\text{local}}t)/2$。我们注意到这个结果中存在一个直流分量，而这个直流分量常常会被误以为是电路的失调电压。

接下来我们介绍斩波技术。斩波技术主要是通过将误差敏感信号调制到别的频段，使其免于受到误差的干扰，从而提高信号精度。首先，我们将输入信号乘以斩波信号 $f_{\text{chop}}(t)$，将其调制到其他的频段。经过信号处理后，再将该信号乘以斩波信号 $f_{\text{chop}}(t)$，调制回原来的频段。当以正弦波作为调制信号时，调制分量 $f_{\text{chop}}^2(t)$ 包含一个直流分量和一个两倍于斩波频率的频率分量。因此，斩波技术可以用来移除带内不需要的干扰信号。当对一个直流电流源信号进行斩波时，我们可以将失配和 $1/f$ 噪声搬移到更高的频段中，不会影响到所需的有用信号。

在差分电路中，斩波技术主要是通过交替乘以差分信号来进行实现的。从数学角度考虑，该操作等价于输入信号交替乘以幅度为+1 和−1 的方波。这个方波可以分解为一系列正弦波的组合，即

$$f_{\text{chop}}(t)=\sum_{n=1,3,5,\cdots}^{\infty}\frac{4\sin(n\pi/2)}{n\pi}\cos(\omega_{\text{chop}}t) \tag{1.20}$$

此时 $f_{\text{chop}}^2(t)=1$，且经过两次斩波后，输入信号可以完美地恢复到初始状态。需要注意的是，当信号 $f_{\text{chop}}(t)$ 包含有+1、−1 序列或确定的频率信号时，都可以作为斩波信号。具有确定频率的斩波信号的频谱可以分解为一系列位于调制频率奇次倍频上的调制频谱，即

$$A_{\text{chop}}(\omega)=\sum_{n=1,3,5,\cdots}^{\infty}\frac{4\sin(i\pi/2)}{i\pi}A(i\omega_{\text{chop}}\pm\omega) \tag{1.21}$$

例如，用 10MHz 的方波信号去斩波 0～1MHz 的输入信号，则会移除频谱中的直流信号，并在 9～11MHz、29～31MHz、49～51MHz 等处产生镜像信号。

在斩波过程中，被斩波的上边带信号不能滤除，否则会导致斩波回原频带时产生误差。因为任何移除信号分量的操作都会认为是对理想斩波频谱的抵消，所以这些信号分量都视为斩波回原频带时新的输入信号。

4．奈奎斯特准则

输入信号超过采样信号频率的一半时出现的混叠现象如图 1.6 所示，输入信号带宽较大，超过了采样频率的一半。虽然它在采样时刻的值具有有效性，但在信号重构时会发生错误。也就是说，当输入信号的带宽超过采样频率的一半时，经过采样，会产生信号混叠到基带中的现象。在模/数转换器设计中，通过采用“抗混叠滤波器”来限制输入信号，可以防止混叠现象的产生。

这种对输入信号带宽的限制称为奈奎斯特准则。该准则最早由奈奎斯特提出，在 1949

年，针对通信中的噪声，香农拓展了该准则的数学理论。完整的奈奎斯特准则表述为：如果一个函数没有包含高于带宽 BW 的频率，那么我们就可以在坐标轴上以一系列间隔为 1/2 BW 的点描述出这个函数。

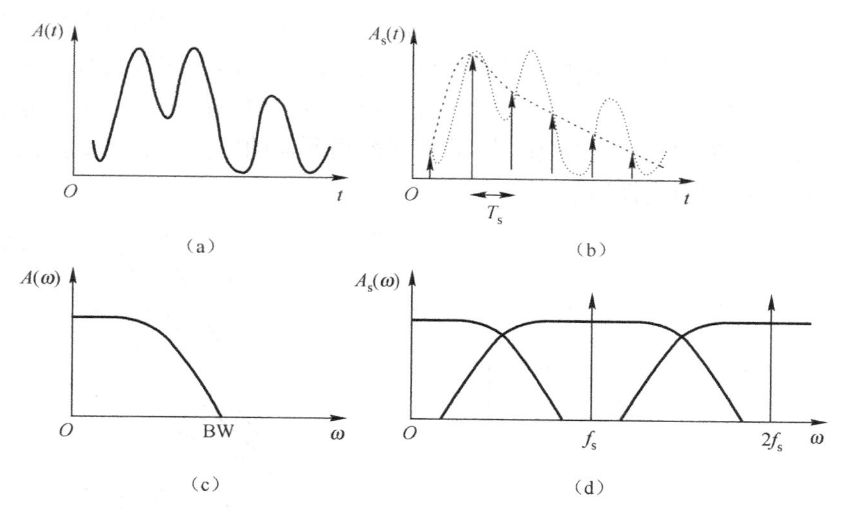

图 1.6　输入信号超过采样信号频率的一半时出现的混叠现象

该准则针对信号的带宽和采样频率，阐述了一个简单的数学关系，即

$$f_s > 2\mathrm{BW} \tag{1.22}$$

该准则成立的前提是假设用理想滤波器和无限时间周期来重构输入信号。然而这个前提条件在实际情况中却无法达成。以压缩的音乐数据格式为例，被采样信号带宽为 20kHz，为了避免混叠现象，过渡带限制在 20～24.1kHz 之间，且要有 90dB 的衰减。要完成该指标，滤波器要具有 11～13 个极点，“开销”巨大。此外，滤波器还会在较高的基带频率上产生非线性相位。相位失真可以导致时域上的信号失真。幸运的是，如果采用过采样技术，我们就可以有效地将基带和混叠带区分开来。这种技术我们会在过采样模/数转换器中详细讨论。

奈奎斯特准则表明可处理的信号带宽主要受限于采样频率。而该准则中的另一个隐含假设是有效带宽内填满了相关的信号信息。但在一些系统中，这个假设也不成立。以视频信号为例，它们由一系列点或线的图像组成，本身就是采样信号。频谱能量集中在单个视频信号频率的倍频处。而它们之间的中间频带并没有信号信息。我们可以很容易地用梳状滤波器来分离这些信号分量。而这些离散的采样信号带宽都满足于奈奎斯特频率。

另一种更为先进的采样技术称为非归一化采样。在通信系统中，通常只有一些有限的载波信号同时在工作。有用信号分散在相对较宽的带宽之内，而且可以通过非归一化采样序列来进行重构。我们可以通过高频随机发生器来产生这个非归一化采样序列。这些载波携带的信息扩散到整个频带中，理论上我们可以通过设计一些算法来恢复这些信号信息。在高度一致采样类型的前提下，我们只要一些输入信号就可以实现信号重构。这时完整的信号带宽仍然小于有效采样频率的一半，即满足奈奎斯特准则。

5. 抗混叠滤波器

从奈奎斯特准则中我们可以看出，输入信号必须是带限信号。因此，模/数转换器必须经过带限滤波器进行处理。该滤波器滤除有用信号之外的信号分量，避免它们与输入信号进行混叠。在实际系统中，我们通常要选择高于奈奎斯特频率的信号作为采样信号。

基带信号和混叠信号之间的频率间隔决定了所需抗混叠滤波器的极点数。抗混叠滤波器的信号如图 1.7 所示，每个极点都会使滤波器产生每频程 6dB 的信号衰减。但过渡带陡峭的带限滤波器通常需要许多精确可调的极点。同时，滤波器还应该具有一定的信号放大功能，这时滤波器的设计“开销”巨大，而且很难在生产中加以控制。另一方面，不能随意选择较高的采样频率也有以下原因：存储数字数据所需的容量及后级数据处理电路功耗会随着采样频率的增加而线性增加。

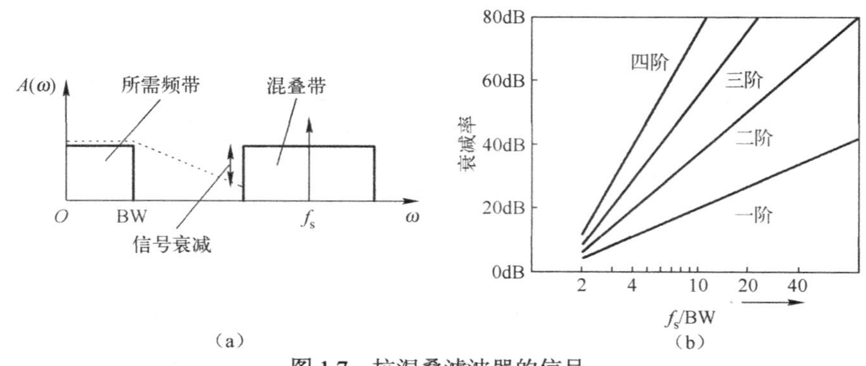

图 1.7 抗混叠滤波器的信号

抗混叠滤波器可以是有源或无源的连续时间滤波器，也可以是离散时间的开关电容滤波器。抗混叠滤波器另一个功能是滤除系统中的干扰信号及电源线中的噪声信号。在实际中，一些系统自身就具有带限功能。例如，在射频中，超外差接收机的中频滤波器就可以作为抗混叠滤波器；而在一些传感器系统中，传感器自身输出信号就具有带限的特性。

6. 采样噪声

包含开关和存储电容的采样等效电路如图 1.8 所示。与理想的情况相比，该电路增加了两个非理想元器件。开关电阻包含了输入源和电容之间的所有阻性元器件。由于电阻受到热噪声的影响，所以又增加了一个噪声源 e_{noise}，它的频谱远超过开关的采样频率，即

$$e_{\text{noise}} = \sqrt{4kTR\text{BW}} \tag{1.23}$$

式中，$k = 1.38\times10^{-23}\text{m}^2\text{kgs}^{-2}\text{K}^{-1}$，为玻尔兹曼常数；$T$ 为开尔文温度。式（1.23）表示了正频率域内从 0 到正无穷的噪声。每一个采样频率的倍频信号都会把邻近的噪声调制回基带，然后在基带将这些噪声进行相加。

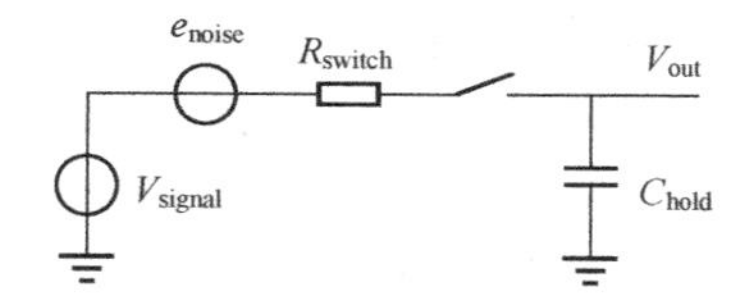

图 1.8 包含开关和存储电容的采样等效电路

当开关连接到电容时，电阻和电容构成一个低通滤波器。因此，电容上的平均噪声能量实际上是经过滤波器处理的电阻噪声能量，经过 RC 网络传递函数的处理，该噪声的积分

可以表示为

$$V_{\mathrm{C,noise}}^2=\int_{f=0}^{f=\infty}\frac{4kTR\mathrm{d}f}{1+(2\pi f)^2R^2C^2}=\frac{kT}{C}\Rightarrow V_{\mathrm{C,noise}}=\sqrt{\frac{kT}{C}} \tag{1.24}$$

这种电容上的采样噪声我们通常称为 kT/C 噪声。从式（1.24）中可以看出，电阻产生的热噪声幅度并没有体现在这个一阶表达式中。但实际上，增加电阻值确实会相应地增加噪声能量。同时，增加电阻值也会等比例地降低相关的噪声带宽。

为了解释这个现象，我们可以从经典的热力学理论中加以分析。根据均分定理，在热平衡状态中，热能平均地分布在每一个自由度中。对于电容来说，只存在电势一个自由度。所以包含在载流子 $CV_{\mathrm{noise}}^2/2$ 热波动中的能量等于一个自由度中的热能，即 $kT/2$。

当 RC 的截止频率超过采样频率时，kT/C 噪声在 $0\sim f_{\mathrm{s}}/2$ 的范围内为一个平坦的频谱。而如果 RC 的截止频率较低时，我们就将噪声带宽作为一个普通的信号频带进行处理，即会发生频谱叠加及镜像现象。

kT/C 噪声表明了要选择最大采样电容值的上限。因此对于模/数转换器来说，信噪比也受到该选择的影响。在室温下，当采样电容为 1pF 时，电容的噪声电压为 $65\,\mu\mathrm{V}$。但是，大的电容值会占据大的芯片面积，而且会直接增加电路的功耗。

在采样系统中，kT/C 噪声的功率谱密度等于整个采样带宽内 kT/C 噪声的一半，即

$$S_{\mathrm{ff,SH}}=\frac{2kT}{Cf_{\mathrm{s}}} \tag{1.25}$$

用同样的电阻和电容构成连续时间滤波网络，且通带的截止频率为 $f_{RC}=\dfrac{1}{2\pi RC}$ 时，噪声功率谱密度为

$$S_{\mathrm{ff},RC}=4kTR=\frac{2kT}{\pi Cf_{RC}} \tag{1.26}$$

比较式（1.25）和式（1.26）可以看出，在采样过程中，式（1.26）中的噪声密度增加了一个系数 $\pi f_{RC}/f_{\mathrm{s}}$。该系数表明噪声会在基带内进行叠加，这对设计低频、高精度的转换器而言是一个巨大挑战。

在电路中，开关的时序会影响到整体噪声的累加。在开关电容电路中，每一个开关周期都会增加一部分噪声。因为这些噪声都是不相关的，所以它们会以平方根的形式累加。此外，当开关泄放电容上的电荷使其达到一个固定电压时，也会产生 kT/C 噪声（复位噪声）。

7. 采样脉冲的抖动

在之前的讨论中，我们假设采样时刻的精度是无限的。而在实际中，任何时刻的信号都具有有限的带宽，这意味着时钟信号不可能存在无限陡峭的上升沿。我们知道，振荡器、缓冲器和放大器都是有噪声电路，它们都会在采样时增加噪声。如果噪声改变了缓冲器的导通电压水平，那么输出信号边沿与输入信号边沿的延时将不会是一个确定的值，这种效应称为时钟抖动。时钟抖动导致采样时刻发生偏移，并采样到另一个信号值。时钟抖动导致采样时刻发生偏移如图 1.9 所示。与噪声分量类似，信号分量有时也会作用于时钟信号边沿。噪声源产生的时钟抖动会使得信号相应地产生噪声；而输入信号源产生的抖动则会导致信号产

生谐波或失真（如果时钟抖动源和信号是相关的）。

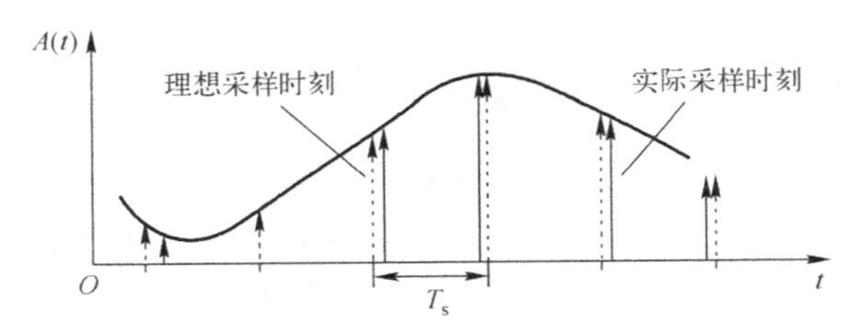

图 1.9　时钟抖动导致采样时刻发生偏移

在时序中，系统级失调的例子还有：由于不均衡时钟信号路径产生的时钟信号偏移、子时钟模块的干扰、时钟信号走线的负载及边沿检测时产生的时钟倍频。在噪声敏感的振荡器、锁相环及由有噪数字电源供电的长时钟缓冲器中，都会产生随机时钟抖动的变化。在 CMOS 数字电路中，典型的时钟抖动边沿值为 30～100ps。

如果一个角频率为 ω 的正弦波信号由一个抖动的采样脉冲进行采样，这时幅度误差可以表示为

$$A[nT_s + \Delta T(t)] = A\sin\{\omega \times [nT_s + \Delta T(t)]\} \tag{1.27}$$

$$\Delta A(nT_s) = \frac{dA\sin(\omega t)}{dt} \times \Delta T(nT_s) = \omega A\cos(\omega nT_s)\Delta TnT_s \tag{1.28}$$

从式（1.28）可以看出，幅度误差正比于信号的斜率及时间误差的幅度。如果我们用标准差 σ_{jit} 代替时间误差，并表示为时序抖动，那么幅度 σ_A 的标准差可以表示为

$$\sigma_A = \sqrt{\frac{1}{T}\int_{t=0}^{T}(\omega A\cos(\omega t)\sigma_{jit})^2 dt} = \frac{\omega A\sigma_{jit}}{\sqrt{2}} \tag{1.29}$$

在整个时钟周期 T 内，将式（1.29）的结果与正弦波幅度的平方根值 $A/\sqrt{2}$ 做比值，就可以得到信噪比公式，即

$$\text{SNR} = \left(\frac{1}{\omega\sigma_{jit}}\right)^2 = \left(\frac{1}{2\pi f\sigma_{jit}}\right)^2 \tag{1.30}$$

其单位通常为 dB，即

$$\text{SNR} = 20\lg\left(\frac{1}{\omega\sigma_{jit}}\right) = 20\lg\left(\frac{1}{2\pi f\sigma_{jit}}\right) \tag{1.31}$$

对于采样信号，在一半的采样频带内，式（1.31）中信号功率与噪声功率的比值都是成立的。虽然式（1.31）是在假设没有信号相关性的情况下，描述了时钟抖动的效应，但式（1.31）仍然是时钟抖动有效的一阶近似估计。

不同时钟抖动标准差值时，信噪比与输入信号频率的关系如图 1.10 所示。从近年来国际固态电路会议发表的论文来看，虽然模/数或数/模转换器设计技术不断进步，但要满足 $\sigma_{jitter} < 1\text{ps}$ 仍然是一个巨大挑战。

在离散时间系统中，时钟抖动噪声与输入信号频率的线性关系可以使我们快速地提取时钟抖动信息。这里我们把时钟抖动描述成一种随机时间现象。在大多数情况下，时

钟抖动都会展现出一定的频率幅度分量。在一个锁相环电路中，我们可以观测到以下这些分量。

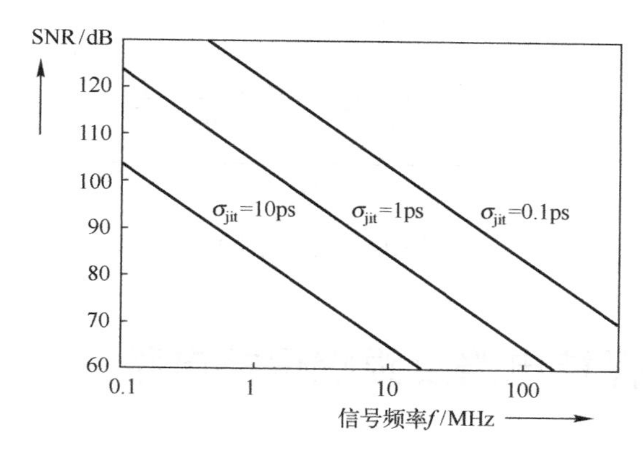

图1.10 不同时钟抖动标准差值时，信噪比与输入信号频率的关系

（1）输出信号中的白噪声（与频率无关）。

（2）调制振荡器的白噪声，从振荡频率开始，在功率谱中表现为下降的斜率 $1/f^2$。

（3）在锁相环产生参考信号的倍频信号时，杂散信号会出现在输出信号频率的两侧，且具有相等的频率间隔。

（4）一些杂散信号和噪声会通过衬底耦合及输出调制进入锁相环电路中。

从频谱的角度考虑，时钟抖动频谱会调制输入信号。采样频率附近的时钟抖动会在输入信号周围产生频谱如图1.11所示。由于时钟抖动产生的时间误差被调制回低频后，会产生更小幅度的误差值，所以这时载波噪声比也会相应增加。

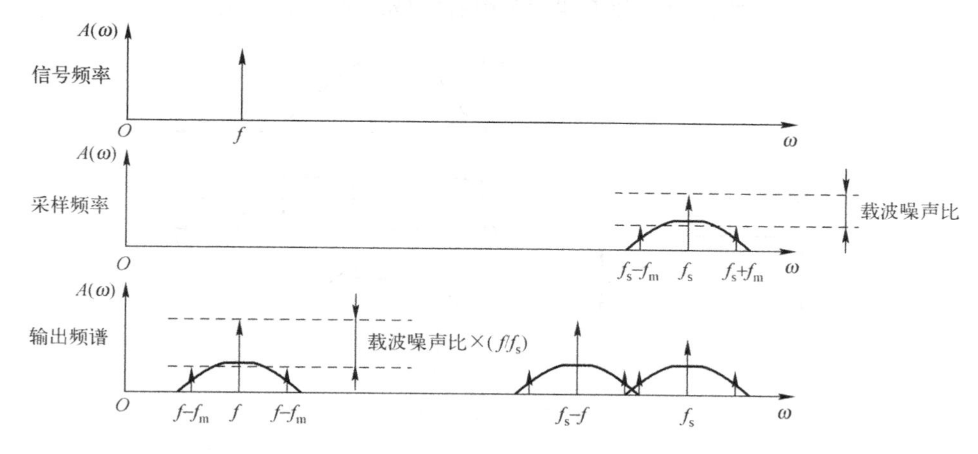

图1.11 采样频率附近的时钟抖动会在输入信号周围产生频谱

数字缓冲器如图1.12所示，它会在理想采样信号中增加晶体管噪声。如果时钟抖动是由数字单元的延时时间变化产生的，那么时钟抖动也可能同时包含信号分量及较强的杂散分量。这种影响与图1.11中的现象相似，也会产生杂散分量和信号失真。此外，电源上的波动也会影响图1.12中数字缓冲器的工作状态，在采样过程中产生时钟抖动及时钟沿的不确定性。所以当数字电路产生并传播采样脉冲时，我们必须将其视为模拟模块进行小心处理。

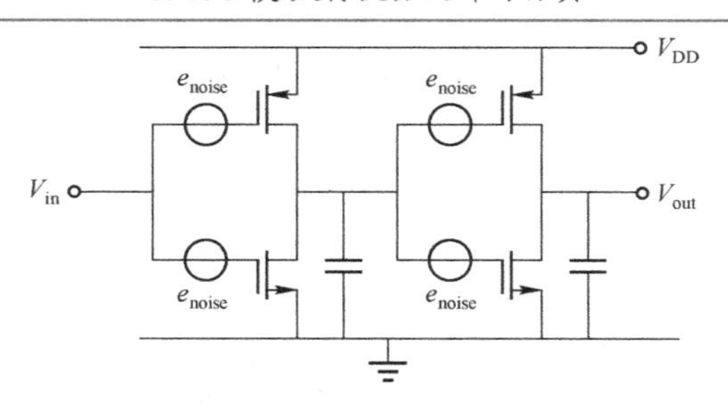

图 1.12 数字缓冲器

1.2 采样保持电路及跟踪保持电路

采样保持电路及跟踪保持电路是执行采样操作的主要电路。因为采样保持电路工作在较大信号幅度和较高的频率上，而且为了获得最优的电路性能，设计者还要在噪声和失真之间进行折中，这些都是工程师面临的巨大挑战。在本节中，我们会对采样保持电路的性能指标、构成元器件及基本应用结构进行讨论。

1.2.1 采样保持电路

前面我们已经讨论过采样的基本理论。对于一个复杂系统设计，要在电路设计中综合考虑采样过程造成的限制，并最优化系统采样功能。采样功能通常都是由跟踪保持（Track-and-Hold，TH）电路来完成的。该电路可以在模/数转换器的采样周期内产生一个稳定的输入信号。跟踪保持电路主要由一个开关和一个电容组成，如图 1.13 所示。

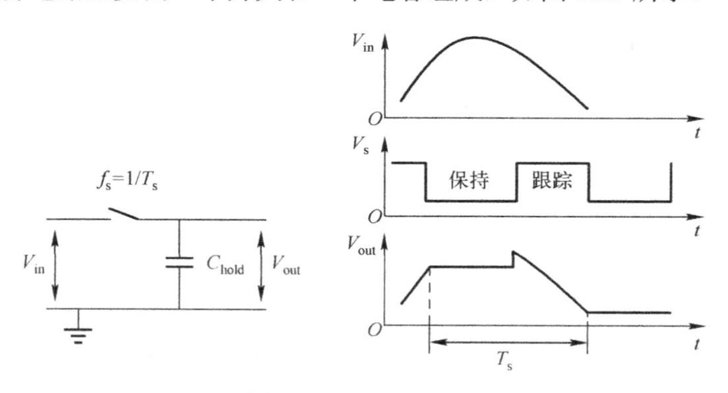

图 1.13 跟踪保持电路

在开关导通期间（跟踪相位），电容上的信号跟随输入信号变化；在开关断开时（保持相位），电容上的信号保持为开关断开时刻的最终值，这个时刻在时间上称为理论采样点。两个跟踪保持电路串联起来，构成采样保持（Sample-and-Hold，SH）电路。第二个跟踪保持电路由采样信号的反相信号进行触发。在跟踪和保持操作过程中，跟踪保持电路和采样保持电路的输入和输出信号的变化如图 1.14 所示。在整个采样时钟周期内，采样保持电路可以保持信号不变，这使得后续电路可以进一步对采样保持电路的输出信号进行处理。

在模/数转换器中，跟踪保持电路和采样保持电路都可以用于在特定的采样时刻，对模拟输入信号进行采样操作。采样保持电路可以在一个时钟周期内，将信号保持在采样时钟断开时的最终电平上，保证在模/数转换期间可以重复使用该信号。在模/数转换过程中，采样保持电路的作用如图 1.15 所示。

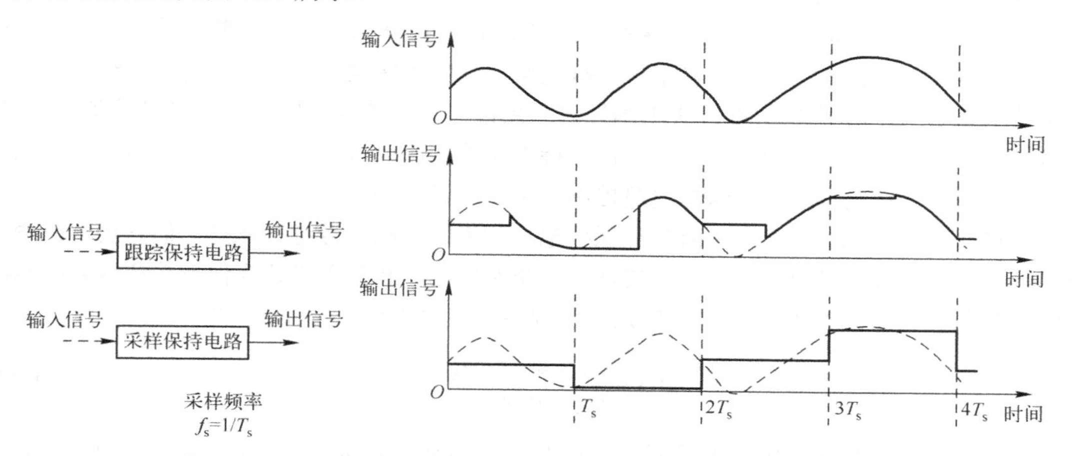

图 1.14　跟踪保持电路和采样保持电路的输入和输出信号的变化

采样保持电路的另一个应用是在数/模转换过程中，将狄拉克序列恢复成连续时间信号。在数/模转换过程中，采样保持电路的作用如图 1.16 所示。数/模转换器的输入信号是一系列对应于采样时刻而获得的数字码（这些数字码可以从模/数转换器或其他数字信号处理电路中得到）。

图 1.15　在模/数转换过程中，采样保持电路的作用　图 1.16　在数/模转换过程中，采样保持电路的作用

我们对采样保持电路的输出信号进行频谱分析，同样可以得到理想的采样数据及输入信号倍频信号的频谱。在时域中，我们并没有对采样间隔中的信号进行定义。一种最简单的处理方法是直接利用采样时刻的采样值作为该采样周期内所有时刻的电压值。零阶、一阶及高阶保持电路的输出信号如图 1.17 所示。从图 1.17 中可以看出，只要使用足够高阶的保持电路，我们就能恢复出采样信号。

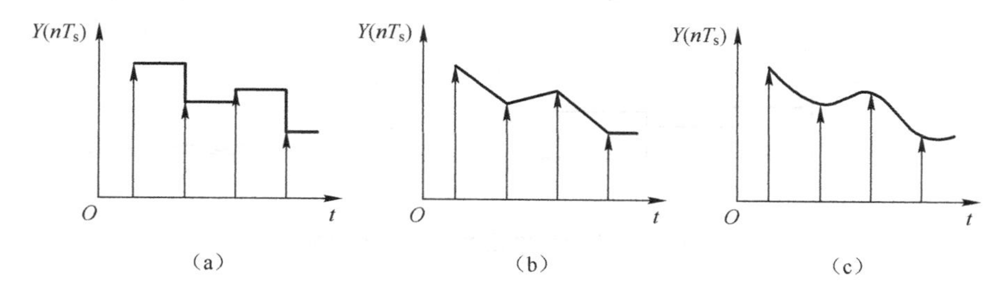

图 1.17　零阶、一阶及高阶保持电路的输出信号

在大多数/模转换器中，后级都会使用插值模拟滤波器进行数据平滑，所以通常都只会

使用零阶保持电路。此外，在采样周期内，数字输入信号都会存储在数据锁存器中，所以零阶保持电路都处于空闲状态。基于这种机制，无论电阻串型数/模转换器还是电流型数/模转换器，都可以在任意时刻进行数/模转换。但当数/模转换器的输出信号要在采样周期内完成建立时，就应该在输入端添加一级采样保持电路，以防止在输出端出现不完全的转换结果。而当数/模转换器的输出信号存在“毛刺”时，采样保持电路也可以去除这些“毛刺”，并提高转换数据的质量。在这种应用中，采样保持电路的输出信号就可以被下一级电路在任意时刻进行处理。当然这也对采样保持电路提出了更高的设计要求。

虽然在整个周期 T_h 内，零阶采样保持电路对采样时的信号进行保持，但它仍然改变信号的形状。这种改变是通过产生一个传递函数来实现的，我们可以认为保持传递函数的脉冲响应就是在整个保持周期 T_h 内，将狄拉克序列乘以常数“1”得到的，即

$$h(t)=\begin{cases}1, & 0<t<T_h\\ 0, & \text{其他}\end{cases} \tag{1.32}$$

在频域中，零阶保持电路或采样保持电路的传递函数 $H(\omega)$ 可以通过傅里叶变换得到，但这个变换的结果具有时间量纲。为了得到一个无量纲的传递函数，我们引入归一化的时间 T_s，于是有

$$H(\omega)=\int_{t=0}^{t=\infty}h(t)\times \mathrm{e}^{-\mathrm{j}\omega t}\mathrm{d}t=\frac{1}{T_s}\int_{t=0}^{t=T_h}1\times \mathrm{e}^{-\mathrm{j}\omega t}\mathrm{d}t=\frac{\sin(\pi f T_h)}{\pi f T_s}\mathrm{e}^{-\mathrm{j}\omega T_h/2} \tag{1.33}$$

采样保持电路的时域和频域响应如图 1.18 所示。我们引入一个延迟时间 T_h 作为信号的值，之前假设信号集中在采样相位中，现在我们认为信号分布于整个保持周期内。这时信号的平均值从采样时刻移动到保持周期的中间。同时，以保持时间的倒数为频率，在该频率的倍频上会产生一个零点响应。很明显，在这些频率上的信号都均匀分布到整个保持周期内。当保持周期逼近狄拉克函数时，该零点位于高频处，并且采样保持电路的传输特性在整个频带范围内保持不变。当 T_h 等于采样周期 T_s 时，传递函数在采样频率和它的倍频上会产生一个零点。在数学上，传递函数曲线可以归结为“sin(x)/x”函数的行为，通常表示为 sinc(x)。

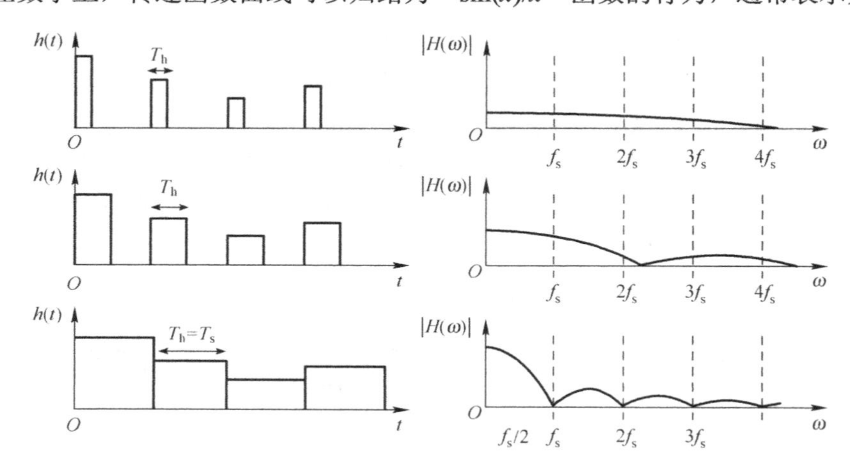

图 1.18 采样保持电路的时域和频域响应

1.2.2 特殊的性能参数

在模拟域和采样数据域中，采样保持电路必须满足最高工作频率的要求。为了获得最

高的信噪比，采样保持电路还必须尽可能地输入最大的幅度信号。这两项要求使得采样保持电路成为实现最优化转换性能的关键因素。采样保持电路的性能指标通常包括失真（总谐波失真）、信噪比、功耗等。除了这些标准的指标，采样保持电路指标还包括平台误差、电压降、保持穿通和孔径时间。

1．平台误差

开关脉冲会使保持电容上的电压产生同步下降，这种现象称为平台误差。平台误差的另一个产生原因来自 MOS 开关或 BJT 晶体管基极电荷导电层的移除，这会使得电荷流回到源极及保持电容中。

2．电压降

在采样保持电路中，保持电容上的电荷可能发生泄漏，这时信号会产生电压降。在 BJT 电路设计中，该泄漏是由基极电流引起的。这种影响会导致采样频率下降数百 kHz。在深亚微米工艺中，栅极较薄，更容易产生电压降现象。

3．保持穿通

在保持模式中，保持穿通描述了从信号源到电路输出的转换过程。由于 MOS 开关中的源漏电容，在电路中会出现不期望的耦合通孔连线或残余电荷耦合。虽然在集成电路中，保持穿通效应影响较小，但我们通常仍要通过 T 形开关电路来进一步降低该效应。

4．孔径时间

孔径时间是指决定采样值所需要的时间。通常这个时间较短，仅仅是采样脉冲开始下降到彻底关断的时间。在采样时钟信号的下降沿时刻，输出信号仍有可能继续跟踪输入信号。考虑开关关断的过程，这会在实际的采样过程中增加一部分延时。此外，孔径抖动的影响与之前讨论的时钟抖动影响类似。当信号电平较低时，在开始关断后，NMOS 开关会保持更长的导通时间，这也会导致孔径时间的增加。

当信号的压摆率与开关的传输时间呈线性关系时，就会引入孔径失真。随着开关脉冲边沿的变化，信号变化也会推迟采样时刻，而当信号变化与开关脉冲变化方向相反时，则会使得采样时刻提前。

通常希望孔径时间越短越好，但在双斜率模/数转换器中，该结构却具有非常长的孔径时间。这是因为输入信号要在孔径时间内进行积分。该效应对传输特性的直接影响是滤除高频段的噪声，这也是该结构的主要特点。

1.2.3　电容和开关的应用

1．电容

在跟踪保持电路和采样保持电路中，采样开关和保持电容是最主要的两个元器件。为了获得 40dB 以上的信噪比，要尽可能地降低电路中的 kT/C 噪声，此时的保持电容值主要由 kT/C 噪声决定。对于开关晶体管的要求主要取决于电容的使用方式，即作为电压缓冲器或电荷存储器。将一个电容具有较大寄生参数的极板（通常是底极板）连接到地时，我们可以将其看成一个电压缓冲器。在大多数开关电容应用中，电容作为电压-电荷转换器（电荷存储器）使用，这就要求该种转换必须具有线性关系。

在 CMOS 工艺中，不同的应用要选择不同的电容，具体分析如下。

（1）在大多数应用中，扩散电容并不适用。因为它自身容易产生电荷泄漏，并且具有非线性及单位面积电容值小的劣势。

（2）栅-沟道电容具有最大的单位面积电容。然而，这类电容需要较大的开启电压，这个开启电压往往要超过晶体管的阈值电压，这意味着在电路中会产生较大偏置电压。

（3）互连线可以产生顶层平板电容和边缘电容。将不同的互连层层叠，奇数层和偶数层即可形成平板电容。这类电容不需要偏置电容，并且具有较好的线性度和较小的寄生效应。

（4）在一些工艺中，也可以使用金属-绝缘层-金属电容。

（5）在一些更老旧的工艺中也会提供双层多晶硅电容。但多晶硅的耗尽层会产生电压的非线性，对电路产生不利影响。

在一些工艺中，大多数电容结构都会展现出一定的非对称性，这主要是因为其中一个电容极板靠近衬底造成的。在电路拓扑结构中，我们通常都要将对噪声更不敏感的电容端口布置在靠近衬底的位置，从而减小衬底噪声对电容的影响。此外，还要减小平行线之间的耦合电容。最后，要保持时钟线远离电容，或者在两者之间加入地线进行保护。

2．开关

我们可以用导通/关断阻抗来表征跟踪保持电路的开关。在跟踪保持电路中，导通电阻必须非常小且保持常数，而关断阻抗则为无穷大。对于 MOS 晶体管构成的开关，它的导通电阻依赖于栅-沟道电压与阈值电压的差值，即

$$R_{\text{on,NMOS}}=\frac{1}{(W/L)_{\text{N}}\beta_{\text{N}}(V_{\text{DD}}-V_{\text{in}}-V_{\text{T,N}})}$$

$$R_{\text{on,PMOS}}=\frac{1}{(W/L)_{\text{P}}\beta_{\text{P}}(V_{\text{in}}-|V_{\text{T,P}}|)} \tag{1.34}$$

当输入电压小于栅极电压与阈值电压的差值时，NMOS 开关导通。最大的栅极电压可以等于电源电压；当输入电压高于栅极电压一个阈值电压时，PMOS 开关导通。在低电源电压和大信号传输时，开关中与电压相关的电阻会造成孔径时间的差异，并产生失真。不同尺寸 MOS 开关对保持信号的影响如图 1.19 所示。

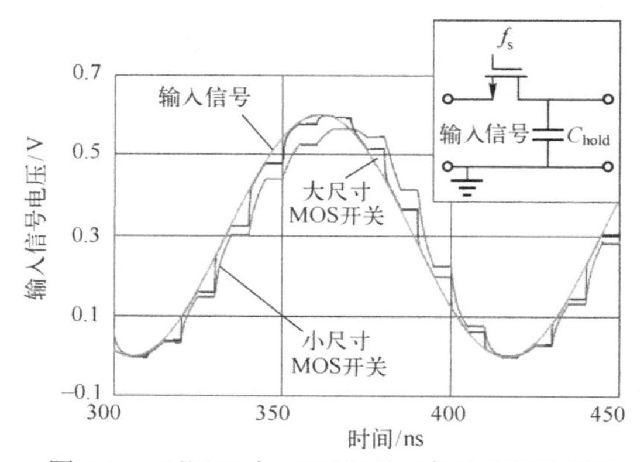

图 1.19　不同尺寸 MOS 开关对保持信号的影响

一个频率为 10MHz 的输入正弦波采样到 10pF 电容上，这时开关晶体管的尺寸为 50/0.1μm，仿真结果显示对输出信号没有产生负面影响。但是当晶体管尺寸缩小到原来的 1/10 时，可以明显地看到在更高的信号电压处，输入和输出信号之间的延时有所增加。这是因为在更高的信号电压处，NMOS 晶体管具有更少的沟道电荷，同时 RC 时间常数也随之增加。这种与信号有关的孔径延时时间效应也是一种失真。

通过简单地近似计算，我们可以估计失真幅度的大小。假设在整个信号范围内电阻的变化为 ΔR，那么有

$$R[V_{\text{in}}(t)] = R_0 + \frac{V_{\text{in}}(t)}{V_{\text{in,peak-peak}}}\Delta R \tag{1.35}$$

当输入信号为 $V_{\text{in}}(t) = 0.5V_{\text{in,peak-peak}}\sin(\omega t)$ 时，电流值主要由电容决定，即

$$I(t) \approx \omega C \times 0.5V_{\text{in,peak-peak}}\cos(\omega t)$$

这时，电阻上的电压降分为线性项和二次项。二次项可以认为出现在电容上的失真项，这时二次谐波失真 HD_2 可以表示为

$$\text{HD}_2 = \frac{\omega \Delta RC}{4} \tag{1.36}$$

在固定电压控制的简单开关电路中，开关导通阻抗与信号相关，这是设计者面临的一个重要问题。一种应用较为广泛的低阻开关——互补 CMOS 开关如图 1.20 所示。NMOS 晶体管与并联的 PMOS 晶体管相互补偿对方导通性较弱的区域，这就是通常所说的互补 CMOS 开关。在整个输入电压范围内，CMOS 开关的电阻变化较小，导通电阻较为恒定。但 CMOS 开关也存在一些问题。首先两晶体管开关的应用也意味着在晶体管的栅极要同时获得时钟信号。如果 PMOS 晶体管开关在 NMOS 开关之前导通，这就会产生孔径时间的差异，从而产生失真。此外，CMOS 开关也会对信号幅度产生一定的调制作用。

采用 CMOS 开关的优点在于在导通时具有相对稳定的导通阻抗，从而减小信号采样时产生的失真。但随着电源电压的下降（如 1V 以下的电源电压时），CMOS 开关已经处于截止边缘，无法对输入信号进行采样。

如图 1.21 所示，当采用 CMOS 开关进行采样时，由电源电压作为 NMOS 的栅极驱动电压，由地电位作为 PMOS 的栅极驱动电压，两者上的时钟信号相位相反。当输入信号为零电平时，NMOS 上的栅源电压即为电源电压，即 $V_{\text{GS}} = V_{\text{DD}}$。这时即使电源电压低至 0.6V，也足以使得 NMOS 导通。

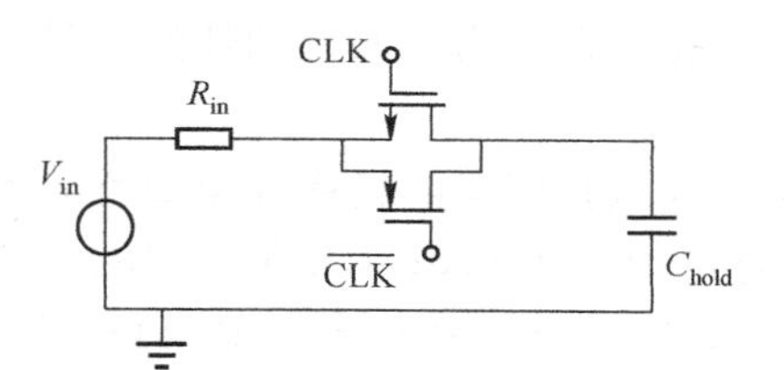

图 1.20　互补 CMOS 开关

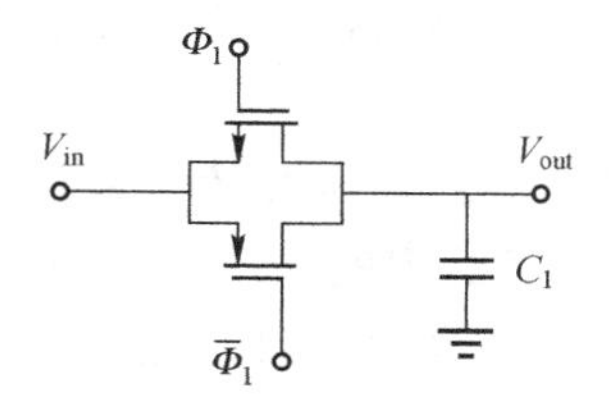

图 1.21　低电源电压下的 CMOS 开关

在 0.13μm CMOS 中，典型的 NMOS 阈值电压约为 0.3V；而当 $V_{\text{GS}} - V_{\text{T}} \geqslant 0.2\text{V}$ 时才能良好地导通，此时最小的 V_{GS} 为 0.5V。所以，根据 $V_{\text{GS}} = V_{\text{DD}} - V_{\text{in}} \geqslant 0.5\text{V}$，可以得到 $V_{\text{in}} \leqslant V_{\text{DD}} - 0.5\text{V}$。如果输入信号 V_{in} 继续增大，则 NMOS 将截止，不能发生导通。

对于 PMOS，有$V_{in}=|V_{GS}|-|V_T|\geqslant 0.2V$，所以可以得到$V_{in}\geqslant 0.5V$。当输入信号$V_{in}$更低时，PMOS 将不能导通。

综合以上讨论，输入信号要限制在$0.5V\sim V_{DD}-0.5V$的范围之内。0.13μm CMOS 的标准电源电压为 1.2V，为了使得 CMOS 开关导通而完成采样，输入信号只能局限在 0.5～0.7V 的狭小输入范围之内，这就严重限制了模/数转换器的动态范围。如果要进一步进行低功耗设计，就要降低电源电压，当电源电压下降至 1V 时，输入信号V_{in}的输入范围就几乎被压缩为零。此时，CMOS 开关无论何种情况都无法导通。

我们还可以得到另一个结论，即要对最小电源电压进行限制。仍以 0.13μm CMOS 为例，我们不难发现，为了满足较好的导通状态，电源电压的最小值不得低于两倍的(V_T+V_{Dsat})，即$V_{Dsat}=0.2V$时，最低的电源电压不得低于 1V。否则，CMOS 开关则不能应用在采样开关中。

当电源电压低于两倍的(V_T+V_{Dsat})时，如何才能保证采样开关的有效性呢？目前主要有以下 3 种方式来解决这个问题。

（1）改进工艺。在 0.35μm 以下混合信号工艺中，通常都设置为两种栅氧化层的厚度。其中，较薄的栅氧化层可以提供较低的阈值，而较厚的栅氧化层则具有较高的阈值电压和较低的泄漏电流，在数字电路中可以降低待机时的功耗泄漏。但随着阈值电压的降低，相应地也存在一些局限性。低阈值电压晶体管中的$i_{DS}-V_{GS}$曲线在弱反型区时，会穿过$V_{GS}=0$的纵轴。即当$V_{GS}=0$，仍然存在泄漏电流，也就是我们常说的亚阈值导电。由于阈值电压随着温度会以 2mV/℃ 的关系下降。而芯片温度在工作时往往高达 100℃，此时的阈值电压可能比常温时低 200mV。同时，亚阈区泄漏电流与V_{GS}呈指数关系变化。因此在芯片温度较高时，较大的泄漏电流也会引起额外的功率耗散，无法实现低功耗的设计。

（2）采用电压乘法器提供超过电源电压的直流输出电压。这些高电压可以作为采样开关晶体管的栅极驱动电压。由于高电压只作为栅极驱动电压，所以几乎没有电流，这种方法附加的功耗也较小。电压乘法器通常由多级二极管和电容组成，电压乘法器的级数越多，输出电压越大，同时电容越大，输出的功率也越大。

电压乘法器存在一些不可避免的缺点。首先，电路的功率效率比较低。为了获得较大的功率效率，须要增大时钟频率及电容值。而高速时钟容易在衬底中注入脉冲干扰，在模拟电路中引入噪声。其次，必须仔细设计电压乘法器的输出电压范围，避免因为电压过高而导致栅氧化层击穿，引起可靠性问题。最后，电压乘法器需要时钟驱动电路来驱动电容。时钟驱动电路通常为片内 *RC* 振荡器。*RC* 振荡器在附加额外功耗的同时也会对衬底造成噪声扰动。

（3）采用低功耗运算放大器作为采样开关，这就是所说的采样开关运算放大器技术。下面结合图 1.22 中的传统开关电容积分器进行讨论，Φ_1和Φ_2为相位差 180° 的不交叠时钟信号。当Φ_1为高电平时，输入信号对采样电容C_s充电，输入信号V_{in}和参考信号V_{ref}分别注入采样电容C_s的两个极板；当Φ_2为高电平时，采样电容C_s上的电荷转移到积分电容C_f上。

在单电源 CMOS 电路中，通常都设置参考电压V_{ref}为一个正值。我们首先假设在 0.13μm CMOS 中，NMOS 晶体管阈值电压为 0.3V，输入电压为 0.6V，电源电压为 1V，参考电压为 0.2V。那么当Φ_1为高电平进行采样时，输入采样晶体管的栅源电压$V_{GS} = V_{DD} - V_{in} - V_{ref} = 1V - 0.6V - 0.2V = 0.2V$，这时$V_{GS} < V_T = 0.3V$，因此输入采样晶体管处于截止状态，无法对输入信号进行采样。

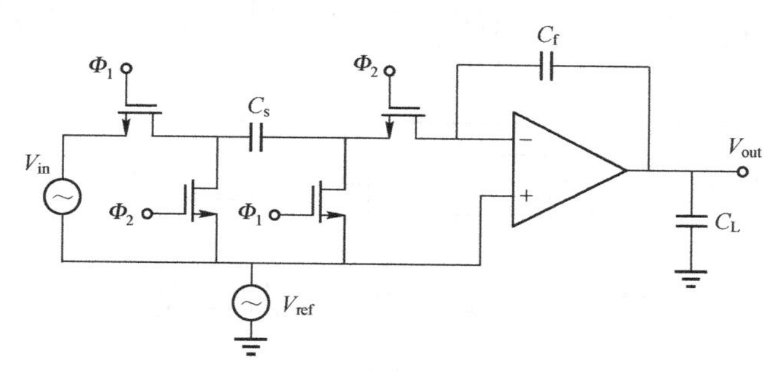

图 1.22 传统开关电容积分器

为了解决采样开关在低电源电压时无法导通的问题，一种有效的方法就是在串联的开关电容积分器中插入采样开关运算放大器来代替采样晶体管。带有采样开关运算放大器的串联积分器如图 1.23 所示。虚线框内的运算放大器代替了原来电路中采样晶体管。

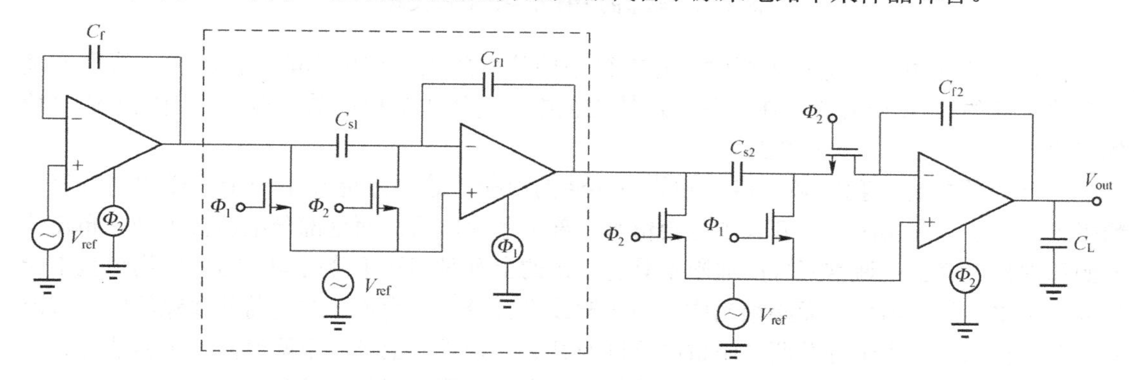

图 1.23 带有采样开关运算放大器的串联积分器

从图 1.23 中可以看出，虚线框中的积分器在Φ_2为高电平时，与前级输出信号相连，电容C_{s1}的左极板和右极板分别加载前级的输出信号和参考电压；当Φ_1为高电平时，电容C_{s1}的左极板加载参考电压，根据电荷守恒，此时的右极板即变为前级的输出信号，输出到下一级积分器中进行采样。由于各个开关晶体管的栅源电压都为$V_{DD} - V_{ref}$，因此即使在较低的电源电压时，也能保证开关晶体管的导通。

典型的采样开关运算放大器如图 1.24 所示。运算放大器的基本结构为一个 Class-A 的两级密勒补偿结构。为了满足开关的需要，加入两个由时钟信号控制的 M_9（NMOS）和 M_{10}（PMOS）。其工作原理是：当时钟信号Φ为高电平时，M_{10} 截止，M_9 导通，运算放大器处于正常工作状态；而当时钟信号Φ为低电平时，M_{10} 导通，将电流源晶体管 M_5、M_7 和 M_8 的栅极都拉至电源电压，使得 3 个晶体管截止，此时 M_9 也截止，运算放大器停止工作。

再回到单晶体管开关的讨论中。我们知道，MOS 开关要在源极和漏极之间建立一个沟道电荷层才能导通，而沟道电荷又是栅电容和栅源电压的产物。在简单的跟踪保持电路结构中，有效栅源电压等于 V_{DD}-V_T-V_{in}，即一个固定的栅极驱动电压减去输入电压。在这个情况

下，沟道电荷与信号是相关的。如果晶体管开关关断，那么保持电容中的电荷将会增加一部分信号电荷和一部分常数电荷，即

$$V_{\text{hold}} = V_{\text{in}} + \frac{Q_{\text{q}}}{2C_{\text{hold}}} = V_{\text{in}} + \frac{WLC_{\text{ox}}(V_{\text{in}} - V_{\text{DC}})}{2C_{\text{hold}}} = V_{\text{in}}\left(1 + \frac{WLC_{\text{ox}}}{2C_{\text{hold}}}\right) - \frac{WLC_{\text{ox}}V_{\text{DC}}}{2C_{\text{hold}}} \tag{1.37}$$

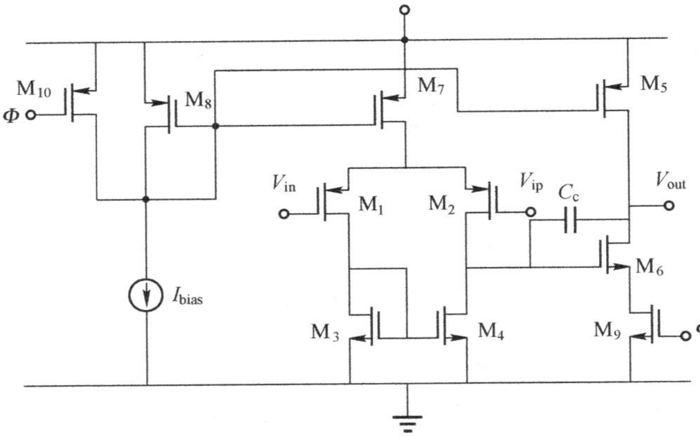

图 1.24　典型的采样开关运算放大器

在实际情况中，当进行采样时，存在微小的信号放大。这种影响会损坏流水线型或基于算法实现的模/数转换器。在一些先进的工艺中，沟道中的电荷数量减少，因此上述电荷的变化不会产生过多的负面效应。

当开关关断时，我们必须移除开关中存储的电荷，这样才能在下一个采样周期时获得精确的采样值。在实际中，开关中总会留有一部分残余电荷，而这部分电荷会平均分布在信号源和保持电容上。通常开关的通断都具有一定的上升时间和下降时间，这时候沟道就不能看成一个单一的元器件，而必须当成一条传输线进行分析。沟道中的电荷从传输线的一端流向开关的输出端。由于开关两端阻抗的不同及开关非理想的上升和下降时间，电荷的分布都会发生一定的偏差。这反过来又会导致采样电容上产生不期望的信号分量。在一些电路中，我们可以通过在跟踪保持电路的输入端添加电容，来平衡开关两侧的阻抗值。

在输入信号和保持电容之间有时会存在容性耦合，产生时钟信号馈通，为了消除这种效应，我们可以采用 T 形开关的方法。T 形开关电路如图 1.25 所示，T 形开关的两个串联晶体管由采样脉冲时钟信号控制。而第三个晶体管连接在串联晶体管的源漏节点和地之间，由采样脉冲的反相信号进行控制。

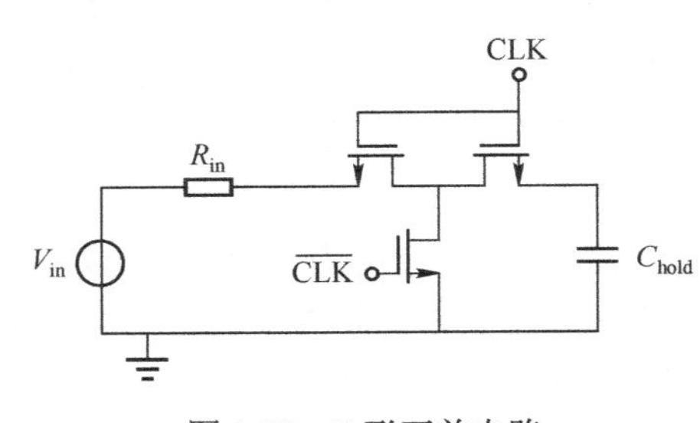

图 1.25　T 形开关电路

3. 底极板采样

我们之前讨论了与信号有关的沟道电荷会影响采样过程。为了消除这个影响，通常采用底极板采样的方式来解决。底极板采样的结构及时序如图 1.26 所示，采样电容的底极板通过开关连接到地，开关 M_{2A}、M_{2B} 略微在开关 M_{1A}、M_{1B} 前导通，输出端悬空使得 M_{1A}、M_{1B} 引起的时钟信号馈通和电荷注入不会对输出信号产生影响，而开关 M_{2A}、M_{2B} 的时钟信号馈通和电荷注入会对输出信号产生影响，在理论上引

入的误差可以通过差分结构消除，即便开关 M_{2A}、M_{2B} 的时钟信号馈通和电荷注入对输出信号的影响存在差异，由于这两个开关的尺寸一般较小，所以引入的误差往往也可以控制在精度要求范围之内。

4. 栅压自举技术

为了克服各类失真及非理想效应，在采样保持电路中，通常采用栅压自举开关。栅压自举开关的工作原理是：在开关导通时，开关的栅漏电压恒定，从而提高导通阻抗在输入范围内的平坦性，降低采样开关引入的谐波失真。栅压自举开关电路如图 1.27 所示，其中 S_1、S_2、S_3、S_4、S_5 为开关，C 为自举电容，MS 为采样开关。首先在 CLK 有效时开关 MS 关闭，自举电容 C 被充电到 V_{DD}，$\overline{CLK}$ 有效时开关 MS 导通，此时 MS 的 $V_{GD}=V_{DD}$。栅压自举开关虽然可以降低导通阻抗和谐波失真，但也带来了可靠性的问题，在深亚微米的工艺下，如果 MOS 的 G、D、S、B 4 端中任意两端的电压差超过 $1.7V_{DD}$，那么会带来可靠性的问题。

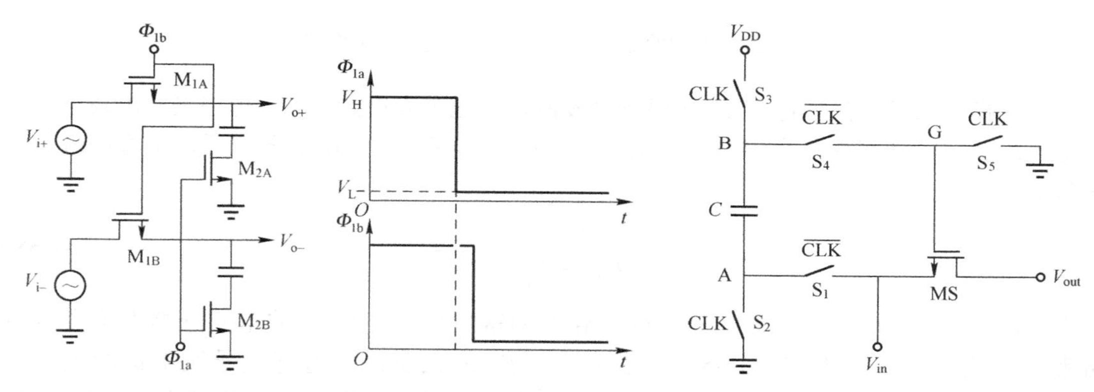

图 1.26 底极板采样的结构及时序

图 1.27 栅压自举开关电路

目前，栅压自举开关大致分为两类：有源开关、无源开关。有源开关通常动态范围较高（>100dB），但带宽有限，设计相对复杂。无源开关又可分为有衬底效应无源开关和无衬底效应无源开关两类。开关的动态范围决定了开关的具体结构。典型的无源 NMOS 型栅压自举开关电路如图 1.28 所示。

NMOS 型栅压自举开关的工作原理是：当时钟信号 CLK 为低电平时，开关处于保持状态，M_5、M_6 导通，节点 n_3 为低电平，M_3、M_2 导通，V_{DD} 通过 M_3、M_2 对电容 C_1 进行充电，C_1 两端电压被充至 V_{DD}（忽略 M_3、M_2 的导通电压降）。与此同时，MS 的栅极通过 M_5、M_6 接地，使其关断，M_1 和 M_{10} 组成的 CMOS 开关在时钟信号 CLK 的控制下保持关断。由于 M_7 导通，节点 n_5 为高电平，M_4 截止，使节点 n_3 与节点 n_2 断开。这样开关的输入端电压变化不会影响到电路内各节点电压。当时钟信号 CLK 为高电平时，开关进入采样状态，M_1、M_{10} 导通，使节点 n_1 处的电压与输入电压 V_{in} 几乎相等，M_2 截止，M_4、M_8 导通，节点 n_3 处电位升高，M_3 截止，MS 的栅端与源端分别通过 M_4、M_1、M_{10} 与电容 C_1 连接，其栅源电压差近似为电容 C_1 上的电压 V_C。栅压自举开关通过采样状态将内部部分节点电压提升，降低了电路的可靠性，当晶体管尺寸进入深亚微米后，晶体管 4 个端点中任意两点之间的电压差不能超过 $1.7V_{DD}$。为了提高电路的可靠性，在电路结构中增加了功能上相对冗

余的 M_9 和 M_5，M_9 的作用是确保 M_4 在导通时的栅源电压不超过 V_{DD}，M_5 是为了在时钟信号 CLK 为低电平时，保证 M_6 的 V_{gd} 与 V_{ds} 不超过 V_{DD}。

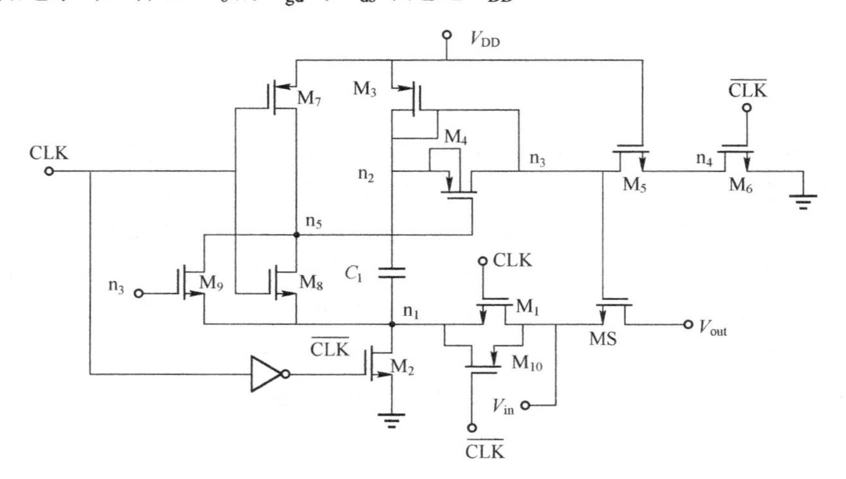

图 1.28　典型的无源 NMOS 型栅压自举开关电路

需要指出的是，虽然电容 C_1 在保持阶段两端电压被充电到 V_{DD}，但在采样阶段由于寄生电容的存在，使得保持在电容上的电荷发生电荷分享，发生电荷分享后，电容两端电压变为 V_C，即

$$V_C = \frac{V_{DD}C_1}{C_1 + C_{pn1} + C_{pn2} + C_{pn3}} \tag{1.38}$$

式中，C_{pn1}、C_{pn2}、C_{pn3} 分别为 n_1、n_2、n_3 处的寄生电容。C_1 上的电荷分享现象会给电路带来非线性因素。由式（1.38）可以看出，V_C 的大小决定着开关导通阻抗的大小，在 V_C 不变的情况下，加大 MS 的尺寸可以减小导通阻抗，提高开关的带宽，同时 n_3 处寄生电容 C_{pn3} 也会增大，V_C 由于电荷分享的发生而变小，可见在设计中存在尺寸、带宽之间的制约关系，所以必须对电路中 C_1 的大小及各个晶体管（特别是 MS）的尺寸仔细设计。

5. 对保持电容的缓冲设计

我们必须对保持电容上的电压进行缓冲，可以采用源跟随器或源退化差分对来作为缓冲器使用。这时开环放大器的速度要和非线性进行折中设计，但通常来说都可以满足 8～10 位的精度要求。

为了提高线性度，也可以采用反馈放大器进行设计。这类反馈放大器不但可以对电容上的电压进行缓冲，也可以承担一部分模/数转换功能。因此在不同的模/数转换器拓扑结构中，对缓冲器提出了不同的要求，具体有以下几方面。

（1）通常来说，开关的信号带宽、缓冲器的输入范围及输出范围都是互相关联的。在反馈结构中，开关的信号通常要和缓冲器的输入、输出带宽相等。而缓冲器的输入、输出带宽又与运算放大器结构相关。通常使用 NMOS 开关和 NMOS 输入级的缓冲器结构并不是一种最优的选择，因为这种结构会在通路上损失一部分的信号带宽。对于模/数转换器来说，最优的缓冲器结构既可以允许较大幅度信号的传输，又可以使电路对工艺参数和电源电压的敏感度降低。所以，我们对跟踪保持电路的设计通常都从电路传输所需要的信号带宽入手。

（2）如果缓冲器由一个单位增益反馈运算放大器构成，那么运算放大器的最小直流增益为

$$A_{DC} > \frac{1}{\varepsilon} = 2^N \tag{1.39}$$

式中，ε 为建立误差。

从式（1.39）中可以看出，ε 未知，且为了获得更高的精度，要尽可能地降低 ε。实际上，在大多数运算放大器结构中，ε 中的一部分与信号线性相关，并且会产生微小的增益误差。这种误差在大多数模/数转换器中基本是可以接受的。

（3）采样信号建立的速度依赖于跟踪保持电路达到所需精度输出信号的时间。为了在一个采样周期达到所需的信号精度，跟踪保持缓冲器的单位增益带宽至少要等于采样频率。通常在信号的快速建立过程中，只有一小部分的采样脉冲周期用于信号建立，这时要求缓冲器的单位增益带宽大于采样频率的 3 倍以上。

1.2.4　跟踪保持电路

1．基本结构

为了驱动跟踪保持电路及保持电容，缓冲器必须满足其对带宽、失真及时间精度的最大要求。在现代低电压集成电路中，这些要求很难在电路中实现。在一些系统解决方案中，工程师们不得不用片外的驱动器加以实现。片外驱动器驱动片上跟踪保持电路如图 1.29 所示。

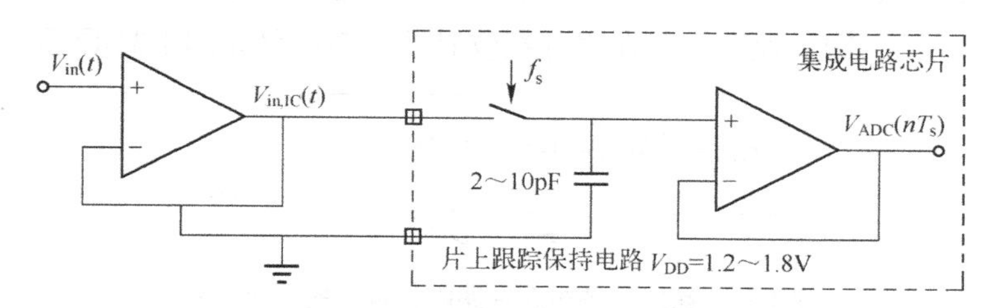

图 1.29　片外驱动器驱动片上跟踪保持电路

片外驱动器驱动片上跟踪保持电路的缺陷是芯片的输入焊盘连接一个保护电路。这使得串联电阻和扩散电容会将输入端口作为负载，从而限制输入信号带宽，并使输入信号产生一定的失真。同时，输入信号摆幅也会调制采样开关电阻，所以跟踪保持电路通常采用栅压自举开关来保持导通电阻的恒定。

采用片上驱动器的方案存在一些不足之处。首先，对电容电压进行缓冲，要求缓冲器具有较大的输入范围，并且具有较高的共模抑制比（Common Mode Rejection Ratio，CMRR）；其次，缓冲器也会在电路中增加失调电压和 $1/f$ 噪声。

为了使缓冲器获得较大的共模输入范围，同时克服其他不利因素，我们可以采用失调抵消技术的跟踪保持电路，如图 1.30 所示。

在跟踪相位（时钟信号闭合）时，该缓冲器是一个单位增益反馈结构。缓冲器的失调

电压及低频噪声都出现在运算放大器的负向输入端，并存储在电容中。在保持模式时，只有反相时钟开关导通。运算放大器通过电容形成反馈，根据电荷守恒，这时的输出信号将会“复制”输入信号，从而保证在电容上具有和输入信号连接时相同的电压差。在这种情况下，输出电压就不会受到输入失调电压及低频噪声的影响。但是，由运算放大器产生的高频噪声则会被采样到信号中。失调电压到输出信号的传递函数为

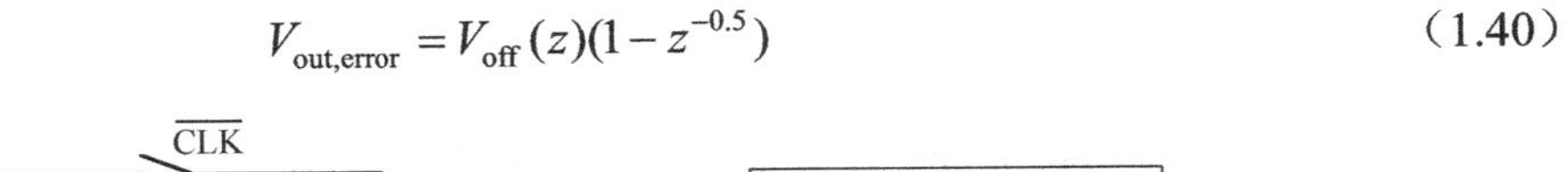

$$V_{\text{out,error}} = V_{\text{off}}(z)(1 - z^{-0.5}) \tag{1.40}$$

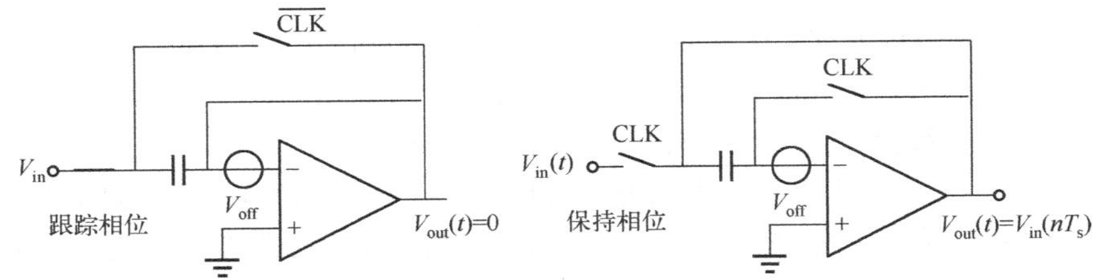

图 1.30　采用失调抵消技术的跟踪保持电路

假设时钟信号的占空比为 50%，其在频域的传输特性可以表示为

$$H(f) = 2\sin[\pi f/(2f_{\text{s}})] \tag{1.41}$$

从式（1.41）中可以看出，传递函数有效降低了直流失调电压。然而，这种机制也将 $f_s/2$ 附近的信号放大了两倍，这是我们所不希望得到的。

现在，我们来讨论诸如跟踪保持电路这类开关电容电路的噪声特性。在跟踪相位的初始阶段，开关电阻中的连续时间噪声出现在电容上。同时，来自运算放大器负向输入端的噪声也被采样到电容中。运算放大器产生的噪声主要由输入差分对噪声所决定。由于 $1/g_{\text{m}} \gg R_{\text{sw}}$，且开关和采样电容的噪声又分布在一个较大的带宽范围之内，所以运算放大器的噪声在电路中占主要矛盾。跟踪保持电路在跟踪相位时的等效电路如图 1.31 所示。

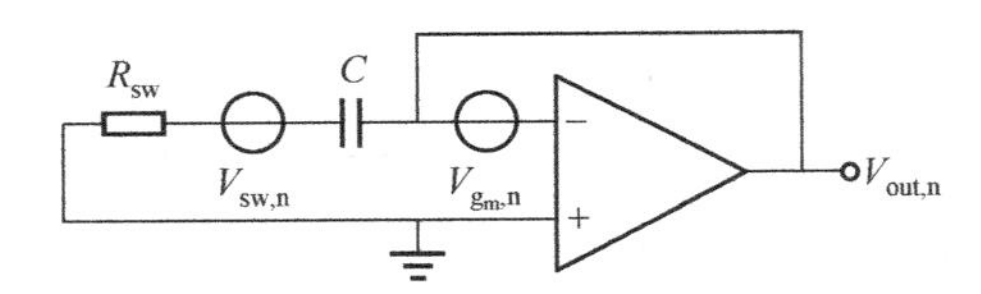

图 1.31　跟踪保持电路在跟踪相位时的等效电路

我们用 $V_{g_{\text{m}},\text{n}}$ 来表示运算放大器的噪声贡献，此时，输出噪声 $V_{\text{out,n}}$ 由运算放大器的一阶传递函数进行处理。反馈通路将输出噪声返回输入端。结合输入差分对的输入参考噪声频谱及单位增益传递函数，我们可以得到跨导噪声修正系数 $\alpha = 1$。式（1.42）中的系数 2 来源于噪声的两次不连续采样：一次是在跟踪相位时，另一次是在保持相位重新连接时。

$$V_{\text{out,n}}^2 = 2 \times \frac{4kT}{g_{\text{m}}} \int_{f=0}^{f=\infty} \frac{1}{1+(f/f_{\text{UGBW}})^2} \mathrm{d}f = \frac{8kT}{g_{\text{m}}} \cdot \frac{\pi f_{\text{UGBW}}}{2} \tag{1.42}$$

系数 $(f_{\text{UGBW}}\pi)/2 \approx 1.57 f_{\text{UGBW}}$ 表示理想一阶传递函数能量的滚降特性。一级运算放大器的单位增益带宽由输入差分对的跨导和负载电容决定，即 $f_{\text{UGBW}} = g_{\text{m}}/(2\pi C_{\text{load}})$，而二级运算放大器的单位增益带宽则是由输入差分对的跨导和密勒补偿电容决定，于是我们可以得到输出噪声为

$$V_{\text{out,n}}^2 = \frac{2kT}{C_{\text{load}}} \quad (V_{\text{out,n}}^2 = \frac{2kT}{C_{\text{Miller}}}) \tag{1.43}$$

因此，如果二级运算放大器的单位增益带宽与一级运算放大器的单位增益带宽成比例，那么密勒补偿电容则与一级运算放大器的负载电容大小相近。运算放大器的负载电容也包括了采样电容，这意味着采样电容上的噪声能量大约为 $2kT/C$。

当反馈相位结束后，电容上的噪声包括两部分：采样噪声及运算放大器产生的连续时间噪声。这些噪声将会在下一个周期中被采样。开关电容电路在一个周期内的开关动作会产生多个独立的噪声，而这些噪声能量最终相加，恶化电路性能。

一种标准的差分跟踪保持电路噪声传输机制——基于跨导器的差分跟踪保持电路如图 1.32 所示，运算放大器用一个跨导器来替代。在采样相位时，电容直接连接到输入信号。在反馈相位时，电容连接到跨导器的输出端。这个电路并没有抵消失调电压，kT/C 噪声只被采样了一次，而跨导器在跟踪相位中的噪声也没有被采样。

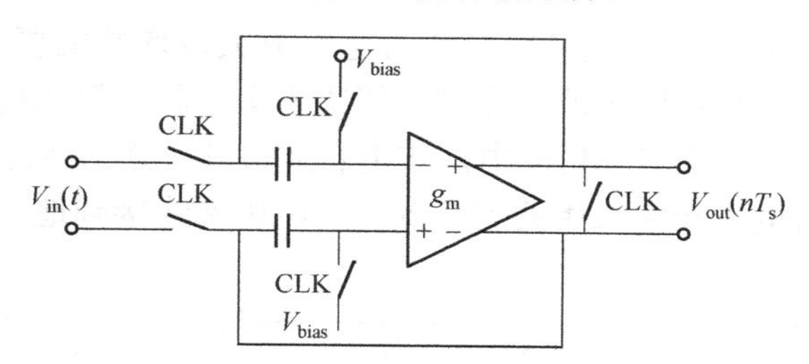

图 1.32　基于跨导器的差分跟踪保持电路

2．跟踪保持放大电路

一种更复杂的跟踪保持电路在跟踪、保持信号的同时，还可以对信号进行放大，其电路如图 1.33 所示。在跟踪相位时，开关 S_3 将运算放大器连接为单位增益反馈电路，电容 C_1 和 C_2 并联连接到输入信号；在保持相位时，开关 S_1 通过电容 C_2 产生反馈通路。开关 S_2 将电容 C_1 连接到地。这时 C_1 上对应输入信号的电荷就转移到 C_2 上，电路的输入和输出电压关系可以表示为

$$V_{\text{out}} = \frac{V_{\text{in}}(C_1 + C_2)}{C_2} \tag{1.44}$$

从式（1.44）可以看出，对信号的采样使得噪声能量也增加了 C_1+C_2 倍。在保持和放大相位时，C_1 连接到地。运算放大器的输入参考噪声也被放大了两倍，同时还加入了 C_1 的噪声。

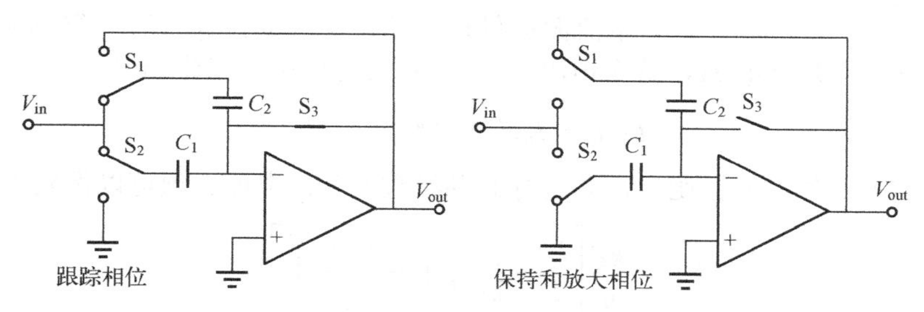

图 1.33　跟踪保持放大电路（主要用于流水线型模/数转换器）

虽然运算放大器的准确参数指标依赖于跟踪保持电路，但我们仍然可以给出一些大致的约束条件。为了获得足够低的失真值，运算放大器的直流增益要超过失真值。例如，要获得 60dB 的失真值，运算放大器增益要设计为 60～70dB。在一些模/数转换结构中，积分非线性和微分非线性与电荷转移的精度有关。

因为大多数运算放大器在跟踪保持电路中都连接为单位增益反馈结构，所以在保持相位时，运算放大器的速度必须满足建立误差的需求。运算放大器的建立时间常数等于 $1/2\pi f_{\text{UGBW}}$。如果单位增益频率等于采样频率，那么时间常数 2π 只能满足一个完整的采样周期（$e^{-2\pi}=0.002$）。我们通常都会选择单位增益频率为采样频率的 1.5～2 倍。在图 1.33 中，在保持相位时，运算放大器处于 $(C_1+C_2)/C_2$ 倍的放大模式。因此，为了满足信号建立的要求，单位增益频率也应该增加相应的倍数。

对于高精度模/数转换器，运算放大器的增益必须遵循式（1.39），才能避免不完全的电荷转移。另一种设计思路认为运算放大器输入端的误差电压等于 $V_{\text{out}}/A_{\text{DC}}$。通过降低输出电压可以降低输入误差，这时就可以放松对运算放大器增益的要求，其电路如图 1.34 所示。跟踪和放大相位都与我们之前讨论过的解决方案相同。但在这两个相位结束时，电容 C_3 充电至输出电压。在第三个相位中，该电容通过开关连接到运算放大器的输出端。这时运算放大器的输出电压和输入相关的直流失调电压都连接到地，从而保证了高精度的电荷转移。

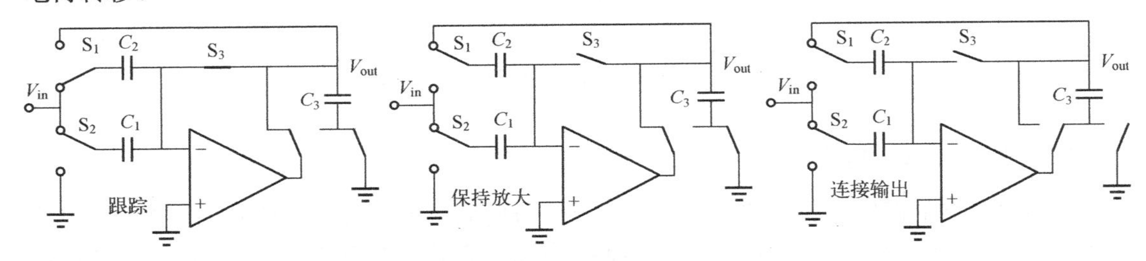

图 1.34　增加连接输出相位、降低运算放大器直流增益的电路

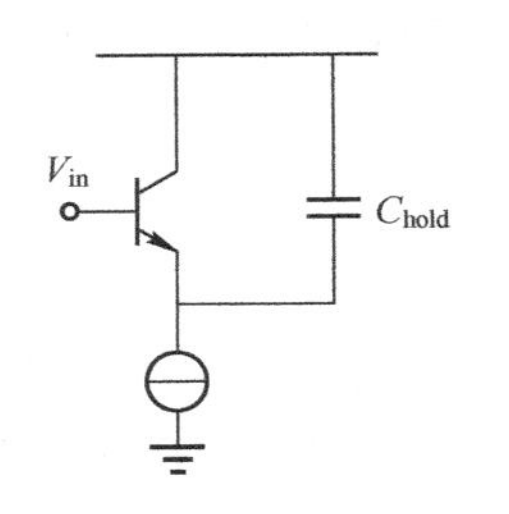

图 1.35　理想射随器电路

3. 失真和噪声

我们在之前的讨论中分析过，在跟踪保持电路的设计中，必须在失真和噪声之间进行折中。从式（1.24）中我们可以得到电容上的噪声电压。从图 1.35 所示的理想射随器电路中，我们可以计算失真分量。

如果晶体管的射随器电路将输入信号复制到电容上，同时电流源提供理想的恒定电流，那么可以得到晶体管中流出的容性电流 $i_{\text{C}}=\text{j}\omega CV_{\text{a}}\sin(\omega t)$，这个电流会对基极-发射极电压产生调制，即

$$I-i_{\text{C}}=I_0\text{e}^{q(V_{\text{BE}}-\Delta V_{\text{BE}})/(kT)} \tag{1.45}$$

对式（1.45）两侧取对数函数，并进行泰勒级数展开，取前 3 项可以得到

$$\Delta V_{\text{BE}}=\frac{kT}{q}\left[\frac{i_{\text{C}}}{I}-\frac{1}{2}\left(\frac{i_{\text{C}}}{I}\right)^2+\frac{1}{3}\left(\frac{i_{\text{C}}}{I}\right)^3\right] \tag{1.46}$$

如果射随器的输入信号为正弦波，那么施加在电容的电压就包含有 2 次项和 3 次项，

这些高次项是整体信号电流的函数项。它们与基波的幅度比例称为调制深度。通常我们采用差分电路可以消除 2 次项和其他偶次谐波项，但 3 次项和其他奇次谐波项仍然保留。

我们可以得到基波和 3 次失真分量：

$$v_{C,1} = V_a - \frac{kT}{q}\left(\frac{V_a j\omega C}{I}\right)$$

$$v_{C,3} = \frac{1}{12}\frac{kT}{q}\left(\frac{V_a \omega C}{I}\right)^3 \tag{1.47}$$

从式（1.47）中可以看出，增大电流、减小信号幅度、降低频率或减小电容都可以降低 3 次失真分量的影响。从另一方面考虑，减小信号幅度和保持电容都会降低信噪比。失真与噪声对保持电容的变化趋势如图 1.36 所示，失真与噪声对保持电容的变化趋势正好相反，我们不可能同时得到最优化的失真和噪声值。但对于给定电路的工作频率、信号幅度和偏置电流参数，存在一个最优的电容值可以最小化电路的噪声和失真。

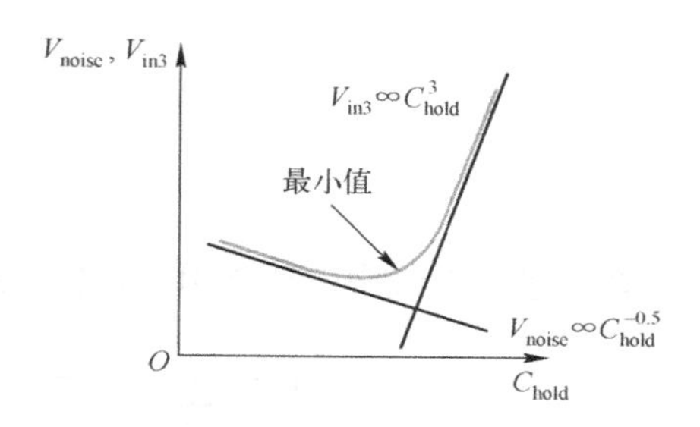

图 1.36　失真与噪声对保持电容的变化趋势

1.3　量化

量化是模/数转换过程中的一个主要步骤。量化过程会产生积分非线性、微分非线性及单调性等问题。同时，信噪比也受到量化过程的严重影响。数字采样信号通常包含一组比特数据。在二进制格式中，这些比特数据以 0、1 的形式进行表示。一个模拟信号的二进制表示受限于数字码的宽度及数字处理过程。模/数转换就是要将模拟信号表示为最接近的数字码的过程，这个具体的转换过程称为量化。在模/数转换过程中，绝大多数的连续时间信号都要经历量化的过程。

与其他技术一样，量化最开始也是由于电话传输技术产生的。在这个应用中，语音信号的幅度由一连串脉冲信号表示，这种技术称为脉冲调制编码（Pulse Code Modulation，PCM）。如今该技术已经普及到多种技术应用中，作为描述量化后模拟采样信号的数字格式。

量化过程如图 1.37 所示，信号电压和一系列的参考值进行比较，这些参考值为一系列离散的电压值，而连续信号的幅度与最接近的参考值进行比较，生成数字码。因此，在每一个模/数转换过程中都会产生误差信号。从模拟域到数字域的转换也就很自然地受到这些误差信号的影响，这些误差信号称为量化误差。量化误差产生的功率也限制了模/数转换过程的质量。

在采样时刻后，将连续信号用最接近的离散幅度进行表示，大多数的离散幅度表示都是基于二进制码得到的，即都用 2 的 N 次方来表示。指数 N 称为模/数转换器的分辨率，它表示将连续信号划分为 2^N 个幅度步长，N_{out} 表示模/数转换器输出的 N 位数字码。一个模/数转换器的精度取决于量化的质量。许多工程师经常混淆“精度”和“分辨率”的概念。举个例子，我们将 0～0.8V 的连续幅度信号量化为 8 个步长，理想值为 0V, 0.1V, 0.2V, …,

0.7V，分辨率为 3 位。但在实际中，这些量化步长会受到失调误差、增益误差和随机误差的影响。如果量化后的电压漂移到 0.04V, 0.14V, ⋯, 0.74V，虽然它们之间的相对误差为 0%，即分辨率非常精确，但是考虑外部的绝对电压值，这时的绝对精度便少了 0.04V。

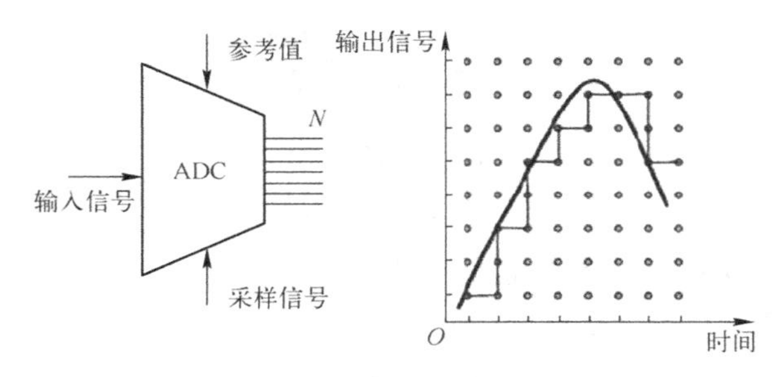

图 1.37　量化过程

在二进制系统中，通常用“直接二进制”来表示信号，即

$$B_s = \sum_{i=0}^{i=N-1} b_i 2^i = b_0 + b_1 2^1 + b_2 2^2 + \cdots + b_{N-1} 2^{N-1} \tag{1.48}$$

系数 2^{N-1} 称为最高有效位（Most Significant Bit，MSB），相邻两个量化步长的间隔称为最低有效位（Least Significant Bit，LSB）。LSB 的物理含义为

$$\frac{输入信号满摆幅幅度}{2^N} = \text{LSB} \Leftrightarrow A_{\text{LSB}} = \frac{物理参考量}{2^N} \tag{1.49}$$

式中，A_{LSB} 表示电压、电流、电荷或其他物理量；物理参考量为模拟信号物理量的范围。从式（1.49）中可以看出，超出范围的信号不会进行转换。所以，在许多模/数转换器中要定义“过载”范围。随着量化位数的增加，模/数转换器输出更逼近信号值，正弦波 1～8 位的量化结果如图 1.38 所示。

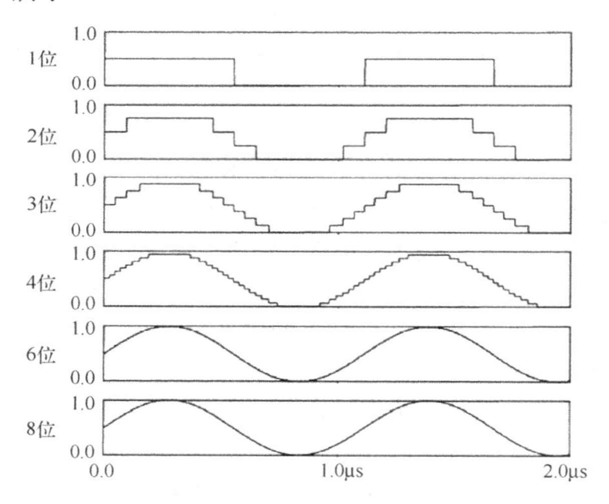

图 1.38　正弦波 1～8 位的量化结果

1.3.1　线性度

理想模/数转换器仅仅展现出量化误差，但实际上因为转换方法、电路结构、分辨率、

采样频率及工程师的设计水平，还存在其他方面的误差。这里我们主要针对模/数转换器的线性度问题进行讨论。

1．积分非线性

在图 1.39 中，设 $A(i)$为模拟信号，数字码依次从 i 变化到 i+1。那么理想模/数转换器的输入信号可以表示为 $A(i)=iA_{\mathrm{LSB}}$ 。这时，模/数转换器的积分非线性（Integral Non Linearity，INL）表示为实际转换值与理想转换函数的偏差，即

$$\mathrm{INL}=\frac{A(i)-iA_{\mathrm{LSB}}}{A_{\mathrm{LSB}}},\quad i=0,1,\cdots,(2^N-1) \tag{1.50}$$

积分非线性如图 1.39 所示。

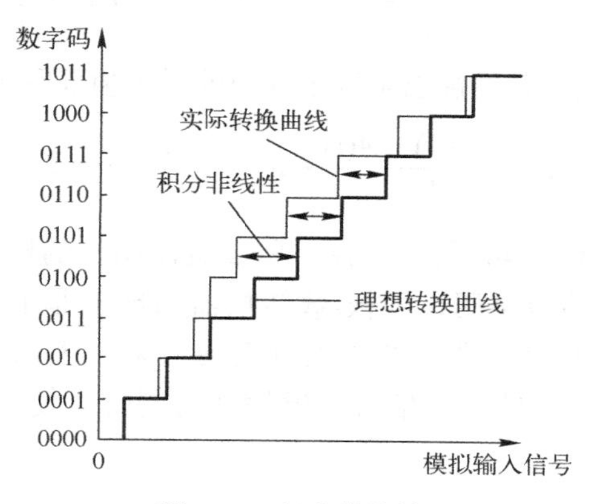

图 1.39　积分非线性

为了方便说明，更普遍的表示方法是用整个量化范围内的最大偏差值与最低有效位数值的比值来表示积分非线性：

$$\mathrm{INL}=\max\left|\frac{A(i)-iA_{\mathrm{LSB}}}{A_{\mathrm{LSB}}}\right|,\quad i=0,1,\cdots,(2^N-1) \tag{1.51}$$

图 1.39 展示了输入信号的理想转换曲线、数字码和实际转换曲线。从图 1.39 可以看出，实际转换曲线发生了偏移，在最大处甚至与实际转换曲线产生了 1 个 LSB 的偏差。因此，我们就可以说该模/数转换器的积分非线性为 1 个 LSB。

以上表明，模/数转换器的转换过程始于输入信号为零时，终止于满摆幅输入信号时，这一点在许多工业及测量仪器中具有十分重要的意义。在另一些系统中，由于采用了交流耦合技术，输入信号的绝对失调误差是可以接受的。但是，因为一些系统也会对转换曲线斜率中的偏移进行处理，这就会导致不可避免的放大误差。在这些情况中，我们对积分非线性具有较为宽松的定义：积分非线性是指实际转换曲线与最佳转换拟合曲线的对比结果。采用这个定义，图 1.39 中的积分非线性就不是 1 个 LSB，而是 0.5 个 LSB。当然这只是数值上的表示方法，而不是真将积分非线性进行了降低，但这是我们表示模/数转换器积分非线性更为通用的表示方法。

模/数转换器的积分非线性与其谐波失真性能紧密相关。这是因为积分非线性的特性曲线决定了谐波分量的幅度。在频域中，我们通常用总谐波失真来表示模/数转换器的线性偏差，总谐波失真可以表示为谐波信号与基波信号功率的比值，通常用对数形式表示，即

$$\mathrm{THD}=10\lg\left(\frac{2\text{次及高次谐波功率}}{\text{基波功率}}\right) \tag{1.52}$$

由于信号高次谐波的功率逐渐减小，所以在计算时通常只计算到 5 次或 10 次谐波的功率。更高次谐波的功率仅用于计算信纳比时使用。

2．微分非线性

除了积分非线性，微分非线性（Differential Non Linearity，DNL）是另一个表征模/数转换器和数/模转换器直流转换曲线的重要参数。微分非线性定义为实际转换步长和理想转换步长（1 个 LSB）之间的差值，数学上将其可以表示为

$$\mathrm{DNL}=\frac{A(i+1)-A(i)}{A_{\mathrm{LSB}}}-1\text{，}\quad i=0,1,\cdots,(2^N-2) \tag{1.53}$$

与积分非线性类似，微分非线性也可以用其中的最大值表示为

$$\mathrm{DNL}=\max\left|\frac{A(i+1)-A(i)}{A_{\mathrm{LSB}}}-1\right|\text{，}\quad i=0,1,\cdots,(2^N-2) \tag{1.54}$$

有限的微分非线性如图 1.40 所示。在一些二进制结构的模/数转换器中，输入信号幅度的增加反而会产生更小的数字码，即模/数转换器出现了非单调性。当模/数转换器处于一个控制环路中时，这种非单调性会产生灾难性的后果。所以，许多系统要求模/数转换器必须具有单调的转换特性：即输入信号幅度增加的同时，使得输出数字码产生正向增加或零增加。

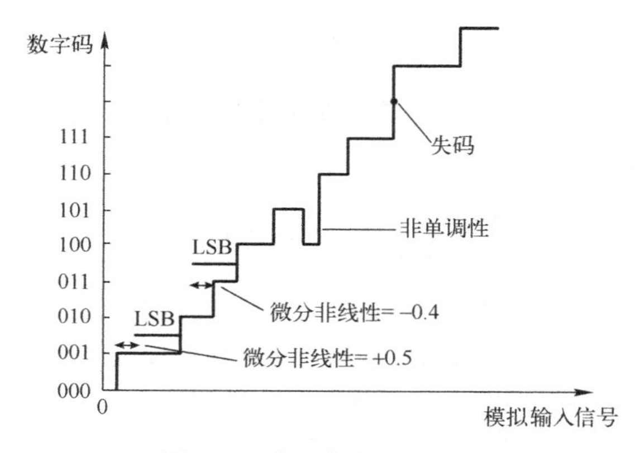

图 1.40　有限的微分非线性

在图 1.40 的高位段，输入信号的增加导致一次产生两个 LSB，跳过了一个数字码，这种错误称为失码。需要注意的是，一个失码等效的微分非线性为−1。一个 8 位模/数转换器的积分非线性和微分非线性如图 1.41 所示。微分非线性在+0.7 和−0.4 之间变化，这时我们就可以认为该模/数转换器的最大微分非线性为+0.7。同样，积分非线性在+1.2 和−1.1 之间变化，那么此时的最大积分非线性就为+1.2。

1.3.2　量化误差

我们知道，量化的能量限制了模/数转换器的性能。我们用一个 100MHz 的采样信号对 1MHz 信号进行采样，1～8 位量化的结果如图 1.42 所示。量化和采样是两个相互独立的过

程。采样可以看成量化信号的独立预处理。在 1 位量化中，模/数转换器实际上是一个简单的单阈值比较器，将输入正弦波转换为简单的方波。量化误差等于正弦波傅里叶级数展开的高阶部分，即

$$f(t)=\frac{4}{\pi}\sin(2\pi ft)+\frac{4}{3\pi}\sin(3\times 2\pi ft)+\frac{4}{5\pi}\sin(5\times 2\pi ft)+\cdots \tag{1.55}$$

此时，基波功率与谐波功率的理论比值为 6.31dB。

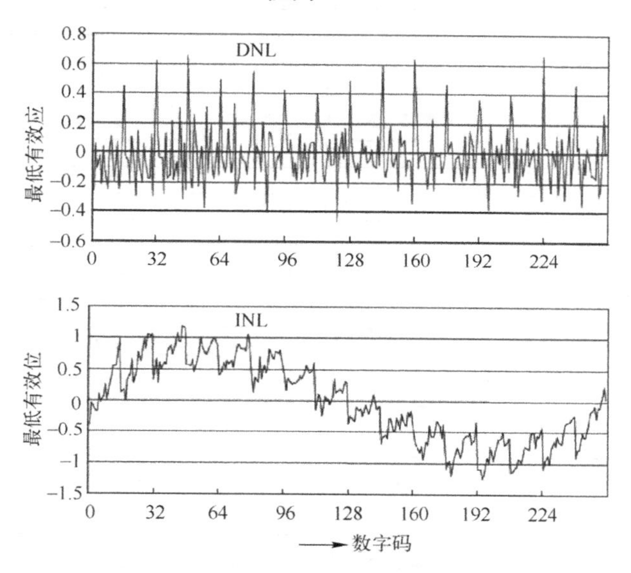

图 1.41　8 位模/数转换器的积分非线性和微分非线性

当量化分辨率增加时，由于逼近正弦信号的多级离散信号功率增加，信号的谐波功率相应减少。量化实际上是一个失真的过程。布拉赫曼推导了量化信号 $\hat{A}\sin(2\pi ft)$ 第 p 次谐波的表达式：

$$y(t)=\sum_{p=1,3,5\cdots}^{\infty}A_p\sin(2\pi pft)$$

$$\text{当 } p=1 \text{ 时，} A_p=\hat{A}$$

$$\text{当 } p=3,5,\cdots \text{时，} A_p=\sum_{n=1}^{\infty}\frac{2}{n\pi}J_p(2n\pi\hat{A}) \tag{1.56}$$

式中，A_p 为谐波项的系数；J_p 为一阶贝塞尔函数。对于幅度较大的信号 $\hat{A}$，式（1.56）的最后一个可以近似的公式为

$$\text{当 } p=1 \text{ 时，} A_p=\hat{A}$$

$$\text{当 } p=3,5,\cdots \text{时，} A_p=(-1)^{(p-1)/2}\frac{h(\hat{A})}{\sqrt{\hat{A}}} \tag{1.57}$$

对于 $\hat{A}=2^3,2^4,2^5$，$h(\hat{A})$ 的值近似为常数。基波分量 A_1 和奇次谐波分量的比值近似为 $\hat{A}^{3/2}=2^{3N/2}$，用 dB 值来表示。每增加 1 位的量化，奇次谐波的功率降低 9dB。经过研究发现，实际上近似降低 8dB。

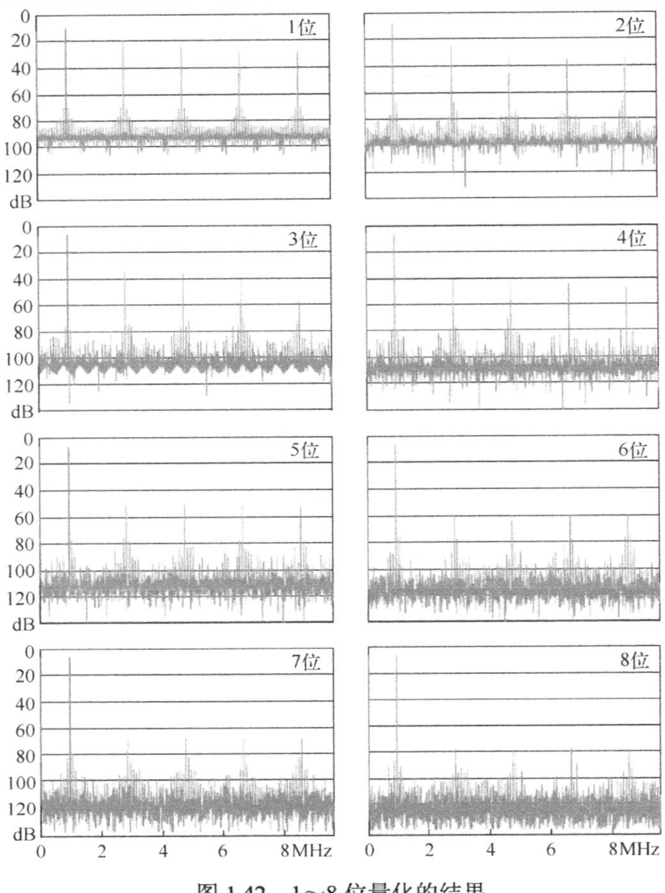

图 1.42 1～8 位量化的结果

在系统层面，量化误差是一种非线性现象，在高于 6 位的量化中，我们可以用近似的方法来处理这种非线性。在量化过程的一阶近似中，我们认为在转换范围内连续时间信号具有一致的概率分布密度。这种假设没有考虑信号的不同特性，其结果也不会因为信号特性的变化而发生变化。

当模/数转换器的输入信号稳定增加时，产生的误差信号（锯齿波为误差信号）如图 1.43 所示。误差信号在-0.5LSB～0.5LSB 转换值之间变化。我们可以用两个跳变点之间的平均值来重建输入信号。如果量化步长一致，我们就可以获得最优的量化质量和最低的误差功率。误差信号的功率在模/数转换器的分析和应用中具有重要的地位。对于小信号输入及低分辨率的模/数转换器，量化误差取决于输入信号，并以失真的形式出现在信号中。然而，对于幅度足够大的信号，并且频率与采样频率无关时，大量失真信号及折叠返回的采样信号就可以用误差信号的统计值进行逼近。在 0～$f_s/2$ 及更高的镜像频带内，这个确定的误差信号近似为白噪声，虽然通常称这种噪声功率为噪声，但实际上，它仅具有一部分的噪声特性。

我们假设在-0.5LSB～0.5LSB 之间误差信号的概率密度为常数，且均匀分布。该范围内的功率是通过计算方差的估计值来确定的。误差信号幅度平方的积分乘以概率密度函数，就可以得到等效量化误差功率，即

$$量化误差功率=\frac{1}{A_{\mathrm{LSB}}}\int_{\varepsilon=-0.5A_{\mathrm{LSB}}}^{\varepsilon=0.5A_{\mathrm{LSB}}}A_{\mathrm{error}}^{2}(\varepsilon)\mathrm{d}\varepsilon=\frac{1}{A_{\mathrm{LSB}}}\int_{\varepsilon=-0.5A_{\mathrm{LSB}}}^{\varepsilon=0.5A_{\mathrm{LSB}}}\varepsilon^{2}\mathrm{d}\varepsilon=\frac{A_{\mathrm{LSB}}^{2}}{12} \tag{1.58}$$

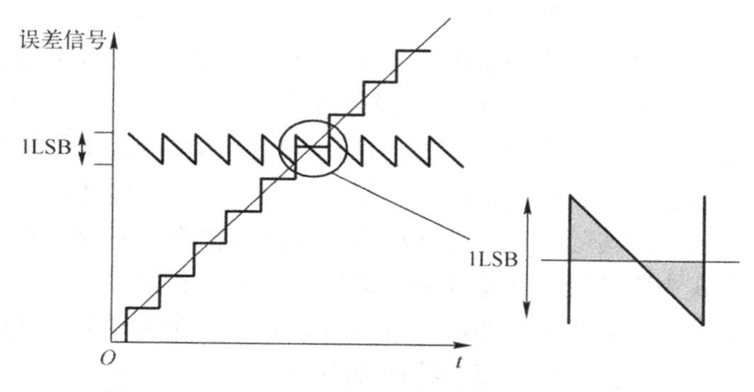

图 1.43　产生的误差信号（锯齿波为误差信号）

在大多数应用中，式（1.58）具有足够高的精度。A_{LSB} 为最低有效位的物理数值，如果用满摆幅幅度来表示，可以表示为

$$量化误差功率=\frac{A_{\mathrm{LSB}}^{2}}{12}=\left(\frac{满摆幅幅度}{2^{N}\sqrt{12}}\right)^{2} \tag{1.59}$$

式中，N 为模/数转换器的分辨率。

1.3.3　信号与噪声

我们介绍过当 N=7 时，误差信号频谱已经可以近似看成白噪声。奇次谐波大致等于 −54dB。在一些特定的系统中，我们必须特别注意量化误差的失真部分。如果量化误差的白噪声假设成立，那么量化误差噪声会将模/数转换器的分辨率限制在 14～16 位。

许多系统的规格参数都是基于正弦波输入进行定义的，这是由于我们可以比较容易地产生高精度的正弦波信号。因此，在模/数转换器中，我们也用正弦波信号来表征电路的性能。作为模/数转换器最重要的参数指标，信噪比（Signal-to-Noise Ratio，SNR）定义为满摆幅信号功率与噪声功率的比值，即

$$\mathrm{SNR}=10\lg\left(\frac{信号功率}{噪声功率}\right)=20\lg\left(\frac{V_{\mathrm{signal,rms}}}{V_{\mathrm{noise}}}\right) \tag{1.60}$$

模/数转换器的量化误差都是非相关的，因此产生的噪声频谱都是白噪声谱。这些噪声功率分布在 $f=0$、$f=f_{\mathrm{s}}/2$ 及采样频率的倍频处。我们可以用量化误差功率来计算等效信噪比：

$$量化误差功率=\frac{A_{\mathrm{LSB}}^{2}}{12}$$

$$信号功率=\frac{1}{T}\int_{t=0}^{t=T}\hat{A}^{2}\sin^{2}(\omega t)\mathrm{d}t=\frac{\hat{A}^{2}}{2}=\frac{2^{2N}A_{\mathrm{LSB}}^{2}}{8}$$

$$\mathrm{SNR}=\frac{信号功率}{量化误差功率}=\frac{3}{2}\times 2^{2N}$$

$$\mathrm{SNR} = 10\lg\left(\frac{3}{2}\times 2^{2N}\right) = 1.76 + N\times 6.02 \tag{1.61}$$

式（1.61）经常作为指导模/数转换器信噪比的设计公式，因此一个 8 位模/数转换器的信噪比就被限制在 50dB 以内。这些信噪比定义也存在其局限性。虽然可以用高斯白噪声来近似量化误差功率，但实际上量化误差功率谱还存在着其他的失真项。我们采用不同的 N 值对理想模/数转换器进行信噪比仿真。当 N=1 时，仿真结果接近于数学计算结果。但随着 N 值的增加，仿真结果会在一定程度上小于理想计算值。这种过估计的原因是我们假设信号在整个范围都是一致的，但实际上正弦波波峰幅度和波谷幅度仍然存在着些许不同。

可以采用两种方式来降低量化误差功率，即增加分辨率和增加 f_s，将噪声在整个频带内压缩。在确定的带宽内，将采样频率加倍就可以将量化误差功率减半，从而获得更高的信噪比。因此，普遍采用的设计技术有奈奎斯特模/数转换器和过采样模/数转换器两种。

信噪失真比又称信纳比（SINAD），可以表示为

$$\mathrm{SINAD} = 10\lg\left(\frac{\text{信号功率}}{\text{量化误差功率}+\text{热噪声功率}+\text{谐波功率}}\right) \tag{1.62}$$

无杂散动态范围（Spurious-Free Dynamic Range，SFDR）表示信号功率与最大失真信号功率的比值。

动态范围（Dynamic Range，DR）表示满摆幅输入信号功率与噪声底板功率的比值，它有时等于信噪比或信噪失真比。

为了清晰地表征模/数转换器精度，我们通常用有效位数（Effective Number of Bits，ENoB）对其进行表示，即

$$\mathrm{ENoB} = \frac{\mathrm{SINAD} - 1.76}{6.02} \tag{1.63}$$

利用有效位数，我们就可以很容易地对不同模/数转换器进行比较。假设存在一个 8 位分辨率的模/数转换器。如果测试结果为 6.8 位，那么我们就认为该模/数转换器的有效精度为 6.8 位，其损失了相当一部分的动态性能。通常来说对于 8 位模/数转换器，损失的精度不能超过 0.5 位；对于 12 位模/数转换器，损失的精度不能超过 1 位。

第 2 章　模/数转换器基础

自 20 世纪 90 年代以来，数字电路在许多领域中逐渐取代模拟电路，成为集成电路中重要的环节。模拟电路作为最为经典的电路设计形式，仍然在许多方面具有不可撼动的地位。模/数转换器通常用于传感器信号的采样及数字化，其目的在于使得不同的电流或电压信号可以在数字域进行处理。本章着重介绍模/数转换器的基本概念和性能参数，为学习模/数转换器电路做好知识储备。

2.1　性能参数的定义

用户可以通过不同的性能参数来定义模/数转换器。例如，有的模/数转换器要求传递函数中不能有失码情况出现，而有的模/数转换器则需要较低的输出噪声。因此，我们必须熟知 IEEE Std 1241—2000 定义模/数转换器的各项性能指标。例如，模/数转换器的分辨率是指 N 位模/数转换器可以识别的最小输入电压，但是模/数转换器的分辨率并不能定义其精度（即可识别的位数）。当一个 20 位模/数转换器受到噪声的严重干扰时，其 20 位中只有 12 位可以进行稳定的模/数转换。模/数转换器的性能参数可以分为直流参数和交流参数。

模/数转换器的很多参数都可以用最低有效位（LSB）表示，总的输入电压范围除以数字码的总数等于 1 LSB。如果一个 12 位模/数转换器（总共 4096 个数字码）的输入电压范围是 4.096V，则该模/数转换器的 LSB 等于 1mV。

一个理想的 3 位模/数转换器传递函数曲线如图 2.1 所示。该曲线从比最低数字码（NFS 为负满刻度值）低 0.5LSB 处开始，在比最高数字码（PFS 为正满刻度值）高 1.5LSB 处结束。将模/数转换器根据不同的模拟输入电压改变输出数字码的过程称为数字码转换。

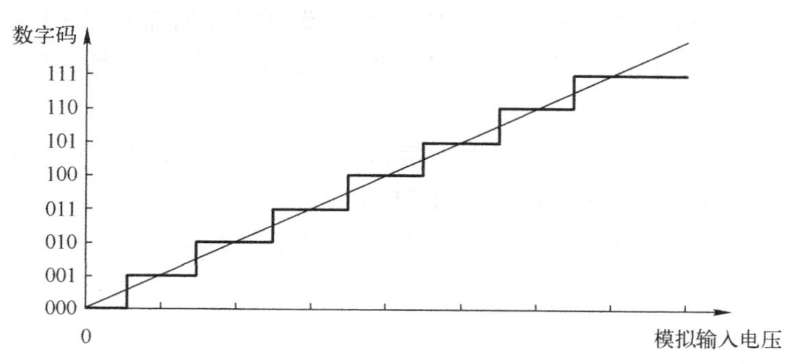

图 2.1　一个理想的 3 位模/数转换器传递函数曲线

并行模/数转换器又称快闪型模/数转换器，其通过电阻分压产生不同的输入参考电压，并同时与输入信号电压 V_{in} 通过比较器进行比较，一个时钟周期后就可得到比较结果。

3 位并行模/数转换器如图 2.2 所示，输入电压通过电阻分压器产生数字码转换所需的参考电压，该参考电压与比较器的同相输入端相连，模拟信号的输入电压与比较器的反相输入端相连。

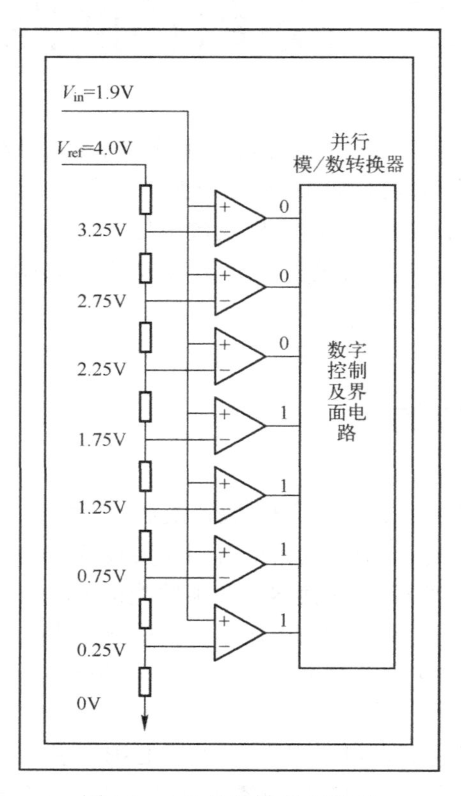

图 2.2　3 位并行模/数转换器

在图 2.2 中，模拟信号的输入电压为 1.9V，所以低 4 位比较器输出的数字码都是 1，高 3 位比较器输出的数字码都是 0。这些比较器输出的数字码称为温度计编码，温度计编码还要通过数字电路转换成二进制编码。在图 2.2 中，并行模/数转换器的输出数字码是 100。

从并行转换器的结构可以看到，一个 N 位并行模/数转换器需要 2^N-1 个比较器，该模/数转换器的复杂程度随着精度位数的增加呈指数增长，所以全并行模/数转换器的精度一般不超过 10 位。

并行模/数转换器可以在一个时钟周期内完成所有位的模/数转换，因此并行模/数转换器的转换速率非常快，其采样速度一般超过 1GSPS。

一些模/数转换器可以在不增加结构复杂性的同时也能实现模/数转换的功能，如著名的折叠型模/数转换器。

2.1.1　直流参数

直流参数描述了在不考虑动态特性时，模/数转换器传递函数的精度。至于模/数转换器的动态特性，例如，由采样保持电路引起的输入频率非线性我们将在 2.1.2 节中介绍。

1．增益与误差

模/数转换器的传递函数定义了端点电压。单极型模/数转换器以 0V 作为波谷电压，以参考电压或参考电压的整数倍作为峰值电压。双极型模/数转换器输入电压的幅值范围从负参考电压的整数倍到正参考电压的整数倍。单极型和双极型模/数转换器的输入电压范围如图 2.3 所示。

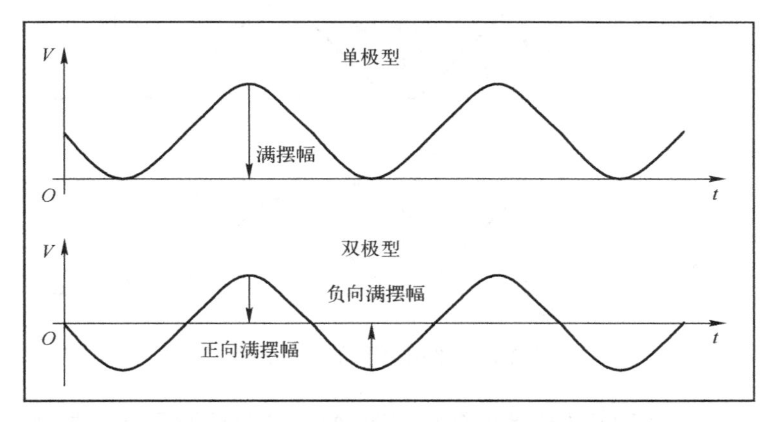

图 2.3　单极型和双极型模/数转换器的输入电压范围

在通常情况下，信号利用单边走线并以电源地为参考电压，这种信号称为单端信号。单端信号的工作方式特别适用于以±15V 为电源电压的应用中，在这种情况下，地线独立于回流电流。

随着半导体工艺尺寸的进一步缩小，电路电源电压也随之减小。目前，单电源的 5V 电源电压已经成为业界的普遍应用标准。在这些应用中，电源电流通过地电位返回输入源端，此时的地电位也作为单端信号的参考电位。任何直流电源电流都可以通过地电阻上产生直流电压，因此要有固定电位的地电位作为参考。对于一些时钟系统，情况可能更为恶化。因为这些时钟系统可能为数字电路或 DC—DC 转换器，它们会向地平面注入脉冲电流，并通过寄生地电阻或电感产生噪声电压。如果在应用中以含有噪声电压的地电位作为单端信号的参考电位时，并且此时的地电位不为零，那么在传输信号中就会引入误差。

对于单端信号，开关引起的电荷注入效应是另一种误差源。在电路设计中，开关主要应用在采样保持电路中。

因此，现今采用单电源供电的模/数转换器大都采用差分结构。这就意味着模/数转换器要对正输入端 INP 和负输入端 INN 之间的差分电压进行转换。电路中不同的信号类型如图 2.4 所示。噪声和失真对输入信号来说是共模信号，差分结构可有效抑制噪声和失真对输出信号造成的干扰。此外，设计者还经常使用伪差分结构，该结构的一个输入端接固定电位（典型值为 0V）。在双极型模/数转换器中，该输入端可以连接 2.5V 电压。在应用中，如果将地电位或 2.5V 直流电压与输入信号一同作用在输入端，并与输入信号平行走线，那么可有效地抑制噪声带来的失真。

最后，全差分信号的负输入端与正输入端是反相平行的，这种结构可使输入信号的动态范围增加一倍而又不会超过电源电压。利用这种方法，设计者可以增加一倍的输入信号幅度而不产生信号失真，同时可有效增加系统的信噪比。

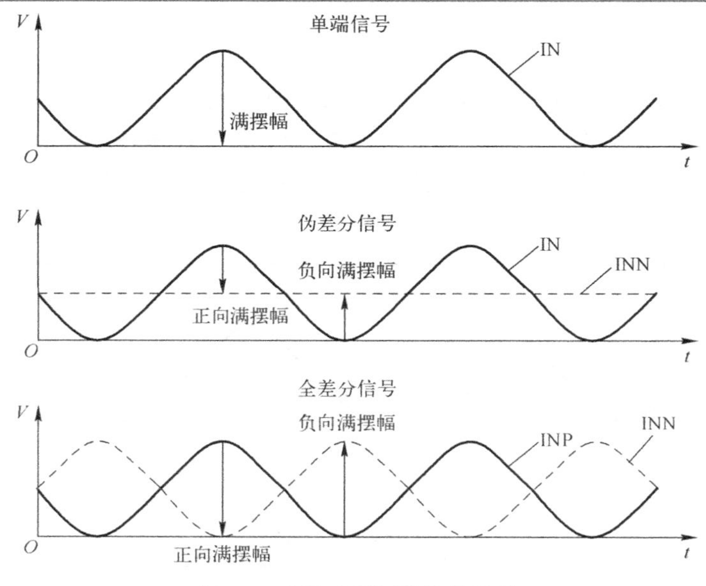

图 2.4　电路中不同的信号类型

以德州仪器公司生产的基于折叠闪存结构的 ADS12D1800RF 芯片为例，其模拟信号输入参数如表 2.1 所示。表 2.1 中，全差分信号被定义为“满刻度差分输入范围”。共模输入电压受“电压范围”的限制。在通常情况下，输入信号 INP 和 INN 的最大电压范围与共模输入电压一样，也可定义为差分信号幅度的函数。

表 2.1　ADS12D1800RF 芯片的模拟信号输入参数

参　　数	最 小 值	典 型 值	最 大 值	单　　位
电压范围	−0.4	—	2.4	V
满刻度差分输入范围	740	800	860	mV
差分输入电阻	91	100	109	Ω
差分输入电容	—	0.02	—	pF
输入电容（引脚接地）	—	1.6	—	pF

增益误差是指实际 FSR 与理想输入电压范围（满刻度值或 FSR）之间的差值，与理想输入电压范围的比值，即

$$增益误差=\frac{实际FSR-理想FSR}{理想FSR} \tag{2.1}$$

参考电压和地电势误差造成的并行转换器终端节点误差如图 2.5 所示。

输入电压范围定义为最大数字码对应的电压减去最小数字码对应的电压再加上 2LSB。增益误差一般采用满刻度值比值的形式表示，即

$$增益误差=\frac{(正向满摆幅-负向满摆幅)}{参考电压}-1 \tag{2.2}$$

理想 FSR 应该与参考电压大小相等。单极型模/数转换器的增益误差如图 2.6 所示。双

极型模/数转换器的增益误差如图 2.7 所示。

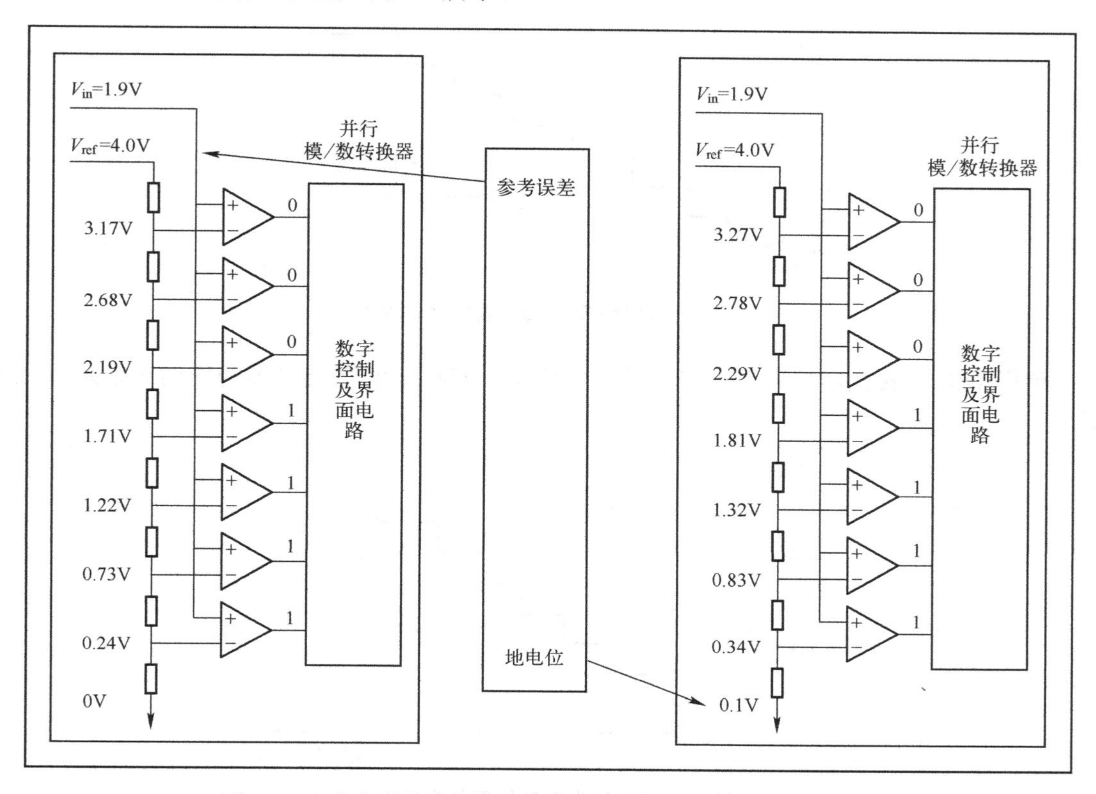

图 2.5　参考电压和地电势误差造成的并行转换器终端节点误差

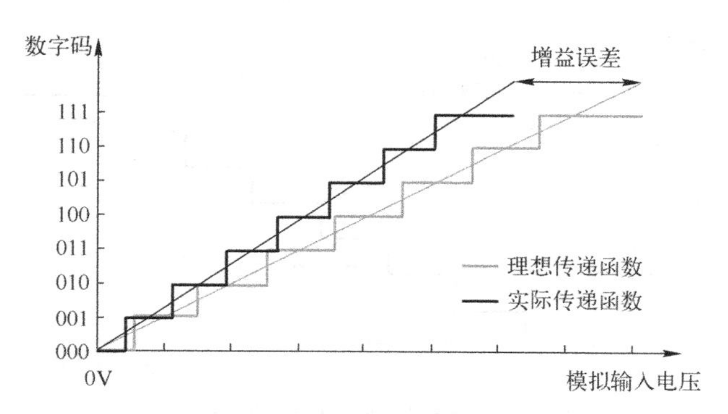

图 2.6　单极型模/数转换器的增益误差

失调误差是指输入电压为 0V 时发生的偏移，因此失调误差又称单极零误差和双极零误差。单极零误差与 NFS 相等。为了失调误差可以用第一个数字码对应的转换电压减去 0.5LSB 表示（见图 2.8），第一个数字码理想转换曲线应该定位到 0.5LSB 处。如果 0V 被用在理想的双极型模/数转换器中，那么它将在 000 和 111 之间输出半个 LSB。

在信号通路中，增益误差和失调误差经常会受到电路中含有电阻的放大器的影响。因此，增益误差和失调误差一般要在电路中进行校准，所以它们的绝对误差并没有太多的参考价值。然而，只有一小部分电路会进行温度校准，所以增益误差和失调误差的变化对转换器来说至关重要。

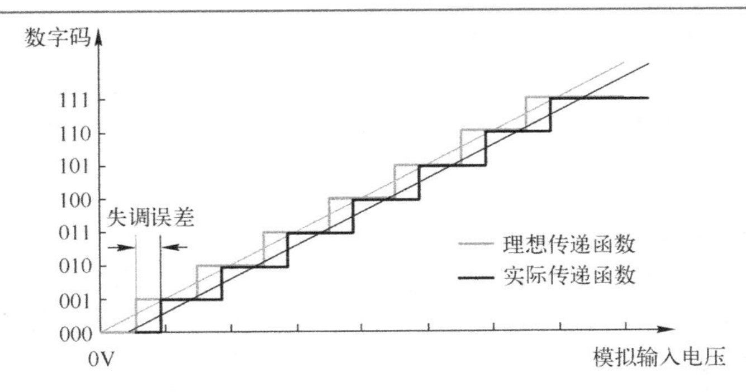

图 2.7　双极型模/数转换器的增益误差

单极型模/数转换器的失调误差如图 2.8 所示。双极型模/数转换器的失调误差如图 2.9 所示。

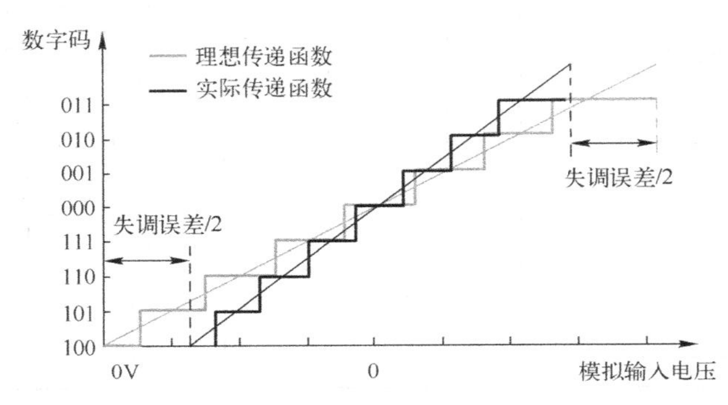

图 2.8　单极型模/数转换器的失调误差

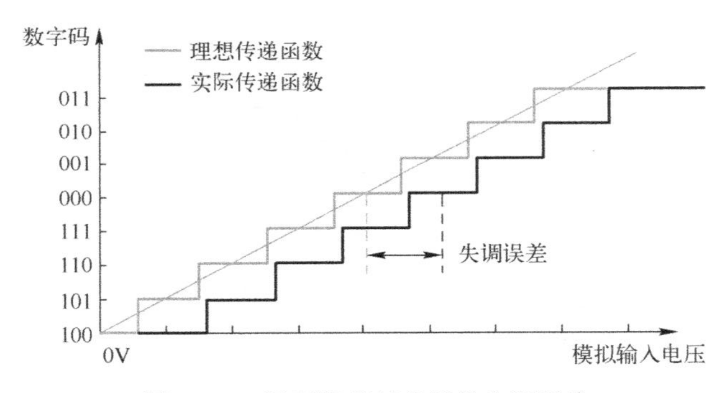

图 2.9　双极型模/数转换器的失调误差

2．微分与积分非线性

模/数转换器中每个数字码对应的宽度都应该是 1LSB，假若模/数转换器的传递函数曲线中数字码对应的宽度不是 1LSB，我们则认为该数字码存在微分非线性（DNL），模/数转换器的微分非线性可写为

$$\text{DNL}=\text{数字码宽度}-1\text{LSB} \tag{2.3}$$

电阻或电容的失配、比较器的失调误差及电阻的电压系数等一些因素都会造成模/数转换器的非线性，这些误差源都已在并行模/数转换器（见图 2.10）中标出。其中，由于该模/

数转换器的输入有效转换电压受到比较器输入失调电压的影响，导致第五个和第六个输入转换电压都是 2.50V。

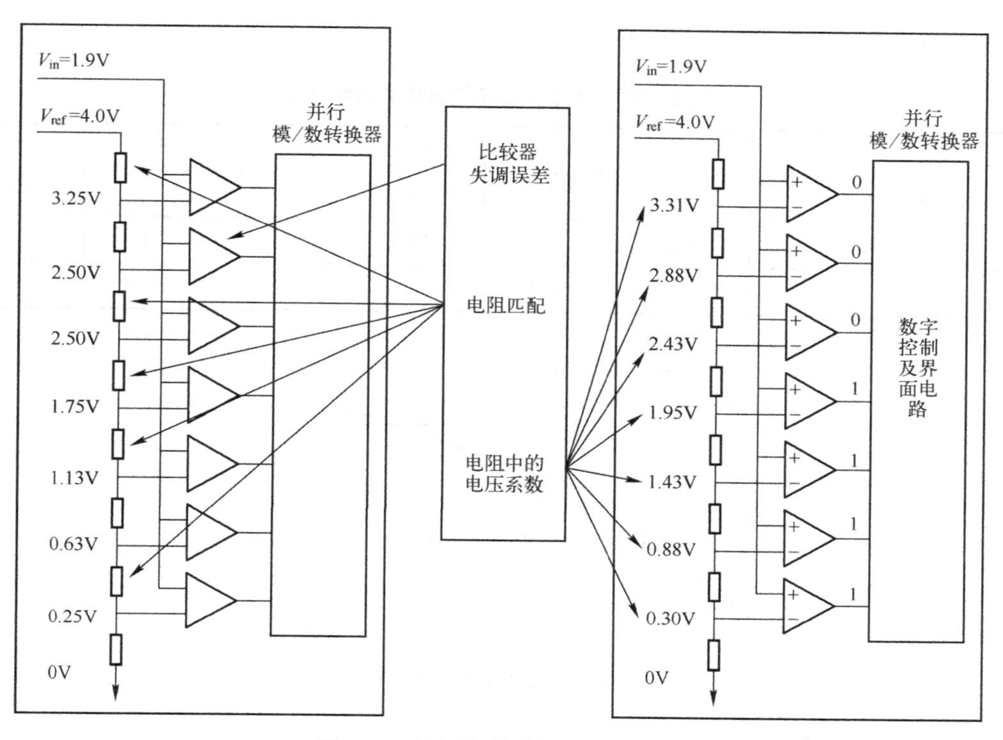

图 2.10　并行模/数转换器的误差源

当模/数转换器的相邻数字码之间距离大于 1LSB 时，DNL 的值为正，否则 DNL 的值为负。如果一个数字码不存在（DNL=−1LSB），模/数转换器则会出现“失码”的状况。

从数学的角度来看，积分非线性（INL）可表示为 DNL 在指定范围内的积分。如果在 NFS 与 PFS 之间连接一条直线，INL 则表示实际有限精度的传输特性与该直线的垂直距离，即

$$\mathrm{INL}=\sum_{x=1}^{\mathrm{code}}\mathrm{DNL}(x) \tag{2.4}$$

图 2.10 中左边并行转换器的线性误差如图 2.11 所示。图 2.11 中传输特性曲线的线性误差如表 2.2 所示。

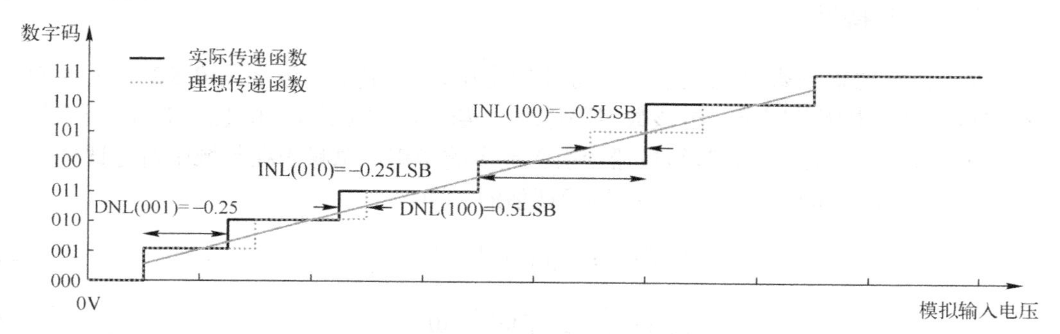

图 2.11　图 2.10 中左边并行转换器的线性误差

因为模/数转换器的失调误差、增益误差、积分非线性及微分非线性都是以直流输入电压衡量的，所以这些特性又称模/数转换器的直流特性。通过端点计算 INL 如图 2.12 所示。通过最佳拟合曲线计算 INL 如图 2.13 所示。

表 2.2　图 2.11 中传输特性曲线的线性误差

数　字　码	001	010	011	100	101	110
数字码宽度（LSB）	0.45	1	1.25	1.5	0	1.5
DNL（LSB）	−0.25	0	0.25	0.5	−1	0.5
INL	−0.25	−0.25	0	0.5	−0.5	0

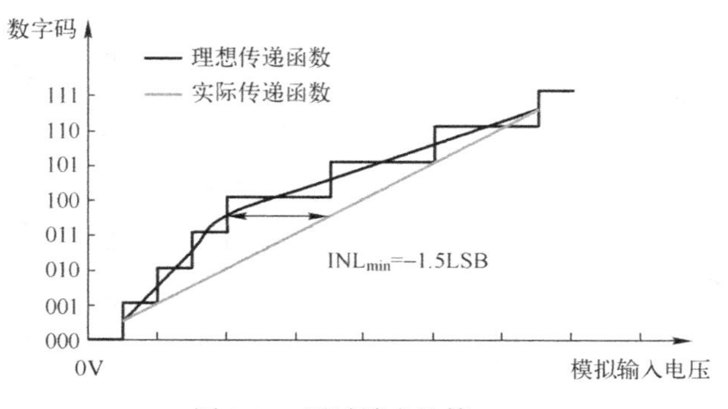

图 2.12　通过端点计算 INL

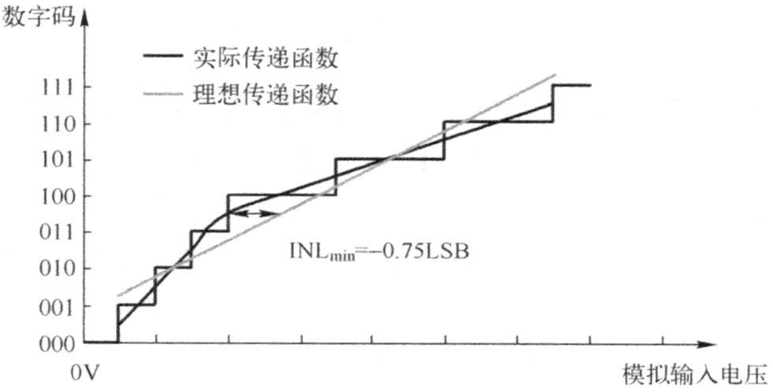

图 2.13　通过最佳拟合曲线计算 INL

2.1.2　交流特性

模/数转换器的输出数字码表示一个特殊的电压，即 V_{code} =数字码×LSB。另一方面，1LSB 完整的输入电压范围可通过该数字码体现。实际输入电压 V_{in} 和电压 V_{code} 之间的差称为量化噪声。输入信号通过模/数转换器会引入更多的噪声，总噪声在频域中进行评估。

总噪声在频域中是通过傅里叶变换进行评估的，即

$$F(f)=\int_{-\infty}^{+\infty} f(t)\mathrm{e}^{-\mathrm{j}2\pi ft}\mathrm{d}t \tag{2.5}$$

$$f(t)=\int_{-\infty}^{+\infty} F(f)\mathrm{e}^{+\mathrm{j}2\pi ft}\mathrm{d}f \tag{2.6}$$

模/数转换器将连续时间信号 $f(t)$ 转变成离散时间信号 $f_{\mathrm{n}}(t)$，如图 2.14 所示。从数学

的角度来讲，采样信号等于连续时间信号乘以等距脉冲信号 $i(t)$：

$$i(t)=T_s\sum_{n=-\infty}^{+\infty}\delta(t-nT_s) \tag{2.7}$$

所以，采样信号 $f_n(t)$ 可表示为

$$f_n(t)=f(t)\left[T_s\cdot\sum_{n=-\infty}^{+\infty}\delta(t-nT_s)\right] \tag{2.8}$$

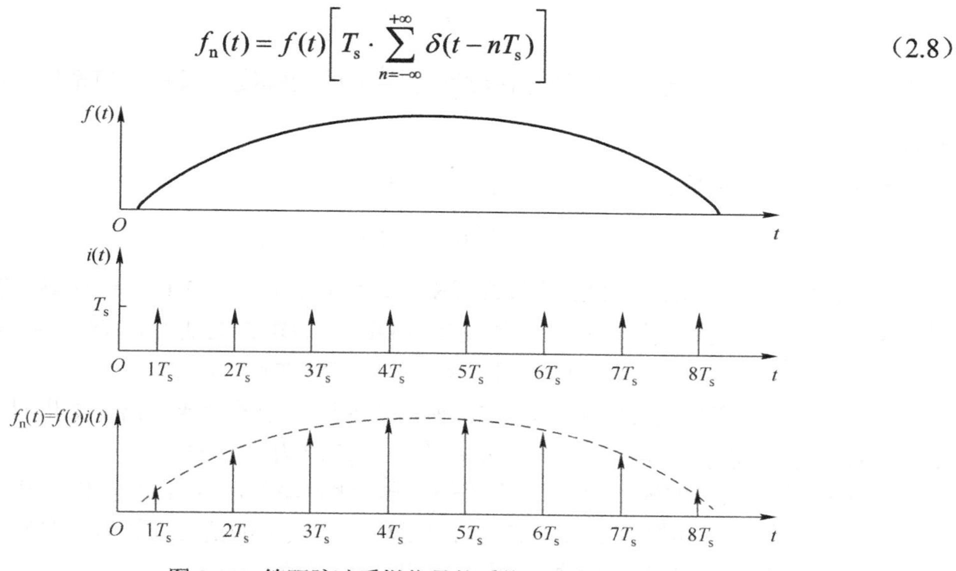

图 2.14　等距脉冲采样信号的系统理论产生

将式（2.8）进行傅里叶变换：

$$F_s(f)=\sum_{v=-\infty}^{+\infty}F(f-vf_s) \tag{2.9}$$

可以看出，采样信号 $f_n(t)$ 产生周期性频谱，采样频率（采样速率） $f_s(t)$ 等于 $1/T_s$。

如果要将连续时间信号从采样信号的频谱中恢复出来，必须满足以下两个条件。

（1）原始信号频谱 $F(f)$ 的带宽必须限制在 $-f_s/2\sim f_s/2$ 之间，只有这样，$F_s(f)$ 的基频谱（即已采样信号在 $-f_s/2\sim f_s/2$ 之间的频谱）才能与 $F(f)$ 保持一致。

（2）采样信号通过角频率为 $f_s/2$ 的低通滤波器 $\mathrm{LP}(f)$。

要让已采样信号通过低通滤波器将连续时间信号完全恢复出来，最大信号频率 $f_{\max}$ 必须满足：

$$f_{\max}<\frac{f_s}{2} \tag{2.10}$$

式（2.10）称为奈奎斯特采样定理。

奈奎斯特采样定理在应用上有一定的局限性，首先，理想的低通滤波器是不存在的，而且已采样信号可以表示成不同比重的脉冲信号的叠加，而数字信号借助输出方波信号的数/模转换器可以得到恢复。与此同时，该信号必须是等间距的，否则会因采样时间 nT_s 的抖动而引入额外的误差。最后，模/数转换器的量化误差也会引入信号当中。

如果 $f_n(t)$ 不仅在时域上是离散的，而且是周期性的，那么得到的频谱 $F_s(f)$ 也是离散且周期性的。在时域和频域上，信号可分别表示成关于 N 个等距离散信号 $f[nT_s]$ 叠加和的

函数，即

$$F\left[\frac{\mu}{N}f_s\right]=T_s\cdot\sum_{n=0}^{N-1}f[nT_s]\mathrm{e}^{-\mathrm{j}2\pi\mu n/N} \tag{2.11}$$

$$f[nT_s]=\frac{f_s}{N}\cdot\sum_{\mu=0}^{N-1}F\left[\frac{\mu}{N}f_s\right]\mathrm{e}^{-\mathrm{j}2\pi\mu n/N} \tag{2.12}$$

式中，$F_s\left(\frac{\mu}{N}f_s\right)$表示连续时间信号在频率为$\frac{\mu}{N}f_s$时的幅度，又称幅值密度（bin），单位为 V/Hz。

频率为μ时的幅值密度二次方又称μ的功率。

$$P[\mu]=F^2[\mu] \tag{2.13}$$

对 N 位模/数转换器的输出信号进行采样，然后借助式（2.11）可计算出其离散输出信号的频谱，这种变换称为离散傅里叶变换（DFT）。DFT 要进行$(2N)^2$次乘法运算。如果$N=2^k$，这种不同于 DFT 的运算规则称为快速傅里叶变换（FFT）。

总之，借助 FFT 运算法可将模/数转换器的输出数据转换成频谱，如果对连续时间信号的一个或多个周期等距离采样 N 次（$N=2^k$），则称为相干采样。

如果模/数转换器的输入信号是正弦波信号，此时输入信号限制在 1bin 内，而噪声信号和谐波信号将限制在其他 bin 内。谐波信号是随频率出现的信号，该频率是输入信号频率的整数倍。模/数转换器传递函数的非线性导致谐波信号的产生。

一个 16 位模/数转换器以 1.024MSPS 的数据传送速率对频率为 10kHz 的正弦波信号进行转换，并将转换结果中 4096 个样本进行 FFT 变换，其结果如图 2.15 所示。N 个样本产生 $N/2$ 个 bin，根据奈奎斯特定理，bin 的最高频率是数据传送速率的一半（512kHz）。相邻 bin 之间相隔为 1024kHz/4096=250Hz，它们都是信号频谱的采样。最低位的 bin 携带有直流输入电压的幅值，频率为 10kHz 的正弦输入信号的幅值包含在 40bin 中。

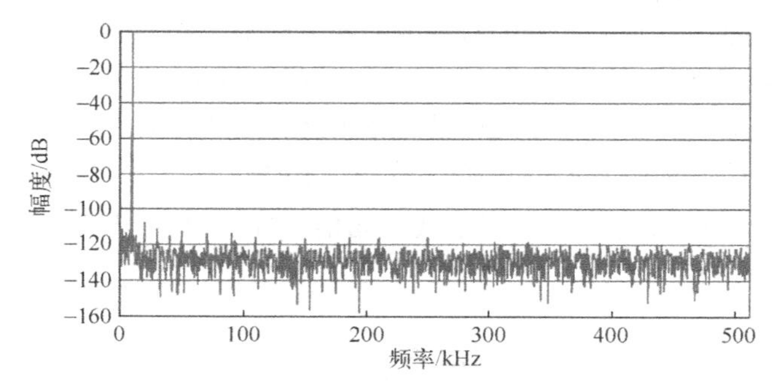

图 2.15　4096 个样本进行 FFT 变换的结果

输入信号可以称为基波或 1 次谐波，输入信号在两倍频率处称为 2 次谐波，以此类推。例如，40bin、120bin、160bin 等都包含有谐波成分，而噪声信号则分布在其他 bin 当中。

如果模/数转换器在内部时钟的作用下工作，相干采样是不可能的。在这种情况下，从数学的角度来说，窗函数可起到调节输入信号的作用，强制输入信号的起点和终点都在零点处。不相干采样的输入信号 FFT 的结果如图 2.16 所示。

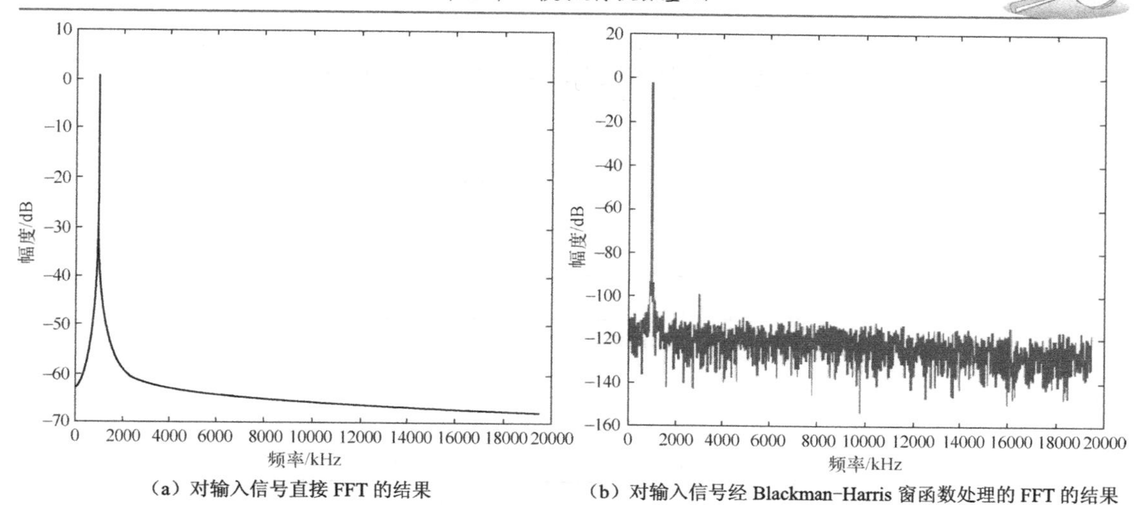

（a）对输入信号直接 FFT 的结果　（b）对输入信号经 Blackman-Harris 窗函数处理的 FFT 的结果

图 2.16　不相干采样的输入信号 FFT 的结果

当信号的频率大于数据传送速率的 1/2 时，信号则在基带以内。数字化过程中，信号理论上的折叠过程如图 2.17 所示。例如，信号的 bin 总数为 2048，而基波包含在 1000bin 中时，那么 2 次谐波将包含在 2000bin 中，3 次谐波包含在 1096[2048−(3×1000−2048)]bin 中，4 次谐波包含在 96bin 中，5 次谐波包含在 904bin 中，6 次谐波包含在 1904bin 中，以此类推。

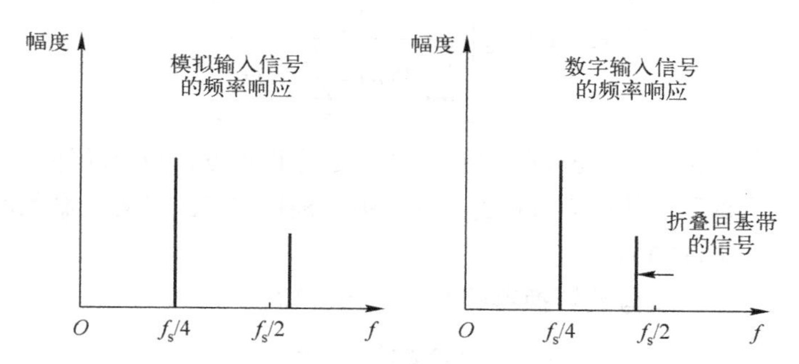

图 2.17　数字化过程中，信号理论上的折叠过程

N 位模/数转换器的数字输出可以表示成与 LSB 成整数倍的电压形式，即

$$V_{\text{code}} = \text{数字码} \times \text{LSB} \tag{2.14}$$

用数字码表示的输入电压 V_{in} 和电压 V_{code} 的差值称为量化噪声 err_{qu}。加入量化噪声 err_{qu} 的模/数转换器传递函数如图 2.18 所示。

量化噪声的平均功率 N_{qu} 可通过式（2.15）计算得到，当正弦波信号作用于模/数转换器的输入端时，式（2.16）表示的是该输入信号的功率 S。式（2.17）揭示了式（2.15）和式（2.16）共同决定了该输入信号的信噪比（SNR）。

$$N_{\text{qu}} = \frac{1}{\text{LSB}} \int_{-0.5\text{LSB}}^{0.5\text{LSB}} \text{err}_{\text{qu}}^2 \, \mathrm{d}V_{\text{in}} \int \; = \frac{1}{\text{LSB}} \int_{-0.5\text{LSB}}^{0.5\text{LSB}} V_{\text{in}}^2 \, \mathrm{d}V_{\text{in}} = \frac{\text{LSB}^2}{12} \tag{2.15}$$

$$S = \left(\frac{\text{FS}}{2\sqrt{2}}\right)^2 = \frac{\text{FS}^2}{8} = \frac{(2^n \text{LSB})^2}{8} = 2^{2n-3}\text{LSB}^2 \tag{2.16}$$

$$\mathrm{SNR}=10\lg\left(\frac{S}{N_{\mathrm{qu}}}\right)=10\lg\left(\frac{3}{2}\times 2^{2n}\right)=6.02n+1.76 \tag{2.17}$$

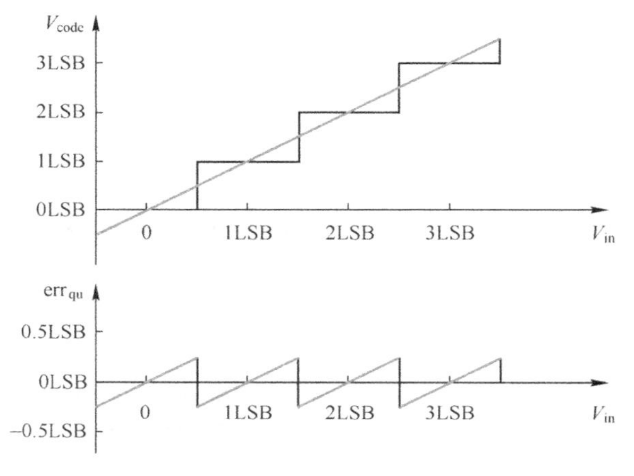

图 2.18　加入量化噪声 $\mathrm{err}_{\mathrm{qu}}$ 的模/数转换器传递函数

通过式（2.17）可计算得到理想的 16 位模/数转换器的信噪比是 98dB。量化噪声并不是唯一的噪声源，像采样噪声、热噪声及闪烁噪声等噪声源在分析时也要考虑。

SNR 可以通过 FFT 数据计算得到，即

$$\mathrm{SNR}=10\times\lg\left[\frac{P(s)}{\sum_{n=2}^{N/2}P(n)-\sum_{k=1}^{9}P(ks)}\right] \tag{2.18}$$

式（2.18）中，分子是输入信号 bin 的功率；分母是除直流 bin $P(1)$以外，其他 bin 的功率之和减去 9 个谐波的功率和，其中 $k=(1, 2, 3, \cdots, 9)$。根据 IEEE 定义，输入信号 bin 的功率可用来计算总谐波失真（THD）。

通过式（2.17）可计算模/数转换器的有效位数（ENB），即

$$\mathrm{ENB}=\frac{\mathrm{SINAD}-1.76}{6.02} \tag{2.19}$$

式（2.19）中的 SINAD（信纳比）不仅包括噪声信号 bin，还包括谐波信号 bin，式（2.20）是 SINAD 的计算公式。低频信号的谐波一般是很小的，以至于 SNR 与 SINAD 有着相近的计算结果，即

$$\mathrm{SINAR}=10\lg\left[\frac{P(s)}{\sum_{n=2}^{N/2}p(n)-P(s)}\right] \tag{2.20}$$

模/数转换器的非线性是产生谐波的原因，而噪声信号不是产生谐波的原因。因此，可将所有谐波功率 $P(ks)$相加得到的和，除以 $P(s)$，此比值定义为总谐波失真（THD）。在大部分的模/数转换器产品中，THD 一般包括 9 个谐波，一些公司定义的 THD 只取其中 3 个谐波。

$$\mathrm{THD}=10\lg\left[\frac{\sum_{k=2}^{9}P(ks)}{P(s)}\right] \tag{2.21}$$

在模/数转换器中，无杂散动态范围（SFDR）是指信号功率与剩余频率 bin 的差值。

由于信号发生器性能的限制，很难对频率大于 40kHz、SNR 超过 85dB 的模/数转换器进行交流测试。因此在很多应用中，SNR 一般是通过直流测试估算得到的。经滤波得到的直流输入电压应用在模/数转换器中并进行多次转换。16 位逐次逼近型模/数转换器的数字码柱状图如图 2.19 所示。

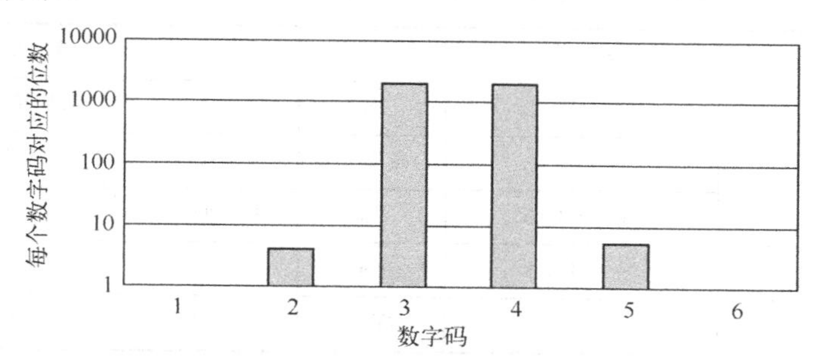

图 2.19　16 位逐次逼近型模/数转换器的数字码柱状图

一般估算中，方均根噪声等于输出码的标准偏移，图 2.19 所示例子的标准偏移量是 0.5LSB。16 位模/数转换器的满刻度方均根信号是 $\frac{2^{16}\,\text{LSB}}{2\sqrt{2}}=23170\,\text{LSB}$，所以 SNR 可近似表示为 $20\lg\left(\frac{23170}{0.5}\right)=93.3\,\text{dB}$。

2.1.3　数字接口

模/数转换器的数字输出要与微控制器、数字信号处理器或 FPGA（现场可编程逻辑门阵列）等集成模块进行信息通信，这一过程是通过数字接口完成的。通信集成模块的数字接口电压必须和通信协议保持一致。

电子元器件工程联合委员会定义了微电子产业的标准。这些标准中，ECL 和 TTL 等在今天已不再重要。在高速应用中，LVDS 标准应用比较普遍。本书讨论的工业产品广泛使用 CMOS 标准，表 2.3 和表 2.4 给出了该标准的概述。由 JESD12-6 定义的 5V CMOS 逻辑级如表 2.3 所示。由 JESD8C.01 定义的 3.3V CMOS 逻辑级如表 2.4 所示。数字接口电压一般被认为是电源电压的函数，通常以 DVDD 或 VIO 命名。

表 2.3　由 JESD12-6 定义的 5V CMOS 逻辑级

参　数	条　件	符　号	最 小 值	最 大 值	单　位
高输入电平		V_{IH}	0.7DVDD		V
低输入电平		V_{IL}		0.3 DVDD	V
高输出电平	稳定在 I_{OH} 的 1%之内	V_{OH}	DVDD-0.1		V
	稳定在 I_{OH}	V_{OH}	DVDD-0.8		V
低输出电平	稳定在 I_{OL} 的 1%之内			0.1	V
	稳定在 I_{OL}			0.5	V
输入泄漏电流		I_I		±1	μA

续表

参　　数	条　　件	符　　号	最 小 值	最 大 值	单　　位
三态输出高阻电流		I_{OZ}		±10	μA

表 2.4　由 JESD8C.01 定义的 3.3V CMOS 逻辑级

参　　数	条　　件	符　　号	最 小 值	最 大 值	单　　位
高输入电平		V_{IH}	2	DVDD+0.3	V
低输入电平		V_{IL}	−0.3	0.8	V
高输出电平	I_{OH}=−100μA	V_{OH}	DVDD−0.2		V
低输出电平	I_{OL}=−100μA	V_{OL}		0.2	V
供电电压		DVDD	3.0	3.6	V

数字输入电压范围是特别重要的一项参数，它定义了一个高输入电平 V_{IH} 和低输入电平 V_{IL}。同样，数字输出电压也限定在高输出电平 V_{OH} 和低输出电平 V_{OL} 之间，输出电压取决于负载电流 I_{OH} 和 I_{OL}。

20 世纪 90 年代末，电源电压从 5V 迅速地降至 3V 或 3.3V（DVDD）。因此，许多制造商在很宽的范围内定义接口电压。节选由 TI 公司生产的 ADS1282 数据手册中接口电压如表 2.5 所示。一般产品的逻辑电平并没有降到 1.8V 以下，因为逻辑电平越低，信号对印制电路板（PCB）上的干扰越敏感，同时数据的无误传输变得更加困难。

表 2.5　节选由 TI 公司生产的 ADS1282 数据手册中接口电压

参　　数	最 小 值	典 型 值	最 大 值	单　　位
V_{IL}	DGND		0.2DVDD	V
V_{IH}	0.8DVDD		DVDD	V
$V_{OL}(I_{OL}$=1mA)			0.2DVDD	V
$V_{OH}(I_{OH}$=1mA)	0.8DVDD			V
DVDD	1.65		3.6	V

除了两个相互通信的集成模块要保持相同的接口电压之外，它们也必须有相同的协议才可以进行通信。假设模/数转换器输出 16 位的数字码，那么接口上需要 16 条并行的信号传输线进行通信，一些额外的地址和同步线是必需的，这种接口称为并行接口。图 2.20 和图 2.21 分别给出了一个例子。使用并行接口从 IC 中读出数据的过程如图 2.20 所示。使用并行接口向 IC 中写入数据的过程如图 2.21 所示。并行接口种类繁多，本书不再一一详述。

当从指定的 IC 芯片中读取数据时，要先拉低片选信号 CS 电平以便选中设备。需要注意的是，一些设备可能要连接到同一接口上，当读信号 RD 电平被拉低时，表示开始读操作，然后所选设备输出地址指向数据。如果地址发生改变，在主 IC 锁存数据之前要等待一个已定义的等待时间。

向设备写数据与向设备读数据的过程是相似的。拉低片选信号 CS 电平表示设备被选中，可随意选择数据地址。拉低写信号 WR 电平表示开始写操作，数据从主机传送到接口。

当 WR 信号的上升沿到来时，被选设备将数据通过接口锁存在地址指向的寄存器当中。

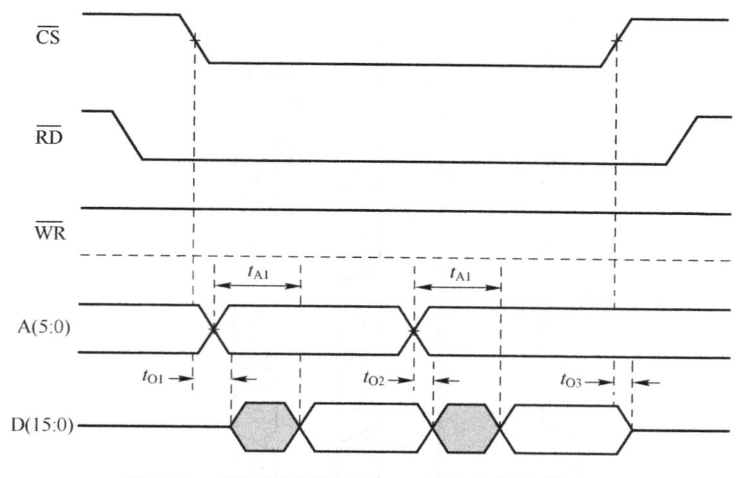

图 2.20 使用并行接口从 IC 中读出数据的过程

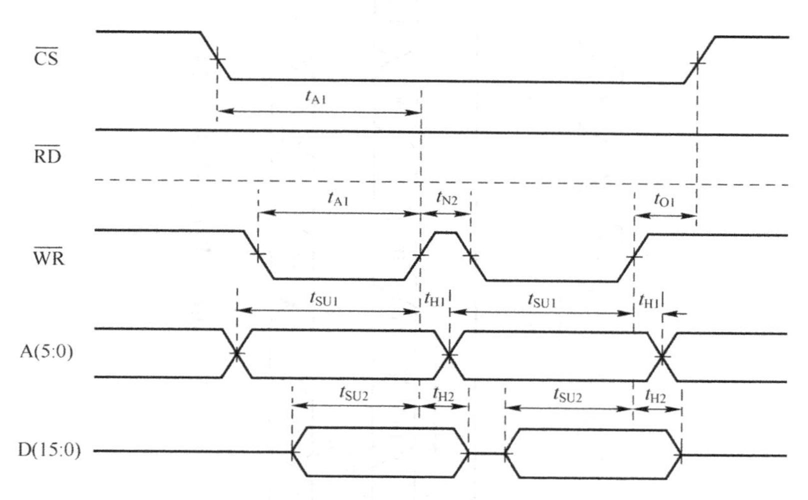

图 2.21 使用并行接口向 IC 中写入数据的过程

因为并行接口具有快速传输数据的特点，通常将其应用于快速模/数转换器或具有高带宽信道数的模/数转换器。不足的是，并行接口需要 3 条同步线、16 条数据线和可选地址线，这些信号线在 PCB 上会占据大量的面积，而且通过并行接口传输数据的 IC 芯片也需要一个高带宽的引脚。因此，数据通常是按顺序传送的，这种工作模式一般称为串行接口（SPI）。使用串行接口进行数据传输的过程如图 2.22 所示。

同样，当片选信号 CS 变为低电平时，设备被选中。包含地址的数据可以被双向传送，通过 DIN 端口将数据从主机传向设备，或者通过 DOUT 端口将数据从设备传向主机，每个时钟周期传送 1 位数据，这样的串行接口通常从数据的最高位（MSB）开始传输。

当最大时钟频率约为 50MHz 时，每微秒大约只允许传输 3 个 16 位的数据，并将单信道设备的转换频率限制在每秒 3 百万次左右。6 通道同时采样的模/数转换器将转换频率限制在每秒 50 万次，如 TI 的 ADS8556 和 ADI 的 AD7656。SPI 的优势是只需要 4 条信号线。

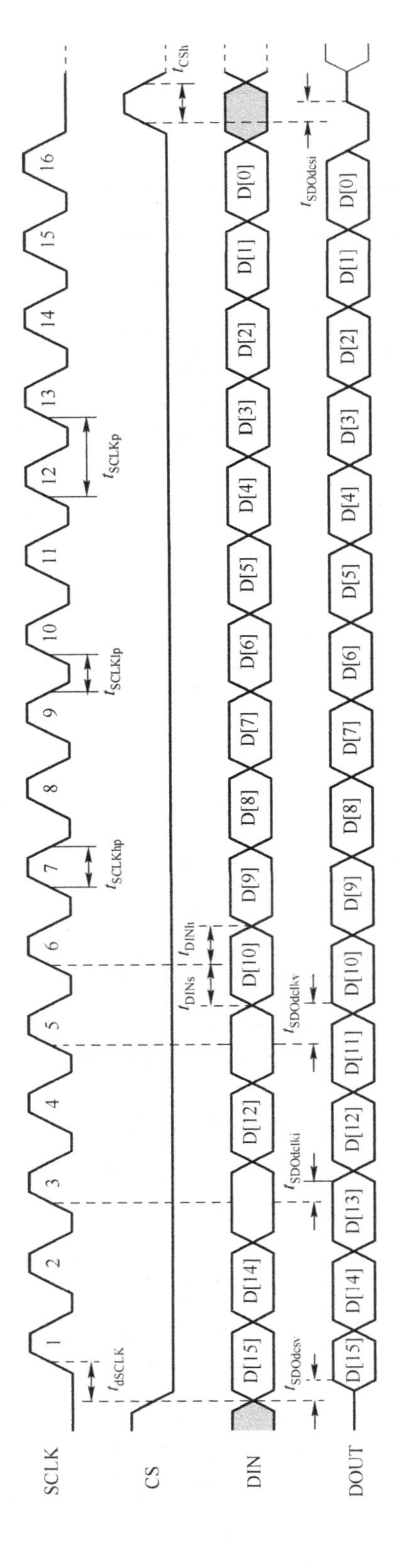

图2.22　使用串行接口进行数据传输的过程

I^2C 接口只通过两条线（时钟信号线和数据线）就可以进行数据通信。作为主机与从机之间的数据线，当没有发生数据传输时，它必须保持高阻抗。为了保持有效的逻辑电平，要使用上拉电阻。将上拉电阻与数据线上的寄生电容的乘积定义为时间常数，这个时间常数将限制数据线上的最大数据传输频率（标准模式为 100kHz，快速模式为 400kHz，加强快速模式为 1MHz，高速模式为 3.4MHz），然后主机和从机将只拉低时钟信号线电平。我们注意到，当电源电压全加到上拉电阻上时，功耗将会很高。因为 I^2C 接口在工业中应用时，数据传输频率很慢，所以该接口很少使用。

2.1.4　功耗指标

在一些应用中，功耗和电流消耗是要重点考虑的因素。在工业过程控制中，信息通常借助 4～20mA 之间的电流进行数据传输。有时这种电流不仅可以用于传递信息，而且还可作为电路的电流源。因此，控制电路要限制消耗的电流为 4mA。为了降低电路的功耗，我们需要诸如睡眠模式和掉电模式等不同的省电模式，它们的剩余功耗和恢复时间有所不同。

一些设备要求必须最小化其功耗，例如，手持设备中由电池驱动的手机或具有高密度电池的电气设备，它们的总功率耗散会引起发热问题。此外，高频元器件（如 ADS12D1800RF）也会产生显著的功耗。

2.1.5　抖动

我们希望以等距离的时间步长捕获数据，但采样模拟输入电压的数字信号边沿会在时域上出现或左或右的偏移，这种现象称为孔径抖动。由于经常采用时钟信号捕捉模拟输入信号，所以孔径抖动通常又称时钟抖动。当时钟信号发生抖动时，动态输入信号的电压值将会改变，从而捕获到错误的电压信号。由于时钟抖动造成模/数转换器的采样误差如图 2.23 所示。

假设输入信号是幅值为 A、频率为 f 的正弦信号，最大误差 ε 为

$$\varepsilon = \left.\frac{\mathrm{d}V_{\text{in}}}{\mathrm{d}t}\right|_{\max} \cdot \Delta t = \left.\frac{\mathrm{d}(A\sin(2\pi ft))}{\mathrm{d}t}\right| \cdot \Delta t = 2\pi fA\Delta t < 1\text{LSB} \tag{2.22}$$

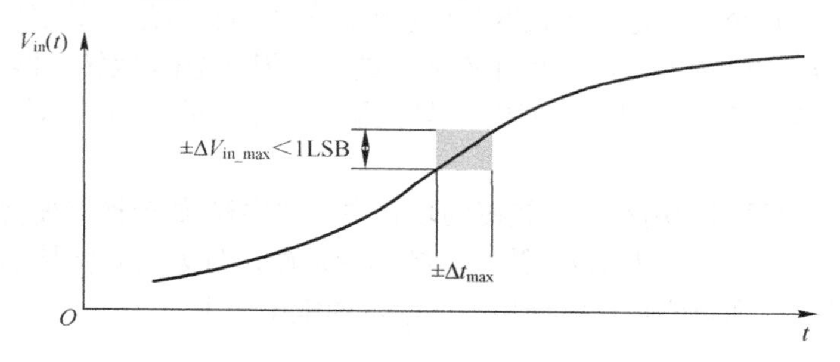

图 2.23　由于时钟抖动造成模/数转换器的采样误差

式（2.22）同样假设了理想误差应小于 1LSB。如果模拟满量程范围是幅度的两倍，那么可以用 2^n LSB 代替 $2A$。因此，最大允许抖动时间 $\Delta t_{\max}$ 可表示为

$$\Delta t_{\max} < \frac{1}{2^n \pi f} \tag{2.23}$$

随着分辨率和输入信号频率的增加，对抖动时间的要求也越来越高。假设在通信应用中，输入信号具有 f = 500MHz 的频率，并且模/数转换器具有 12 位的分辨率，那么抖动时间必须小于 155fs。在工业应用中，信号频率通常小于 100kHz，但是模/数转换器的分辨率通常达到 16 位以上。对于这种情况，孔径抖动时间必须小于 50ps。

2.2 模/数转换器的结构

不同的应用对模/数转换器有着不同的要求，不同架构的模/数转换器在速度、功耗、分辨率和复杂性上有着显著的差异。模/数转换器一般可分为 3 种：流水线型模/数转换器、逐次逼近型模/数转换器和 Sigma-Delta 模/数转换器。不同架构的典型模/数转换器性能比较如图 2.24 所示。

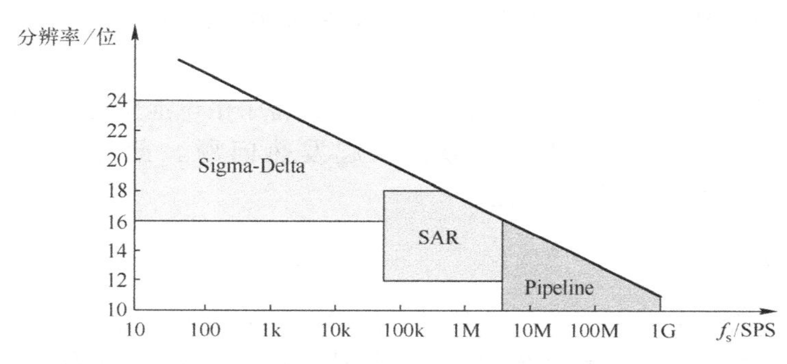

图 2.24 不同架构的典型模/数转换器性能比较

还存在其他架构的模/数转换器，但它们并不常用。闪存型模/数转换器已经在前面介绍过了，这种模/数转换器在每个时钟周期都会输出一个转换结果，因此有非常高的转换速率，但是闪存型模/数转换器具有元器件数目过多和低分辨率（如 4～8 位）的缺点。闪存转换器通常用于某些无线或雷达设备及示波器当中。

为了减少元器件的数量，可以通过利用简单且快速的差分级电路对模拟输入信号进行预编码，然后通过与每个位并行的比较器对已预编码的模拟信号进行数字化，这种架构称为折叠型模/数转换器。12 位分辨率和 9 个有效位的折叠闪存型模/数转换器可以实现每秒 10 亿次采样级别的转换频率。采用折叠型模/数转换器作为架构的应用基本与采用闪存型模/数转换器的应用相同。

斜率模/数转换器可以应用在速率较慢的场合中，斜率模/数转换器使得参考信号逼近、直到等于输入信号。因此，这种模/数转换器频率特别慢，且无法获得特别高的转换精度。由于该结构比较简单，所以它们经常应用在低成本的电压表中。

2.2.1 流水线型模/数转换器

流水线型模/数转换器在每个时钟周期都会对输入信号进行采样，但它们一次只能处理位数很少的数字码，从输入电压中减去正或负的参考电压得到余量电压，将其进行放大并传递到下一级，用以计算下一位数字码。多级流水线型模/数转换器的典型结构如图 2.25 所示。

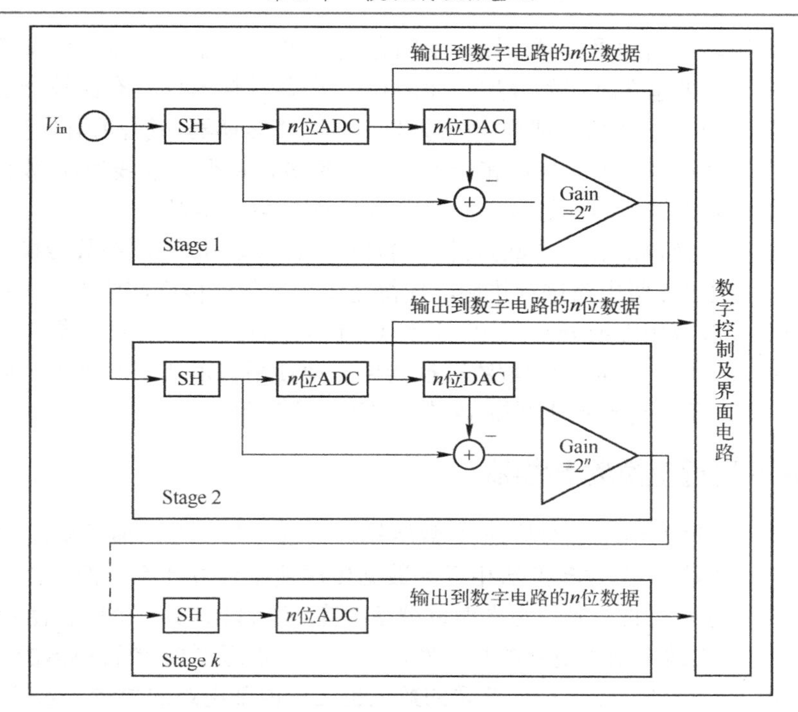

图 2.25 多级流水线型模/数转换器的典型结构

为了便于理解流水线型模/数转换器的工作原理，我们对一个三级且每一级具有 1 位分辨率的 3 位流水线型模/数转换器进行说明。该模/数转换器的输入电压为 1.9V，参考电压为 2V，满量程范围是参考电压的两倍，因此为 4V。

首先对输入电压进行采样，然后与 2V 参考电压进行比较。由于参考电压较高，所以比较器（1 位模/数转换器）将输出电压为 0V，数/模转换器的输出电压也为 0V，V_{in}减去 0V 仍然是 V_{in}（1.9V）。然后将输出信号通过增益级乘以 2（3.8V）传递给下一级。

下一个时钟周期到来时，第二级的输入采样第一级输出的 3.8V。同时，第一级将保持输入电压 V_{in} 的下一个采样值。现在，第二级已采样的电压（3.8V）高于参考电压，使得第二级的数字输出为 1。因此，模拟输出电压为输入电压减去参考电压的值乘以 2，即 $(3.8\text{V}-2\text{V})\times 2=3.6\text{V}$。

第三级在第三个时钟边沿到来时对 3.6V 进行采样，并再次与 2V 进行比较，因为 3.6V 大于 2V，所以第三级的数字输出为 1。模/数转换器的总数字输出为 011。上述示例的传递函数曲线是对称的，它的第一个数字码转换是发生在高于 0V 的 1LSB 处。从前面论述中得知，理想的传递函数曲线是不对称的，所以其第一个数字码转换应发生在高于 0V 的 0.5LSB 处，其最后一个转换发生在比满量程低 1.5LSB 处。因此，该架构具有 0.5LSB 的失调误差。

上述示例表明，流水线型模/数转换器需要 k 个比较器和 k–1 个放大器（k = 3）。流水线型模/数转换器的电路复杂度随分辨率的增加而线性增长，而不是像闪存型模/数转换器那样呈指数级增长。目前，性能较好的 12 位流水线型模/数转换器的转换速率最高可达到 1GSPS，SNR 可达到 65dB。经过校准的流水线型模/数转换器的差分非线性（DNL）可优于 ±1LSB，功耗在 2W 范围内。

流水线型模/数转换器的采样频率比不上闪存型模/数转换器，因为流水线型模/数转换器的总建立时间是不同级建立时间的叠加。而闪存型模/数转换器仅具有比较器的延迟，但流水线型模/数转换器具有比较器（或模/数转换器）、数/模转换器和缓冲器的延迟。随着串联的电路数量增多，信号路径中的噪声和误差也越来越多，使得流水线型模/数转换器的噪声性能比其他架构的模/数转换器差得多（如逐次逼近型模/数转换器）。

流水线型模/数转换器的另一个缺点是传输延迟。即使流水线型模/数转换器的转换速率再高，信号也必须通过 k 级电路进行传输，使得完成一次数据传送需要 k 个时钟周期。流水线型模/数转换器一般应用在要处理高频且连续运行信号的设备中，如录像机更看重模/数转换器的转换速率。因此，流水线型模/数转换器更多地使用在消费类产品中，而工业应用中很少使用，所以下面不再对流水线型模/数转换器进一步讨论。

2.2.2 逐次逼近型模/数转换器

如果要对特定时间的信号进行快速模/数转换，则选择基于逐次逼近型模/数转换器是正确的。它具有与流水线型模/数转换器相近的数据传送速率或吞吐率，但一次只能转换一个采样值，因此转换速率较低。但是逐次逼近型模/数转换器只需要一个比较器和一个数/模转换器（DAC），这极大地降低了电路的复杂性，同时逐次逼近型模/数转换器的功耗远低于流水线型模/数转换器。此外，噪声和误差源的数量也随着内部电路的数量一起减少。

逐次逼近型模/数转换器以权重的方式进行工作。逐次逼近型模/数转换器的结构如图 2.26 所示，输入信号保存在采样保持电容器上，将经过采样的输入电压与由数/模转换器产生的参考电压的一半进行比较。如果输入信号的电压较高，则数/模转换器将其输出电压提高参考电压的 1/4。如果输入电压仍然较高，则将数/模转换器的输出电压再加上参考电压的 1/8。在每个时钟周期内，数/模转换器将根据精度的位数接近输入电压。

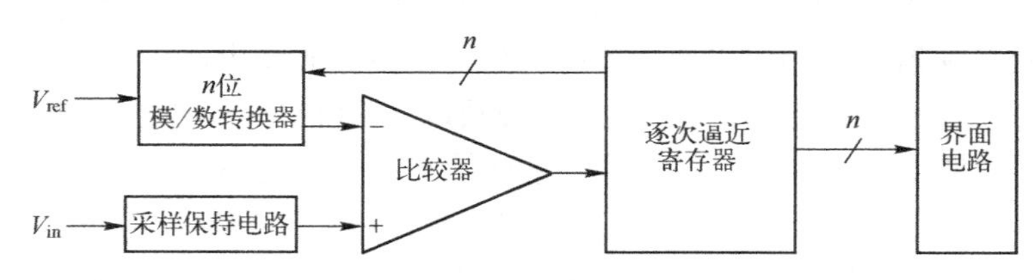

图 2.26　逐次逼近型模/数转换器的结构

逐次逼近型模/数转换器连续评估每一位输出的值。如果逐次逼近型模/数转换器具有 n 位的分辨率，则完成数据转换需要 n 个时钟周期。

让我们再次假设一个 3 位逐次逼近型模/数转换器。对于第一次近似，将 1.9V 的输入电压与 4V 参考电压的一半（2V）进行比较。由于 $V_{in}<V_{ref}/2$，MSB 为 0。降低“比重”到 $V_{ref}/4 = 1V$，进行第二次近似，这次由于输入电压较高，所以第二位为 1。数/模转换器必须增加 $V_{ref}/8 = 0.5V$ 的“比重”。1.9V 的输入电压仍然高于 1.5V，因此第三位也为 1。逐次逼近型模/数转换器的总数字输出仍为 011。

逐次逼近型模/数转换器的性能完全依赖于数/模转换器的精度。比较器也会增加逐次逼近型模/数转换器的噪声和失调误差。目前，较为先进的逐次逼近型模/数转换器可以在转换速率为 1.6MSPS 时实现 18 位的分辨率，消耗功耗为 18mW；或者在转换速率为 10MSPS 时实现 16 位的分辨率，消耗功耗为 150mW。为了实现高速且具有良好的噪声性能（SNR 大于 100dB），逐次逼近型模/数转换器要消耗大量的功率。

逐次逼近型模/数转换器既不具有最高速率也不具有最高性能，但它却被最广泛的应用，例如，在电机控制、医疗、工业过程控制及触摸屏产品等更多的应用中，都可以看到逐次逼近型模/数转换器。

2.2.3　Sigma-Delta 模/数转换器

在 Sigma-Delta 模/数转换器中，使用 Sigma-Delta 调制器可实现最高的分辨率，输入信号在数字化之前要先经 Sigma-Delta 调制器处理。具有一阶积分器的 Sigma-Delta 模数转换器如图 2.27 所示，模拟输入信号 A 和数字输出信号 Y 之间的差值经过积分器传递给模/数转换器，该模/数转换器可用一个比较器代替以简化电路结构，比较器将量化噪声 N 加到积分信号上。

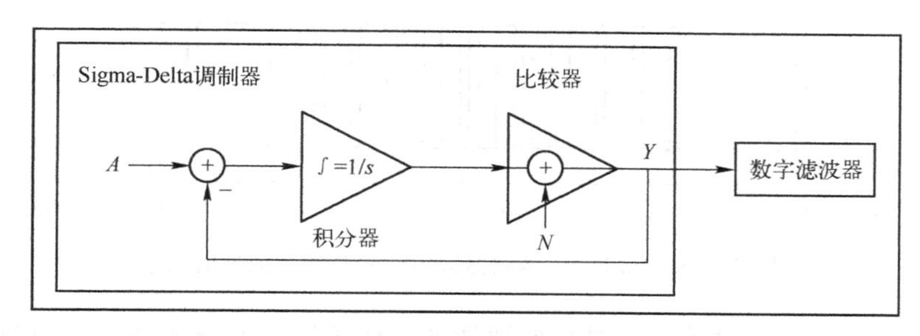

图 2.27　具有一阶积分器的 Sigma-Delta 模数转换器

大部分调制器采用开关电容式结构，但连续时间调制器因为其更高的速度而越来越受欢迎。在下面传递函数的计算中，选择连续时域的计算方法，其中积分器用 $1/s$ 表示，s 表示复数拉普拉斯变量。图 2.27 中所示的结构可用以下函数表示：

$$Y=(A-Y)/s+N$$

$$Y=A\cdot\frac{1}{1+s}+N\cdot\frac{s}{1+s} \tag{2.24}$$

输入信号的传递函数 $F_A(s)=1/(1+s)$描述了一个低通滤波器。量化噪声的传递函数 $F_N(s)=s/(1+s)$描述了一个高通滤波器。Sigma-Delta 调制器的工作原理是抑制在输入信号低频处的量化噪声，并将其搬移到较高频率处（噪声整形）。Sigma-Delta 调制器输出端的数字滤波器作为低通滤波器，将抑制包括量化噪声在内的所有高频信号。Sigma-Delta 调制器与数字滤波器一起称为 Sigma-Delta 模/数转换器。

如图 2.27 所示的是一个具有一阶积分器的 Sigma-Delta 调制器，该积分器是一阶滤波器。更高阶的滤波器将会有更有效的噪声整形功能。一阶、二阶和三阶 Sigma-Delta 调制器的噪声传递函数如图 2.28 所示。将过采样比（Over Sampling Ratio，OSR）代入式（2.25），可以求出 m 阶调制器的理想信噪比：

$$\text{SNR}=(20m+10)\lg(\text{OSR})-10\lg\left(\frac{\pi^{2m}}{2m+1}\right)+6.02\pi+1.76 \tag{2.25}$$

Sigma-Delta 调制器输出信号与输入信号的关系如图 2.29 所示，其输出信号是 1 和 0 组成的数据流，而不是二进制码。如果输入信号接近负满刻度值，则输出数据流主要由 0 组成，如果接近正满刻度值，则输出数据流主要由 1 组成，如果接近满刻度值的一半，则数据流中 0 和 1 的数量相等。

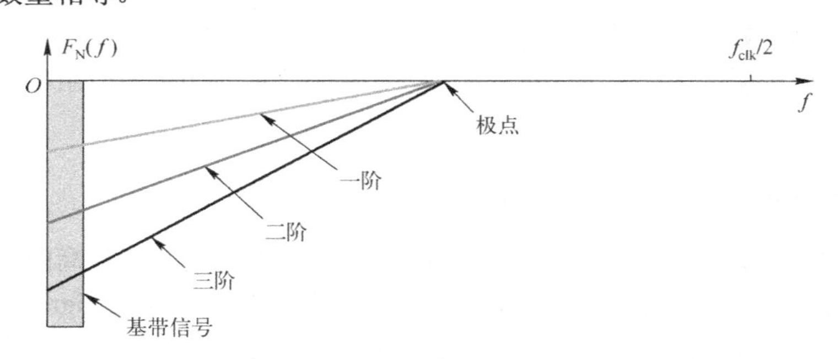

图 2.28　一阶、二阶和三阶 Sigma-Delta 调制器的噪声传递函数

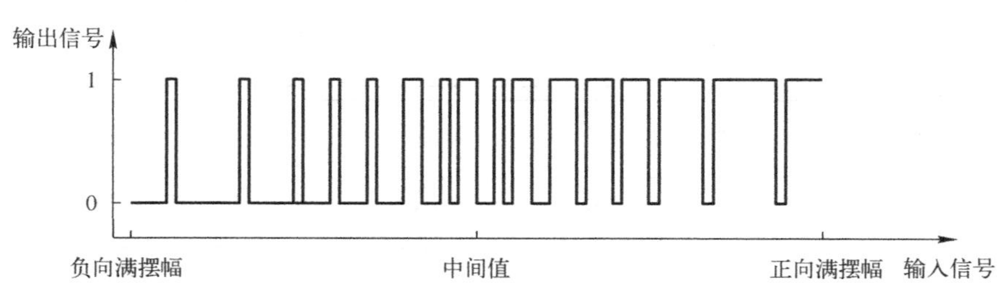

图 2.29　Sigma-Delta 调制器输出信号与输入信号的关系

数字滤波器不仅可以对数据流进行低通滤波，还可以从低分辨率、高速数据流中抽取输入信号并转换成高分辨率、低速二进制数。

式（2.25）表明 Sigma-Delta 调制器可以实现高精度的数据转换。目前较为先进的 Sigma-Delta 调制器在 24 位分辨率下可以有效地实现 21 位。

式（2.25）还表明对输入信号抽取时需要过采样，因此 Sigma-Delta 调制器不能对输入信号进行快速模/数转换。数字滤波器还会延迟输入信号，因此 Sigma-Delta 调制器通常用于转换低频连续时间信号，如音频信号（f_{in}=20Hz～40kHz）等。Sigma-Delta 调制器也经常应用于对转换速率没有特别要求的离散信号测量中，如温度或质量的测量。

数据手册中特别重要的是滤波器的平坦度和带宽。此外，滤波器会增加时间延迟，时间延迟的多少取决于转换器的数据传送速率。

根据经验，m 阶调制器的噪声将以每 10 倍频程提升。为了有效抑制噪声，需要更高阶的数字滤波器。另一方面，滤波器 m_f 的阶数越高，滤波器的延迟时间越长，通带平坦度越差。因此，滤波器的阶数通常选为 $m_f = m + 1$。

SINC 滤波器由于其合适的尺寸而被广泛应用。二阶 SINC 滤波器的结构如图 2.30 所示，用 Y_{mod} 表示 Sigma-Delta 调制器的数据流，该数据流首先通过积分器形式的低通结构以抑制噪声，该低通滤波器要避免将较高频率的噪声折叠到信号频带中。一旦高频噪声被抑制，通过调节过采样比，数据传送速率可以降低到奈奎斯特速率。一旦数据传送速率被降低，则必须通过加入与之前已使用的积分器相同数量的微分器调整信号通带，Y_{out} 经过滤后以二进制的格式输出。

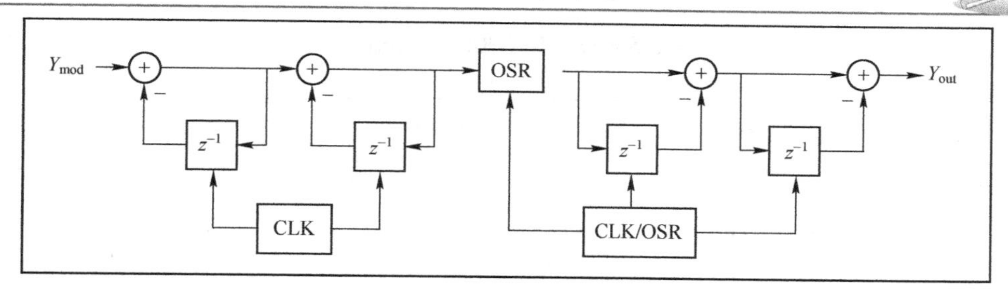

图 2.30　二阶 SINC 滤波器的结构

图 2.30 中，z^{-1} 项表示一个时钟周期的延迟，积分器可以连续地对 Sigma-Delta 调制器的数据流求和，迟早会发生数据溢出，所以保持输出信号 Y_{out} 的确定性非常重要，这意味着在 OSR 时钟周期内只能发生一次数据溢出，这将取决于过采样比 OSR 和滤波器 m_f 的阶数的最小寄存器宽度 W_R。寄存器宽度可以通过式（2.26）计算。二阶 SINC 滤波器的滤波响应（10MHz 数据流，OSR=32）如图 2.31 所示。数据传送速率等于 Sigma-Delta 调制器时钟频率除以过采样比。

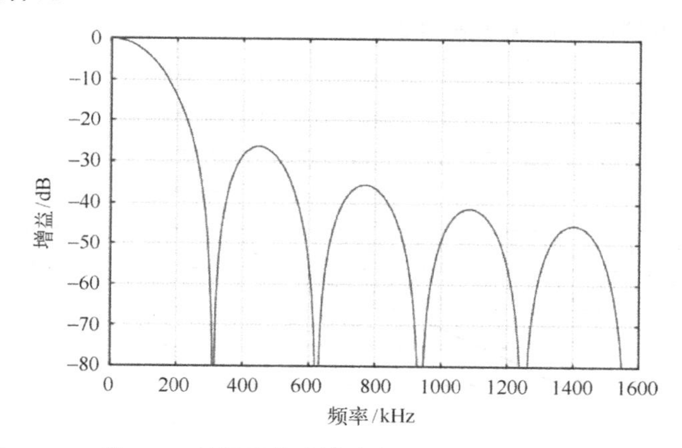

图 2.31　二阶 SINC 滤波器的滤波响应（10MHz 数据流，OSR=32）

二阶 SINC 滤波器的脉冲响应（10MHz 数据流，OSR=32）如图 2.32 所示，微分器使输出信号 Y_{out} 保持与 m_f 相同的数据传送速率，直到它可以跟随模拟输入。因此，延迟时间 t_{gd} 和建立时间之间存在差异。

当施加小于奈奎斯特频率的模拟输入信号时，数字滤波器处于稳定状态。请注意，对于给定的具有恒定时钟速率的滤波器，延迟时间是固定的。式（2.27）和式（2.28）中的 T_{CLK} 表示调制器的时钟周期。

$$W_R = m_f \log_2(\text{OSR}) \tag{2.26}$$

$$t_{gd} = 0.5 m_f \text{OSR} T_{CLK} \tag{2.27}$$

$$t_s = m_f \text{OSR} T_{CLK} \tag{2.28}$$

在实际应用中，Sigma-Delta 调制器通常在其数据手册中提供支持数字滤波器设计的图表。AMC1203 的 ENB 关于 OSR 的曲线如图 2.33 所示。如果电动机驱动器需要一个分辨率为 12 位的 Sigma-Delta 调制器用于电流测量，则可以对该调制器使用三级 SINC 滤波器。当使用一个时钟频率为 10MHz、二阶 Sigma-Delta 调制器时，可计算其延迟时间为

$$t_{gd} = 0.5 \times 3 \times 64 \times 100\text{ns} = 9.6\mu\text{s} \tag{2.29}$$

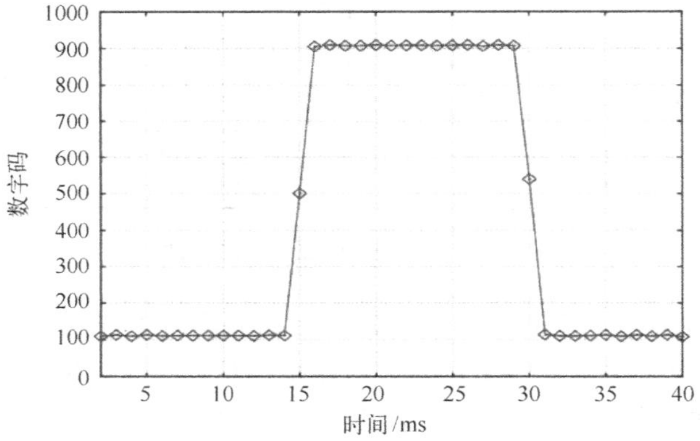

图 2.32　二阶 SINC 滤波器的脉冲响应（10MHz 数据流，OSR=32）

当分辨率相同时，可以使用 OSR 为 128 的 SINC2 滤波器。通过计算可得其延迟时间为 12.8μs，因此三阶滤波器就可以满足要求了。

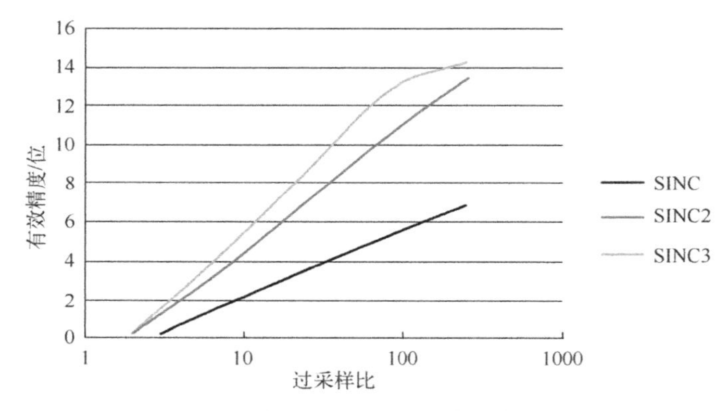

图 2.33　AMC1203 的 ENB 关于 OSR 的曲线

图 2.33 给出了在 OSR 为 100 的 SINC3 滤波器的曲线，从这一点开始，电路噪声将以量化噪声占据主导。因此，对于 OSR> 100，OSR 每增大一倍，则其噪声性能仅优化 3dB。

对于相同的电动机控制电路，要对电流进行实时监控，以便当出现过电流时可以在短时间内（如 3μs）关闭电流。AMC1203 的 ENB 关于建立时间的曲线如图 2.34 所示。可以借助图 2.34 来定义理想的滤波器，当建立时间为 3μs 时，二阶 SINC 滤波器可实现有效精度为 5.8 位的最高分辨率。式（2.30）可用于计算所需的 OSR，即

$$\text{OSR} = \frac{t_s}{m_f T_{clk}} = \frac{3}{2 \times 0.1} = 15 \tag{2.30}$$

在上述电动机控制应用中，两台 SINC 滤波器将并行工作。OSR 为 64 的三阶滤波器用于正常调节电路，OSR 为 15 的二阶滤波器用于过电流保护。

每种转换器技术都有其独特的优势，并可适用于特殊的应用场合当中。工程师要分析实际应用中对模/数转换器的具体参数要求，选择合适的结构，才能满足不同工业产品的应用要求。

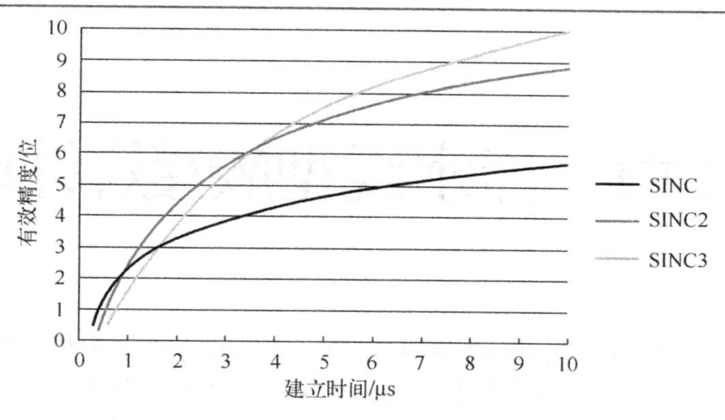

图 2.34　AMC1203 的 ENB 关于建立时间的曲线

第 3 章　流水线型模/数转换器

流水线型模/数转换器（Pipelined ADC）是一种由若干级结构和功能相似的子电路组成，通过将量化过程以流水线方式处理而获得高速、高精度的模/数转换电路，主要应用在数字机顶盒、数字接收机、中频与基带通信接收器（蜂窝、区域多点传输服务、点到点微波通信、无线局域网）、低功耗数据采集、医学成像、便携式仪表等领域中。其精度一般在 10～16 位之间，工作频率通常在 10～500MHz 的范围内。

流水线型模/数转换器的设计类似于模拟集成电路设计中的八边形法则，在速度、精度、功耗之间也存在着相互制约的关系。本章主要对流水线型模/数转换器的基本原理、参数进行讨论。之后以一个设计实例来阐述流水线型模/数转换器各个模块及整体电路的设计思想。

3.1　流水线型模/数转换器的工作原理

流水线型模/数转换器是一种在子区结构的基础上，各级引入了采样保持放大电路，使各级可并行地对上一级得到的模拟余量进行处理的模/数转换结构。从转换过程来看，流水线型模/数转换器的各级相互间采用串行处理的工作方式，每一级的输入都是上一级的输出，只有一级完成了工作后，下一级才能开始工作。但就每一步转换来看，在每一步转换中各级都在工作，没有一级在“休息”，所以每级的工作方式又可看成并行的。流水线型模/数转换器的工作原理如图 3.1 所示。

从图 3.1 可见，典型的流水线型模/数转换器由时钟电路、流水线型转换结构、延时对准寄存器阵列和数字校正电路组成。其中，流水线型转换结构由输入采样保持电路、减法放大电路（MDAC）、Flash ADC 级联组成。

流水线型模/数转换器中各子级（MDAC）的结构如图 3.2 所示，它由一个低精度的模/数转换器（ADC）和减法放大电路（MDAC）构成。MDAC 完成的功能包括采样保持、数/模转换、减法及放大运算。在数据转换过程中，每一级首先对输入该级的模拟信号进行模/数转换并产生 $B_i + r_i$ 位的数字输出，然后将这个数字码通过数/模转换器（DAC）转换为模拟量，并与该级的输入信号相减得到余差。该余差再被放大 G_i 倍并被送入下一级 MDAC 进行同样的处理。其中，单级增益 G_i 可以表示为

$$G_i = 2^{B_i+1-r} \tag{3.1}$$

一个理想的 $B_i + r_i$ 位输出的 MDAC 传递函数可表示为

$$V_{\text{out},i} = G_i V_{\text{in},i} - D_i V_{\text{ref}} \tag{3.2}$$

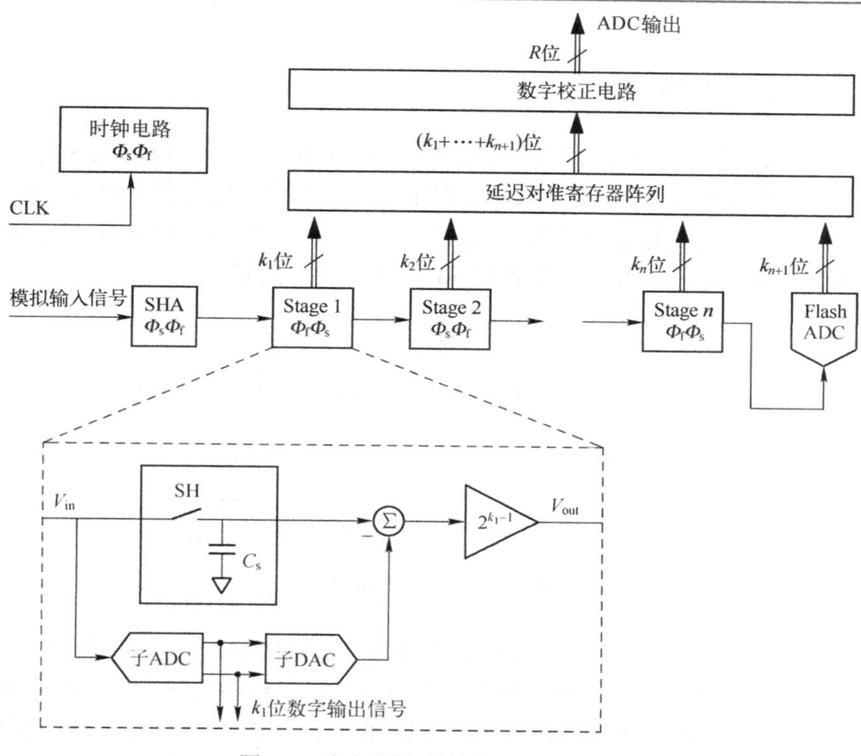

图 3.1　流水线模/数转换器的工作原理

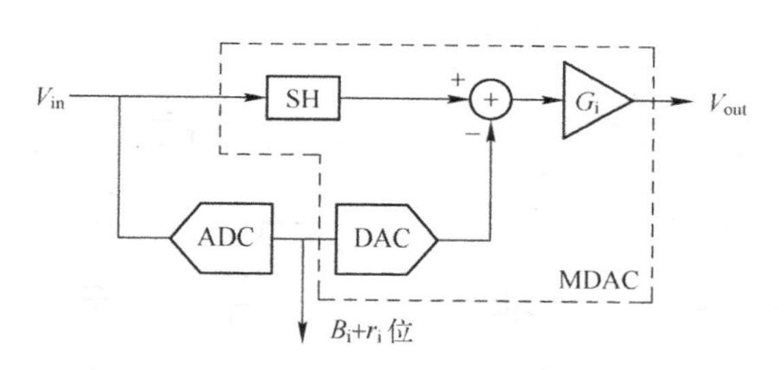

图 3.2　流水线型模/数转换器中各子级（MDAC）的结构

式中，D_i 由每级中的低精度模/数转换器决定，$D_i \in [-(2B_i-1),+(2B_i-1)]$。为了保证流水线型模/数转换器正常工作，应选用双相不交叠时钟信号对其各级进行控制，使流水线型模/数转换器中的前端采样保持电路和各级 MDAC 在采样相、放大相之间交替工作来完成转换。双相不交叠时钟信号由时钟电路产生，设双相不交叠时钟信号为 $\varPhi_s$、$\varPhi_f$，其中 $\varPhi_s$ 控制前端采样保持电路和偶数级的 MDAC，$\varPhi_f$ 控制奇数级 MDAC，当时钟信号 $\varPhi_s$ 为高电平时，前端采样保持电路和偶数级 MDAC 处在采样相，奇数级 MDAC 处在放大相。这时，前端采样保持电路对模拟输入信号进行采样，而偶数级 MDAC 则对奇数级 MDAC 放大输出的模拟余差信号进行采样。当时钟信号 $\varPhi_f$ 为高电平时，前端采样保持电路和偶数级 MDAC 处在减法放大相，奇数级 MDAC 处在采样相。上述过程反复操作，输入信号就被各子级 MDAC 逐级串行处理，由于每级 MDAC 量化得到的数字并非同步出现，所以采用延迟同步单元来进行同步。对于流水线型模/数转换器使用冗余位的结构，要对每级得到的数字码进行重建，这就是数字校正模块的作用，而对于流水线型模/数转换器不使用冗余位的结构，就可以将同步后的数字码直接输出。

3.1.1 采样保持电路

采样保持电路的作用是对模拟输入信号进行准确采样，并将采样结果保持，即对连续信号离散化。在传统结构流水线型模/数转换器中，采样保持电路是整个模/数转换器最前端的模块，它的精度和速度决定了整个系统能够达到的最高性能。在 CMOS 技术中，最简单的采样保持电路是由一个开关和一个电容组成的，如图 3.3 所示。

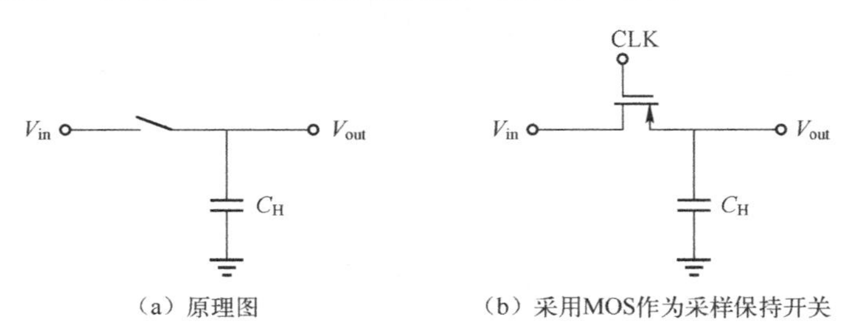

图 3.3 采样保持电路

当 CLK 为高电平时，开关闭合，此时输出电压 V_{out} 跟随输入电压 V_{in} 变化；当 CLK 为低电平时，开关断开，电容保持了开关断开时的电荷。以上结构虽然简单，但存在两个很严重的非理想因素：MOS 的沟道电荷注入和时钟馈通。这两种效应将很大程度上影响采样保持电路的精度。为了克服 MOS 的沟道电荷注入和时钟馈通给电路精度带来的影响，引入了底极板采样技术，其示意图如图 3.4 所示。

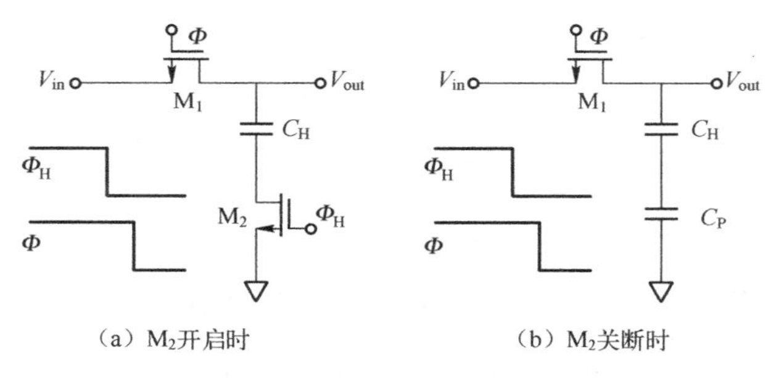

图 3.4 底极板采样技术示意图

在图 3.4 中，M_2 比 M_1 稍微提前关断，一般情况下这个提前的时间为几百皮秒，M_2 关断时注入电容 C_H 的电荷基本与输入信号无关；然后 M_1 关断，由于此时电容 C_H 下极板悬空，M_1 的沟道电荷不会注入电容 C_H，因此 M_1 电荷注入的非线性被消除。实际上 C_H 下极板并非悬空，而是有一个寄生电容的存在，如图 3.4（b）所示，故 M_1 仍会在 C_H 上注入少量电荷，它是一个很小的量。实际采样保持电路中加入了运算放大器，利用高增益运算放大器差分输入端近似虚地和电荷守恒原理进行底极板采样，可以达到更高的精度。该种采样保持电路分为电荷转移型和电容翻转型。电荷转移型采样保持电路如图 3.5 所示，其中 Φ_1 和 Φ_2 为两相不交叠时钟信号。

电荷转移型采样保持电路在采样阶段跟踪输入信号，在保持阶段仅将采样电容中电荷的差值部分传输到反馈电容，而共模输入电压仍留在采样电容中，所以该种结构能够接受大范围的共模输入信号，具有良好的共模抑制特性。电容翻转型采样保持电路如图 3.6 所示。

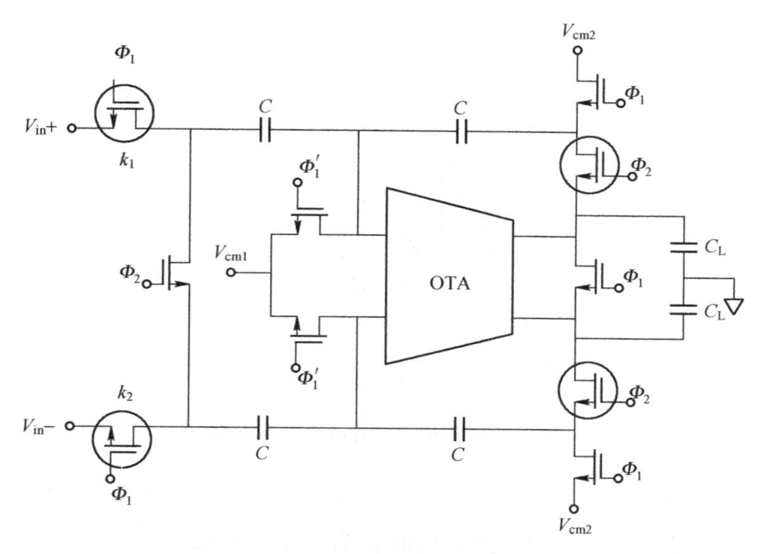

图 3.5　电荷转移型采样保持电路

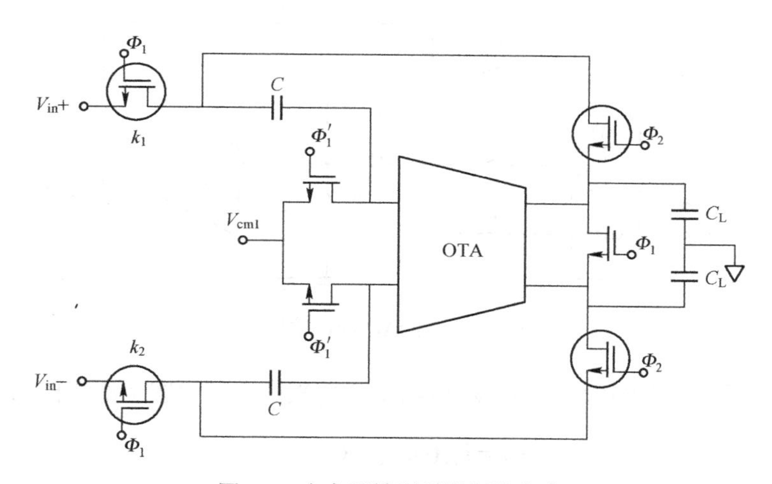

图 3.6　电容翻转型采样保持电路

电容翻转型采样保持电路对信号进行采样后，在保持阶段直接将采样电容的一端信号翻转并接到放大器输出端，实现被采集信号的保持。对于以上两种采样保持电路，如果不考虑放大器输入端寄生电容的影响，在保持阶段，电荷转移型采样保持电路的闭环反馈系数为 0.5，电容翻转型采样保持电路的闭环反馈系数为 1，因而在闭环单位增益带宽相同的情况下，电容翻转型采样保持电路具有更低的功耗。电容翻转型采样保持电路的缺点是：共模输入信号范围较小，在低电压应用时会增加运算放大器的设计难度。

3.1.2　减法放大电路

在流水线型模/数转换器中，减法放大电路（MDAC）的主要功能是在级间实现数/模转换、采样保持、相减和增益放大。作为流水线型模/数转换器中的核心电路，MDAC 的性能对整体电路至关重要。MDAC 会带来多种误差，为了将误差降低到合理范围，目前通常使用带冗余位的 MDAC 结构。1.5 位/级 MDAC 传递函数如图 3.7 所示。

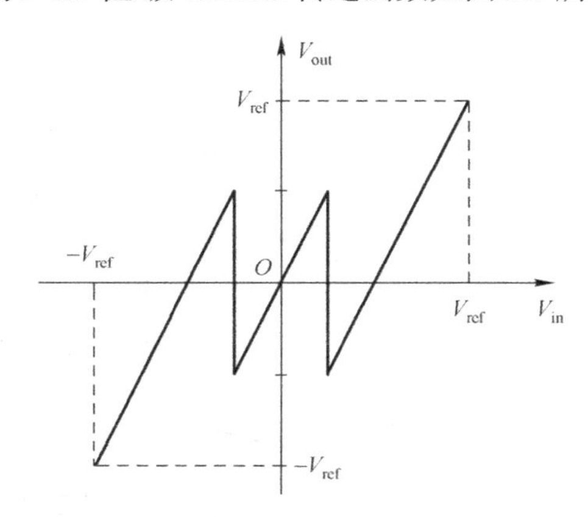

图 3.7 1.5 位/级 MDAC 传递函数

MDAC 模块结构如图 3.8 所示。其中，C_s 为采样电容，C_f 为反馈电容，且 C_s=C_f，Φ_1 和 Φ_2 为两相不交叠时钟信号，Φ_{1e} 的下降沿超前于 Φ_1，用于底极板采样。

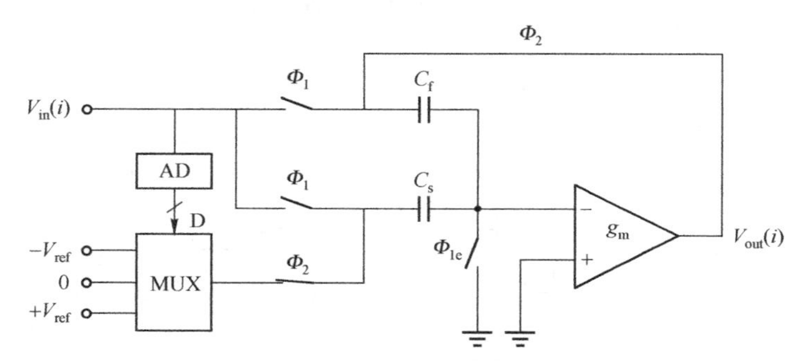

图 3.8 MDAC 模块结构

当 Φ_1 为高电平时，前级输出信号被电容 C_s 和 C_f 采样，两电容上所存储的电荷为

$$Q_1 = V_{in}(i)(C_s + C_f) \tag{3.3}$$

当 Φ_{1e} 变为低电平时，与电容顶极板相连的开关先断开，减小了沟道电荷注入效应（底板采样技术）；当 Φ_2 为高电平时，MDAC 进入放大功能，C_f 的底极板与运算放大器的输出端连接，而 C_s 的底极板在子模/数转换器输出的控制下连接到 $+1/2V_{ref}$ 、0 或 $-1/2V_{ref}$ 。在理想情况下，假设运算放大器的增益为无穷大，其闭环工作时正、负输入端电平相等且为 0，则减法放大阶段两电容上存储的电荷为

$$Q_2 = V_{out}(i)C_f + DC_sV_{ref} \tag{3.4}$$

由于在采样阶段结束时和整个保持阶段，运算放大器的负输入端始终处于虚地，根据电荷守恒，有

$$Q_1 = Q_2 \tag{3.5}$$

联立式（3.3）、式（3.4）、式（3.5），得

$$V_{\text{out}}(i)=V_{\text{in}}(i)\left(1+\frac{C_{\text{s}}}{C_{\text{f}}}\right)-D\frac{C_{\text{s}}}{C_{\text{f}}}V_{\text{ref}} \tag{3.6}$$

式中，D 的取值为

$$D=\begin{cases}-1 & \text{子 ADC 输出为 00}\\ 0 & \text{子 ADC 输出为 01}\\ +1 & \text{子 ADC 输出为 10}\end{cases} \tag{3.7}$$

由于 $C_{\text{s}}=C_{\text{f}}$，式（3.7）可进一步简化为

$$V_{\text{out}}(i)=2V_{\text{in}}(i)-DV_{\text{ref}} \tag{3.8}$$

式（3.8）为理想 1.5 位/级 MDAC 传递函数的解析表达式。上述开关电容 MDAC 结构是以 1.5 位/级为例，若流水线型子 ADC 的有效转换位数 $B_i \geqslant 2$，其分析方法类似。

3.1.3　比较器电路

在 MDAC 模块中，输出的数字码都是经比较器得来的。比较器的功能就是通过比较输入信号和参考信号的大小来得到输出信号。比较器的功能如图 3.9 所示。当输入信号小于比较信号时，比较器的输出信号为低电平 V_{OL}；当输入信号大于比较信号时，比较器的输出信号为高电平 V_{OH}。然而比较器并非是理想的元器件，其存在着增益有限、速度有限和失调误差等非理想因素。首先，增益有限决定着比较器可以分辨的最小信号幅度，比较器增益越大代表能分辨的信号幅度越小，比较精度越高；其次，有限的速度决定着其能否应用于高速的系统中；最后比较器的失调误差可以看成输入信号与比较信号之间存在的由工艺实现过程引入的固定误差，其在一定程度上也决定着比较器的应用范围。

使用传统的运算放大器可以提供比较好的增益，但由于其速度有限，所以很少在高速应用中使用，目前常用的比较器的结构如图 3.10 所示，它是使用放大器加锁存器的结构。

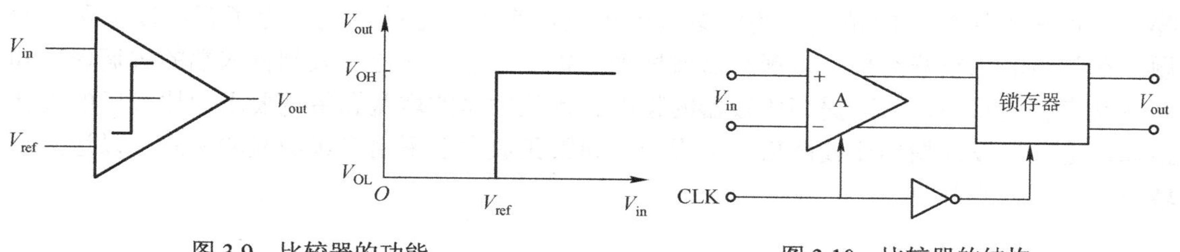

图 3.9　比较器的功能　　图 3.10　比较器的结构

首先来分析一下锁存器，锁存器的结构可以看成两个反相器串联后首尾相连的环路。锁存器模型如图 3.11 所示。锁存器小信号模型如图 3.12 所示。

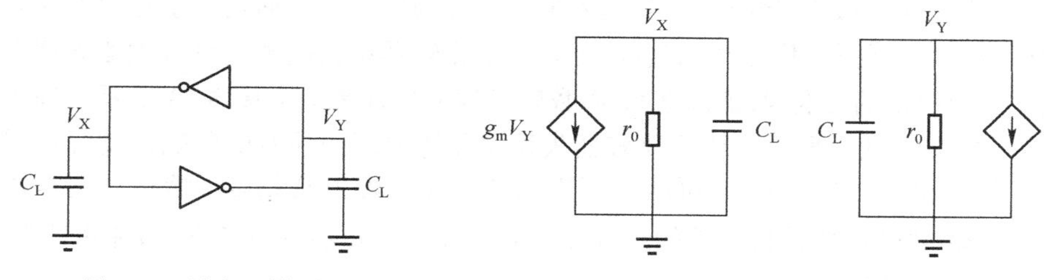

图 3.11　锁存器模型　　图 3.12　锁存器小信号模型

由锁存器小信号模型可得

$$g_m V_X + V_Y / r_o + dV_Y / dt \cdot C_L = 0 \tag{3.9}$$

$$g_m V_Y + V_x / r_o + dV_x / dt \cdot C_L = 0 \tag{3.10}$$

式中，g_m、r_0 分别为反相器的跨导和输出阻抗。在式（3.9）、式（3.10）两边同乘 r_o，整理后可得

$$AV_X + V_Y = -dV_Y / dt \cdot \tau \tag{3.11}$$

$$AV_Y + V_X = -dV_x / dt \cdot \tau \tag{3.12}$$

式中，$A = g_m r_o$ 是反相器的增益，$\tau = r_o C_L$ 是反相器的时间常数，由式（3.11）、式（3.12）整理可得

$$V_X - V_Y = -\frac{\tau}{A-1}\left(\frac{dV_X}{dt} - \frac{dV_Y}{dt}\right) \tag{3.13}$$

设 X、Y 两点电压差的初始值为 V_{XY0}，则

$$V_X - V_Y = V_{XY0} e^{-\frac{t(A-1)}{\tau}} = V_{XY0} e^{-\frac{t}{\tau_{eff}}} \tag{3.14}$$

式中，τ_{eff} 为等效时间常数，假设反相器的增益 $A \gg 1$，则等效时间常数为

$$\tau_{eff} = \tau / (A-1) \approx C_L / g_m \tag{3.15}$$

等效时间常数越小，锁存器的速度越快，由式（3.15）可知，输出负载 C_L 应尽量小，反相器跨导 g_m 应尽量大。

尽管通过合理的设计，锁存器可以达到比较高的速度，但也存在着一些问题。首先由于锁存器的输入端存在较大的失调误差，这会影响比较器的精度；其次由于锁存器输出的是大信号，如果锁存器输出信号的变化引入输入信号中，会产生比较大的回踢噪声，回踢噪声不但影响比较器的精度，还对参考电压电路产生一定的干扰。为了解决以上两个问题，在常用的比较器结构中，锁存器前增加了预放大器，使得等效到输入端的失调误差和回踢噪声有效减小，从而提高比较器的精度。预放大器的增益和带宽要求由比较器的设计指标决定。在设计指标比较严格的应用中，通常预放大器采用多级级联的方式，以达到高增益、高带宽的目的。

3.1.4 冗余校正

流水线型模/数转换器的转换是逐级进行的，各级输出信号有时序差，所以要对各级的数字输出信号进行延迟，以便与同一个模拟输入量的输出数字码保持同步。对同一个模拟输入量而言，前级比后级的数字输出信号多延迟半个时钟周期，可以通过数字延迟寄存器来实现。冗余校正技术是一种利用冗余位信息，有效校正比较器不精确和运算放大器失调误差的技术。未采用冗余校正的 2 位/级流水线型模/数转换器的传递函数如图 3.13 所示。理想传递函数如图 3.13 中灰色曲线所示。由于比较器失调误差等非理想因素的影响，实际传递函数为黑色曲线。当输出信号超出 V_R 时可能会产生失调误差，为了避免这一情况，引入冗余校正算法，以保证模/数转换器转换系统的线性度。采用冗余校正后的 1.5 位/级流水线型模/数转换器的传递函数如图 3.14 所示。

1.5 位/级流水线型模/数转换器采用冗余校正后，去掉了 3/4 V_R 处的比较电平，即去掉了

11 编码，使子模/数转换器只有 00、01、10 这 3 种输出信号，各级编码在全加器中循环累加时，不会发生溢出而导致失调误差，这样就增加了电路的容错程度。

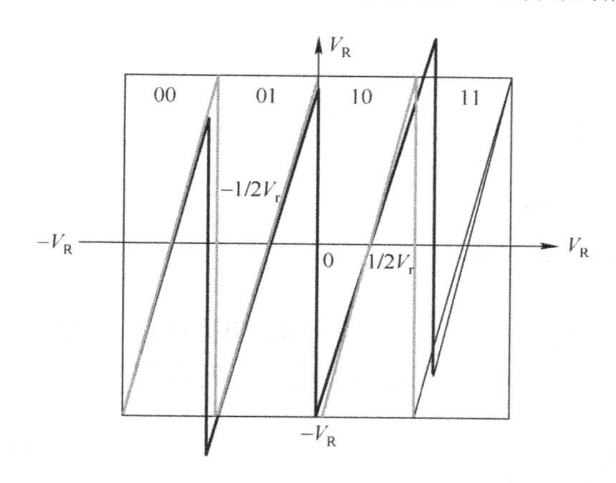

图 3.13　未采用冗余校正的 2 位/级流水线型模/数转换器的传递函数

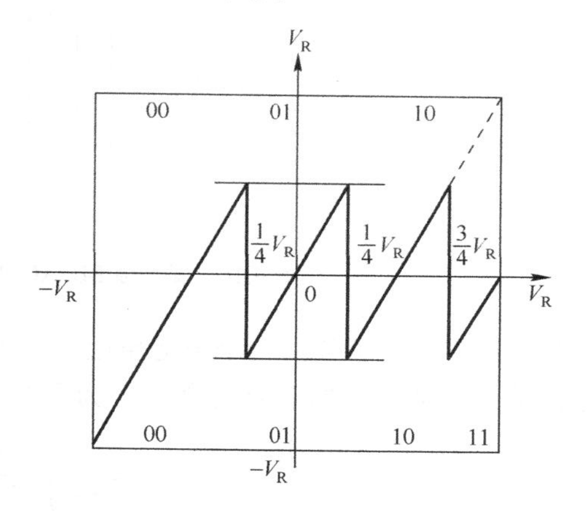

图 3.14　采用冗余校正后的 1.5 位/级流水线型模/数转换器的传递函数

冗余校正电路的基本结构如图 3.15 所示。将编码电路的输出信号作为冗余校正单元的输入信号，通过延迟电路处理实现各级输出信号的同步，进而经加法电路对最终结果进行累加完成校正。

图 3.15　冗余校正电路的基本结构

3.2　流水线型模/数转换器的非理想因素与误差源

在流水线型模/数转换器中，有许多非理想因素和误差源限制着它的性能，如噪声、静态误差、动态误差等。热噪声限制了理论上流水线型模/数转换器所能达到的最大信噪比（SNR）；静态误差限制了流水线型模/数转换器的线性度（INL、DNL）；动态误差限制了流水线型模/数转换器的动态性能（SFDR、THD），本节主要论述这些非理想因素产生的原因。

3.2.1　噪声

在 CMOS 电路中，噪声主要有两类，即热噪声和$1/f$噪声。热噪声是一种白噪声，它在一个很宽的频率范围内影响都较大，在很大程度上制约着整个模/数转换器的动态性能。$1/f$噪声是与频率相关的，在低频时$1/f$噪声的影响较大，在模/数转换器高速运行的情况下，$1/f$噪声的影响可以忽略。下面将主要针对热噪声进行讨论。

在开关电容流水线型模/数转换器中，热噪声的主要来源是开关、前端采样保持电路和 MDAC 中的运算放大器。设流水线型模/数转换器整体分辨率为 N，每个子级具有相同的分辨率 n，C_u为单位电容，令第一级 MDAC 中采样电容为$(2^n-1)C_u$，反馈电容为C_u，之后对每级采样电容、反馈电容进行等比例缩减，缩减因子为γ。第 i 级 MDAC 处于采样阶段时的单端电路如图 3.16 所示。

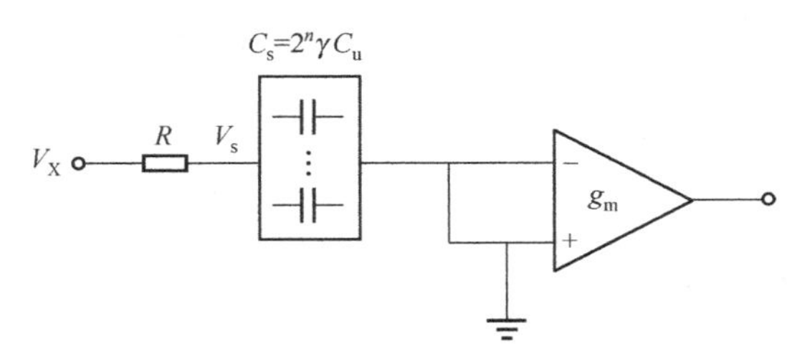

图 3.16　第 i 级 MDAC 处于采样阶段时的单端电路

采样开关可以等效为一个导通电阻 R，$C=C_s+C_f$，C_s、C_f 为采样电容和反馈电容，V_n 是由输入开关产生的等效噪声，V_s 为采样开关与电容连接点的电压，可表示为

$$V_s=\frac{V_n}{1+j\omega R(C_s+C_f)} \tag{3.16}$$

存储在电容上的电荷可表示为

$$Q_s=(C_s+C_f)V_s=\frac{(C_s+C_f)V_n}{1+j\omega R(C_s+C_f)} \tag{3.17}$$

由于热噪声是一个随机量，所以要将存储在电容上的电荷在整个频率范围内积分，得到总的噪声电荷为

$$S_Q=\frac{(C_s+C_f)^2\sigma^2V_n}{1+\omega^2R^2(C_s+C_f)^2} \tag{3.18}$$

$$Q_s=\sqrt{\int_0^{\infty}S_Q\mathrm{d}\omega}=\sqrt{kT(C_s+C_f)} \tag{3.19}$$

式中，$k=1.38\times10^{-23}\,\mathrm{J/K}$，为玻尔兹曼常数；$T$ 为绝对温度。在保持阶段电荷转移到 C_f 上，由此得到输出端噪声电压为

$$\sigma_{V_o}=Q_s/C_f=\sqrt{kT(C_s+C_f)}/C_f \tag{3.20}$$

将输出端的热噪声等效到输入端的热噪声为 $\sigma_{V_{in}}$，即

$$\sigma^2_{V_{in}}=\frac{\sigma^2_{V_o}}{A^2}\approx\frac{kT}{\beta A^2C_f}=\frac{kT}{\beta 2^{2n}C_u\gamma} \tag{3.21}$$

考虑差分结构，其输入端的等效热噪声为 $\sigma_{V_{in,diff}}$，即

$$\sigma^2_{V_{in,diff}}=\frac{2\sigma^2_{V_o}}{A^2}=\frac{2kT}{\beta 2^{2n}C_u\gamma} \tag{3.22}$$

当 MDAC 处于减法放大阶段时，另一个热噪声由运算放大器引入，第 i 级 MDAC 减法放大阶段的单端电路如图 3.17（a）所示，仅考虑输入管、负载管沟道热噪声时的小信号电路如图 3.17（b）所示。

其中，运算放大器噪声电流为 i_n，有

$$\overline{i_n^{\,2}}=4kT\gamma g_m n_{eff} \tag{3.23}$$

式中，g_{m1} 为运算放大器输入管跨导；n_{eff} 为运算放大器的噪声系数。

$$n_{\mathrm{eff}} = 1 + g_{\mathrm{mx}} / g_{\mathrm{m1}} \tag{3.24}$$

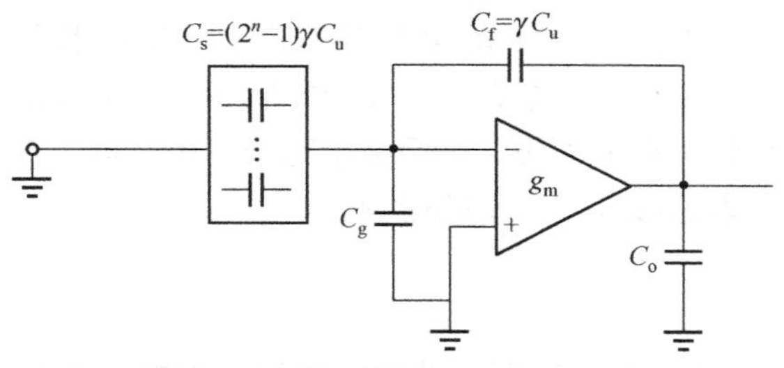

（a）第i级MDAC减法放大阶段的单端电路

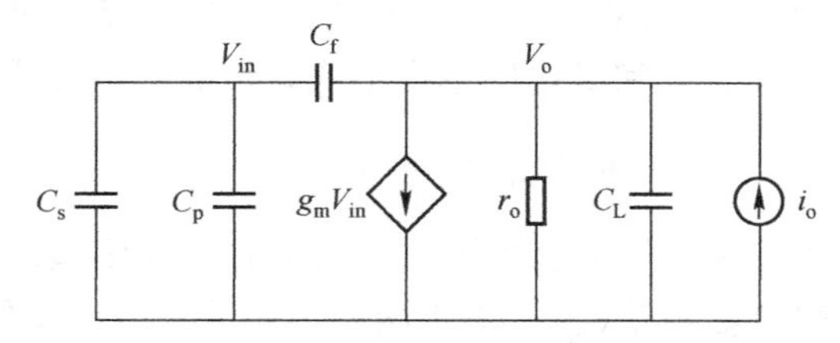

（b）仅考虑输入管、负载管沟道热噪声时的小信号电路

图 3.17　MDAC 电路

对于长沟道晶体管系数 γ 等于 2/3；对于亚微米 MOS 晶体管，γ 需要一个更大的值，范围在 0.6～3 之间。通过图 3.17（b），得到由 V_{o} 到 $\overline{i_{\mathrm{n}}^{2}}$ 的传递函数为

$$H(s) = \frac{V_{\mathrm{o}}}{\overline{i_{\mathrm{n}}^{2}}} = \frac{r_0}{1 + g_{\mathrm{m}} r_0 \beta + r_0 C_{\mathrm{Leff}} s} \tag{3.25}$$

式中，C_{Leff} 为运算放大器的等效输出负载，即

$$C_{\mathrm{Leff}} = C_{\mathrm{L}} + (1-\beta)C_{\mathrm{f}} = 2^n \gamma C_{\mathrm{u}} + C_{\mathrm{o}} + (1-\beta)\gamma C_{\mathrm{u}} \tag{3.26}$$

在整个频率段上积分，得到闭环工作的 MDAC 输出端噪声电压为

$$\overline{V_{\mathrm{o}}^{2}} = \int_0^{\infty} |H(\mathrm{j}\omega)|^2 \overline{i_{\mathrm{n}}^{2}} \mathrm{d}\omega = \frac{\gamma n_{\mathrm{eff}} kT}{\beta C_{\mathrm{Leff}}} \tag{3.27}$$

考虑差分输出结构，得到的噪声为

$$\overline{V_{\mathrm{o}}^{2}} = \frac{2\gamma n_{\mathrm{eff}} kT}{\beta C_{\mathrm{Leff}}} \tag{3.28}$$

最终在每级 MDAC 输入端的总热噪声为

$$\overline{V_{\mathrm{n}}^{2}} = \frac{2kT}{\beta 2^{2n} C_{\mathrm{u}} \gamma} + \frac{2\gamma \eta_{\mathrm{eff}} kT}{\beta 2^{2n} C_{\mathrm{Leff}}} \tag{3.29}$$

3.2.2　静态误差

在流水线型模/数转换器中，静态误差包括运算放大器的失调误差、比较器的失调误差、电容误差、运算放大器的静态直流增益误差等。下面将逐个讨论以上非理想因素对流水线型模/数转换器性能的影响。

1．运算放大器的失调误差和比较器的失调误差

由于流水线型模/数转换器是使用多级串联而成的，其每一阶段的输出信号和输入信号必须维持相同的转换区间。然而，在子模/数转换器内部的比较器和运算放大器都存在输入失调误差、直流增益误差、小信号稳定误差等非理想因素，会造成输入信号在转换过程中超出每一子级转换区间，导致失码或失级。采用数字冗余结构，可以有效地降低比较器及运算放大器的失调误差对整体电路线性度带来的影响。

2．电容误差

目前的流水线型模/数转换器多采用开关电容结构，电容自身带来的误差会对流水线型模/数转换器的精度产生影响。电容误差可以分为两类，即电容失配和电容非线性。电容失配主要是由电容的光刻边缘不整齐和氧化层厚度不均匀造成的，集成电路中的电容为

$$C = A\varepsilon_{\mathrm{ox}} / t_{\mathrm{ox}} = AC_{\mathrm{ox}} \tag{3.30}$$

式中，A 为电容区域的面积；C_{ox} 为单位面积氧化层电容。光刻边缘不整齐直接影响着电容面积 A，而氧化层厚度不均匀影响着 C_{ox}，由于两者不相关，所以总的电容偏差为

$$\frac{\Delta C}{C} = \frac{\Delta C_{\mathrm{ox}}}{C_{\mathrm{ox}}} + \frac{\Delta A}{A} \tag{3.31}$$

另一个电容误差就是电容非线性，这主要是由于制造工艺引入了一些寄生电容，而这些寄生电容的容值与其两端的电压相关，从而形成了电容非线性，电容值与两端电压的关系为

$$C(V) = C_0(1 + \alpha_1 V + \alpha_2 V^2) \tag{3.32}$$

那么，差分输出的电压差可表示为

$$V_{\mathrm{out}} = V_{\mathrm{i}} - \alpha_2 / 4V_{\mathrm{i}}^3 \tag{3.33}$$

这样会直接引入 3 次谐波，以 SMIC 0.35μm CMOS 工艺为例，其 α_2 为 50×10^{-6}，由此引入的 3 次谐波为−80dB，这在一定程度上影响了流水线型模/数转换器的性能。

3．运算放大器的静态直流增益误差

在采样保持和 MDAC 电路中，理想情况下的运算放大器的静态直流增益被认为是无穷大的，但实际情况中，运算放大器的静态直流增益是有限的，当电路中运算放大器的静态直流增益为 A、闭环工作反馈因子为 β 时，有限增益给电路精度带来的误差为 $1/A\beta$。

3.2.3 动态误差

流水线型模/数转换器中的动态误差包括开关的非线性、运算放大器的有限带宽等。

1．开关的非线性

开关的非线性主要体现在电荷注入效应和时钟馈通上。电荷注入效应如图 3.18 所示。当 MOS 处于导通状态时，二氧化硅和硅的界面必然存在沟道，反型层中的总电荷可

以表示为

$$Q_{ch} = WLC_{ox}(V_{DD} - V_{in} - V_{th}) \tag{3.34}$$

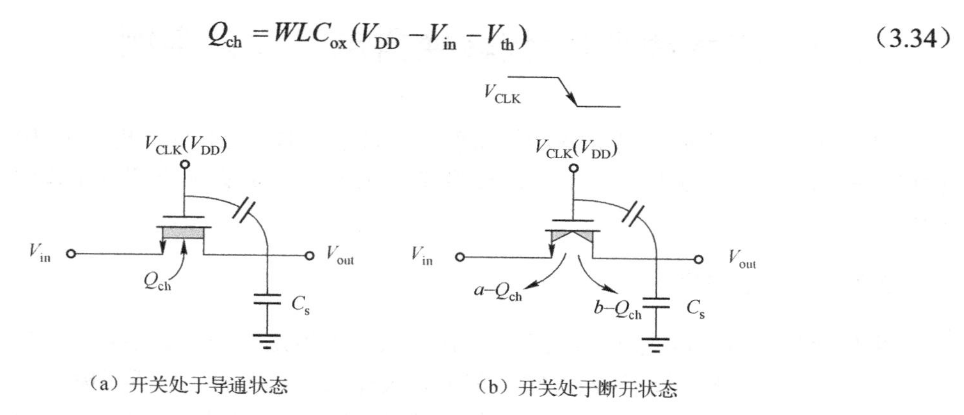

（a）开关处于导通状态　（b）开关处于断开状态

图 3.18　电荷注入效应

当开关断开后，Q_{ch} 电量会通过源端和漏端流出，这种现象称为电荷注入。假设有一半的电荷注入采样电容上，产生的误差为

$$\Delta V = \frac{WLC_{ox}(V_{DD} - V_{in} - V_{th})}{2C_s} \tag{3.35}$$

由式（3.35）可见，电荷注入引起的电压变化 ΔV 是一个与输入信号相关的函数，它引入了动态误差。采用差分结构、用电容吸收注入电荷、增加 MOS 开关源极和漏极端的对称性、加入辅助时钟电路等方式都能减小电荷注入带来的非线性影响。

时钟馈通是指 MOS 开关会通过其栅漏或栅源交叠电容将时钟跳变信号耦合到采样电容上。这种效应会给采样电压增加固定的误差，此误差可以表示为

$$\Delta V = V_{CK}\frac{WC_{ov}}{WC_{ov} + C_H} \tag{3.36}$$

式中，C_{ov} 为单位宽度的交叠电容，时钟馈通误差 ΔV 与输入电压无关，在输入/输出特性中表现为固定的失调误差。

2．运算放大器的有限带宽

在不考虑运算放大器有限增益的前提下，假设运算放大器是一个单极点系统，那么 MDAC 的输出为

$$V_{out} \approx ((C_s + C_f)/C_f V_{in} - DC_s/C_f V_{ref})(1 - e^{-\frac{t_s}{\tau}}) \tag{3.37}$$

式中，t_s 为建立时间；τ 为 MDAC 中运算放大器的闭环时间常数，可表示为

$$\tau = 1/\omega_{3dB} = 1/\beta\omega_u \tag{3.38}$$

式中，ω_u 为运算放大器单位增益带宽。式（3.37）中的 $e^{-\frac{t_s}{\tau}}$ 就是由运算放大器的有限带宽引入的动态建立精度误差，为了将其控制在 10 位精度范围内且留有一定裕度，那么 $t_s = 8\tau$。

3.3 流水线型模/数转换器电路设计实例

基于前两节对流水线型模/数转换器理论的讨论，本节将具体分析一种 10 位/40MHz 采样保持电路与减法放大器共享的流水线型模/数转换器，并详细介绍各个模块的电路实现和测试结果。

3.3.1 工作原理

采样保持与减法放大共享的流水线型模/数转换器是一种首级融合了采样保持和减法放大功能的流水线型模/数转换器，它与首级无采样保持结构的流水线型模/数转换器不同点在于：它通过在第一级 MDAC 模块中引入时钟信号，将采样功能加入，高速变化的模拟信号首先被采样保持为近似静态的模拟值后才传入比较器输入端，进行减法放大运算。这样避免了因信号路径不匹配带来的动态性能下降问题。除去第一级采样保持和减法放大共享模块外，其他级均与传统流水线型模/数转换器相同，由各子 MDAC 串联构成。因此，该种模/数转换器很容易与由传统结构改良且与多通道、运算放大器共享等改良结构兼容。首级采样保持和减法放大共享模块的工作原理如图 3.19 所示。首级采样保持和减法放大共享模块的时序图如图 3.20 所示。

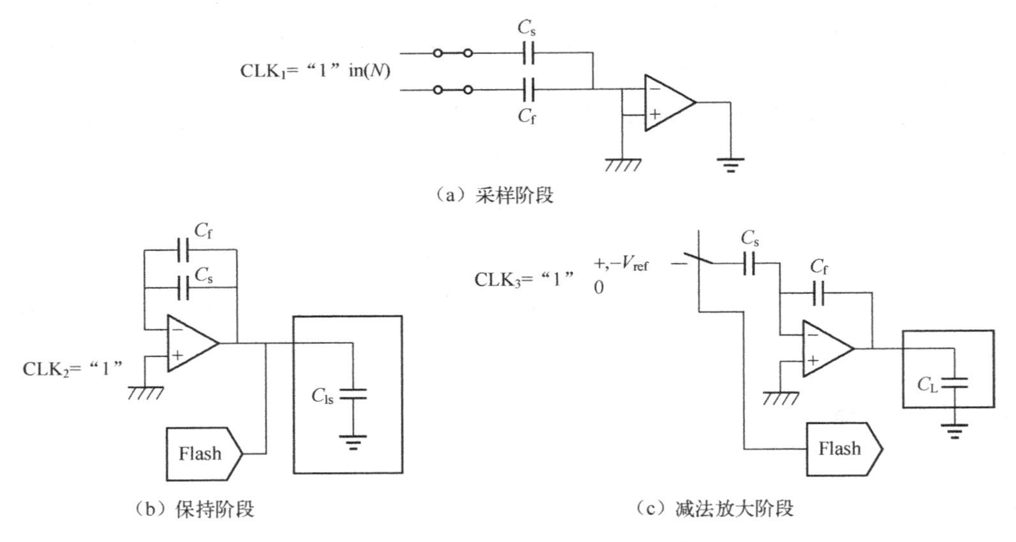

图 3.19 首级采样保持和减法放大共享模块的工作原理

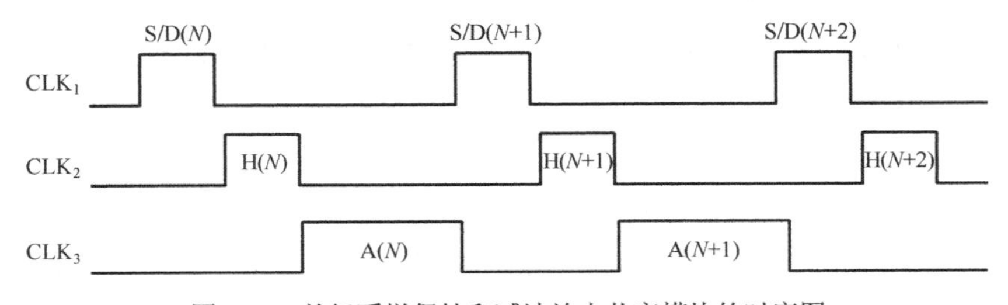

图 3.20 首级采样保持和减法放大共享模块的时序图

图 3.19 中，CLK_1 为采样时钟，CLK_2 为保持时钟，CLK_3 为减法放大时钟。采样时钟和保持时钟的高电平持续时间为减法放大相有效时间的一半。与传统结构相比，该模块在一个时钟周期内，同时可完成采样保持和减法放大两项功能。当 CLK_1 为高电平时，运算放大器输入端接共模电平，处于归零状态，输入信号被采样至电容 C_s 和 C_f 上，运算放大器输入端电荷为

$$Q_1 = V_{in}(C_s + C_f) \tag{3.39}$$

当 CLK_2 为高电平时，运算放大器呈电荷翻转型采样保持连接形式，在压摆率足够大的情况下，输出电压快速建立并与前一相位采样电平值接近，稳定后送入比较器输入端；当 CLK_3 为高电平时，采样电容 C_s 的底极板与比较器模拟电平选择单元相连，电路呈现减法放大状态，稳定后运算放大器输入端电荷可表示为

$$Q_2 = V_{out}C_f + V_{dac}(D)C_s \tag{3.40}$$

在保持和减法放大两个阶段，运算放大器的输入端始终处于虚地状态，没有对地的电荷泄放通路。根据电荷守恒 $Q_1 = Q_2$，可得

$$V_{out} = (C_s + C_f)/C_f V_{in} - V_{dac}(D)C_s / C_f \tag{3.41}$$

当 C_s=C_f 时，完成了 1.5 位/级 MDAC 的减法、放大功能。

3.3.2　模块电路设计

采样保持和减法放大共享的流水线型模/数转换器主要由采样保持和减法放大共享模块、减法放大模块、电压基准、时钟电路、延迟单元和数字误差校准电路组成。采样保持和减法放大共享的流水线型模/数转换器的总体结构如图 3.21 所示。采样保持和减法放大共享模块是最为重要的组成部分，由采样开关、运算放大器、比较器、开关电容电路组成，本节将重点分析该模块的工作原理与设计实现。

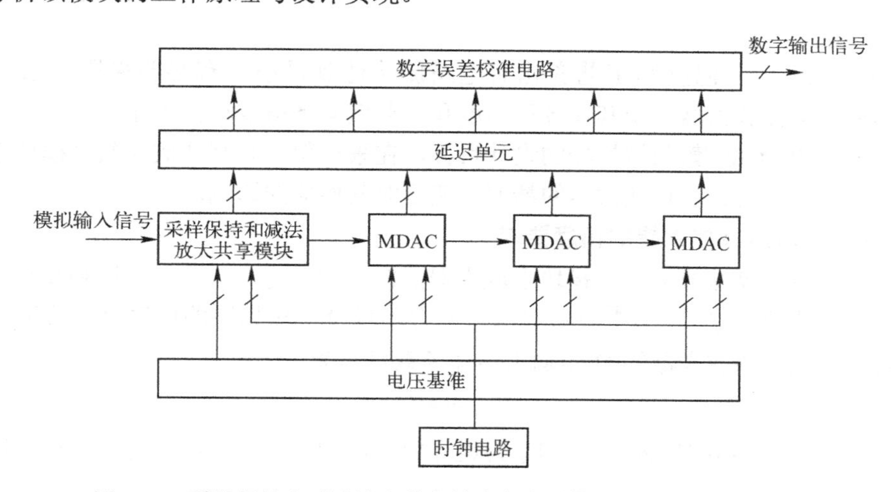

图 3.21　采样保持和减法放大共享的流水线型模/数转换器的总体结构

1．运算放大器设计

运算放大器是采样保持和减法放大共享模块电路的核心组成部分，它的速度和精度直接影响整个系统的速度和精度，同时它也是最主要的功耗模块。当假设运算放大器为单极点

系统时，对其要求主要是直流增益和带宽两个方面：直流增益决定了它的建立精度，带宽决定了它的建立速度。相对于两级运算放大器，单级运算放大器最突出的优点是稳定性好、速度高，并且通过采用共源共栅及增益增强结构，可以达到较高的直流增益，是高速模/数转换器设计的首选。

差分增益增强型套筒式运算放大器如图 3.22 所示。其中，M_1～M_8 及共模反馈尾电流管组成主运算放大器，A1 和 A2 是用来提高增益的辅助运算放大器，整个运算放大器的小信号增益约为

$$A_V = A_{V1} g_{m1} (r_{on1} r_{on3} \square r_{op5} r_{op7})$$

式中，A_{V1} 是辅助运算放大器的增益。该种结构的优点在于：由于套筒式堆叠结构和辅助运算放大器的引入，较容易达到高的电压增益；运算放大器基本可以看成单级的，具有较好的频率特性，无须频率补偿即可达到所需要的带宽。其缺点在于：辅助运算放大器在增加电路增益的同时，引入了零点对、极点对，严重影响了电路大信号响应的快速建立；套筒式堆叠结构限制了电路的最大输出摆幅，对于图 3.22 所示的运算放大器来说，当它正常工作时，所有 MOS（M_1～M_8，M_{CMFB}）都必须工作在饱和区，这就要求：

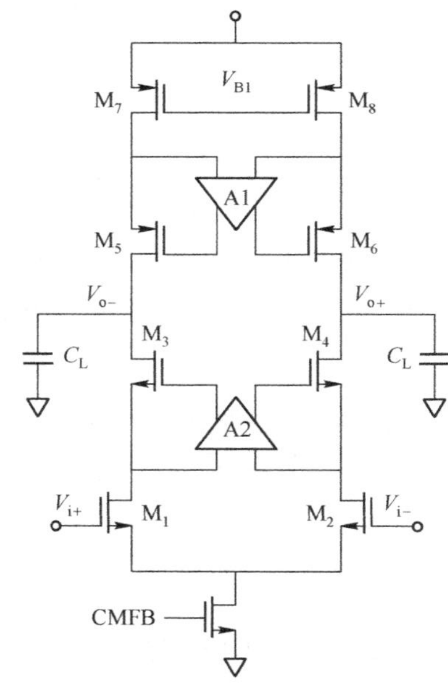

图 3.22　差分增益增强型套筒式运算放大器

$$V_{ds} = V_{dsat} + V_{margin}$$

式中，V_{ds} 是源漏电压；V_{dsat} 是使 MOS 工作在饱和区时的过驱动电压；V_{margin} 是为 V_{ds} 预留的余量。

为了使电源电压、温度和工艺变化对电路影响达到最小，有必要采用高摆幅偏置电路，以精确偏置运算放大器，使其在各种温度和工艺偏差下得以正常工作。

依据 10 位/40MHz 模/数转换器的设计目标，在采样保持和减法放大共享模块不同的工作状态下，下面具体讨论运算放大器的精度、速度对其性能的影响。

1）电路设计对运算放大器的精度要求

假设采样保持和减法放大共享模块中放大器的低频增益为 A，且在保持和减法放大阶段的反馈因子分别为 β_1、β_2。当不考虑速度、只考虑最终稳定精度的前提下，该放大器不涉及频域问题。因此，该放大器的输入/输出传递函数可写为

$$V_{out} = -AV_{in}$$

式中，V_{out} 为运算放大器的差分输出；V_{in} 为运算放大器的差分输入；A 为运算放大器的直流增益。

采样保持和减法放大共享模块的两种工作状态如图 3.23 所示。通过两种不同工作状态下的电荷守恒，可以得出放大器低频增益与采样保持和减法放大共享模块精度之间的关系。

由于实际电路中运算放大器增益并非无穷大，其正、负输入端存在微小的电压差。当运算放大器增益没有足够高时，该电压差不能得到充分抑制，将给电路最终的建立精度带来

影响。根据模/数转换器的单调性要求，对于 10 位精度采样保持和减法放大共享模块，在留有足够设计余量的前提下（即假设按照 12 位精度设计），输出容忍误差应为

$$\varepsilon \leqslant V_{\text{P-P}} / 2^{N+2} \tag{3.42}$$

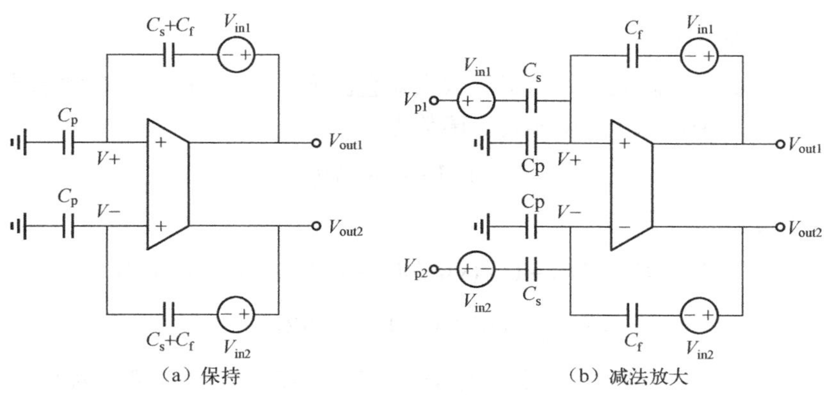

（a）保持　　（b）减法放大

图 3.23　采样保持和减法放大共享模块的两种工作状态

当 $V_{\text{P-P}}$ 为 2 时，$\varepsilon \leqslant 1/2^{11}$。假设采样模块中存储在运算放大器差分输入端的电荷为

$$Q_1 = (V_{\text{in1}} - V_{\text{in2}})(C_{\text{s}} + C_{\text{f}}) \tag{3.43}$$

在保持模块中，考虑运算放大器输入端的寄生电容及不匹配等的影响，存储在运算放大器输入端的电荷为

$$Q_2 = (V_{\text{out1}} - V_{\text{out2}})(C_{\text{s}} + C_{\text{f}}) - [(V+) - (V-)](C_{\text{s}} + C_{\text{f}} + C_{\text{p}}) \tag{3.44}$$

在减法放大模块中，存储在运算放大器差分输入端的电荷为

$$Q_3 = (V_{\text{out1}} - V_{\text{out2}})C_{\text{f}} + (V_{\text{p1}} - V_{\text{p2}})C_{\text{s}} - [(V+) - (V-)](C_{\text{s}} + C_{\text{f}} + C_{\text{p}}) \tag{3.45}$$

由于从采样结束到减法放大稳定的整个过程中，运算放大器输入端与地不存在直流通路，根据电荷守恒 $Q_1 = Q_2 = Q_3$，可得

$$V_{\text{out}} = (2V_{\text{in}} - DV_{\text{p}})(1 - 1/A\beta_2) \tag{3.46}$$

式中，β_2 为减法放大相反馈系数，$\beta_2 = C_{\text{s}}/(C_{\text{s}} + C_{\text{f}} + C_{\text{p}})$。

根据实际电路设计情况，当假设 $C_{\text{p}} \approx 0.3C_{\text{s}}$ 时，$\beta_2 = 0.44$，根据式（3.46）线性约束条件，当 $V_{\text{P-P}}$=2，N=10 时，采样保持和减法放大共享模块中的运算放大器直流增益 $A \geqslant 74\text{dB}$。

2）电路设计对运算放大器速度的要求

运算放大器的建立主要分为两个阶段，即大信号响应阶段和小信号建立阶段。在大信号响应阶段，运算放大器以固定的电流给负载电容充电，其时间大概占建立时间的 1/3；小信号建立阶段的分析较为复杂，本部分假设运算放大器为一阶系统，根据小信号模型估算运算放大器开环单位增益带宽的选取范围。

（1）大信号响应阶段。

对于 40MHz 采样频率的流水线型模/数转换器，按照时钟信号上升沿和下降沿分别为 0.2ns 计算，保持相时间为 4.8ns，减法放大相时间为 11.4ns。在减法放大相，运算放大器用

于给电容充电的时间为$1/3\times 11.4=3.8\text{ns}$，即在 3.8ns 内，运算放大器支路电流将负载电容充电完成。设运算放大器尾管电流为 I_d，当负载电容为 1.4pF 时，根据差分运算放大器压摆率公式：$(I_d/C_L)\times 3.8\text{ns}>3$，得出 I_d>1.05mA，考虑工艺转角并留有足够的设计余量，最终令 I_d>2mA。

（2）小信号建立阶段。

假设运算放大器为一阶系统，将运算放大器直流增益 A 转换为具有频率特性的传递函数 $A(s)$，得到采样保持阶段输入/输出传递函数为

$$V_{\text{out}}/V_{\text{in}}=1/(1+1/A(s)\beta_1) \tag{3.47}$$

减法放大阶段：

$$\begin{aligned}V_{\text{out}}/V_{\text{in}}&=2/(1+1/A(s)\beta 2)V_{\text{in}}-1/(1+1/A(s)\beta 2)V_{\text{p}}D\\&=(2V_{\text{in}}-DV_{\text{p}})/(1+1/A(s)\beta 2)\end{aligned} \tag{3.48}$$

当假设运算放大器为一阶系统时，$A(s)=A_{\text{o}}/[1+s/(2\pi\text{GBW}/A_{\text{o}})]$，因而，式（3.47）、式（3.48）可以简化为

$$V_{\text{out}}/V_{\text{in}}=1/(1+s/2\pi\text{GBW}\beta_1) \tag{3.49}$$

$$V_{\text{out}}/V_{\text{in}}=(2V_{\text{in}}-DV_{\text{p}})(1/(1+s/2\pi\text{GBW}\beta_2)) \tag{3.50}$$

保持和减法放大阶段的小信号线性误差分别为$\exp(-t/\tau_1)$和$\exp(-t/\tau_2)$，在采样保持和减法放大共享模块中，保持相位对于精度的要求只要满足比较器分辨率即可，因而保持相位在符合稳定性条件的前提下不予过多考虑。根据计算，40MHz 采样频率下，剔除大信号充电时间，减法放大阶段小信号稳定时间为 7.6ns。根据线性要求，可得

$$\exp\left(-\frac{7.6\times 10^{-9}}{\tau_2}\right)<\frac{1}{2}\text{LSB}=\frac{1}{2}\times\frac{2}{2^{11}} \tag{3.51}$$

$$1/\tau_2=2\Pi\text{GBW}\beta_2 \tag{3.52}$$

联立式（3.51）、式（3.52），可得到满足 10 位/40MHz 采样频率要求的采样保持和减法放大共享模块中运算放大器单位增益带宽应大于 500MHz。考虑工艺转角及设计余量，令$\text{GBW}>700\text{MHz}$，$\text{GBW}\cdot\beta_2>300\text{MHz}$。

通过以上分析及对相位裕度的经验性公式，最终得到用于采样保持和减法放大共享模块的运算放大器性能指标如下：

☆ 直流增益：$A_{\text{o}}>74\text{dB}$；

☆ 主运算放大器单位增益带宽：$\text{GBW}>700\text{MHz}$；

☆ 辅助运算放大器单位增益带宽：$\text{GBW}_{\text{b}}>300\text{MHz}$；

☆ 主运算放大器相位裕度：$45°<\text{Px}_{\text{body}}<65°$；

☆ 辅助运算放大器相位裕度：$55°<\text{Px}_{\text{booster}}<70°$。

2．栅压自举采样开关设计

在采样保持和减法放大共享模块中，采样开关是模拟信号和电路的接口，其动态性能（如无杂散动态范围、谐波失真等）要比采样保持和减法放大共享模块的整体性能高 1～2 位。例如，当设计 10 位模/数转换器时，采样保持和减法放大共享模块的开关性能至少应达

到 12 位精度。传统的 MOS 开关导通时可以表示成一个电阻，其阻值为

$$R_{\mathrm{ON}}=\frac{1+\dfrac{V_{\mathrm{D}}-V_{\mathrm{S}}}{E_{\mathrm{C}}L}}{C_{\mathrm{ox}}\mu_{\mathrm{eff}}\dfrac{W}{L}\left[V_{\mathrm{G}}-\dfrac{V_{\mathrm{S}}}{2}-\dfrac{V_{\mathrm{D}}}{2}-V_{\mathrm{To}}-\gamma\left(\sqrt{\left|2\phi_{\mathrm{F}}+V_{\mathrm{SB}}\right|}-\sqrt{2\phi_{\mathrm{F}}}\right)\right]} \tag{3.53}$$

式中，V_{G}、V_{S}、V_{D} 分别代表 MOS 栅极电压、源极电压、漏极电压；V_{To} 是 MOS 源极与衬底同电位时的阈值电压；$\gamma=\sqrt{2q\varepsilon_{\mathrm{si}}N_{\mathrm{sub}}}/C_{\mathrm{ox}}$，称为体效应系数，典型值在 0.3～0.4 之间；V_{SB} 为衬源电压；E_{C} 为 MOS 源极、漏极端的电场强度系数。由式（3.53）可见，当 MOS 作为开关时，其闭合电阻随输入信号的幅度变化而变化，主要表现在以下 3 个方面。

（1）开关闭合后，$(V_{\mathrm{S}}+V_{\mathrm{D}})/2\approx V_{\mathrm{in}}$。

（2）式（3.53）的分母项包含了能引起谐波失真的输入信号的物理量。

（3）当存在短沟道效应时，式（3.53）的分子项也会带来谐波失真。

在以上 3 个方面中，最主要的非线性因素是式（3.53）的分母项 $V_{\mathrm{G}}-(V_{\mathrm{S}}+V_{\mathrm{D}})/2$ 对开关非线性的影响。为消减开关非线性带来的谐波失真，大多采样保持电路均采用电压提升型开关，使得开关栅极电压随输入信号的变化而变化，而栅源电压保持不变。典型的栅压自举采样开关电路如图 3.24 所示。

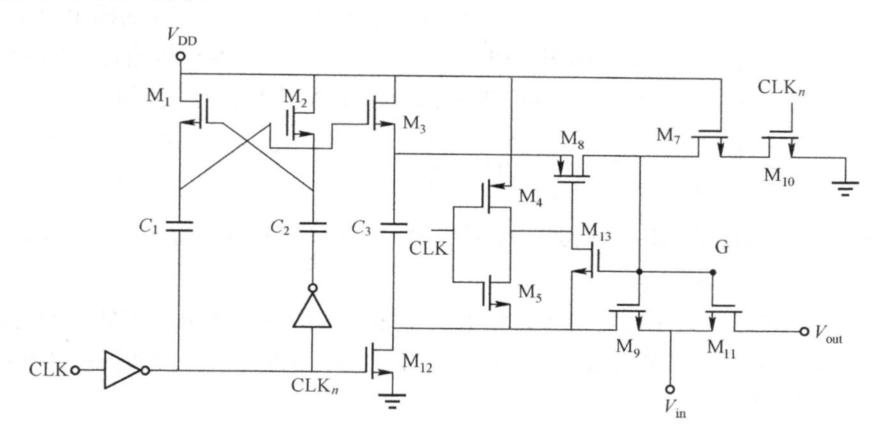

图 3.24 典型的栅压自举采样开关电路

在图 3.24 中，M_{11} 为采样开关，采用单向时钟信号控制。当 CLK 为低电平时，M_5、M_8 关断，M_{10} 导通，电路中存储的电荷通过 M_7、M_{10} 放电，使 M_{11} 处于关断状态。在 CLK 为低电平阶段，M_1、M_2、M_3 和电容 C_1、C_2、C_3 组成的电荷泵电路对电容 C_3 充电，使 C_3 上电压接近电源电压。当 CLK 为高电平时，M_{12}、M_3 呈高阻态，M_5 导通，将 M_8 栅压拉至接近 V_{in}，从而电容 C_3 上的电压差通过 M_9、M_8 加至 M_{11} 栅极和源极，使得 M_{11} 栅源电压接近 V_{DD}。在理想情况下，式（3.53）可以改写为

$$R_{\mathrm{ON}}=\frac{1+\dfrac{V_{\mathrm{D}}-V_{\mathrm{S}}}{E_{\mathrm{C}}L}}{C_{\mathrm{ox}}\mu_{\mathrm{eff}}\dfrac{W}{L}\left[V_{\mathrm{DD}}-V_{\mathrm{To}}-\gamma\left(\sqrt{\left|2\phi_{\mathrm{F}}+V_{\mathrm{SB}}\right|}-\sqrt{2\phi_{\mathrm{F}}}\right)\right]} \tag{3.54}$$

由式（3.54）可见，开关管导通时的主要非线性因素（$V_{\mathrm{G}}-(V_{\mathrm{D}}+V_{\mathrm{S}})/2$）被消去了，当忽略短沟道效应时，只有 NMOS 的衬偏效应会给开关的非线性带来影响。但在实际情况中，

由于充电电容 C_3 两个极板寄生电容的存在，以及传输管 M_{11} 栅源、栅漏电容带来的电荷注入和时钟馈通，使得典型结构的栅压自举采样开关要进一步改进，才能达到 12 位以上的采样精度。加入寄生电容等非理想因素后，传统栅压自举采样开关电路如图 3.25 所示。

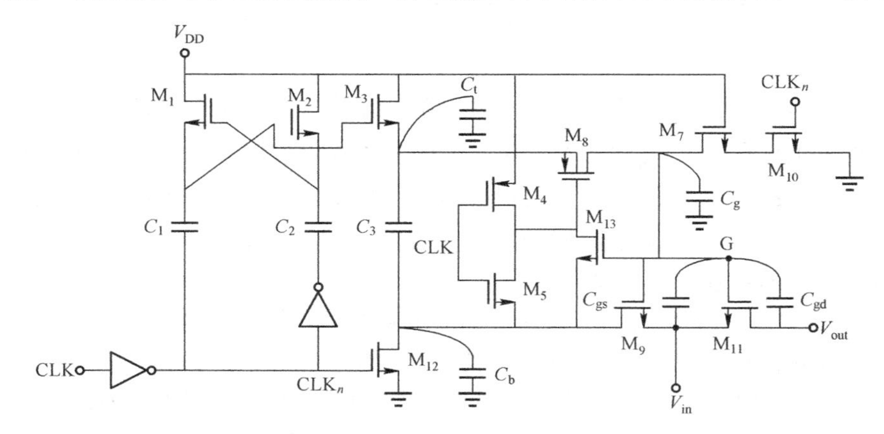

图 3.25　传统栅压自举采样开关电路

在图 3.25 中，C_t、C_b 和 C_g 是叠加在电容 C_3 顶、底极板上的寄生电容，其中 C_t 主要由 M_3 和 M_8 的栅源电容组成；C_g 由 M_7、M_8 的栅漏电容和 M_{13}、M_9、M_{11} 的栅电容组成；C_b 由 M_{12}、M_9 的栅漏电容和 M_5、M_{13} 的栅源电容组成。由于寄生电容和传输管 M_{11} 栅源、栅漏叠加电容的影响，当 CLK 高电平时，M_{11} 的栅源电压不等于 V_{DD}，其值为

$$V_{boost}=\frac{(C_t+C_3)V_{DD}}{C_{tot}}-\frac{C_{gs}}{C_{tot}}V_{in}(t_0)-\frac{C_{gd}}{C_{tot}}V_{out}(t_0)-\frac{C_b+C_t+C_g}{C_{tot}}V_{in} \tag{3.55}$$

式中，C_{gs} 和 C_{gd} 为传输管 M_{11} 的栅源、栅漏电容；$V_{in}(t_0)$和 $V_{out}(t_0)$为传输管的输入、输出电压；$C_{tot}=C_3+C_t+C_g+C_{gs}+C_{gd}$。

由式（3.55）可见，寄生电容越大，给开关带来的非线性也越大。因此，要针对图 3.25 中的几处寄生电容探讨新的电路结构，以减小寄生电容带来的影响。改进后的栅压自举采样开关电路如图 3.26 所示。

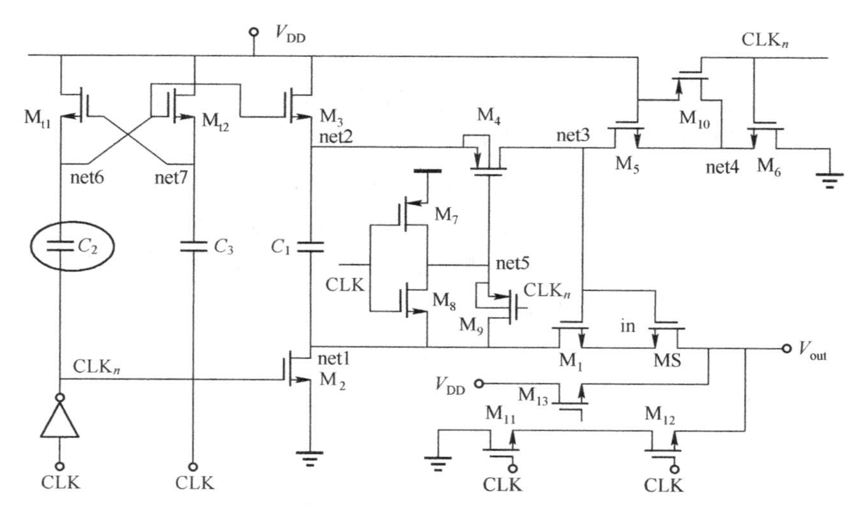

图 3.26　改进后的栅压自举采样开关电路

相比于传统结构，图 3.26 所示的新结构主要做了如下改动以减小寄生电容和电荷注入、时钟馈通所带来的影响。

（1）将图 3.25 中的 M_{13} 改为图 3.26 中的 M_9。M_9 受反相时钟信号 CLK_n 控制，不与传输管 MS 的栅极相连，减小了寄生电容 C_g。

（2）在 M_5、M_6 之间加入 PMOS M_{10}。当 CLK 为高电平时，M_{10} 导通，将 M_6 有效关断，由于 MOS 截止区的栅源、栅漏寄生电容要远小于线性、饱和区的栅源、栅漏电容，因此，相比于传统结构，处于强截止区的 M_6 栅源电容较小，有效降低了寄生电容 C_g 的值。

（3）增大电容 C_2，使 M_3 闭合时的栅源电压更接近 V_{DD}，提高其对 C_1 的充电效率。

（4）MS 的输出端加 M_{13}，消除时钟馈通带来的非线性。M_{13} 在 CLK 和 $\overline{CLK}$ 两个时钟信号相交时关断，当传输管 MS 关断时，MS 的栅极电压由(V_{in}+V_{DD})变为 0，M_{13} 的栅极电压由 0 变为 $V_{out(in)}$，因而，当 MS 和 M_{13} 尺寸相同时，由输入信号带来的电荷注入效应可以抵消。

在 25℃情况下，FFT 得到改进后的自举采样开关 SFDR=93.375dB，相比传统结构，动态性能提高了 6～8dB。FFT 分析结果如图 3.27 所示。

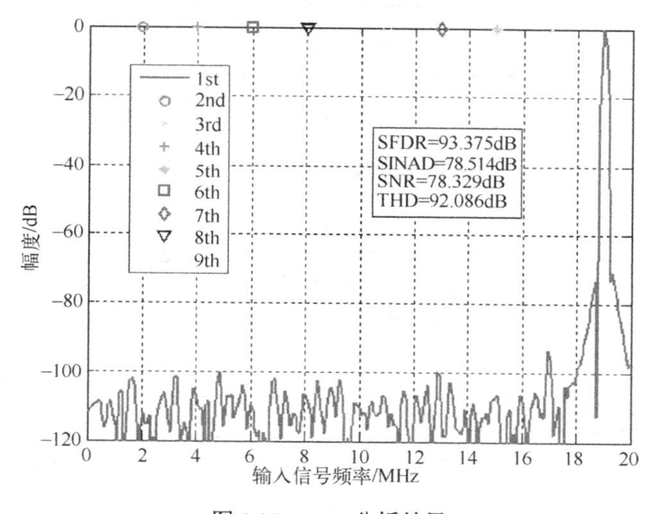

图 3.27　FFT 分析结果

3．比较器设计

在采样保持和减法放大共享模块中，保持相工作时间较短，引入误差大，因此相比于传统流水线型结构中的 MDAC 电路，对比较器的要求更为严格，本设计中采用了带失调误差消除结构的比较器。整体比较器由预放大器和锁存器两部分组成，通过在比较器的锁存阶段将预放大器接成单位增益负反馈的形式，将放大器的失调误差存储在输入电容上，消除由预放大器带来的失调误差。比较器整体框图及时序图如图 3.28 所示。比较器预放大电路如图 3.29 所示。比较器锁存电路如图 3.30 所示。

在图 3.29 和图 3.30 中，CLK_{2b}、CLK_{3b} 分别为 CLK_2、CLK_3 的反相时钟信号。该比较器的工作过程是：当 CLK_1 和 CLK_4 为高电平时，比较电平（V_{ref4}−V_{ref5}）或（V_{ref5}−V_{ref4}）输入比较器，放大器自归零。同时，比较器比较上一时钟周期的输入模拟量。当 CLK_4 为低电平时，放大器自归零状态结束，随后，CLK_1 也变为低电平。当 CLK_2 和 CLK_3 为高电平时，输入模拟量（V_{in}-V_{ip}）进入比较器，由于 CLK_1 高电平时放大器自归零，将失调误差存储在电容上，因而本相位时，给放大器输入端传递的只是（V_{in}-V_{ip}）与（V_{ref4}-V_{ref5}）或（V_{ref5}-V_{ref4}）的差值，而将放大器的输入失调误差抵消。当 CLK_3 为低电平时（下降沿），比较器的锁存部分通过 V_{amp1}、V_{amp2} 的微小差别形成正反馈，开始比较。

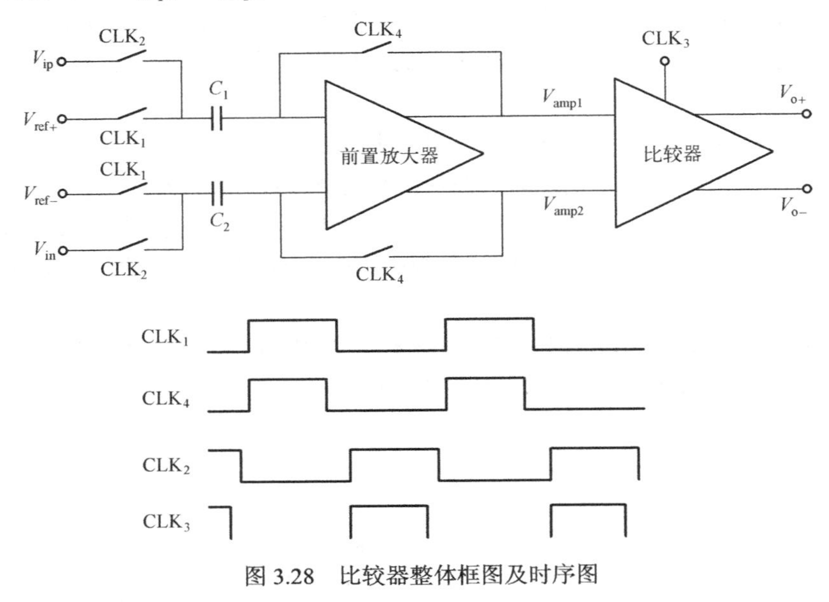

图 3.28　比较器整体框图及时序图

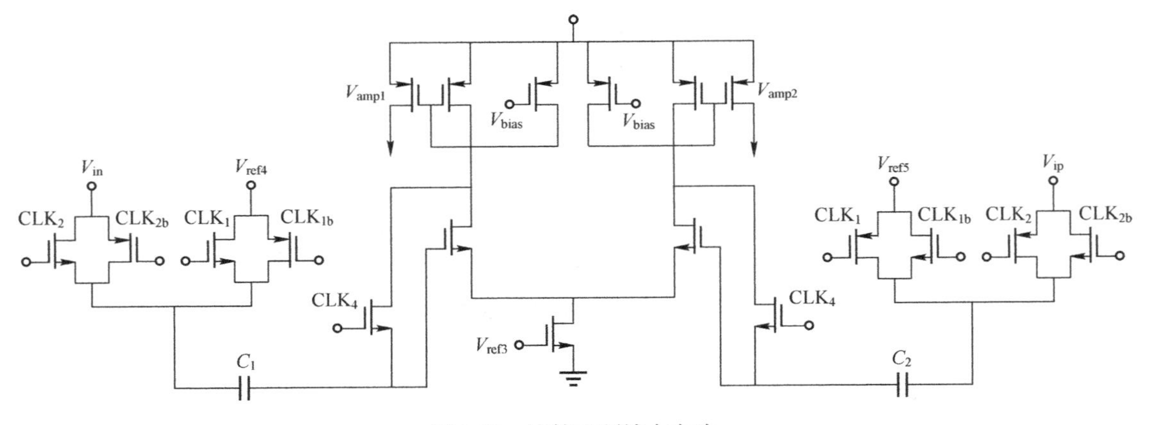

图 3.29　比较器预放大电路

4. 时钟信号产生电路设计

本次设计要产生的时钟信号如图 3.31 所示。Q_1 和 Q_2 是两相非交叠时钟信号，Q_s、Q_c、Q_h 是 SMDAC 用到的采样时钟信号、比较时钟信号、减法放大时钟信号。先对输入时钟信号 CLK_IN（80MHz）用 D 触发器二分频得到 CLK_INL，由 CLK_INL 产生传统的两相非交叠时钟信号。产生两相非交叠信号的时钟电路如图 3.32 所示。输入的 CLK_IN 与 Q_2 与运算得到 Q_s，CLK_IN 同 Q_1 或非运算，然后再同 Q_2 与运算滤除毛刺得到 Q_c。Q_1 和 Q_c 或运算得到 Q_h。Q_1、Q_2、Q_s、Q_c 再通过下降沿提前模块得到各自对应的下降沿提前时钟信号。下降沿提前模块如图 3.33 所示。所有时钟信号再通过缓冲器，采用分级驱动的方法，驱动各自的负载。整体时钟电路如图 3.34 所示，该电路可通过插入反相器和传输门，增加信号时间延迟，使各时钟信号在时间上同步。为了使时钟信号比较陡峭，电路调试时可从后向前逐级进行。

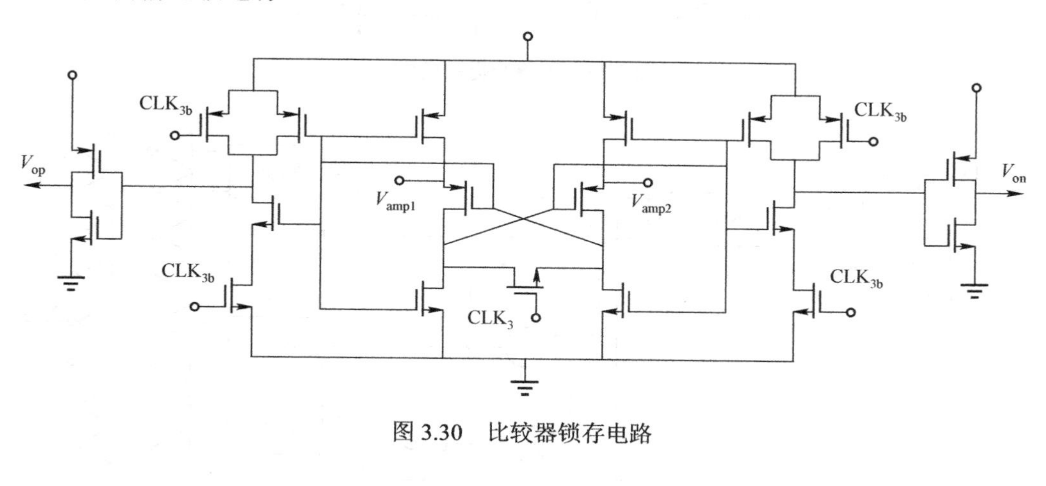

图 3.30　比较器锁存电路

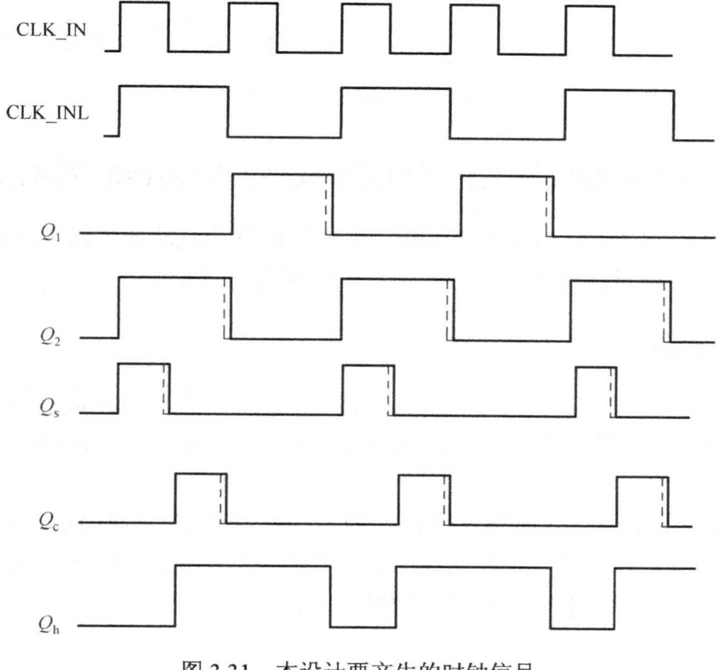

图 3.31　本设计要产生的时钟信号

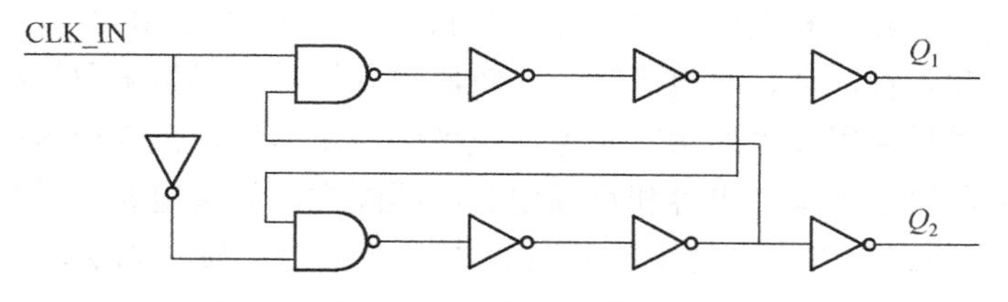

图 3.32　产生两相非交叠信号的时钟电路

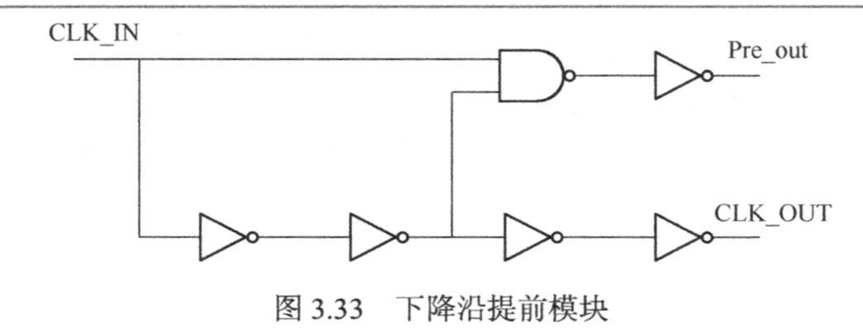

图 3.33　下降沿提前模块

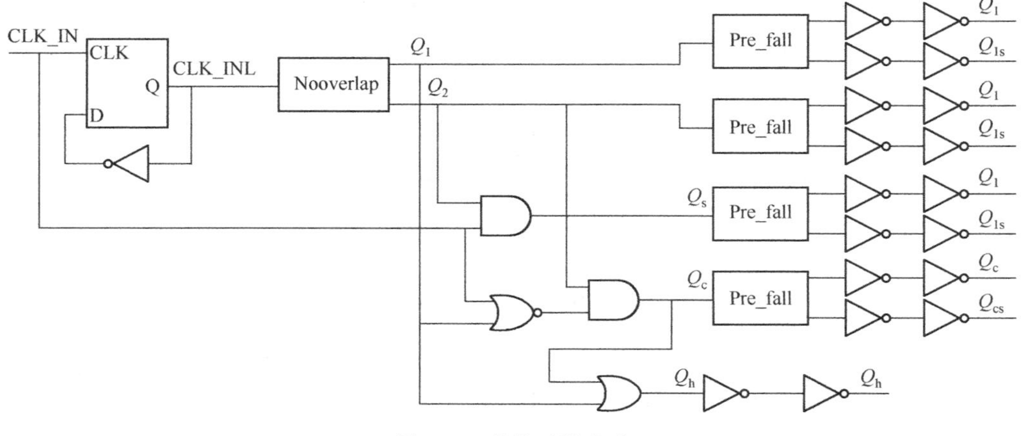

图 3.34　整体时钟电路

3.3.3　采样保持和减法放大共享的流水线型模/数转换器测试结果分析

本节采用 TSMC 0.35μm 1P4M 工艺来实现采样保持和减法放大共享的流水线型模/数转换器的功能，下面主要对其整体版图布局和测试结果进行讨论。

1．整体版图布局

对于模拟电路而言，好的版图设计可以将电路前仿真结果和后仿真结果间的差距缩到最小，并使芯片测试时功能正常。在版图设计中，主要考虑的因素包括以下几个方面。

1）对称性

模/数转换器的主要模块（如传统结构中的采样保持模块、采样保持和减法放大共享模块等）均采用全差分对称结构，抑制共模干扰。在版图设计上，尽量保持对称性，尽可能地使用“镜像复制”，将无规则的干扰转变成共模干扰。

2）匹配性

匹配性主要是指晶体管和电容的匹配性，尤其是电容的匹配性。晶体管匹配性的设计是为了减小运算放大器或比较器的失调误差，保持差分通道中 CMOS 开关的一致性等，因而绘制运算放大器输入管，顶、底电流管，比较器输入管时，尽量采取插指画法。对于镜像电流偏置网络，也尽量采用较大的 W、L 值，镜像管尽量靠近，提高电流的匹配性。减法放大电路的增益倍数取决于其采样电容和反馈电容的匹配性，如果电容不匹配，会严重影响模/数转换器的无杂散动态范围，因此采样和反馈电容要采用共质心画法，并在四周加保护电容，共质心对称布局的匹配电容如图 3.35 所示。

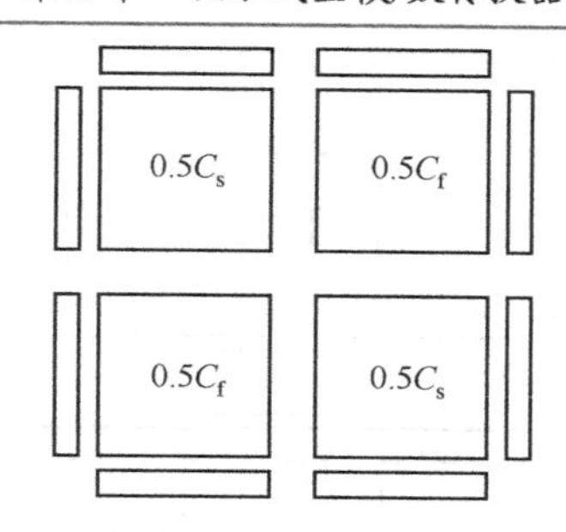

图 3.35　共质心对称布局的匹配电容

3）干扰及衬底间串扰

模/数转换器是一个典型的数模混合系统，数字电路和模拟电路都在同一个衬底上，为了避免干扰，采取以下主要措施。

（1）数字电源和模拟电源由片外单独电源提供。

（2）数字地和模拟地在片内严格分开，片外在 PCB 上单点短接。

（3）为降低串扰，数字电路和模拟电路分开足够的距离，分别用 NPN（N-well-P，Tap-N well）三层隔离环与外界隔离，隔离环上接电源或地。

（4）根据各个模拟单元的重要程度，决定其与数字部分间距的大小和顺序。

（5）尽量使起始模块和目的模块靠近，保证较短的路径，减小线延迟。

（6）模拟总线和数字总线尽量分开而不交叉混合。

（7）每对全差分信号尽可能一起并排走线，并注意要对输入的全差分信号进行隔离和保护。

（8）为了保证高频性能，数字电路尽量采用最小尺寸，有源区尽量小。

4）I/O 布局

计算电路中最大峰值电流，以决定电源和地 I/O 对数的选取，对于耗电量大的模块，例如，对于采样保持和减法放大共享模块，首级采样保持、首级 MDAC 模块应就近摆放供电电源。时钟电路电源和模拟电路电源分开供电，避免时钟信号通过电源对模拟电路模块产生干扰。数字电路输出部分要考虑其驱动能力，且数字电路随着采样频率的增大，其动态功耗也随之增大。

通过以上论述，采样保持和减法放大共享的流水线型模/数转换器的总体结构如图 3.36 所示。在图 3.36 中，包括一级采样保持和减法放大共享模块和 9 级子 MDAC 模块，其中由实线外框框住的部分为噪声电路，包括时钟电路部分、各级时钟缓冲电路、数字校正电路，以上部分均用 NPN 三层隔离环与外界隔离。虚线外框框住部分为电压基准和部分电流偏置，对噪声及电源电压波动等较为敏感，也采用 NPN 三层隔离环与外界隔离，以达到降低干扰的效果。

采样保持和减法放大共享的流水线型模/数转换器版图如图 3.37 所示。

2．测试结果分析

在测试中，为了提高信号发生器的输出信噪比，输入模/数转换器的正弦信号要通过定制的带通或低通滤波器后再进入待测芯片。在不同采样频率和不同输入信号频率下，模/数转换器的 FFT 测试结果如图 3.38 所示。

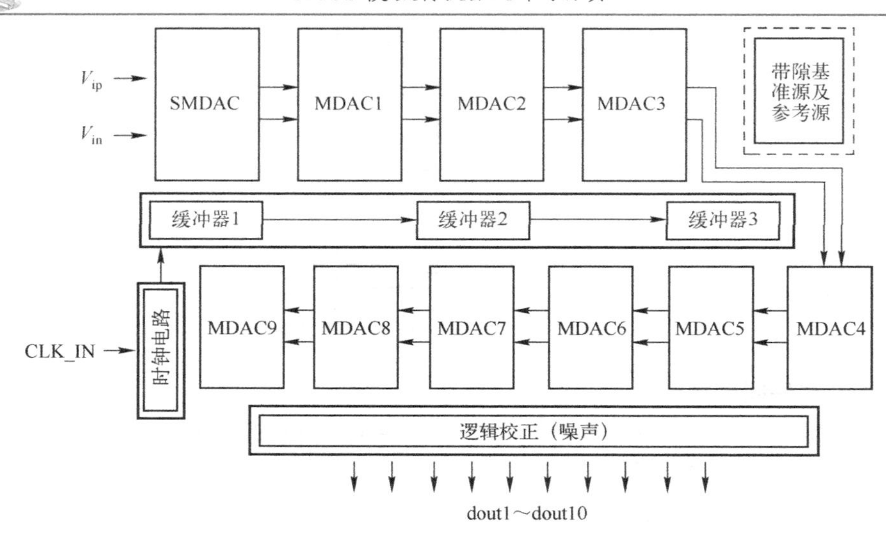

图 3.36　采样保持和减法放大共享的流水线型模/数转换器的总体结构

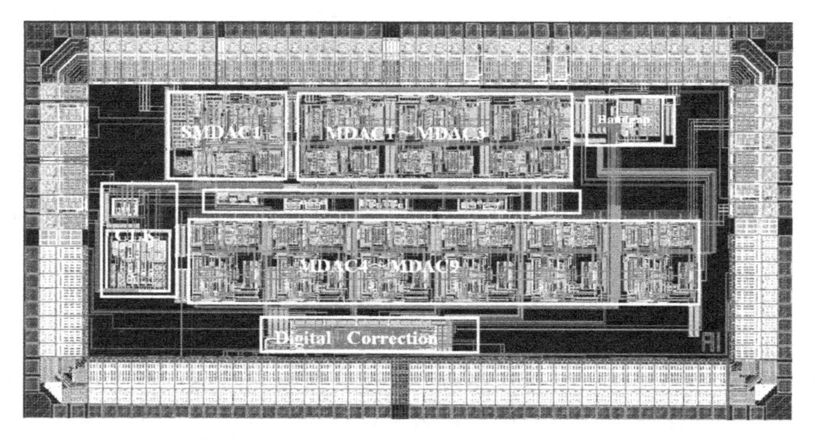

图 3.37　采样保持和减法放大共享的流水线型模/数转换器版图

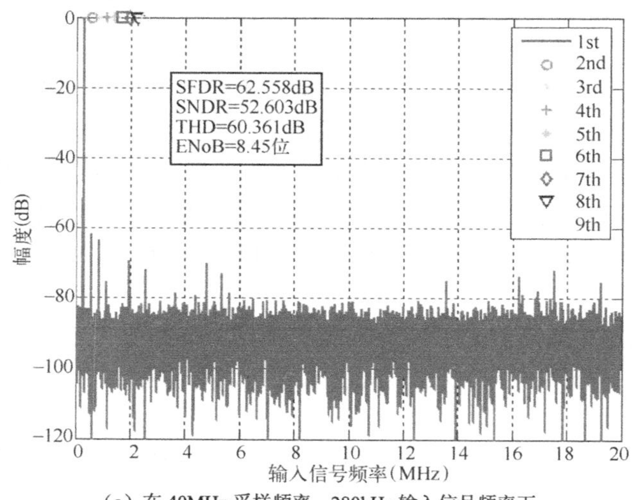

（a）在 40MHz 采样频率、280kHz 输入信号频率下

图 3.38　模/数转换器的 FFT 测试结果

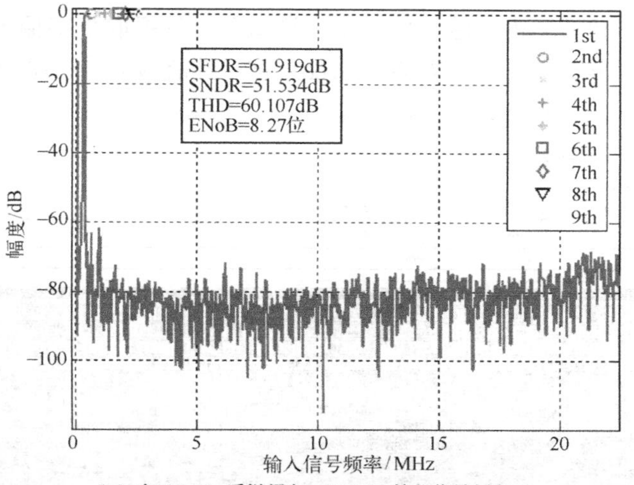

（b）在 45MHz 采样频率、325kHz 输入信号频率下

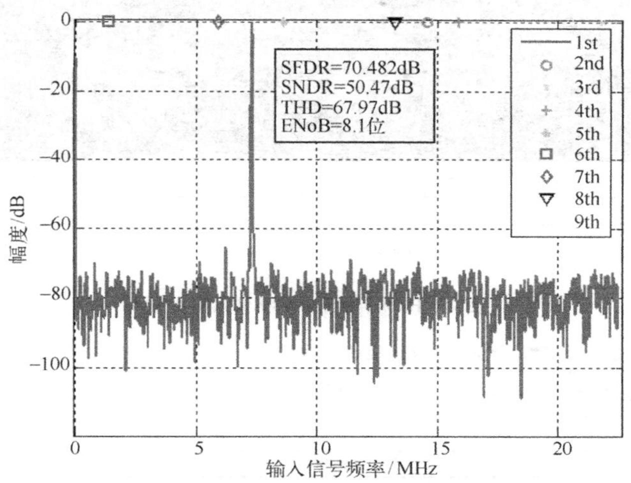

（c）在 45MHz 采样频率、7.6MHz 输入信号频率下

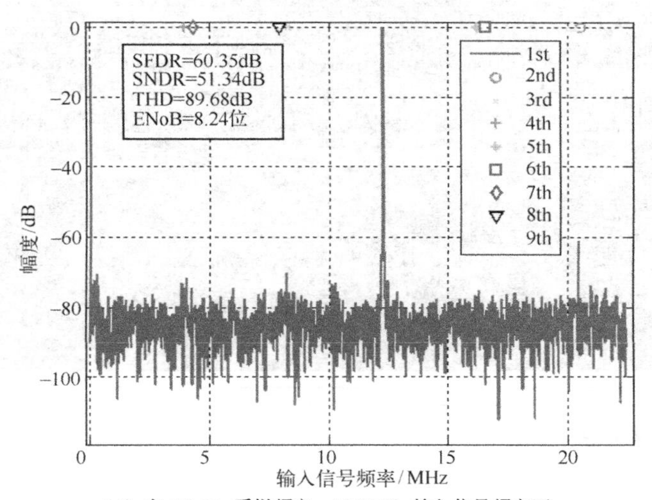

（d）在 45MHz 采样频率、12.3MHz 输入信号频率下

图 3.38　模/数转换器的 FFT 测试结果（续）

在不同采样频率和不同电压输入信号下，逻辑分析仪抓取数字输出信号后的恢复波形如图 3.39 所示。从波形上看，模/数转换器功能正常，性能与测试论述相符。

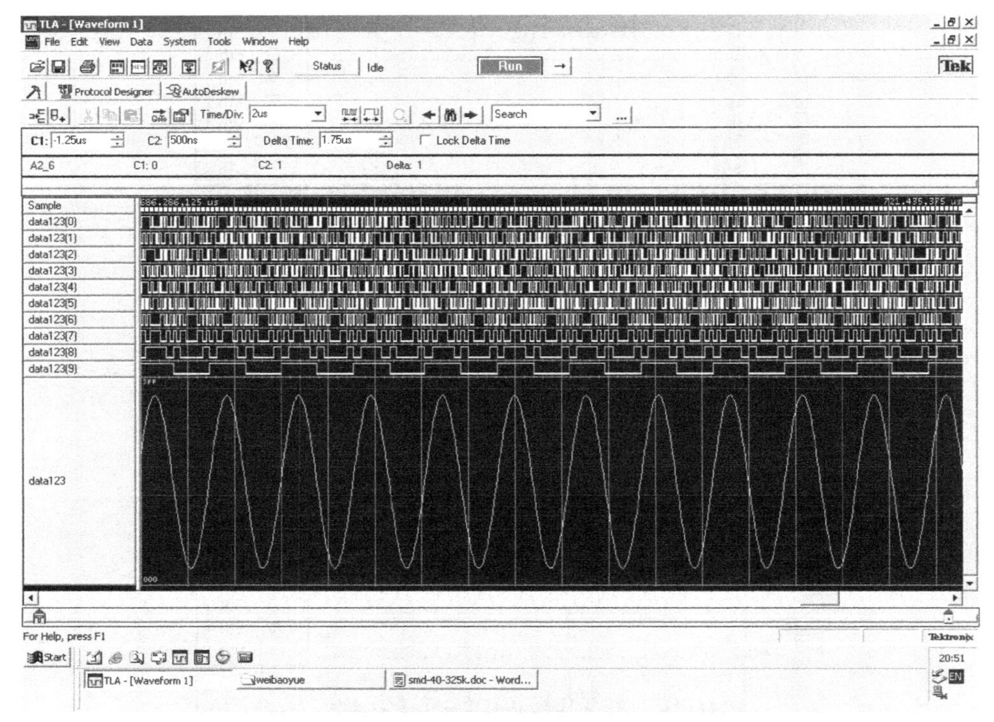

（a）在 45MHz 采样频率、1.8V 低频输入信号下

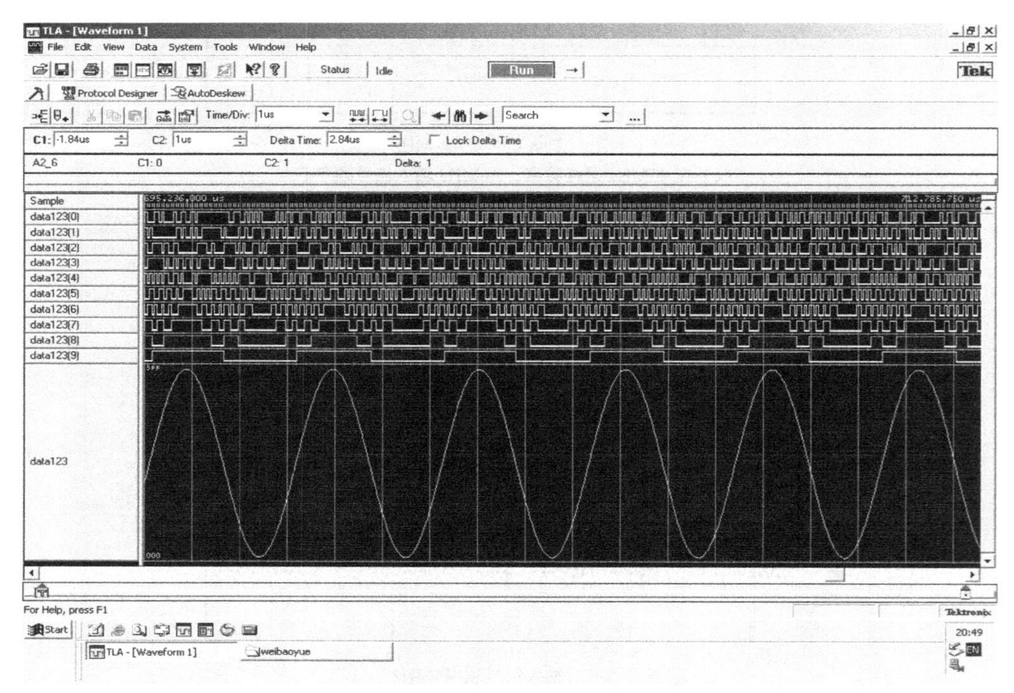

（b）在 45MHz 采样频率、1.98V 低频输入信号下

图 3.39　逻辑分析仪抓取数字输出信号后的恢复波形

本章主要分析了基于 TSMC 0.35μm 工艺的采样保持和减法放大共享的流水线型模/数转换器设计。测试结果表明，在 40MHz 采样频率下，采样保持和减法放大共享型模/数转换器有效位数达到 8 位以上，且整体功耗约为 115mW，测试结果与预期设计目标相匹配。

3.4　参考文献

[1] Behzad Razavi. Design of Analog CMOS Integrated Circuits[M]. New York: McGraw-Hill, 2001.

[2] Andrew M Abo, Paul R Gray. A 1.5-V,10-bit,14.3-MS/s CMOS Pipeline Analog-to-Digital Converter[J]. IEEE JSSC, 1999, 34(5): 599-606.

[3] Alma Delic-Ibukic. Continuous Digital Calibration of Pipelined A/D Converters[D]. M.S. Thesis of Science, University of Maine, 2004.

[4] Behzad Razavi. Design of Analog CMOS Integrated Circuits. McGraw-Hill, 2001,341-343.

[5] Chi-Chang Lu, Jyun-Yi Wu, Tsung-Sun Lee. A 1.5V 10-b 30-MS/s CMOS Pipelined Analog-to-Digital Converter[J]. IEEE 2007, 1955-1958.

[6] Y chouia, K El-sankary, A Saleh. 14b,50MS/s CMOS Front-End Sample and Hold Module Dedicated to a Pipelined ADC[C]. The 47th IEEE International Mideast Symposium on Circuits and Systems. IEEE 2004,353-356.

[7] Phillip E Allen, Douglas R Holberg. CMOS Analog Circuit Design[M]. the Second Edition. London: Oxford University Press, 2002.

[8] Behzad Razavi, Bruce A Wooley. Design Techniques for High-Speed, High-Resolution Comparators[J]. IEEE JSSC,1992,27(12): 1916-1925.

[9] Jian-ping Chen, Tong-li Wei. Analysis and Design of a Latched Comparator with Low Kickback Noise[J]. Microelectronics, 2005,35(4): 428-432.

[10] Xiu-liu Yang, Jing-fang Luo, Ning Ning. A New High-speed, Low-power CMOS preamplifier-Latch Comparator[J]. Microelectronics, 2006, 36(2):213-216.

[11] Murmann B, Boser B E. Background Calibration for Low-power High-performance A/D conversion[D]. Dept of Electrical Engineering and computer sciences, University of California, Berkeley, USA, 94720.

[12] Chuang S Y，Scullery T. A digitally self-calibrating 14bit 10-MHz CMOS pipelined A/D converter[J]. JSSC, 2002, 37(6): 674-683.

[13] 邬成，刘文平，权海洋. 一种 10 位 50MPSP CMOS 流水线 A/D 转换器[J]. 微电子学, 2004, 36(6): 682-684.

[14] Behzad Razavi. Design of Analog CMOS Integrated Circuits[J]. McGraw-Hill, 2001.

[15] Richard Schreier, Jose Silva, Jesper Steensgaard. Design-Oriented Estimation of Thermal Noise in Switched Capacitor Circuits[J]. IEEE Transactions on Circuits and Systems-Ⅰ,2005,52(11): 2358-2368.

[16] 盛骤，谢式千，潘承毅. 概率论与数理统计[M]. 3 版. 北京：高等教育出版社，2009.

[17] Yun Chiu. High-performance Pipeline A/D Converter Design in Deep-Submicron CMOS[D]. Berkeley: University of California, 2004.

[18] K Kim, N Kusayanagi, A Abidi. A 10-b, 100-MS/s CMOS A/D Converter[J]. IEEE JSSC, 1997, 32(3): 447-454.

[19] David Johns, Ken Martin. ANALOG INTEGRATED CIRCUIT DESIGN[M]. New York: Wiley, 1997.

[20] Christoph Elchenberger, Walter Guggenbuhl. Dummy Transistor Compensation of Analog MOS Switches[J]. IEEE JSSC, 1989,24(4):1143-1146.

[21] Uma Chilakapati, Terri S Fiez. Effect of Switch Resistance on the SC Integrator Settling Time[J]. IEEE Transactions on Circuits and Systems-Ⅱ,1999,46(6):810-816.

[22] Devrim Aksin, Mohammad Al-Shyoukh. Switch Bootstrapping for Precise Sampling Beyond Supply Voltage[J]. IEEE JSSC,2006,41(8): 1938-1943.

第 4 章　逐次逼近型模/数转换器

逐次逼近型模/数转换器是一种中等采样频率（1～50MSPS）、中等分辨率（10～18位）的模/数转换器结构。因为其具有结构简单、功耗较低等优势，在传感器检测、工业控制领域中得到广泛应用。

逐次逼近型模/数转换器的工作原理就是二进制搜索算法的应用，也就是用二差分法来逐次逼近所要转换的模拟输入量。逐次逼近型模/数转换器主要由时序控制模块、采样保持电路、数/模转换器（DAC）、比较器、逐次逼近寄存器（Successive Approximation Register，SAR）组成。其中，数/模转换器和比较器是逐次逼近型模/数转换器最重要的两个模块，它们分别决定着逐次逼近型模/数转换器的精度和速度。

逐次逼近型模/数转换器的基本结构如图 4.1 所示，这是一个将模拟输入量转换为 N 位数字输出量的逐次逼近型模/数转换器。在此结构中，首先采样保持电路（在采用电容阵列逐次逼近型模/数转换器结构中，此电路可以并入数/模转换器的电容阵列模块）将模拟输入信号 V_{in} 采样并保持，将其作为比较器的一个输入量。此时，SAR 开始二进制搜索算法。首先最高位（MSB）置为 1，其他位都置为 0，并将 n 位数字码串（100,…,0）加到数/模转换器电容阵列，此时数/模转换器模拟输出电压为 $1/2V_{ref}$，其中 V_{ref} 是逐次逼近型模/数转换器的参考电压；然后将数/模转换器转换来的模拟电压作为比较器另一端的输入量，与输入信号 V_{in} 进行比较。如果输入信号 V_{in} 大于 $1/2V_{ref}$，比较器将会输出低电平，则最高位 MSB 保持 1 不变；如果输入信号 V_{in} 小于 $1/2V_{ref}$，比较器将会输出高电平，则最高位 MSB 将会被置 0。确定最高位的数字码后，保持最高位不变，再次将高位置为 1、其他低位置为 0，并将该数字码串加到数/模转换器阵列，进而比较出次高位的数字码。其他各低位依次重复下去，直到比较出最低位（LSB）的结果为止，至此得出输入信号 V_{in} 所对应的数字码。

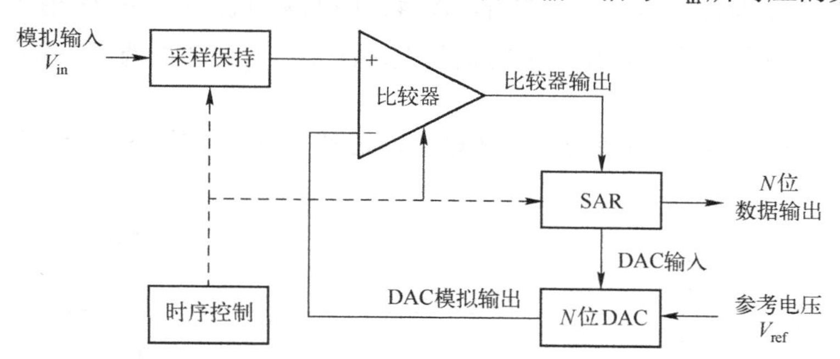

图 4.1　逐次逼近型模/数转换器的基本结构

本章将介绍逐次逼近型模/数转换器中的采样保持电路、数/模转换器、参考电路和噪声的相关知识。最后，以一个 10 位/1MHz 逐次逼近型模/数转换器作为设计实例进行讨论。

4.1 采样保持电路

采样保持电路本质上是一个电容，在采样期间输入电压对其充电。在转换过程中，通过输入开关闭合，将输入电压V_{in}加在电容上，这种开关通路通常利用 CMOS 开关实现。采样保持电路如图 4.2 所示。输入开关的电荷注入效应会使采样保持电路产生一个输入失调误差，而这个失调误差的大小很大程度上取决于输入电压。

此外，输入开关的导通电阻是与电压相关的。导通电阻、采样电容和开关的寄生电容会一起构成一个与电压相关的低通滤波器。在输入信号频率较高时，低通滤波器会产生较大的输出信号失真。输入开关的晶体管尺寸要足够大，才能减小低通滤波器输出信号失真。但另一方面，晶体管尺寸大又会增大低通滤波器的电荷注入效应。

因此，可以采用改进结构——双开关采样保持电路，如图 4.3 所示。在图 4.3 中，连接到地的开关SW_1可以固定电荷。无论输入电压如何变化，该晶体管都保持在相同的工作点上，因此导通电阻恒定。SW_1的宽度W应该尽量小，以减少电荷注入。在开关SW_1固定电荷后，输入开关SW_2可以在不增加电荷的情况下断开，因此SW_1称为保持开关。

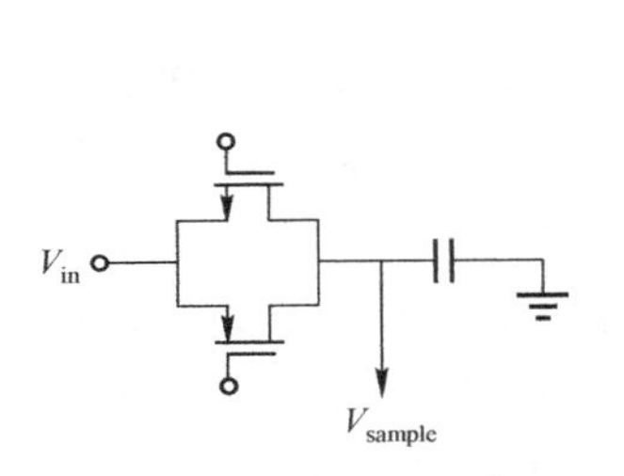

图 4.2　采样保持电路

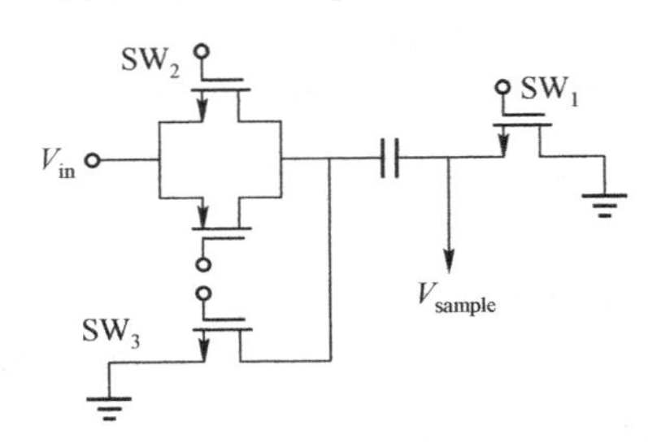

图 4.3　双开关采样保持电路

最后，SW_3连接电容到地，这样电容就被连接到固定的电位。当电容两端的电压被固定时，在节点V_{sample}的电位等于$-V_{in}$。

当开关SW_1的电荷注入与电压无关时，图 4.3 中的采样保持电路可产生良好的线性度。然而，它仍会使采样保持电路产生很大的输入失调误差，且这个失调误差会随着电源电压和温度而改变。

如果采样电路是全差分的结构，那么这个问题就可以得到解决。全差分采样保持电路如图 4.4 所示。

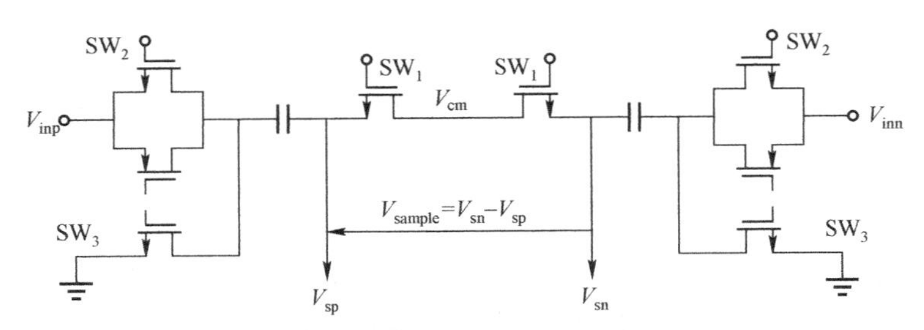

图 4.4　全差分采样保持电路

输入电压$V_{sp/n}$固定后，电压$V_{inp/n}$可计算为

$$V_{sp/n} = V_{cm} - V_{inp/n} + V_{charge} \tag{4.1}$$

式中，V_{charge}表示由保持开关的注入电荷引起的输入电压失调误差。采用全差分电路结构对输入电压采样，其结果为

$$V_{sample} = V_{sn} - V_{sp} = V_{inp} - V_{inn} \tag{4.2}$$

两个保持开关注入相同的电荷至V_{sp}和V_{sn}。电荷注入在差分电压V_{sample}中被消除。这种结构允许增加共模电压V_{cm}，以此来选择比较器的理想共模工作点。

在典型的 5V（或更低电源电压）的 CMOS 工艺中，可以用标准的 CMOS 开关来实现导通电阻足够低的输入开关SW_2。NCH 和 PCH 晶体管的宽度W是根据输入电压的恒定导通电阻选择的。3V 和 5V 的 CMOS 开关的典型导通电阻如图 4.5 所示。

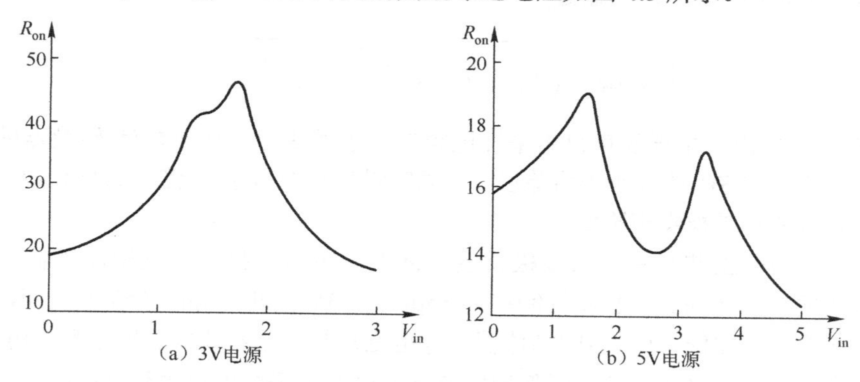

图 4.5　3V 和 5V 的 CMOS 开关的典型导通电阻

大输入电压范围（−10～10V）的模/数转换器要使用大输入电压的晶体管，这将产生严重的体效应、大的导通电阻与寄生电容，从而导致较严重的输出信号失真。在这种情况下，使输入开关的栅源电压在采样阶段偏置到恒定电压，这种设计方法称为自举法。在采样过程中，高电压开关的导通电阻如图 4.6 所示。需要注意的是，自举电路将会显著增大开关电路的规模。

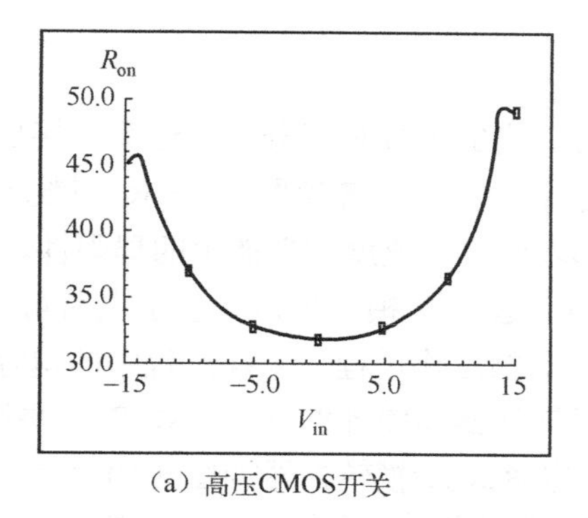

（a）高压CMOS开关

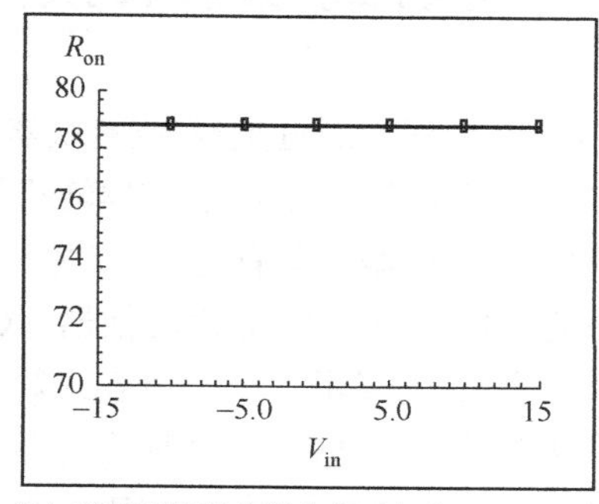

（b）采用NCH晶体管的高压自举CMOS开关

图 4.6　在采样过程中，高电压开关的导通电阻

在任何情况下，采样保持电路完全依赖于电容的质量。典型的多晶硅—N 阱电容的电

压系数很高，以至于采样保持电路的积分线性度受损。高性能的模/数转换器需要类似于多晶硅—多晶硅电容、金属—多晶硅电容和金属—金属电容等这些特殊工艺的电容。

采样保持电路可以被认为是一个 RC 电路，其中 R 是输入开关的导通电阻 R_{on}，C 是采样电容 C_s。每个电阻都将引入密度为 n_{Ron} 的热噪声，即

$$n_{Ron} = \sqrt{4kTR_{on}} \tag{4.3}$$

式中，k 表示温度；T 为玻尔兹曼常数。

热噪声在整个频率范围内均匀分布。然而输入电路的带宽被限制在 $f_{-3dB} = \dfrac{1}{2\pi R_{on}C}$。即使上述噪声在高于频率 f_{-3dB} 时被抑制，但它不会被消除。

集成一阶低通滤波器的频率响应将有效地产生 $\Delta f = \dfrac{\pi}{2} f_{-3dB}$，使得在采样过程中，低通滤波器的噪声 n_f 的电压有效值 $V_{rms,samp}$ 可以被计算为

$$V_{rms,samp} = \sqrt{\int_0^{\infty} n_f^2 df} = \sqrt{n_{R_{on}}^2 \Delta f} = \sqrt{\frac{kT}{C}} \tag{4.4}$$

从式（4.4）看出，采样噪声只由采样电容的大小所决定。如果模/数转换器的输入范围减小了 2 倍，那么 LSB 的大小也将除以 2，同时噪声也要减小 2 倍。而只有把采样电容提高 4 倍，才有可能将采样噪声降低。

新一代 CMOS 工艺具有最小栅极长度、低电源电压的特点，这限制了输入电压的范围。一些现代模拟工艺的栅极长度控制在 0.35μm（3.3V）和 0.6μm（5V）之间，并有其他良好参数的元器件，如低 $1/f$ 噪声的晶体管、低电压系数的电容或低温度系数的电阻。

需要注意的是，图 4.4 中的采样保持电路是通过两个采样电容进行采样的，因此要考虑两次噪声，方均根电压要乘以 $\sqrt{2}$。然而，差分结构可以将信号振幅增加 2 倍。在图 4.4 的构架中，保持开关连接到共模电压 V_{cm}。此外，共模电压也是一种潜在的噪声源。然而，电压源的带宽通常比采样保持电路的带宽要小得多。这将导致噪声在采样保持电路的正极和负极中相等。这些噪声将被全差分比较器和全差分数/模转换器共模抑制 60～80dB。

4.2 电容式数/模转换器

数/模转换器是逐次逼近型模/数转换器的核心。它的差分和积分非线性会直接反映在模/数转换器的传递函数中。典型的数/模转换器结构有串型数/模转换器、R-2R 型数/模转换器或电流舵型数/模转换器。所有这些数/模转换器都表现出了速度和性能上的局限性。

最理想的结构是电容式数/模转换器（CDAC），这种数/模转换器是基于电荷再分配的原理。图 4.7～图 4.10 展示了一个电容式数/模转换器的工作过程。采样过程中的电容式数/模转换器如图 4.7 所示。MSB 判决时的电容式数/模转换器如图 4.8 所示。MSB-1 决策时的电容式数/模转换器如图 4.9 所示。MSB-2 决策时的电容式数/模转换器如图 4.10 所示。

在图 4.7 中，所有电容都连接到输入电压 V_{inp} 进行采样。存储在电容上的电荷，可以计算为

$$Q_{\text{samp}} = \left(C + \frac{C}{2} + \frac{C}{4} + \frac{C}{4}\right)V_{\text{inp}} = 2CV_{\text{inp}} \tag{4.5}$$

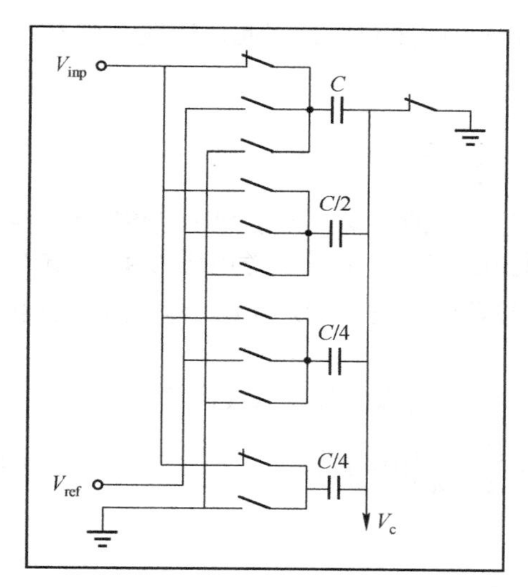

图 4.7　采样过程中的电容式数/模转换器

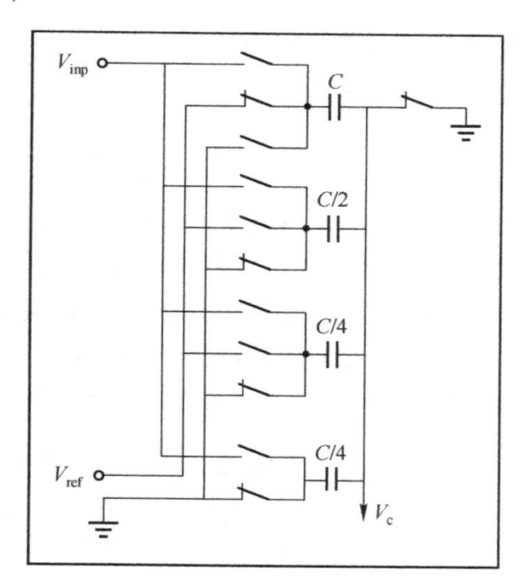

图 4.8　MSB 判决时的电容式数/模转换器

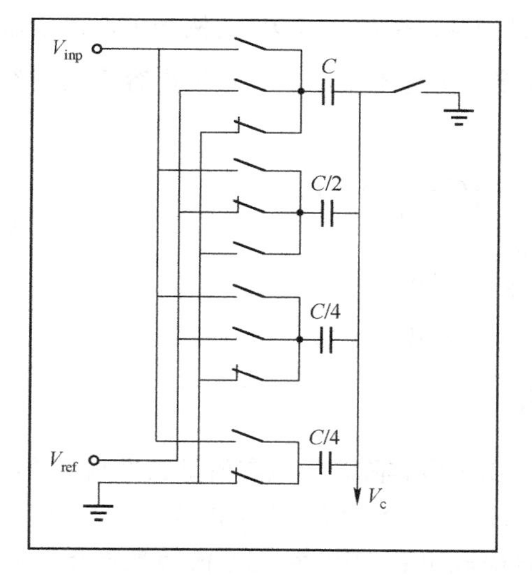

图 4.9　MSB−1 决策时的电容式数/模转换器

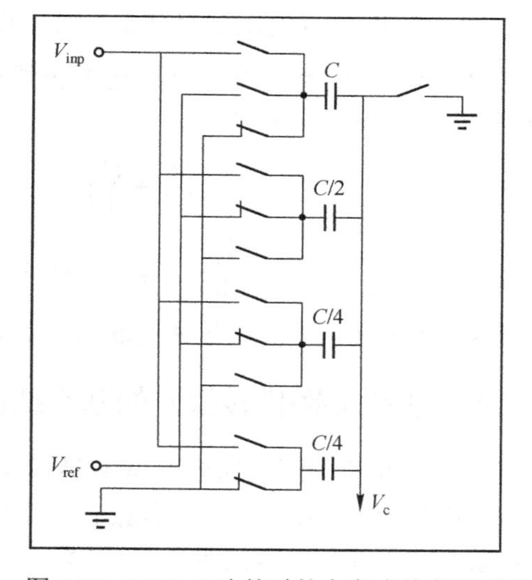

图 4.10　MSB−2 决策时的电容式数/模转换器

通过断开V_{c}和地之间的保持开关来固定电荷。之后，断开连接到输入电压V_{inp}的输入开关。为了判断最高位 MSB 的值，电容值为C的电容被连接到参考电压V_{ref}，其他所有电容接地（见图 4.8）。电容上的电荷可以计算为

$$Q_{\text{MSB}} = C(V_{\text{ref}} - V_{\text{c}}) + \left(\frac{C}{2} + \frac{C}{4} + \frac{C}{4}\right)(0 - V_{\text{c}}) \tag{4.6}$$

当电荷被固定时，Q_{samp}和Q_{MSB}是相等的，则

$$2CV_{\text{inp}} = C(V_{\text{ref}} - V_{\text{c}}) + C(0 - V_{\text{c}}) \tag{4.7}$$

由式（4.7）可得

$$V_c = \frac{V_{ref}}{2} - V_{inp} \tag{4.8}$$

V_c 连接比较器的负端输入，而比较器的正端输入连接到地。因此，比较器则开始比较电压 V_c 是否小于或等于 0V。

$$V_c = \frac{V_{ref}}{2} - V_{inp} \leqslant 0\text{V} \Leftrightarrow \frac{V_{ref}}{2} \leqslant V_{inp} \tag{4.9}$$

如果比较器的输出为 1，则输入电压高于参考电压的一半。为了判决 MSB-1，容值为 C 的电容仍然连接 V_{ref}，容值为 $C/2$ 的电容从地连接到 V_{ref}。假设参考电压为 4V，输入电压为 1.9V。输入电压小于参考电压的一半，因此比较器的输出 MSB 为 0。容值为 C 的电容将接地，容值为 $C/2$ 的电容连接到参考电压。

图 4.9 所示为判断下一位时的电容式数/模转换器，其总电荷可以被计算为

$$Q_{MSB-1} = \frac{C}{2}(V_{ref} - V_c) + \left(C + \frac{C}{4} + \frac{C}{4}\right)(0 - V_c) \tag{4.10}$$

再次，电荷与 Q_{samp} 完全相同，因此有

$$V_c = \frac{V_{ref}}{4} - V_{inp} \leqslant 0\text{V} \Leftrightarrow \frac{V_{ref}}{4} \leqslant V_{inp} \tag{4.11}$$

比较器会判断输入电压是否高于参考电压的 1/4。在 $V_{inp} = 1.9\text{V}$ 的例子中，比较器的输出 MSB-1 为 1。电容值为 $C/2$ 的电容仍然连接到参考电压，且下一位电容连接到参考电压，如图 4.10 所示，那么有

$$\begin{aligned} Q_{MSB-2} &= \left(\frac{C}{2} + \frac{C}{4}\right)(V_{ref} - V_c) + \left(C + \frac{C}{4}\right)(0 - V_c) \\ V_c &= \frac{3V_{ref}}{8} - V_{inp} \leqslant 0\text{V} \Leftrightarrow \frac{3V_{ref}}{8} \leqslant V_{inp} \end{aligned} \tag{4.12}$$

从而，MSB-2 也是 1，则模/数转换器的 3 位输出数字码是 011。

4.2.1 电容式数/模转换器的基本结构

对于超过 10 位的逐次逼近型模/数转换器，由于电容阵列中电容值呈二进制倍数递增，MSB 电容和 LSB 电容的比值显著增加（见图 4.11）。一个串联电容可以放置在 MSB 和 LSB 电容阵列之间，串联电容又称缩放电容。带有串联电容的电容式数/模转换器电容阵列如图 4.12 所示。如果单纯对二进制电容式数/模转换器进行比较，缩放电容的解决方案将具有较大的 LSB 电容和较少的总电容。

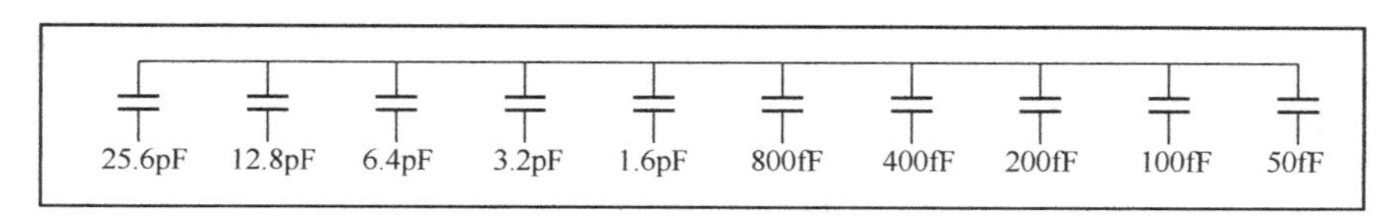

图 4.11 标准 10 位电容式数/模转换器电容阵列

带有电阻分压器的电容式数/模转换器电容阵列如图 4.13 所示，它显示了另一种可替代的解决方案，其中 LSB 是通过调整加到最小电容的电压实现的。电阻分压器用于调节参考电压，从而使 V_c 在 LSB 处发生变化。

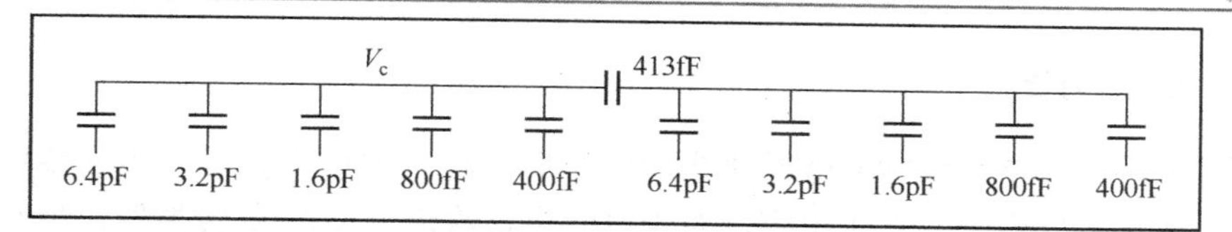

图 4.12　带有串联电容的电容式数/模转换器电容阵列

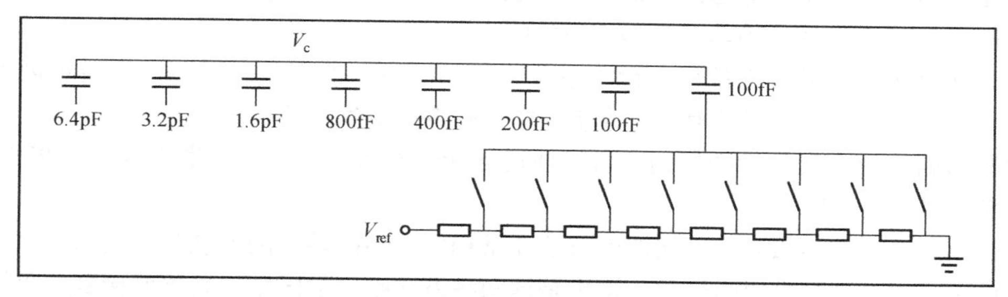

图 4.13　带有电阻分压器的电容式数/模转换器电容阵列

在图 4.13 中，电容的匹配度高达 0.1%，因此可以直接实现 10 位精度。如果分辨率超过 10 位，则要校准或修调解决方案。

MSB 电容的修调电路如图 4.14 所示。MSB 电容由并联相应于 1LSB 和一个连接开关的 2LSB 的修调电容组成。现在可以通过对模/数转换器进行修调或校准来改变权重。如果修调电容被充电到参考电压，则 MSB 电容的权重可以增加 1LSB。同样地，如果 100fF 修调电容仍然接地，MSB 的权重就会减少 1LSB。

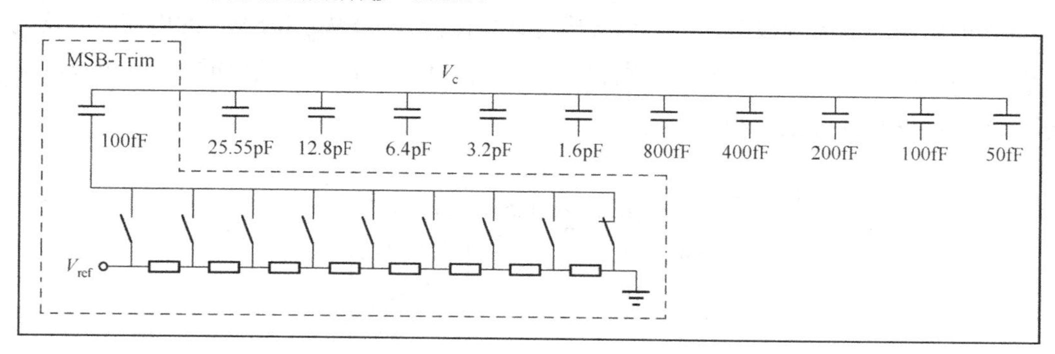

图 4.14　MSB 电容的修调电路

图 4.14 中的电路结构的缺点是要通过直流电流驱动串联型数/模转换器，这样就增加了功耗，但对 16 位和 18 位的模/数转换器尤其适用，有些位会被修调。另一种选择是电容修调，使用额外电容的 MSB 修调电路如图 4.15 所示。

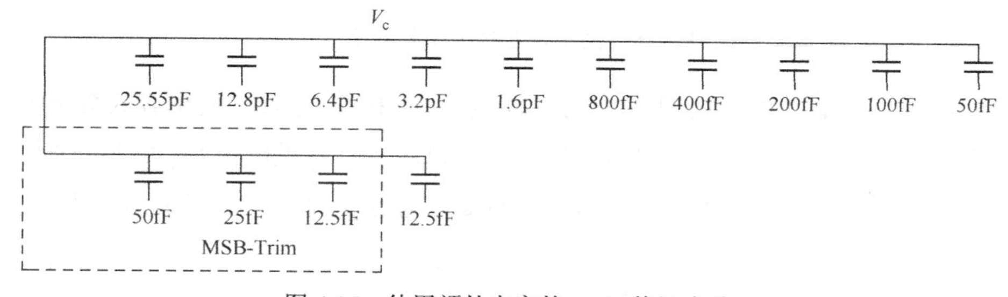

图 4.15　使用额外电容的 MSB 修调电路

4.2.2 修调方案

由于机械封装的应力和封装材料的非均匀介质，封装过程将会改变测量参数，这将改变电容式数/模转换器内部的寄生电容，对于 16 位逐次逼近型模/数转换器，特殊位的寄生电容会受到影响，可改变其 DNL 高达 6LSB。此外，封装过程会产生很大的误差漂移，所以完美修调电容式数/模转换器几乎是不可能的。

激光切割可以在芯片上的任何地方进行，不需要额外的电路。因此，熔线也可以被放置在走线上，电容可以很容易地断开连接且非常有效地节省空间。

封装内的修调方案是设计好的，可以通过熔断熔丝或增加记忆元器件（如 EPROM 或 OTP）来存储修调信息。

熔断熔丝的方法与激光切割熔丝的方法非常相似。熔断熔丝的方法是通过高电流来熔断熔丝，而不是通过激光来熔断熔丝，这也是这两种方法唯一的区别。熔丝要接到低阻抗晶体管、低阻地或电源，这会增加晶体管的寄生电容，因此熔断器主要用于产生数字控制信号。

熔断器和 OTP 产生数字信号，这些信号被用来控制修调的开关，图 4.14 和图 4.15 所示的修调电路都可以通过这种技术实现。

一般来说，只有二进制加权位电容的匹配可以被修正。除此之外，在电容阵列中也可以调整失调误差、增益和 CMRR。

全差分电容式数/模转换器如图 4.16 所示。在大多数情况下，输入电压将直接在位电容上采样，而图 4.16 中的采样电容和位电容分离。电容式数/模转换器的分辨率一般保持为 N 位。输入电压的范围为双极型。全差分结构将维持保持开关 SW_{hp} 和 SW_{hn} 的电荷注入均匀。C_{jn} 和 $C_{jp}(j\in\{1,\cdots,N\})$ 是二进制加权电容，C_{1n} 表示 MSB（最高有效位或 1 位）电容，C_{Nn} 表示 LSB（最低有效位或 N 位）电容。

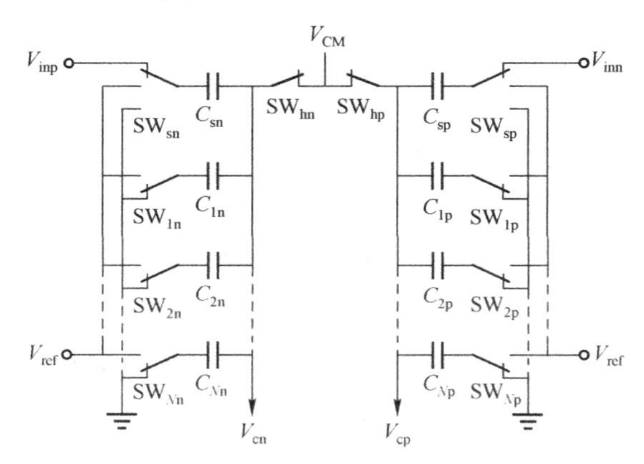

图 4.16　全差分电容式数/模转换器

在采样模式下，输入电压 V_{inp} 和 V_{inn} 与采样电容 C_{sn} 和 C_{sp} 连接，而电容式数/模转换器中其余的电容 $C_{jn/p}$ 被切换为 0V。V_{cn} 和 V_{cp} 是所有电容连接到共模电压 V_{CM} 的另一个引脚，用于设置比较器的预期共模工作点。V_{cp} 和 V_{cn} 上的采样电荷 Q_{sp} 和 Q_{sn} 可以被估计为

$$Q_{sp/n}=C_{sp/n}(V_{CM}-V_{inn/p})+\sum_{j=1}^{N}C_{jp/n}V_{CM} \tag{4.13}$$

电容式数/模转换器通过断开SW_{hn}和SW_{hp}来固定电荷Q_{sp}和Q_{sn}，并在相同的工作点V_{CM}中进行采样，理想时将会产生相同的电荷注入。由于工作在相同的工作点，开关对模/数转换器的失真只显示了较小的影响，特别是如果V_{CM}接近 0V 或V_{DD}，在 NCH 或 PCH 晶体管都导通良好的情况下，这种影响可以最小化，可对失调误差和失调误差漂移进行优化。断开采样开关后，电容C_{sn}和C_{sp}应该与输入电压V_{inp}和V_{inn}断开连接，且在这个例子中应该对参考电压 V_{ref}进行完全转换。根据普通 SAR 算法，位电容$C_{jn}(j\in\{1,\cdots,N\})$将在 V_{ref}和 0V 之间切换。在接下来的计算中，位电荷被命名为Q_{ip}和Q_{in}。位开关$SW_{jn/p}(j\in\{1,\cdots,N\})$的连接状态用$x_{jp}$和$x_{jn}$表示。$x_{jn/p}=0$说明开关连接电容$C_{jn/p}$为 0V。$x_{jp/n}=1$说明开关连接电容$C_{jn/p}$为参考电压$V_{ref}$。

$$Q_{ip/n}=C_{sp/n}(V_{cp/n}-V_{ref})+\sum_{j=1}^{N}(C_{jp/n}(V_{cp/n}-x_{jp/n}V_{ref})) \tag{4.14}$$

由于 V_{cp} 和 V_{cn} 在转换过程中都处于高阻抗状态，并且采样后在每位判决过程中的电荷相等，即$Q_{sp/n}=Q_{ip/n}$。式（4.13）和式（4.14）设为相等，可求解出V_{cp}和V_{cn}。下一步将评估差分比较器的输入电压V_c为$V_{cp}-V_{cn}$，比较器将判决是否$V_c>0$。以上步骤均用式（4.15）表示，即

$$\begin{aligned}&V_{inp}\frac{C_{sn}}{C_{sn}+\sum_{j=1}^{N}C_{jn}}-V_{inn}\frac{C_{sp}}{C_{sp}+\sum_{j=1}^{N}C_{jp}}\\&>V_{ref}\left[\frac{C_{sn}+\sum_{j=1}^{N}(x_{jn}C_{jn})}{C_{sn}+\sum_{j=1}^{N}C_{jn}}-\frac{C_{sp}+\sum_{j=1}^{N}(x_{jp}C_{jp})}{C_{sp}+\sum_{j=1}^{N}C_{jp}}\right]\end{aligned} \tag{4.15}$$

在理想情况下，在电容式数/模转换器正极上的电容等于在负极上分别对应的电容（$C_{sn}=C_{sp}$且$C_{jn}=C_{jp}$）。位电容应进一步二进制加权，即$C_{jn}=C\times2^{-(j-1)}$（$j\in\{1,\cdots,N\}$）。在这个特定的例子中，采样电容也应该为C（$C_{sn}=C_{sp}=C$）。

1. 修调 DNL

DNL 表示特定输出数字码与 1LSB 的理想宽度的偏差。下面的计算将证明 DNL 依赖于二进制加权位电容的匹配。最关键的匹配是 MSB 电容器的匹配（这里指C_{1n}和C_{1p}），它必须与位电容的总和$C_{jn/p}(j\in\{2,\cdots,N\})$相匹配。输出数字码宽度由两个转换码决定，可通过式（4.15）计算。对于 MSB 的 DNL，前一个转换码V_{tr1}通过$x_{1n}=1$和$x_{jn}=0$（$j\in\{2,\cdots,N\}$）定义，且下一个转换码V_{tr2}通过$x_{1n}=0$和$x_{jn}=1$定义。在这个例子中，逐次逼近型模/数转换器工作在单端模式下，因此x_{1p}总是为 1 且$x_{jp}=0(j\in\{2,\cdots,N\})$。在输出数字码转换过程中，逐次逼近型模/数转换器传递函数从一个输出数字码传递到下一个输出数字码。这意味着在转换过程的关键位决策中，比较器只是从输出 0 变为输出 1。下面的计算将进一步展示C_{1n}的不匹配量ΔC，所以$C_{1n}=C+\Delta C$。

$$\begin{aligned} & V_{\mathrm{tr1p}} \frac{C}{3C+\Delta C-C_{\mathrm{N}}}-V_{\mathrm{tr1n}} \frac{C}{3C-C_{\mathrm{N}}} \\ & =V_{\mathrm{ref}}\left(\frac{2C-\Delta C}{3C+\Delta C-C_{\mathrm{N}}}-\frac{2C}{3C-C_{\mathrm{N}}}\right) \end{aligned} \tag{4.16a}$$

$$\begin{aligned} & V_{\mathrm{tr2p}} \frac{C}{3C+\Delta C-C_{\mathrm{N}}}-V_{\mathrm{tr2n}} \frac{C}{3C-C_{\mathrm{N}}} \\ & =V_{\mathrm{ref}}\left(\frac{2C-C_{N}}{3C+\Delta C-C_{\mathrm{N}}}-\frac{2C}{3C-C_{\mathrm{N}}}\right) \end{aligned} \tag{4.16b}$$

如果在式（4.16a）和式（4.16b）的分母中，ΔC 可以被忽略，那么有

$$\begin{aligned} & V_{\mathrm{tr1}}=V_{\mathrm{tr1p}}-V_{\mathrm{tr1n}}=V_{\mathrm{ref}} \frac{\Delta C}{C} \\ & V_{\mathrm{tr2}}=V_{\mathrm{tr2p}}-V_{\mathrm{tr2n}}=-V_{\mathrm{ref}} \frac{C_{\mathrm{N}}}{C}=-1\mathrm{LSB} \\ & \mathrm{DNL}_{\mathrm{MSB}}=V_{\mathrm{tr1}}-V_{\mathrm{tr2}}-1\mathrm{LSB}=V_{\mathrm{ref}} \frac{\Delta C}{C} \end{aligned} \tag{4.17}$$

不匹配量 ΔC 直接与 DNL 成正比。它可以被与位电容并联的修调电容修正，如果它与位电容同相，则修调电容是负的；如果它与位电容反相，则修调电容是正的。

需要注意的是，在 V_{cp} 和 V_{cn} 上的寄生电容会增加。如果这些电容的电位一直保持不变，那么它们将会降低比较器输入电压的范围，但不会影响线性度、增益或失调误差。然而，较低的电压范围会使比较器的噪声更大，从而降低了信噪比。

2．修调增益

增益和失调误差肯定可以在数字域进行校准和修正，但是这将以牺牲分辨率为代价。例如，如果总增益需要在 20%的范围内调整，且失调误差需要在 5%的范围内调整，那么模/数转换器输入范围将损失 25%，因为信号变化在这段范围内应保持不变，如果在模拟域中校正失调和增益，那么模/数转换器可以保持其总输入范围不变。

在电容式数/模转换器中，采样电容 $C_{\mathrm{sn/p}}$ 与位电容 $C_{j\mathrm{n/p}}$ 之和的比率决定了模/数转换器的增益，位电容 $C_{j\mathrm{n/p}}$ 在地和参考电压之间切换。对于正向满量程，$x_{j\mathrm{n}}$ 都等于 1（$x_{j\mathrm{n}}=1$，$j\in\{1, \cdots, N\}$）；对于负向满量程，$x_{j\mathrm{n}}$ 都等于 0（$x_{j\mathrm{n}}=0$，$j\in\{1, \cdots, N\}$）。同时，模/数转换器工作在单端模式，那么 $x_{1\mathrm{p}}$ 始终为 1，$x_{j\mathrm{p}}=0$（$j\in\{2,\cdots,N\}$）。计算时假定正端的电容等于负端上的电容（$C_{\mathrm{sn}}=C_{\mathrm{sp}}=C_{\mathrm{s}}$ 和 $C_{j\mathrm{n}}=C_{j\mathrm{p}}=C_j$）。

模/数转换器输入正满量程的电压为

$$V_{\mathrm{PFS}}=V_{\mathrm{ref}} \frac{\sum_{j=2}^{N} C_{j}}{C_{\mathrm{s}}} \tag{4.18a}$$

模/数转换器输入负满量程的电压为

$$V_{\mathrm{NFS}}=-V_{\mathrm{ref}} \frac{C_{1}}{C_{\mathrm{s}}} \tag{4.18b}$$

整体的满量程电压输入范围为

$$V_{PFS}-V_{NFS}=V_{ref}\frac{\sum_{j=1}^{N}C_j}{C_s} \tag{4.18c}$$

从式（4.18c）可以看出，输入电压范围分别与参考电压、某位电容（C_j）和采样电容（C_s）的比值成正比。采样期间，通过在输入节点 V_{inp} 和 V_{inn} 连接更多或更少的电容可以调整逐次逼近型模/数转换器的增益。也可以直接用位电容 C_{jn} 和 C_{jp} 对输入信号进行采样。负极上的采样电容与位电容之和的比例必须与正极上的采样电容与位电容之和的比例相同，即

$$\frac{C_{sn}}{\sum_{j=1}^{N}C_{jn}}=\frac{C_{sp}}{\sum_{j=1}^{N}C_{jp}} \tag{4.19}$$

否则，电容式数/模转换器正极阵列的增益将不同于负极阵列的增益。如果输入的共模电压变化，则正、负端的计算不同，会影响共模抑制比。

在式（4.18c）中，为了增加模/数转换器的电压输入范围，必须减小 C_s。在前面的例子中，电容式数/模转换器上所有电容对输入信号进行采样，使输入范围达到 0～V_{ref}。如果仅使用 MSB 电容进行采样，则输入范围将为 0～2V_{ref}。

式（4.18c）也可用于修调模/数转换器的增益。带有用于修调增益的扩展电容的电容式数/模转换器电容阵列如图 4.17 所示。在图 4.17 中，附加电容可降低输入电压范围 1LSB 和 2LSB。因此，在采样期间，这些电容要连接输入电压，而在整个转换期间与参考电压或地连接。

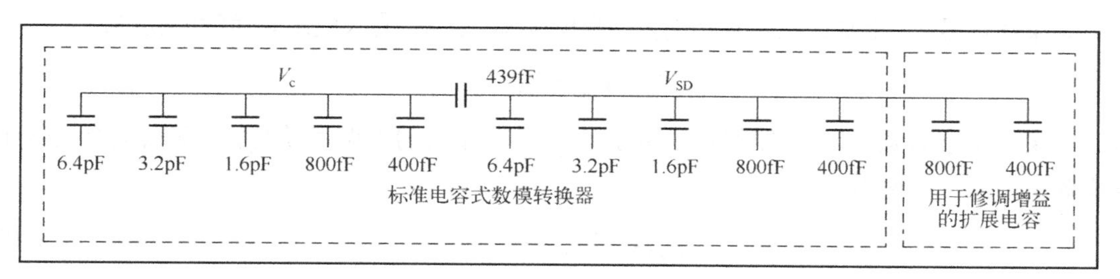

图 4.17　带有用于修调增益的扩展电容的电容式数/模转换器电容阵列

注意：如果附加电容被添加到缩放电容阵列中，则要重新调整缩放电容 C_{sd}。缩放电容是被估算的，即

$$\frac{1}{C_{sd}}=\frac{1}{C_{MSB-4}}-\frac{1}{C_{LSB-array}}\Rightarrow C_{sd}=413\text{fF} \tag{4.20}$$

式中，C_{MSB-4} 为 MSB 阵列中最小的电容（400fF）；$C_{LSB-array}$ 为缩放电容阵列的总电容值。

在图 4.12 所示的电容阵列中，LSB 电容阵列的总电容加起来为 12.4pF。在修调增益时，如果 LSB 阵列电容扩展，那么式（4.20）不再有效。例如，LSB 阵列中最大的电容从地切换到参考电压，然后电容式数/模转换器中的电荷将在其他 LSB 电容和缩放电容之间分布。对于图 4.17 所示的电容阵列中，电荷将被分配到电容上进行增益调整，这将分散信号并导致 LSB 阵列的增益误差。所有 LSB 电容的权重将低于 C_{MSB-4} 电容，这将产生 DNL 误差，但可以通过进一步增加缩放电容来进行补偿。

因为缩放节点的总电荷不会改变，缩放电压V_{SD}的差值可以通过总电荷来计算。最初，V_{SD}被放电（0V），与 MSB 和 LSB 电容阵列中的所有电容都连接到地。因此，初始电荷Q_1为零。LSB 阵列中最大的电容（现称为C_{LSBh}）从地连接到参考电压，可得

$$Q_2 = C_{\mathrm{LSBh}}(V_{\mathrm{SD}} - V_{\mathrm{ref}}) + C_{\mathrm{rest}}V_{\mathrm{SD}} = 0 \Leftrightarrow V_{\mathrm{SD}} = V_{\mathrm{ref}}\frac{C_{\mathrm{LSBh}}}{C_{\mathrm{LSBh}} + C_{\mathrm{rest}}} \tag{4.21}$$

C_{rest}包括其他 LSB 电容，C_{rest}等于C_{LSBh}减去 LSB 电容C_{LSB}，它包括用于增益校准的电容C_{gain}、寄生电容C_{par}、缩放电容和 MSB 阵列的串联电容$C_{\mathrm{SD/MSB}}$。如果电压V_{SD}加到缩放电容C_{SD}上，则由此产生的充电电压等于将参考电压施加到 MSB 阵列C_{MSBl}（这里是$C_{\mathrm{MSB-4}}$）中最小电容时产生电压的 1/2，因此有

$$\frac{1}{2}C_{\mathrm{MSBl}}V_{\mathrm{ref}} = C_{\mathrm{SD}} \cdot V_{\mathrm{SD}} = C_{\mathrm{SD}}V_{\mathrm{ref}} \cdot \frac{C_{\mathrm{LSBh}}}{2C_{\mathrm{LSBh}} - C_{\mathrm{LSB}} + C_{\mathrm{par}} + C_{\mathrm{gain}} + C_{\mathrm{SD/MSB}}} \tag{4.22}$$

如果V_{SD}被替代且当C_{MSB} □ C_{SD}，$C_{\mathrm{SD/MSB}}$约等于C_{SD}，则有

$$C_{\mathrm{SD}} = \frac{C_{\mathrm{MSBl}}2C_{\mathrm{LSBh}}}{2C_{\mathrm{LSBh}} - C_{\mathrm{MSBl}}}\left(1 + \frac{C_{\mathrm{par}}}{2C_{\mathrm{LSBh}}} + \frac{C_{\mathrm{gain}}}{2C_{\mathrm{LSBh}}} - \frac{C_{\mathrm{LSB}}}{2C_{\mathrm{LSBh}}}\right) \tag{4.23}$$

在图 4.17 中，不包括寄生电容（C_{par}=0），而增益电容为 1.2pF，LSB 电容为 0.4pF，C_{LSBh}为 6.4pF，C_{MSBl}为 0.4pF，因此可以计算缩放电容为 439fF。

3．修调失调误差

如果在信号V_{sig}上加上失调误差V_{off}，则模/数转换器的输入电压V_{in}可以表示为

$$V_{\mathrm{in}} = V_{\mathrm{sig}} + V_{\mathrm{off}} \tag{4.24}$$

如果在电容式数/模转换器的输出电压V_{DAC}加上相同的失调误差V_{off}，那么电容式数/模转换器输出电压则变为

$$V_{\mathrm{CDAC}} = V_{\mathrm{DAC}} + V_{\mathrm{off}} \tag{4.25}$$

当V_{CDAC}与比较器输入电压进行比较时，有

$$V_{\mathrm{in}} > V_{\mathrm{CDAC}} \Leftrightarrow V_{\mathrm{sig}} > V_{\mathrm{DAC}} \tag{4.26}$$

式（4.25）显示了如何通过电容式数/模转换器补偿失调误差。双极型模/数转换器的失调误差V_{off}可以在 $j\epsilon\{2,\cdots, N\}$，$x_{1\mathrm{n}}$=1 且 $x_{j\mathrm{n}}$=0 时进行测量，如果$V_{\mathrm{inp}} = V_{\mathrm{off}} + V_{\mathrm{ref}}$且$V_{\mathrm{inn}} = V_{\mathrm{ref}}$，且所有电容都是理想的，那么式（4.25）可表示为

$$V_{\mathrm{off}} = \frac{V_{\mathrm{ref}}}{C_{\mathrm{s}}}\left(C_1 - \sum_{j=1}^{N}(x_{j\mathrm{p}}C_j)\right) \tag{4.27}$$

式（4.27）中，假设$C_{\mathrm{sp}} = C_{\mathrm{sn}} = C_{\mathrm{s}}$且$C_{j\mathrm{p}} = C_{j\mathrm{n}} = C_j$（$j\epsilon\{1,\cdots, N\}$）。

如果采样后将$C_{1\mathrm{p}}$连接到V_{ref}且所有其余电容$C_{j\mathrm{p}}$接地，则产生的失调误差为 0。如果采样后$C_{1\mathrm{p}}$保持接地，则产生一个正失调误差。其余电容$C_{j\mathrm{p}}$可以连接到V_{ref}来调整失调误差。最后，如果采样后$C_{1\mathrm{p}}$旁的电容$C_{j\mathrm{p}}$连接到参考电压，则产生一个负的失调误差。

带有用于修调失调误差的扩展电容的电容式数/模转换器电容阵列如图 4.18 所示，缩放阵列中增加了两个电容。

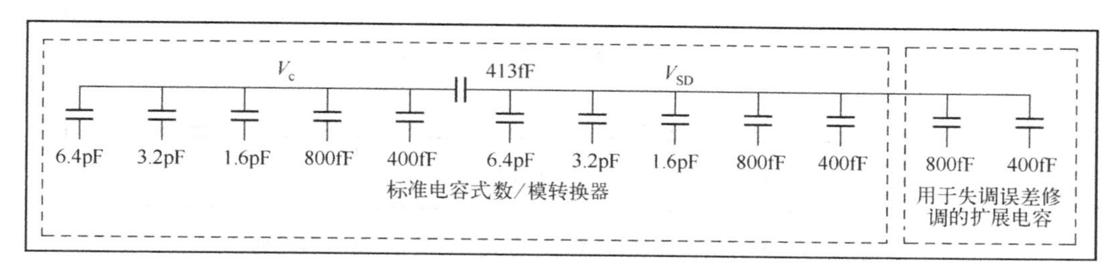

图 4.18　带有用于修调失调误差的扩展电容的电容式数/模转换器电容阵列

如果全差分电容式数/模转换器结构使用电容 C_{jp} 进行转换，可能要添加电容进行失调误差校准。

将失调误差校准的 400fF 电容从地切换到参考电压，与切换 400fF LSB 电容到参考电压具有相同的效果。以这种方式，V_c 将被添加一个 LSB 的失调误差。

在采样阶段，V_c 连接到共模电压，失调电容的第二电极连接到地。一旦 V_c 与共模电压断开，所选失调电容就切换到参考电压。只要在转换过程中，所选择的失调电容要保持连接参考电压，直到下一个采样阶段时失调电容接地。

图 4.18 的结构也可以实现负失调电压。唯一的不同之处在于电容在采样相位被预充电到参考电压，然后在转换相位时连接到地。如果用于失调误差修调的电容被添加到缩放阵列内，那么与修调增益相同，缩放电容也要修调。增益和失调误差修调都可以在一个电容式数/模转换器中实现。

4．修调共模抑制比

逐次逼近型模/数转换器内的 CMRR 可以随着电容式数/模转换器输出电压 V_c 与外部共模输入电压 V_{in} 之比的变化而变化。当测量差分共模输入电压为零（$V_{inp} = V_{inn} - V_{in}$）时，可以得到

$$\text{CMRR} = \frac{\mathrm{d}V_c}{\mathrm{d}V_{in}} = \frac{C_{sn}}{C_{sn} + \sum_{j=1}^{N} C_{jn}} - \frac{C_{sp}}{C_{sp} + \sum_{j=1}^{N} C_{jp}} = \frac{C_{sn}}{C_{totn}} - \frac{C_{sp}}{C_{totp}} \tag{4.28}$$

为得到理想的共模抑制比 CMRR = 0，采样电容对正端总电容的比例必须与对负端总电容的比例相同。因此，CMRR 可以通过修改电容式数/模转换器中的采样电容 C_s 或通过去除电容式数/模转换器中的从 V_c 到地的电容来进行修调。

5．修调电容阵列

之前讨论的修调公式中的电容要与 LSB 电容中一部分相对应。这些电容一般难以产生。如上所述，把这些电容放置在 LSB 阵列内，它的尺寸就会大幅度增加。然而，将所有修调电容添加到 LSB 阵列将会产生很多寄生电容，这将扩大修调 DNL 的范围。

带有附加修调电容的电容式数/模转换器电容阵列如图 4.19 所示。可以调整修调电容实现合理的尺寸，使其能够很好地匹配其余电容，这就减少了修调的时间和生产成本。

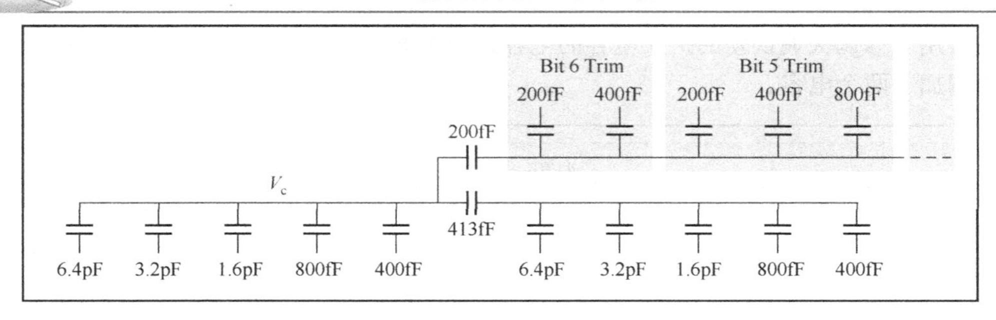

图 4.19　带有附加修调电容的电容式数/模转换器电容阵列

4.2.3　电容式数/模转换器版图的实现

伪差分电容式数/模转换器电容阵列如图 4.20 所示，C_1 表示 MSB 电容，C_2 表示 MSB-1，以此类推。MSB 电容需要电容进行修调，如 C_T。图 4.20 中的位电容大小用数字表示。在 MSB 电容阵列中最小的电容大小（C_6）为一个单位电容。为了更好地匹配，使用单位电容的倍数实现高位电容。例如，C_5 是用两个单位电容实现，而不是一个具有两倍于 C_6 的电容。其原因在于生产中的蚀刻过程会使不同晶圆组之间随确切的温度或酸碱度在参数上产生较大差异。因不同批次晶圆的边缘差异而导致电容的变化，称为边缘依赖效应。因此，两个不同尺寸电容比两个具有相同尺寸电容的匹配度更差。

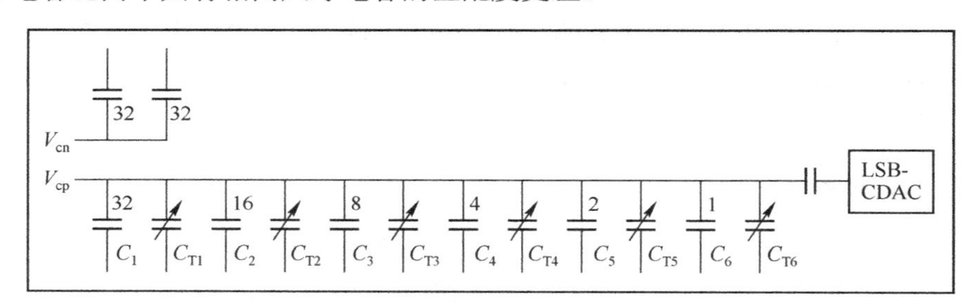

图 4.20　伪差分电容式数/模转换器电容阵列

电容式数/模转换器中的单位电容版图如图 4.21 所示。

（1）电容的顶极板对匹配起主要作用。因为蚀刻过程中边角处的边缘依赖效应明显，所以电容顶极板的边角应设计为 45°。另一方面，边缘不同将产生大量的电容失配。电容周长与面积之比应该尽量小。因此，倒角应该小，同时应避免八角结构。

（2）电容的底极板可能对衬底有显著的寄生电容（高达 10%），这将降低电容的建立速度。电容底极板的边角也应为 45°。电容底极板通常覆盖顶极板，使得由边缘引起的失配只取决于顶极板。由于电容底极板对衬底有较大的寄生电容，底极板不适合从电容式数/模转换器到比较器的高阻抗节点 V_{cp} 和 V_{cn} 的连接。因此，高阻抗节点通常连接电容器顶极板。

（3）应该屏蔽连接比较器的电容高阻抗节点。因此，单位电容被接地金属环绕以和电容的底极板接触点屏蔽。电容底极板通常在正参考电压和负参考电压之间切换。电容顶极板和走线之间的任何寄生电容都会影响电容值，继而影响 DNL。请注意，1LSB 通常小于 1fF。

（4）高阻抗节点应远离底极板以获得最小的寄生电容。

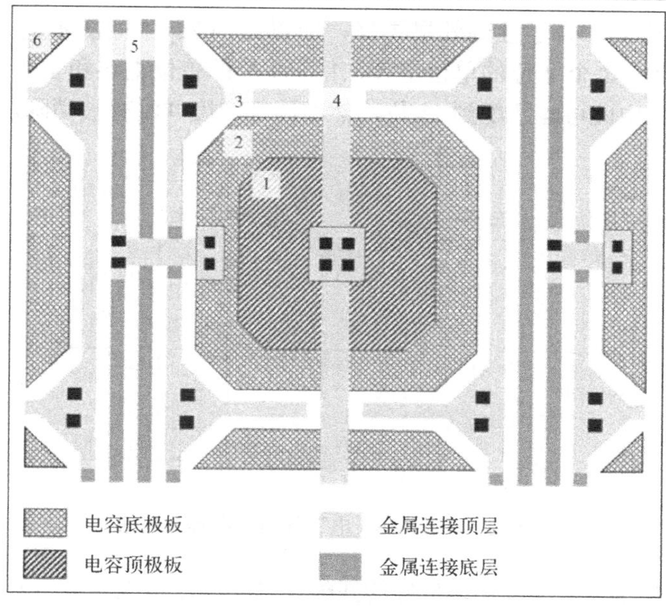

图 4.21　电容式数/模转换器中的单位电容版图

（5）电容底极板的连线应使用与底极板同层或更低的金属层，这样就会减少底极板与顶板的耦合现象。

（6）电容式数/模转换器应被虚拟单位电容包围。刻蚀凹口的速度不同于刻蚀边缘金属的速度。因此，相比于电容式数/模转换器电容阵列的中心位置电容，外围单位电容将匹配得更差，这也将影响各个位的单位电容分布。

（7）电容底极板到衬底可能存在显著的寄生电容。因此，在采样和转换过程中，衬底噪声可以耦合到电容式数/模转换器中。在电容式数/模转换器下面添加一个连接负参考电压的 N 阱来隔离底极板与衬底，这可能会减少寄生电容。

（8）走线和电容边缘的寄生电容将易受封装电介质的影响。为了避免封装过程中的 DNL 漂移，可以在电容顶部添加屏蔽线。然而，由于此屏蔽线将进一步引入寄生电容，从而影响电容式数/模转换器整体建立时间，应该将其到边缘和走线之间的寄生电容减到最小。高阻抗节点的寄生电容对于比较器的输入信号表现为电容分压器，从而降低了比较器输入信号的幅度和信噪比。

为了进一步改善匹配性，版图中 MSB 电容阵列的单位电容在布局上就显得很重要。正极 MSB 电容阵列的电容布局法如图 4.22 所示。MSB 电容阵列中的单位电容被标记为 1。有 3 种方法（即圆包围布局法、对角线布局法、混合布局法）可保持版图对称分布，这对梯度补偿来说至关重要。我们假设氧化物在晶圆中间较厚、边缘较薄，那么在 x 和 y 维度会存在氧化物厚度梯度。因此，MSB 电容阵列左上方的单位电容可能比右下方的单位电容厚。若单位电容采取点对称布局，那么线性梯度将不会影响总体电容匹配。

边缘的电容和阵列内部的电容受到蚀刻过程的影响不同。在图 4.22 中，相对于对角线布局法和混合布局法，圆包围布局法可能会有更差的 MSB 匹配度。请注意，其他电容阵列（LSB 阵列和电容式数/模转换器负极的电容）可能连接到 MSB 电容阵列。

因此，对角线布局法中竖直分布的 MSB 电容可能不在边缘上，顶部与底部单位电容的数量与电容尺寸成比例。为了蚀刻效果更好，应以图 4.22 中间所示的方式，将 MSB（1 位）的 4 个单位电容、2 个 2 位的单位电容、1 个 3 位的单位电容和 1 个 4 位的单位电容置于布局底部和顶部。由此可能匹配到 11 位，然而局部梯度并没有被消除。

圆包围布局法							
1	1	1	1	1	1	1	1
1	1	2	2	2	2	1	1
1	2	3	4	3	3	2	1
1	2	4	6	5	3	2	1
1	2	3	5		4	2	1
1	2	3	3	4	3	2	1
1	1	2	2	2	2	1	1
1	1	1	1	1	1	1	1

对角线布局法							
1	1	2	3	4	2	1	1
1	1	2	3	4	2	1	1
1	1	2	3	5	2	1	1
1	1	2	3	6	2	1	1
1	1	2		3	2	1	1
1	1	2	5	3	2	1	1
1	1	2	4	3	2	1	1
1	1	2	4	3	2	1	1

混合布局法							
2	1	2	1	3	1	4	1
1	3	1	2	1	2	1	2
2	1	3	1	4	1	2	1
1	2	1	6	5	1	1	3
3	1	1	5		1	2	1
1	2	1	4	1	3	1	2
2	1	2	1	2	1	3	1
1	4	1	3	1	2	1	2

图 4.22　正极 MSB 电容阵列的电容布局法

因此，通过混合布局法可以实现最好的匹配。其匹配度可以达到 12～13 位。然而，这种布局法的缺点是走线困难且版图面积大。

动态元素匹配也是一种可行的方法。这种方法在转换过程中会变换单位电容的分布。但其有一个缺点，由于电容失配，将导致对应一个分布产生不同的转换结果，电容的失配将随之表现为转换噪声，信噪比会受到影响。如果将动态元素匹配与过采样相结合会特别有益。一个采样频率为 4 的过采样将包括所有分布，实际上过采样会改善信噪比。

连接电容式数/模转换器与比较器的节点 V_{cp} 和 V_{cn} 为高阻抗节点，并且对来自衬底的噪声或来自数字电路或其他开关切换所引起的失真特别敏感。因此，在版图中应进一步分离数/模信号，特别是要将节点 V_{cp} 和 V_{cn} 信号与数字电路分离。

4.3　比较器

无论差分电容式数/模转换器输出信号是正的还是负的，比较器都可以进行比较。它可将差分输入信号放大成数字信号，并对每个时钟周期的比较值进行锁存，还可达到预期的低噪声和低功率。

4.3.1　基本比较器的结构

比较器的结构主要由速度决定。即使在判定前一位时比较器过驱动得很严重，它也应检测到 LSB 的一半或更少的差分电压。例如，当输入电压是 $V_{ref}/4+LSB/2$ 时，根据 MSB 的判定，数/模转换器被设置为 $V_{ref}/2$。因此比较器的差分输入是 $V_{ref}/4-LSB/2$，所以比较器完全过驱动。在下一位判定中，电容式数/模转换器被调整为 $V_{ref}/4$，因此比较器的差分输入仅为 LSB 的一半。这时则要求比较器的速度足够快，好在半个时钟周期内可以锁存住其状态，同时也为参考电压的建立留有裕度。在采样和转换过程中，比较器的输入电压波形如图 4.23 所示。

如果把比较器的输入级看为一阶系统，那么比较器的输出波形将是指数级的。对于 N

位分辨率的模/数转换器，比较器必须在半个时钟周期内完成比较并建立输出波形，另半个时钟周期要进行数字切换和建立稳定参考电压。在开关电容电路中常见这种输出波形。对于逐次逼近型模/数转换器，电容式数/模转换器转换后参考电压的建立是一个很好的例子。如果电容式数/模转换器以 V_{ref} 的值翻转，那么在建立时间 T_s 后，建立误差 ε 必须小于 LSB 的一半。建立输出波形如图 4.24 所示。

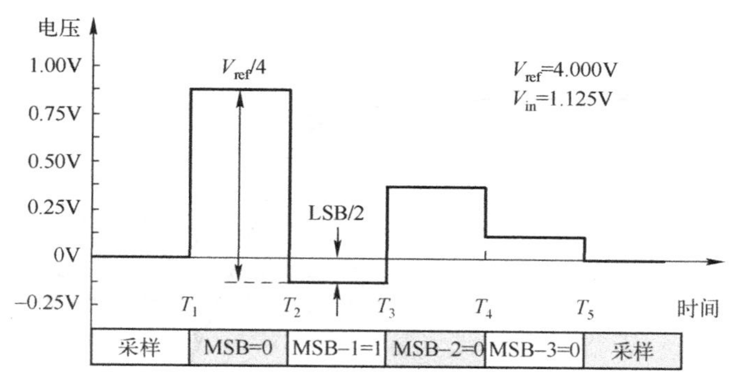

图 4.23　比较器的输入电压波形

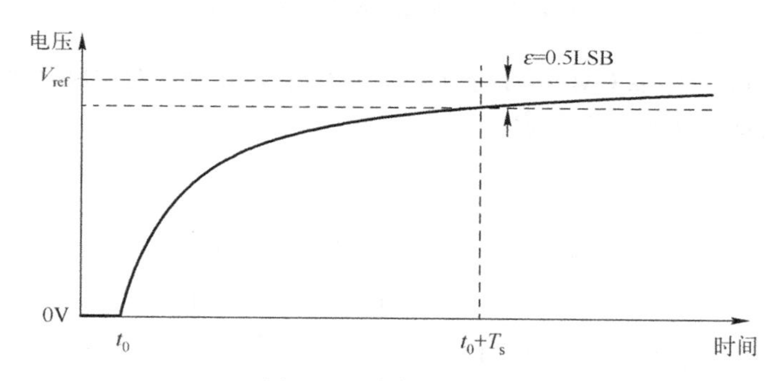

图 4.24　建立输出波形

假定 $t_0=0$ 时，误差电压 $\varepsilon(t)$ 为

$$\varepsilon(t)=V_{ref}-V(t)=V_{ref}-(V_{ref}-V_{ref}e^{-\frac{t}{\tau}})=V_{ref}e^{-\frac{t}{\tau}} \tag{4.29}$$

其中，$\varepsilon(T_s)<V_{ref}/2^{n+1}$。式（4.29）可以计算出指数函数的时间常数 τ。RC 低通滤波器的时间常数等于电阻 R 和电容 C 的乘积。

计算电阻和电容的重要公式为

$$\tau=RC<\frac{T_s}{\ln 2\times(n+1)} \tag{4.30}$$

时间常数 τ 也与有源电路传递函数-3dB 频率相关，在这里等效于比较器的宽带，即

$$f_{-3dB}=\frac{1}{2\pi\tau}>\frac{\ln 2\times(n+1)}{2\pi T} \tag{4.31}$$

开关切换过程和电容式数/模转换器建立输出波形过程也需要一定的时间。比较器所需的最大有效建立输出波形时间应在半个时钟周期内。

16 位逐次逼近型模/数转换器每 20 个时钟周期完全转换一次。其中，16 个时钟周期负

责转换，4 个时钟周期负责对信号进行采样。因此 500kSPS 转换器需要 10MHz 的时钟频率，这就意味着比较器建立输出波形时间为 50ns。在这个例子中，比较器的带宽可由式（4.31）估计为 37.5MHz。对于电源电压和共模输入电压的变化，以及所有的工艺角及温度，都要保持这个带宽。因此，在室温及典型的工艺参数下，必须要显著提高此带宽值。

比较器输入级的频率响应如图 4.25 所示。

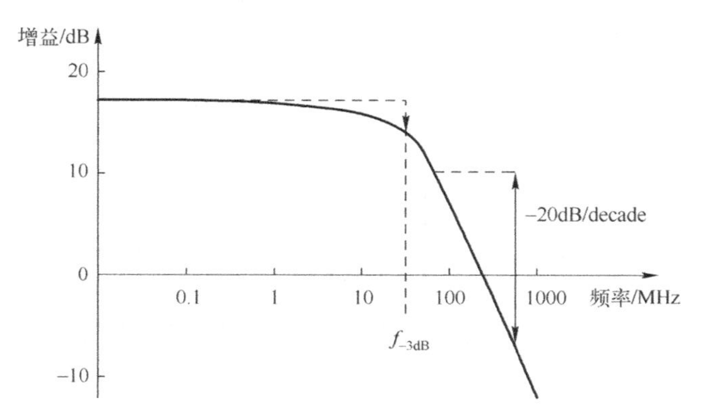

图 4.25　比较器输入级的频率响应

在栅长为 0.6μm 的标准 CMOS 工艺下，比较器中差分输入对电路如图 4.26 所示，它可以在一个合理的功耗下实现这个带宽。

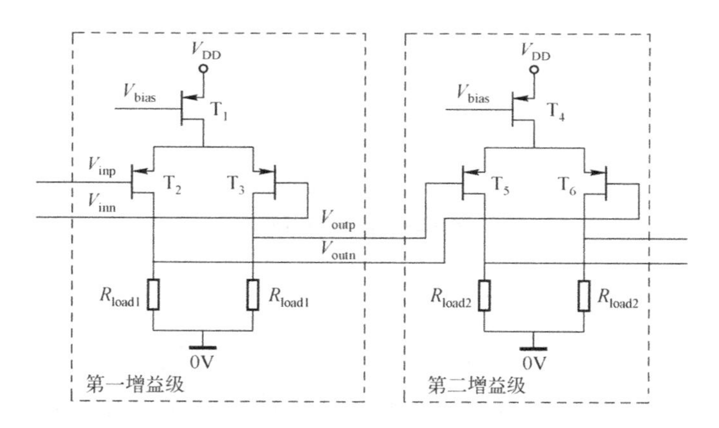

图 4.26　比较器中差分输入对电路

我们可以设计第一级输入差分对管 T_2 和 T_3 的宽度和静态电流，来满足比较器的噪声需求。这种输入差分对管通常工作在弱反型区。因此，热噪声与工艺无关，仅与偏置电流相关。由于此比较器为宽带，我们可以忽略低频闪烁噪声（特别是它也被失调误差校准函数所抑制）。比较器第二级噪声是微不足道的，因为它被第一级的增益所削弱。

我们可以用负载电阻 R_{load1} 设置第一增益级的带宽。电阻可以作为负载使用。与晶体管作为负载相比，它可以消耗更低的电压却提供相同的阻抗，这为差分输入电压 V_{inp} 和 V_{inn} 的共模工作点提供了更多电压裕度。

T_5 和 T_6 的栅极寄生电容对输出节点 V_{outp} 和 V_{outn} 有很大影响。由于比较器第二级的噪声是微不足道的，它的带宽通常很小。

如果几个输入差分对级联，则必须考虑失调误差的问题。失调误差不仅反映在模/数转换器的传递函数中，也会在连续增益级中引入非理想操作点，导致增益大幅下降。输入差分对的增益与其输入电压 V_{in} 的关系如图 4.27 所示。假设第一增益级的输入电压有一个约为 10mV 的失调误差，并且每级的增益约为 20dB，则将在第三级比较器的输入端合理的工作点外引入 1V 的失调误差。

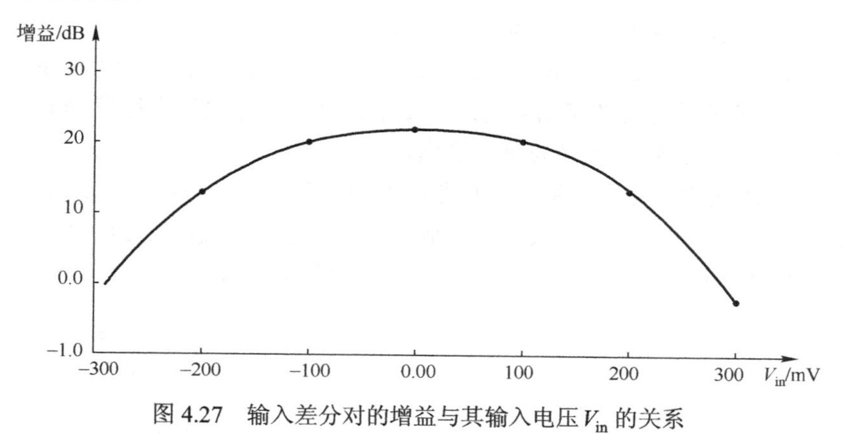

图 4.27　输入差分对的增益与其输入电压 V_{in} 的关系

因此，必须引入失调误差校准（自动校零级）。在通常情况下，采样相位时的增益级差分输入端被短路，则输出失调误差被存储在自动校零电容中。自动校零电容如图 4.28 所示，第一增益级的自动校零电容为 C_{az1p} 和 C_{az1n}。

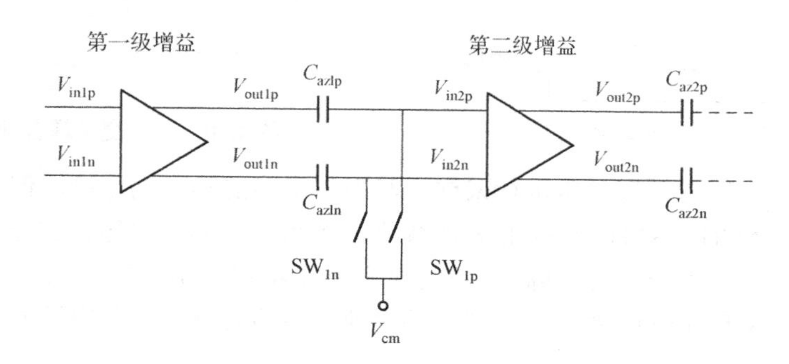

图 4.28　自动校零电容

自动校零电容被串联在信号通路中。电容的一端与特定增益级的输出端相连，并且在采样周期可以存储被此增益级放大的输入失调电压。电容的另一端连接下一个增益级的输入端和开关（SW_{1n} 和 SW_{1p}），其可将电容连接到共模电压 V_{cm}。在采样末期，开关打开，即可把失调电压存储在电容上。

自动校零电容与信号串联不会直接减少比较器的带宽，但连接地的寄生电容会对比较器的带宽造成影响。因此，应该尽量消除到地的寄生电容。另外，下一增益级输入端的寄生电容将会与自动校零电容形成电容分压器。从这个角度上看，自动校零电容应该选择大电容，通常电容值为 1pF 左右。采样噪声是一个小问题，比较器的等效输入噪声为各级噪声除以前级增益级的增益所得。

比较器的锁存器决定了比较器预放大级的增益。一个全差分锁存器可能只要 200～

500mV 的输入电压范围。如果使用一个标准 CMOS 触发器，则可达到符合要求的数字信号电压。因此，比较器的预放大级要将 1/2 LSB 放大到适当的锁存器阈值电压。对于一个输入电压范围为 5V 且比较器输出端使用标准触发器的 16 位转换器须将 3.8μV 放大到 3.8V，因此需要比较器预防大的增益为 100000dB 或 100dB。

如果比较器所需要的带宽足够小，那么一个不同于输入差分对结构的放大器可以用于增益级，如开环运算跨导放大器，如图 4.29 所示。

开环运算跨导放大器（Operational Transconductance Amplifier，OTA）提供了足够的增益，这样输入信号就能够符合数字信号电压的要求，并且可通过标准触发器触发此信号。除此之外，OTA 可以将差分输入转换为单端输出。

可以把 OTA 改进为差分交叉耦合锁存器，如图 4.30 所示。首先，I_{latch} 很低，所以差分交叉耦合锁存器与 V_{DD} 和地断开连接。差分输出电压 V_{outp} 和 V_{outn} 被充电至输入电压 V_{inp} 和 V_{inn}。锁存器的输入端连接到比较器的最后一个差分对的输出端。

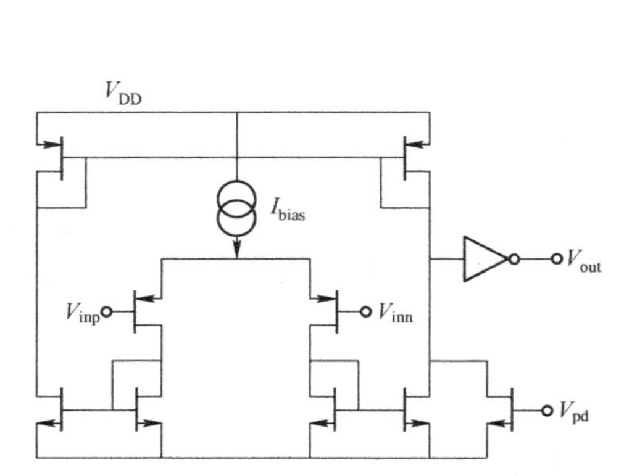

图 4.29　开环运算跨导放大器

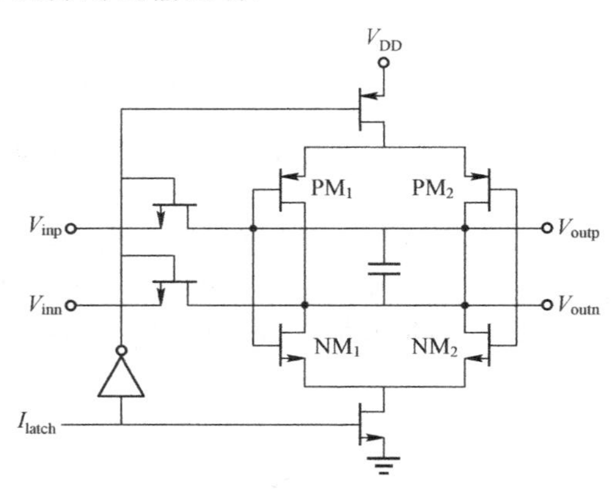

图 4.30　差分交叉耦合锁存器

I_{latch} 上升沿时可以对模拟电压进行采样，其不与电容的输入端连接，但与交叉耦合结构的 V_{DD} 与地相连。NCH（NM1 或 NM2）的栅极电压越高，漏极电压会越低。同样地，PCH 的栅级电压越低，其漏极电压会越高。因此输出电压将很快被转换为 V_{GND} 和 V_{DD}，即如图 4.31 所示的 50ns 和 150ns 处。差分交叉耦合锁存器的时域响应和电流 I_{latch} 消耗如图 4.31 所示。

图 4.31 的第一个曲线显示了图 4.30 的差分交叉耦合锁存器的差分输入电压。最开始时，锁存器处于采样阶段，在 50ns 时被触发，在 100ns 开始采样，并在 150ns 再次被触发。在采样过程中，V_{outp} 和 V_{outn} 被充电到输入电压 V_{inp} 和 V_{inn}。当差分输入电压（$V_{in}=V_{inp}-V_{inn}$）是负值时，V_{outp} 将在 3ns 内被拉到 V_{GND}（见 50ns 处）。当输入为正值时，在 150ns 处，V_{outp} 再次在 3ns 内被拉到 V_{DD}。

OTA 和差分交叉耦合锁存器各有各的优势。差分交叉耦合锁存器在没有直流电流的情况下仍能工作，可节省功耗（见图 4.31 的第三条曲线）。OTA 增加了一个较低的转折频率并减少了比较器贡献的噪声。

4.3.2　版图的注意事项

为了减少增益损失和所需自动校零级数目，应该尽量避免失调误差。敏感模拟输入电压应与数字输出信号应分离以避免失真。最后，应尽量避免走线的寄生电容。

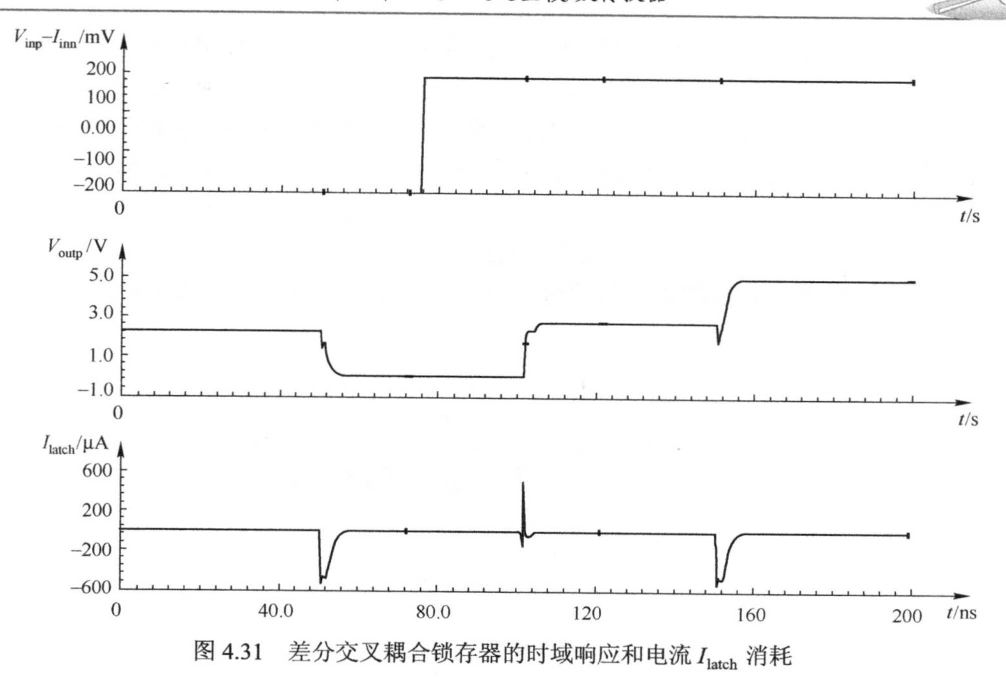

图 4.31　差分交叉耦合锁存器的时域响应和电流 I_{latch} 消耗

首先，输入级差分对管应该采用插指布局法。晶体管的连接会导致在源极和漏极之间产生较大的寄生电容。应该减少差分对管上的孔和金属走线。输入级差分对管的改进版图布局如图 4.32 所示，其下部标记的是特殊点。

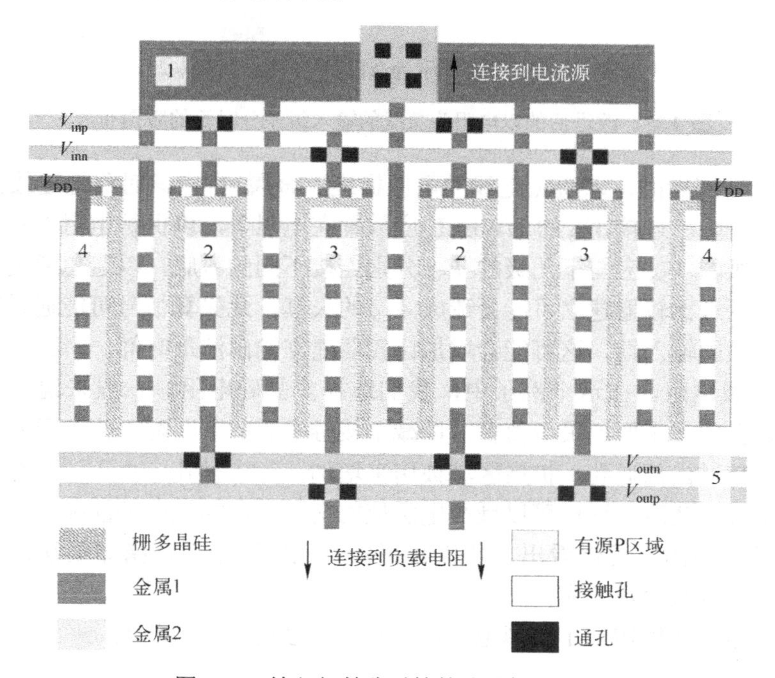

图 4.32　输入级差分对管的改进版图布局

（1）采用 PCH 的差分对共模节点为低阻抗，所以走线中的电压梯度很低。版图布局时应该保证差分对共模节点走线的对称性（如放在中间）。注意：在图 4.32 中没有画出 NWELL 连接。如果在差分对管的顶部和底部采用 N 阱连接，就可以达到版图布局最好的匹配。

（2）正向输入晶体管。输入晶体管 2 和 3 采用插指布局法，这样可达到最佳匹配。

（3）负向输入晶体管。应采用寄生参数提取法来最小化寄生电容。例如，减少接孔数量可能对减少寄生电容有益，但另一方面，如果接孔数量太少，由此产生的接触电阻会比较大。

（4）在版图中，差分对管的两侧增加了虚拟的晶体管，以避免刻蚀过程中出现的晶体管边缘不匹配。

（5）应该采用最短的路径将输出端连接到比较器下一级。

改进后的以电阻为负载的输入级差分对管的版图布局如图 4.33 所示，此版图布局是基于以下几方面考虑的。

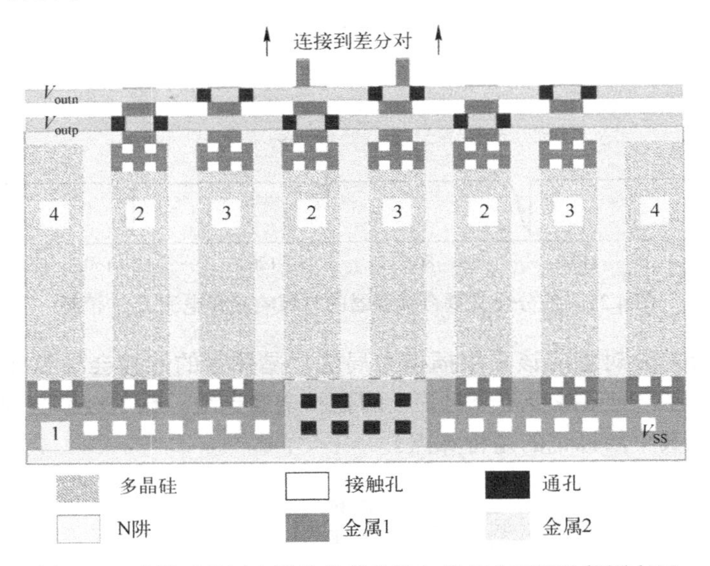

图 4.33　改进后的以电阻为负载的输入级差分对管的版图布局

（1）接地应是可靠的，以避免走线的电压梯度。金属 1 应该对称地连接到上层金属，使电压对称均匀下降。连接 V_{SS} 的 NWELL 应放置在电阻下，以保护电阻不受衬底噪声的干扰。比较器第一级的 V_{SS} 应与下几级的 V_{SS} 分别连接不同的衬底，以避免通过寄生反馈回路产生回踢效应。后级比较器建立可能会造成 V_{SS} 的失真，此失真信号可能通过输入级差分对管的负载电阻反馈回输入端，这可能会增加比较器建立输出波形时间。

（2）正极负载电阻。在这个例子中，我们选择多晶硅电阻。一般来说，电阻的温度系数会很低，接触孔的数量要比最少值多，以减小接触电阻的不匹配。为了更好地进行匹配，电阻应该延伸至超过内部通孔。扩展区域被用来增加一行接触孔。由于边缘存在刻蚀效应，电阻不应该采用最小宽度，这样可以减少电阻值的变化并增加电阻的匹配性。

（3）负极负载电阻。可以看出，负极和正极负载电阻采用插指布局法，这样可以更好地进行匹配，且可以减少热效应。

（4）在负载电阻两侧增加了虚拟电阻，以减少刻蚀造成的不匹配。

4.3.3　噪声的注意事项

除了参考电压缓冲器、采样电路和量化器之外，比较器是逐次逼近型模/数转换器的主要噪声源。因此，应该注意如何减少比较器的带宽，并不损失建立输出波形的精度。

根据式（4.31），由于前面级的增益、后续级精度要求降低，从而带宽可以更低，即

$$f_{-3\text{dB}}=\frac{\ln 2\times(n+1)}{2\pi T} \tag{4.32}$$

比较器的输入级（第一增益级）要检测半个 LSB 输入。即使比较器在之前的位判定中过驱动，且在下一位判定时输入还不到 LSB 的一半，比较器的输出波形也要快速建立。差分对管的增益大约是 20dB，因此第二增益级的最小输入是 5LSB，则其输出结果大约为 50LSB，第二级的输出结果是 50LSB 或只有 45LSB。前级增益可以放宽对图 4.24 中误差范围 ε 的要求。

在 16 位逐次逼近型模/数转换器的例子中，500kSPS 模/数转换器的时钟频率为 10MHz，其第一增益级需要 37.5Hz 的带宽。如果第一级的增益是 20dB，那么有效位数为

$$n_1=\frac{20\text{dB}}{6\text{dB}}=3.3 \tag{4.33}$$

现在式（4.31）可以用于计算第二增益级所需的 $f_{-3\text{dB},2}$ 带宽，即

$$f_{-3\text{dB},2}=\frac{1}{2\pi\tau}=\frac{\ln(2)\times(n-n_1+1)}{2\pi T}=\frac{\ln 2\times(16-3.3+1)}{2\pi\times 50}\approx 30.2\text{MHz} \tag{4.34}$$

一般来说，如果比较器有 k 个增益级，那么第 j 增益级所需的 $j\in[2,k]$ 带宽为

$$f_{-3\text{dB},j}=\frac{\ln 2\times\left(n+1-\sum_{i=1}^{j-1}n_{\text{i}}\right)}{2\pi T} \tag{4.35}$$

减小比较器的带宽可以降低其功耗和总输出噪声。如果比较器中有几个增益级级联，那么最后一级的带宽可以为第一级带宽的 1/4，这将把由比较器产生的噪声减少为原来的 1/2。

> **注意：** 模拟信号是在比较器输出端被锁存住的，因此有效的噪声带宽是由比较器中最低的带宽决定的。

下面将介绍比较器的噪声计算。闪烁噪声可以被自动校零功能抑制，而热噪声在转换期间是闪烁噪声的两倍。图 4.23 中可以看到，在转换过程中有两次转换，比较器的输入电压小于 1LSB，而其他位判定不会受到噪声影响，这种噪声仅影响增益级的最低转折频率，其频率比第一增益级的带宽要小得多。同时，只有当第二个转折频率远高于第一个转折频率，系数 $\frac{\pi}{2}f_{-3\text{dB}}$ 才成立，这种情况适用于比较器增益级较少的情况。一个 12 位模/数转换器有 4 个增益，一个 16 位模/数转换器有 6～8 个增益级。

比较器的输入噪声密度和相关参考电压如图 4.34 所示，其下面的曲线显示了 16 位比较器的输入噪声密度 n_{comp}。可以清楚地看见，在低频率时噪声会增加（闪烁噪声或 $1/f$ 噪声）。噪声密度维持在常数 $n_{\text{comp}}=1.1\text{nV}/\sqrt{\text{Hz}}$，直到 100MHz（100MHz 是第一级比较器的带宽）。从这里开始，比较器的增益开始下降，同时其他增益级的噪声开始增加。

比较器噪声不仅在转换过程中两次被采样，而且将其存储在自动校零电容中。不同于其余增益级产生的噪声，第一级自动校零电容存储的采样噪声不能被削弱。这是因为噪声主要是在第一增益级产生的，并且被第一级增益级所放大，然后被自动校零电容所存储。

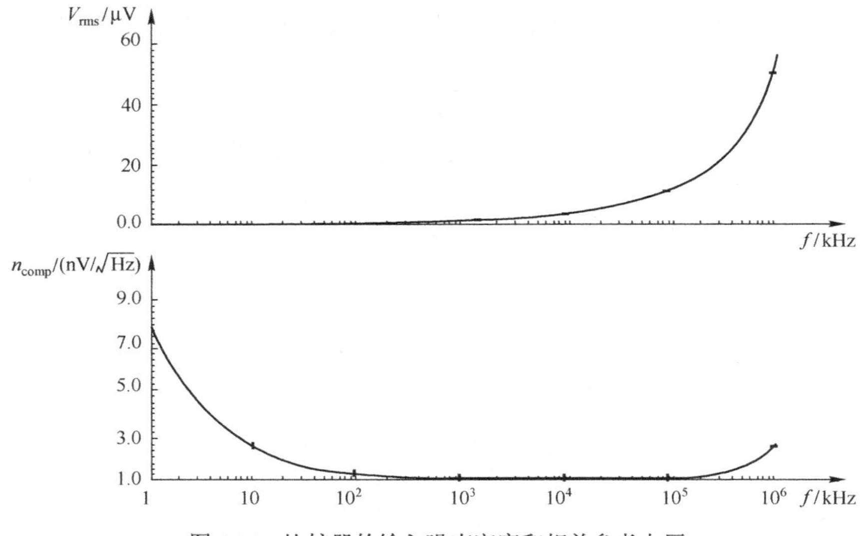

图 4.34　比较器的输入噪声密度和相关参考电压

因为带宽不受下级增益级的转折频率限制，所以消除自动校零噪声是非常必要的。在采样阶段，电容连接到共模电压 V_{cm}，其可能接地，这样会使带宽减小。在转换阶段，自动校零级与后级增益级串联，只有寄生电容（大约 10%）可以减小前级增益级的带宽。

采样过程通常需要几个时钟周期，因此选择合适的自动校零电容可以减少带宽。当输入级通过 SW_{1p} 和 SW_{1n} 连接至 V_{cm}。在图 4.28 中，类似 C_{az2p} 和 C_{az2n} 就不太重要。通过这种方式，后级自动校零级（如第二增益级）的增益会被前级增益（如第一增益级）削弱，所以噪声也越来越微不足道。因此，比较器的总噪声可以被估计为

$$V_{rms,comp} \approx \sqrt{\pi \cdot n_{comp}^2 \cdot f_{last} + \frac{\pi}{2} \cdot n_{comp}^2 \cdot f_{AZ}} \tag{4.36}$$

式中，f_{last} 是最低转折频率的−3dB 频率；f_{AZ} 是在自动校零相位的第一个自动校零级和比较器输入级之间最低转折频率的−3dB 频率。式（4.36）忽略了电容的 kT/C 噪声。

4.4　参考缓冲器

本节将集中讨论参考缓冲器对逐次逼近型模/数转换器的影响。在逐次逼近型模/数转换器中，两种典型的参考缓冲器结构如图 4.35 所示。一些产品的内部参考缓冲器如图 4.35（a）所示，其输入为高阻抗。这个缓冲器要在低噪声的情况下达到带宽，因此会消耗很大的功耗。另一种方案如图 4.35（b）所示的带片外电容的参考缓冲器结构，这种方案需要一个很大的片外电容 C_{ref} 为片内电容充放电。这种方案可以在带宽和噪声方面放宽对放大器建立时间的要求。

然而，如果在某些应用中要使用电阻分压器来调整外部参考电压，那么阻抗就会变得太高，因此需要额外的外部放大器，并产生额外的花费。这点尤为重要，因为大多数放大器和参考缓冲器在驱动大电容时会变得不稳定。接下来的章节将讨论参考电压的指标需求，并介绍一种新型产品采用的参考缓冲器方案。

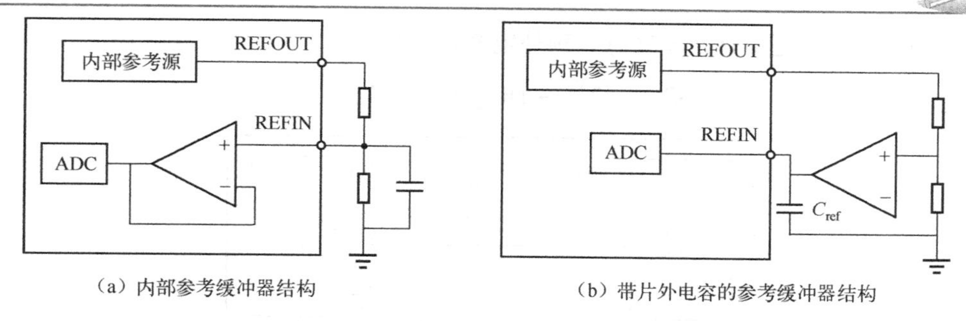

（a）内部参考缓冲器结构　　（b）带片外电容的参考缓冲器结构

图 4.35　两种典型的参考缓冲器结构

4.4.1　内部参考缓冲器

一些逐次逼近型模/数转换器内部提供一个内部放大器，即为参考缓冲器。带内部参考缓冲器的逐次逼近型模/数转换器如图 4.36 所示。

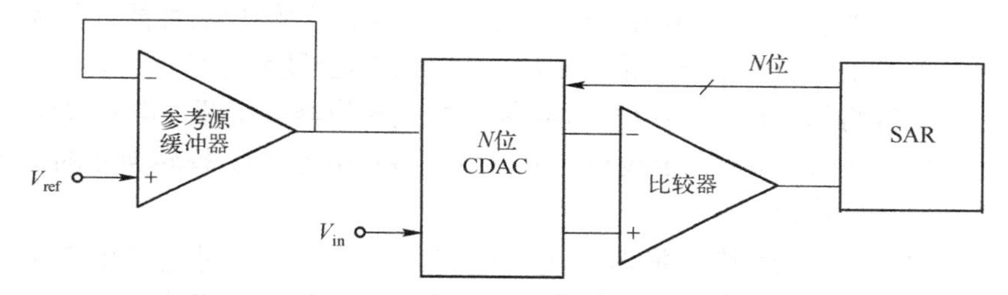

图 4.36　带内部参考缓冲器的逐次逼近型模/数转换器

N 位分辨率的电容式数/模转换器电容阵列必须在半个时钟周期内从 0V 充电到参考电压。这意味着，电容式数/模转换器电容阵列的误差必须小于 LSB 的一半。

16 位逐次逼近型模/数转换器使用了典型的 20 个时钟周期完成一次完全转换。其中，16 个时钟周期用来完成转换过程，4 个时钟周期用来完成信号采样过程。一个 500kSPS 模/数转换器需要 10MHz 时钟频率，这留给参考电压的建立时间为 50ns。这个例子中，放大器所需的带宽可以通过式（4.31）估计为 37.5MHz。

如果这个模/数转换器有另外一个 5V 的输入电压范围并且其峰值噪声（6 次方根噪声值）小于 3LSB，那么方均根噪声值应该小于 0.5LSB 或 38μV。这样，放大器的噪声密度可以计算为

$$n_{ref} = \frac{38\mu V}{\sqrt{37.5MHz}} = 6.2\frac{nV}{\sqrt{Hz}} \tag{4.37}$$

低噪声和宽带都只能通过高功率消耗来实现。这种类型的放大器大约需要 8mA 电流。

4.4.2　带片外电容的参考缓冲器

如果一个大电容 C_{ref} 被放置在电容式数/模转换器和参考缓冲器之间，那么就可以放宽对上述指标的要求，使用外部补偿电容 C_{ref} 的参考电路如图 4.37 所示。电容选择的标准是在一个完整的转换周期中，参考输入电压 V_{refin} 下降要小于 LSB 的一半。有了这样一个电容，参考的时间常数 τ 可以为转换时间范围内的任意值。

转换过程中在地和参考值之间切换的总电容 C_{tot} 取决于电容式模/数转换器的最终结

构，但是与采样电容近似($C_{tot} \approx 3C_s$)。额外电容 C_{ref} 为

$$C_{ref} = (2^{N+1}+1)C_{tot} \approx 2^{N+1}C_{tot} \tag{4.38}$$

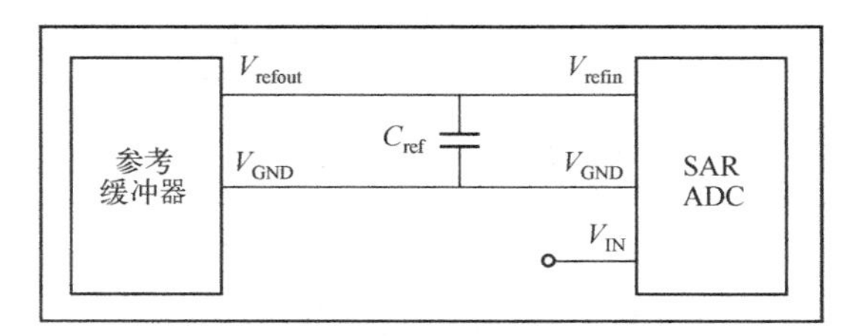

图 4.37　使用外部补偿电容 C_{ref} 的参考电路

如果电容式数/模转换器电容 C_{tot} 为 50pF 且模/数转换器的分辨率是 16 位，那么在参考路径的额外电容为 6.5μF。这种尺寸的电容无法在芯片上实现，因此需要一个片外电容。

最理想的片外电容是陶瓷电容，并具有 0805 封装和 X5R 质量，电容值为 22μF。这意味着电容受温度变化的影响不到 10%。电压系数不影响模/数转换器性能，因为参考电压是直流电压。但是，如果施加一个直流偏置电压，有效电容会显著降低。

首先，片外电容将作为模/数转换器的电容式数/模转换器电压源。电容式模/数转换器的参考输入电阻（包括 ESD 保护、走线和开关电阻）将和电容式数/模转换器的电容一起形成一个低通滤波器，并导致延迟。

片外电容将被电容式数/模转换器产生的电流峰值充电，但是它放电量将会少于 1/2 LSB。这些电荷要由参考缓冲器提供。参考缓冲器必须提供的最大电流 I_{max} 可以被计算为

$$C_{tot} = \frac{\Delta Q}{\Delta V} = \frac{I_{max}}{f_{conv}V_{ref}} \Leftrightarrow I_{max} = C_{tot}f_{conv}V_{ref} \tag{4.39}$$

如果转换率 f_{conv} 为 500kSPS 且电容式数/模转换器的总电容 C_{tot} 为 50pF，电容从地电压充电到 5V 参考电压，那么其平均电流为 125μA。这个电流通常由输入电压决定，所以为保证负载电流稳定，参考源的输出电压不能减少超过 1/2 LSB 的电压。换句话说，驱动电容的参考源负载 $\mathrm{d}V_{ref}/\mathrm{d}I$ 为

$$\frac{\mathrm{d}V_{ref}}{\mathrm{d}I} < \frac{0.5\mathrm{LSB}}{I_{max}} = 300\frac{\mu\mathrm{V}}{\mathrm{mA}} = 0.3\Omega \tag{4.40}$$

另一个要考虑的问题是，大电容往往会破坏放大器或参考缓冲器的稳定性。除了技术风险外，片外电路还通常在实际应用中容易损耗且占据空间。

在理想情况下，该参考缓冲器将与逐次逼近型模/数转换器一起集成在同一个芯片上。

4.4.3　改进的参考方案

理想的参考源在温度和电源电压变动时要保持稳定，同时在驱动大电容时也要保持稳定，并且有可调且低阻抗的特点。集成可调参考电路如图 4.38 所示，其结构可以很好地满足上述需求。

带隙参考源用于产生参考电压，其在温度和电源电压变动时仍保持稳定。其内部的数/模转换器可以调整参考电压。调整后的电压将通过一个放大器进行缓冲，这个放大器可以被优化为低负载并能在大负载电容下保持稳定。此缓冲器需要低带宽、低功率和噪声。唯一所

需的外部组件是补偿电容。

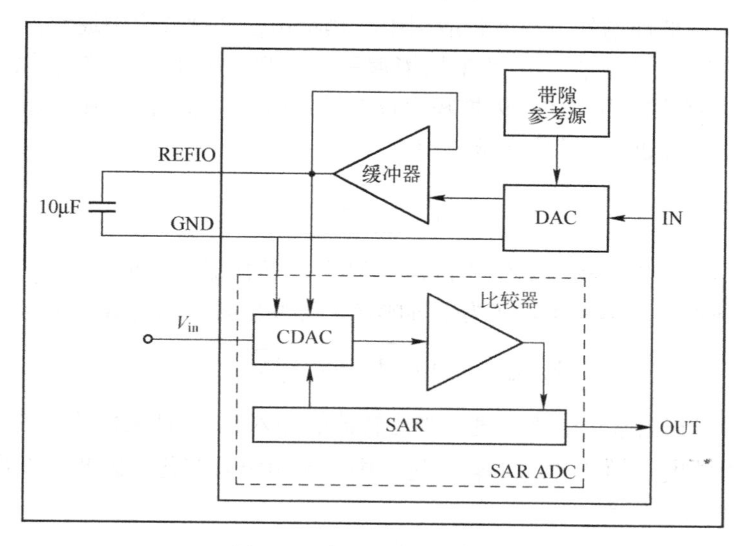

图 4.38　集成可调参考电路

在图 4.38 所示的参考电路中，使用哪种类型的数/模转换器也是要考虑的问题。通常在实际应用中，要校准数/模转换器的增益和失调误差，参考电压（REFIO）的绝对值对电路的影响非常微小，我们可以对其值进行调节。

在电阻串数/模转换器中，一个电阻串将参考电压分为等差值的电压。然后由一个开关阵列选择需要的电压。这种结构默认情况下是单调的，并能提供良好的 DNL，因此无须进行修调。INL 可能会受到电阻的电压系数或版图的影响。一个芯片上电阻的温度系数通常匹配良好，这样就保证了该结构的温度稳定性。由于开关没有使用有源电路，电阻串也是与电源不相关的。

4.4.4　参考噪声

图 4.35 显示了两种不同的参考缓冲器结构。图 4.35（a）所示结构可直接与电容式数/模转换器连接；图 4.35（b）所示结构带有片外电容，这样其带宽可以通过调节参考电压的幅度来减小。

在图 4.35（a）所示结构中，参考缓冲器的带宽类似于比较器的带宽，因此两者具有类似的噪声性能。16 位逐次逼近型模/数转换器带宽所需的建立时间高于 12τ。如果建立时间为半个时钟周期，那么时间常数 $\tau_1 = \dfrac{1}{24 f_{\text{CLK}}}$。在图 4.35（b）所示结构中，片外电容充电的最大误差可能为 LSB/2～LSB/4，这需要一个时间常数 τ_2 来完成整个转换，对于通常为 20 个时钟周期的 16 位转换器，$\tau_2 = \dfrac{20}{f_{\text{CLK}}}$。

因此，图 4.35（b）所示结构的带宽减小为图 4.35（a）所示结构的 1/480，这将使图 4.35（b）所示结构的噪声减小为图 4.35（a）所示结构的 1/21.9。尤其在有效电压成倍增加时，这个噪声对比较器来说也是无关紧要的。对带有片外电容的结构来说，可以忽略参考电路的噪声。然而，对于仅有放大器的方案也要进一步讨论。

晶体管含有多种噪声。除了漏源电阻的热噪声外，晶体管也存在闪烁噪声，又称 $1/f$ 噪声，其可随着频率降低而增加。在宽带应用中，热噪声在多种噪声中通常占主导地位。

如果缓冲器有一个自动校零函数来抵消偏移量，那么输出信号将会非常准确。自动校零通常在每一个采样周期内完成。闪烁噪声仅在转换时间 T_{conv} 内存在。通过这种方法，自动校零就像一个高通滤波器，其转折频率为

$$f_{-3dB} = \frac{1}{2\pi T_{conv}} \tag{4.41}$$

对于 16 个转换周期、500kSPS 逐次逼近型数/模转换器的转折频率大约是 100kHz。闪烁噪声将被充分地抑制，热噪声将成为主导噪声。缓冲器噪声的有效电压为

$$V_{rms,buf} = \sqrt{\int n_{ref}^2 df} = n_{ref}\sqrt{\Delta f} \tag{4.42}$$

式中，n_{ref} 为缓冲器输出端的噪声密度。当比较器的输入小于 1LSB 时，在一次转换过程中总是有两个关键的判定。在其他位的转换过程中，噪声没有变化。因此，噪声被采样两次，所以等效噪声的有效电压为

$$V_{rms,buf} = \sqrt{2}n_{ref}\sqrt{\Delta f} \approx n_{ref}\sqrt{\pi f_{-3dB}} \tag{4.43}$$

式（4.43）采用类似于第一阶系统的方式分析缓冲器，即有效的带宽等于 $\frac{\pi}{2}f_{-3dB}$。

同时要注意的是，如果电容式数/模转换器开关处于相同的位置，那么参考噪声在负极和正极是相同的。因此，该参考噪声被电容式数/模转换器和比较器的共模抑制特性所抑制。对于单极型模/数转换器来说，这种情况通常发生在负最大摆幅处，对于双极型模/数转换器通常在中间值。模/数转换器的总噪声在零信号输入时比全摆幅信号输入时少。当输入全摆幅信号时，电容式数/模转换器的参考开关设置达到最大差异。

4.5 噪声估值

逐次逼近型模/数转换器中的噪声源主要为采样保持电容、参考电路及比较器。此外，因为在某些特定的输入电压下将会产生错误的输出结果，所以不良的 DNL 也会对信噪比产生影响。

为了保证逐次逼近型模/数转换器的性能，要注意以下几点。

（1）保持比较器输入信号为最大信号幅度。

（2）采用较大的采样电容，使得噪声在采样信号中不占主导地位。

（3）尽量减小比较器的带宽。

（4）采用片外电容的参考结构。

对于一个 1MSPS、带有 40pF 采样电容的 16 位差分逐次逼近型模/数转换器，其采样保持电容、比较器及量化噪声的典型值分别为

$$V_{rms,samp} = \sqrt{\frac{2kT}{C}} = 14.3\mu V$$

$$V_{rms,comp} = 1.1 \times \sqrt{2 \times 40 + \frac{\pi}{2} \times 24} \approx 11.9\mu V$$

$$V_{\mathrm{Nqu}} = \sqrt{N_{\mathrm{qu}}} = \frac{\mathrm{LSB}}{\sqrt{12}} = 22.3\mu\mathrm{V} \tag{4.44}$$

比较器有几个带宽相似的增益级，因此转换期间的有效带宽估计为 $f_{-3\mathrm{dB}}$，总噪声为

$$V_{\mathrm{rms,tot}} = \sqrt{V_{\mathrm{rms,samp}}^2 + V_{\mathrm{rms,comp}}^2 V_{\mathrm{Nqu}}^2} = 29\mu\mathrm{V} \tag{4.45}$$

4.5.1 新型过采样法

如果噪声呈白噪声分布，也就是说在频率上是均匀分布的，那么采样频率的加倍将会使噪声降低 $1/\sqrt{2}$，即 3dB。过采样将破坏逐次逼近型模/数转换器在特定的时间内转换信号。为了不破坏逐次逼近型模/数转换器在特定的时间内转换信号，逐次逼近型模/数转换器必须仅采样一次，且把采样信号进行多次转换。

在这种情况下，采样噪声的 kT/C 的值保持不变，但是由量化器、参考电路和比较器产生的转换噪声将会降低。由式（4.44）得

$$V_{\mathrm{rms,tot}} = \sqrt{V_{\mathrm{rms,samp}}^2} \tag{4.46}$$

如果转换噪声在采样噪声中占主导地位，那么这种以 OSR 为系数的过采样是有意义的；如果采样噪声比转换噪声更高，那么过采样频率就会变得无效。因此，OSR 应该被定义为

$$\mathrm{OSR} = \frac{\frac{\mathrm{LSB}^2}{12} + V_{\mathrm{rms,ref}}^2 + V_{\mathrm{rms,comp}}^2}{V_{\mathrm{rms,samp}}^2} \tag{4.47}$$

传统的 16 位逐次逼近型模/数转换器的过采样时序（OSR=4）如图 4.39 所示。如果完整的转换如图 4.39 所示的那样需要一遍又一遍的重复，那么过采样必将消耗大量的时间。

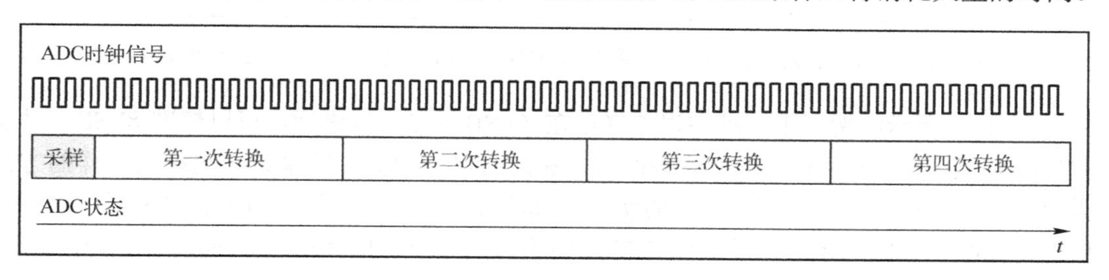

图 4.39　传统的 16 位逐次逼近型模/数转换器的过采样时序（OSR=4）

对于 16 位逐次逼近型模/数转换器，要求其电容式数/模转换器可以增加和减少输出电压，以修正噪声。动态误差校准可以调整 CADC 和数字码输出，CDAC 中前几位电容仍保持原来的连接电位。在过采样中，当前所判定的转换将从动态误差修正位开始至最后一位。

16 带动态误差校准的过采样逐次逼近型模/数转换器时序图（OSR=4）如图 4.40 所示。图 4.40 显示了在过采样中需要 33 个时钟周期来完成相同的转换，其中采样过程需要 4 个时钟周期。第一个转换周期需要一个额外的时钟周期来进行误差校准，因此转换过程一共需要 17 个时钟周期。接下来的 3 个转换过程每个都需要 4 个时钟周期，一个时钟周期被用于进行动态误差校准，其余 3 个时钟周期被用于进行剩下 3 位的判定。

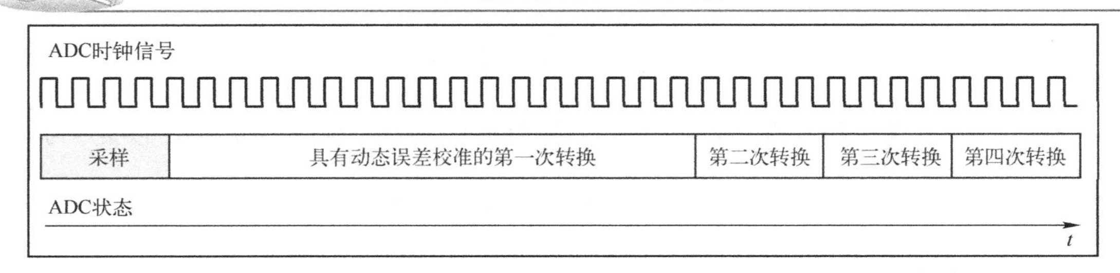

图 4.40 16 带动态误差校准的过采样逐次逼近型模/数转换器时序图（OSR=4）

在转换过程中，带有动态误差校准的逐次逼近型模/数转换器比较器的输入电压（OSR=4）如图 4.41 所示。在动态误差校准位的过程中，不同的电位 V_c 对噪声有不同的影响。

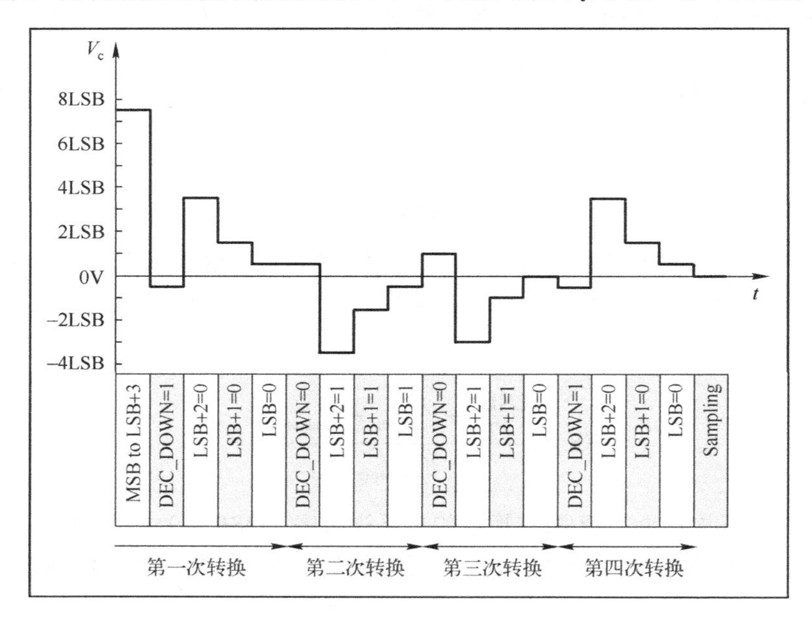

图 4.41 带有动态误差校准的逐次逼近型模/数转换器比较器的输入电压（OSR=4）

在图 4.41 所示的例子中，动态误差修正在（LSB + 3）位进行，可以校准 8LSB。动态误差校准必须覆盖峰-峰值噪声和动态误差之和，所以需要更多的余量。这种过采样的方式不需要额外的模拟电路，只要为额外的状态和算法提供数字电路。若与没有过采样的动态误差校准的标准转换过程相比，过采样的方法需要 12 个额外的时钟周期，而前者已经需要 21 个时钟周期，而转化率仅下降了 57%。

4.5.2 电源所引起的噪声和失真

内部电源对逐次逼近型模/数转换器的噪声和失真有较大的影响。这个问题是由寄生现象引起的。独立的 P 阱在地和电源之间产生了很大的电容，片内电容可以达到 100pF。同样地，电源和地的连接和外部电源之间都有寄生电感。此电感是由键合线、封装引线、印制电路板上的导线和片外电容的寄生电感所引起的。电感很容易积累到每个引脚并达到 10nH。这种寄生的 LC 元器件构成了一个寄生振荡电路。

模/数转换器中的数字门电路产生了电流和电压的峰值，从而促进形成了振荡电路。例如，数字开关造成的片内对地电压峰值如图 4.42 所示，通过示波器的 4 通道（Ch4）测量对地电压峰值的振幅为 600mV。在这个例子中，示波器有 100MHz 的模拟带宽限制。因此，实际这个振幅可能会更高。

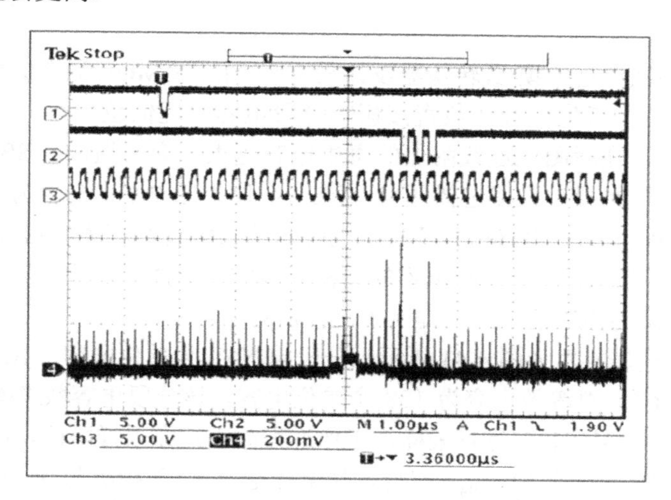

图 4.42　数字开关造成的片内对地电压峰值

我们可以测量到硅片内部电源的 100MHz 振荡频率。这个振荡频率通常需要 10ns 来衰减。因此，比较器将在振荡频率中间进行比较，由此会产生失调误差、失调偏移和正、负 1LSB 的 DNL。这是在逐次逼近型模/数转换器的设计中一个相对较新的问题，其原因如下。

（1）过去的产品通常不使用带有隔离的 P 阱工艺。因此，近年来片内电源电容不断增加，这降低了振荡频率，并因此减少了衰减时间。

（2）转换率在不断提高。1990 年，典型的逐次逼近型模/数转换器的采样频率为 100～200kSPS。而如今，1MSPS 模/数转换器成为标准。

（3）此外，逐次逼近型模/数转换器的精确度也提高了。在此之前，相对于激光修调后的封装偏移±1LSB 的 DNL 可以被忽略。

因此，设计师应该添加片内带有衰减振荡的去耦电路。此电路通常是在供电端和地之间串联电阻和电容的组合。这个阻容的实际值取决于片内振荡的电容和寄生电感数量。这样的衰减电路要根据每个电路的设计并结合特定封装来进行调整。

同样需要注意的是，静电放电（ESD）的保护元器件在串联电路中有一定的电阻。例如，电路中的直流电流为 20mA，即使走线的电阻只增加了 0.2Ω，也会造成一个 4mV 的电压降。与此同时，如果接地端连接电容式数/模转换器的负参考电压，那么静态电压的下降就会表现为增益误差。如图 4.42 所示，数字部分动态电流尖峰可以产生几百毫安的电流，并产生几百毫伏的电压尖峰。电源和地的片内线电阻迅速增加了几欧姆。因此，每个组件的供电端应该分别被单独地连接到焊盘上。高性能的模/数转换器通常提供一个额外的无电流接地引脚，该引脚常被用于连接负极参考电压。

电源的失真也会通过寄生电容进入衬底，通常是晶体管的背栅。现代工艺通常提供掩埋 N 层，可以用来生成独立的 P 阱。我们用这种独立的 P 阱来削减耦合到衬底的数字噪声，它也应用在敏感的模拟电路中，以保护晶体管免受衬底噪声的干扰。

4.6 10位/1 MHz 逐次逼近型模/数转换器设计

10 位/1 MHz 逐次逼近型模/数转换器设计采用 0.18μm CMOS 混合信号工艺及分段电容电荷定标型结构。由于低位电容位数直接影响分段电容靠近低位电容一侧寄生电容的大小（低位电容位数越多，在版图上连线附加的寄生电容越大，容易造成 LSB 电压不均匀的状态），因此本次 10 位数/模转换器选择低 4 高 6（4 位为低电平、6 位为高电平）的电容分布。由于需要轨至轨的输入/输出信号范围，因此本次 10 位数/模转换器放弃高位电容作为采样电容的结构，而选择了单个采样电容的结构。该结构虽然满足轨至轨的要求，但在电荷定标时将每个 LSB 降为原来的一半，提高了比较器对分辨率的要求。

分段电容式数/模转换器如图 4.43 所示，分段电容 C_d 为单位电容（1C），采样电容 C_s 为 64 个单位电容（64*C*），总等效电容为 128 个单位电容。该分段电容数/模转换器由一个持续两个时钟周期的脉冲信号 CLK_1 进行采样，工作过程如下：在采样阶段，C_0～C_9 的开关接地等待控制信号 D_0～D_9，开关 SW_{sample} 闭合，使采样电容 C_s 下极板与 V_{in} 相接，而 SW_{vcm} 闭合，使其上极板与共模电压 V_{cm} 相接，电荷存储在采样电容 C_s 上。脉冲信号 CLK_1 采样结束后，在保持阶段，开关 SW_{vcm} 断开，开关 SW_{sample} 接地，同时 C_0～C_9 的开关接地，此时的数/模转换器输出电压为

$$V_x = \frac{Q_x}{C_t} = \frac{64C\times(V_{cm}-V_{in})+V_{cm}\times(15C//1C+63C)}{15C//1C+127C} = -\frac{1024}{2047}V_{in}+V_{cm} \tag{4.48}$$

在电荷再分配阶段，先将第 10 位（MSB）置 1，即通过开关 SW_8 将 C_9 的下极板连接到 V_{ref}，如果 $V_{in}>1/2V_{ref}$，那么比较器输出为 1，保留第 10 位为 1，否则第 10 位清 0，以此类推，直到确定第 1 位（LSB）为止。

最终该分段电容数/模转换器的输出为

$$V_x = \frac{1024}{2047}\left(-V_{in}+\sum_{i=1}^{10}\frac{b_i}{2^{11-i}}V_{ref}\right)+V_{cm} \tag{4.49}$$

式中，b_i 是分段电容式数/模转换器第 *i* 位的值，为 0 或 1。

分段电容式数/模转换器是逐次逼近型模/数转换器核心模拟电路之一，版图设计对它性能的影响较大，主要体现在电容匹配精度与抑制干扰两个方面。可以通过单位电容阵列共中心的版图布局改善电容匹配精度，构成每个电容的单位电容围绕共同的中心点对称放置，这样就减小了氧化层梯度对电容匹配精度的影响。此外，增加冗余单位电容，使分段电容阵列中的每个电容周围的蚀刻环境相同，也增加了电容的匹配精度。分段电容式数/模转换器输出的模拟信号较容易受数字信号、电源噪声等的干扰，版图设计时应将电容阵列包裹在接地的保护环内。开关布置在电容阵列的下侧，各对称电容呈对称走线。电容阵列版图布局如图 4.44 所示，H1～H6 为高位 C_4～C_9 电容，I1～I4 为低位 C_0～C_3 电容，0 为分段电容，Hc 为采样电容。

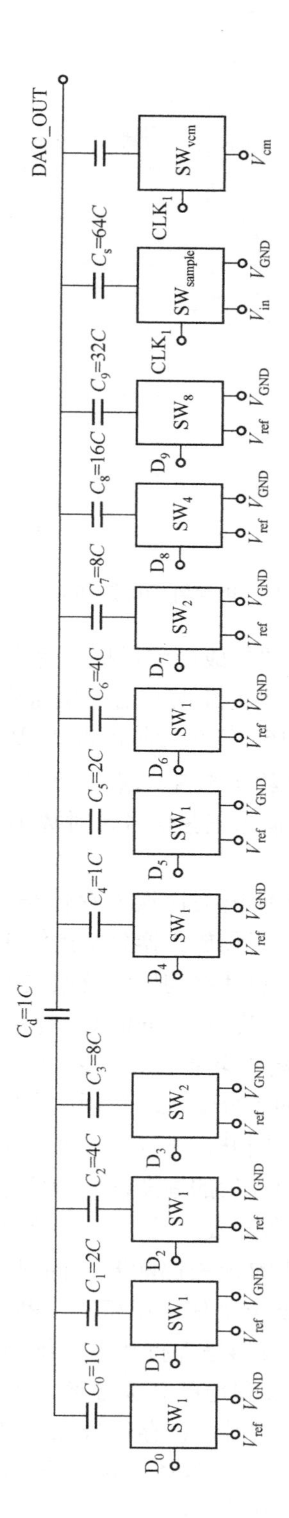

图4.43　分段电容式数/模转换器

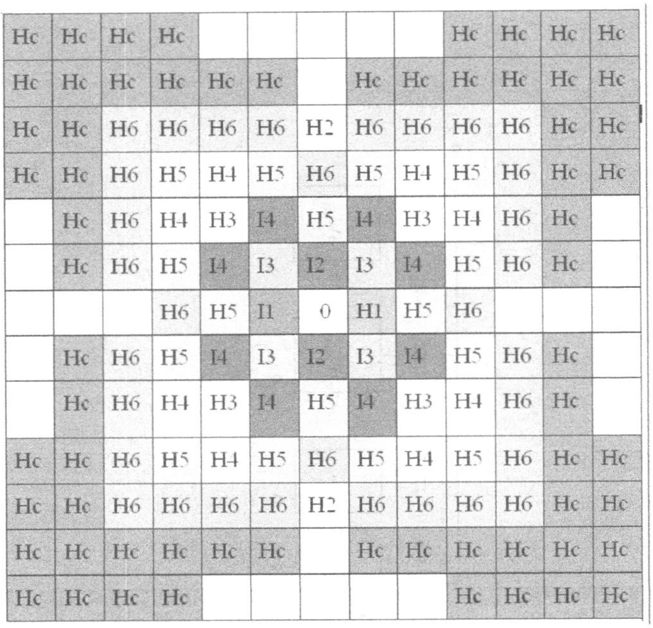

Hc	Hc	Hc	Hc						Hc	Hc	Hc	Hc
Hc	Hc	Hc	Hc	Hc	Hc		Hc	Hc	Hc	Hc	Hc	Hc
Hc	Hc	H6	H6	H6	H6	H2	H6	H6	H6	H6	Hc	Hc
Hc	Hc	H6	H5	H4	H5	H6	H5	H4	H5	H6	Hc	Hc
	Hc	H6	H4	H3	I4	H5	I4	H3	H4	H6	Hc	
	Hc	H6	H5	I4	I3	I2	I3	I4	H5	H6	Hc	
			H6	H5	I1	0	H1	H5	H6			
	Hc	H6	H5	I4	I3	I2	I3	I4	H5	H6	Hc	
	Hc	H6	H4	H3	I4	H5	I4	H3	H4	H6	Hc	
Hc	Hc	H6	H5	H4	H5	H6	H5	H4	H5	H6	Hc	Hc
Hc	Hc	H6	H6	H6	H6	H2	H6	H6	H6	H6	Hc	Hc
Hc	Hc	Hc	Hc	Hc	Hc		Hc	Hc	Hc	Hc	Hc	Hc
Hc	Hc	Hc	Hc						Hc	Hc	Hc	Hc

图 4.44　电容阵列版图布局

为了优化数/模转换器性能，在版图完成后将反提的寄生电容参数反标回前仿真的电路中进行了仿真验证，可确定分段电容中靠近低位电容一侧寄生电容是造成性能下降的主要原因。由于低位采用 4 位电容，所以每$16(2^4)$个台阶出现 LSB 值不均匀的情况。仿真显示在寄生电容为 50fF 左右时，依然会造成约 0.5LSB 偏差。同时，在数/模转换器电路之前接入理想的模/数转换器 verilog-A 模型，输入正弦信号，对数/模转换器输出信号做频谱分析以评估数/模转换器性能。

比较器采用输入失调误差存储和输出失调误差存储结合的三级预放大器加锁存器结构，后两级预放大器结构完全相同，三级预放大器分别提供 5、10、10 倍电压增益，用以克服锁存器直流失调电压的影响，比较器总体结构框图及预放大器电路如图 4.45 所示。

比较器的工作时序如图 4.46 所示，其中 Sample（采样信号）为数/模转换器持续两个时钟周期的采样信号，整个逐次逼近型模/数转换一次需要 14 个时钟周期。EN（启动信号）与采样信号相同，在采样相将比较器的差分输入端及预放大器的输入端和输出端短路，消除上一周期中的残余电荷，在再分配相时断开，进行比较器的比较操作。锁存信号和复位信号为锁存电路的控制信号，为时钟下降沿前后的周期性脉冲信号。

锁存电路如图 4.47 所示。其工作原理是：当锁存信号为低电平时，输入信号 V_{in} 和 V_{ip} 输入锁存电路中，此时连接电源和地的开关都断开。同时，锁存信号 lat_1 高电平使得 NM_4、NM_6 导通，而锁存信号 lat_2 低电平使得反相器（PM_4 和 NM_4，PM_6 和 NM_7）将与非门输入端置为高电平，这时 RS 触发器呈保持状态，维持输出不变。而当锁存信号为高电平时，输入端断开，锁存电路的电源和地的开关导通，锁存电路进入正反馈状态，输出信号 V_{outn} 和 V_{outp} 迅速拉至电源或地；这时，锁存信号 lat_1 低电平使 NM_5、NM_8 关断，而锁存信号 lat_2 高电平使 PM_4、PM_6 关断，NM_4、NM_7 导通，此时的与非门输入量由反相器（PM_3 和 NM_3，PM_5 和 NM_6）的输出量决定，因此 RS 触发器根据此时的输入量而输出相应信号。

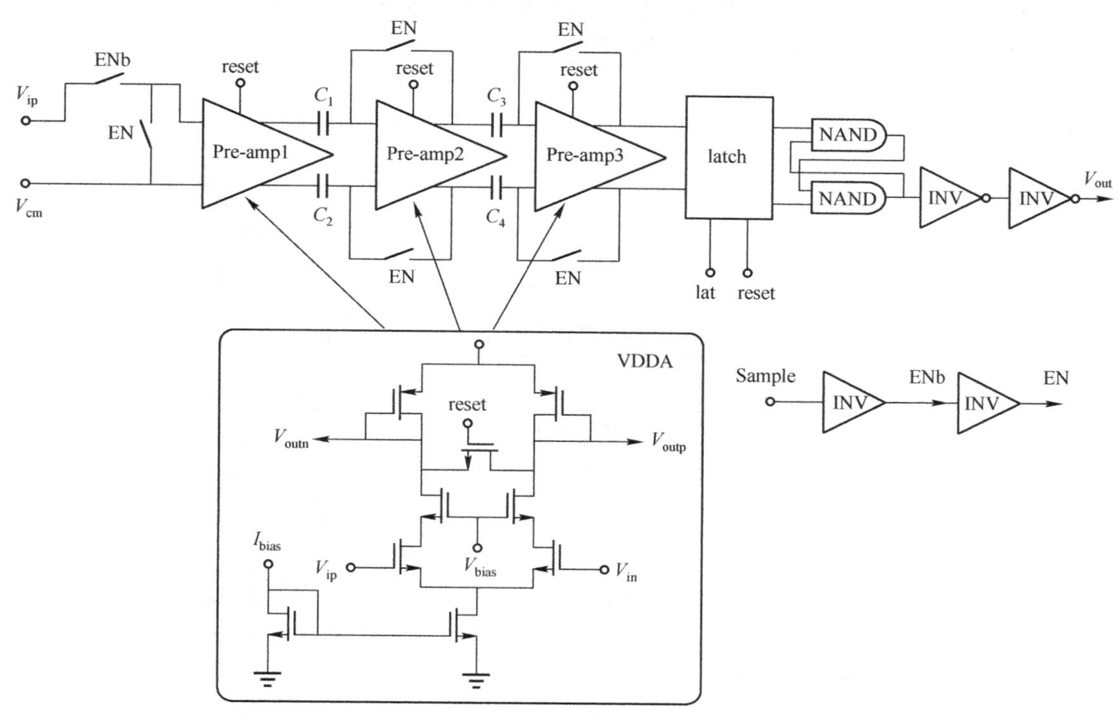

图 4.45　比较器总体结构框图及预放大器电路

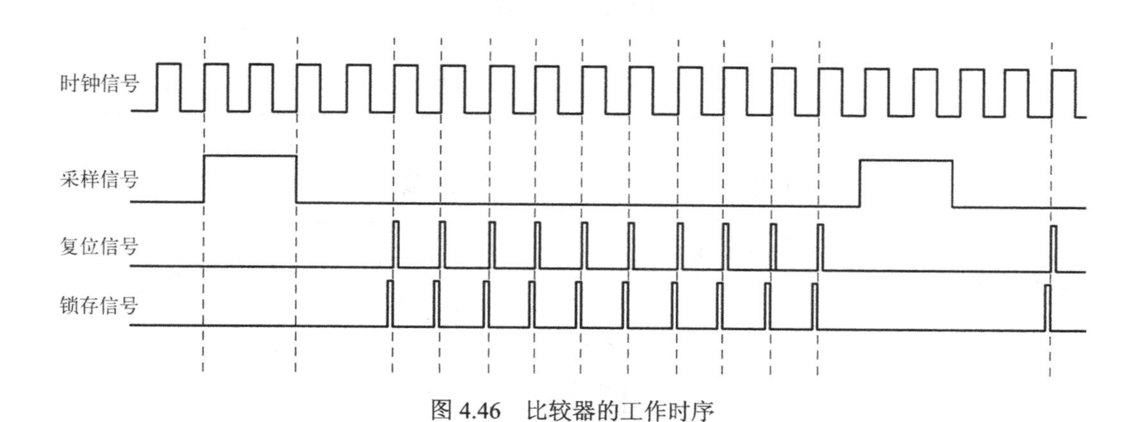

图 4.46　比较器的工作时序

逐次逼近型寄存器逻辑电路如图 4.48 所示。D_0～D_9是由 JK 触发器组成的 10 位逐次逼近型寄存器，控制电路包括 FS、GA、GB 组成的启动电路和由移位寄存器 FA～FL 组成的时序发生电路。T_0～T_9 是 10 位的三态输出门。图 4.48 中，CP 为时钟信号，EN 为启动信号，V_c为比较器的输出信号，EOC 为单周期转换结束信号，D_9～D_0 为数/模转换器的数字输入信号，b_9～b_0 为模/数转换器的并行数字输出信号。

逐次逼近型寄存器逻辑控制时序如图 4.49 所示。其中，EOC 为单周期转换结束信号。其工作原理是：所有信号在时钟信号上升沿被触发，当两周期采样结束后，D_9 预置为 1；在第一个时钟信号上升沿到来时，根据比较器的输出信号进行判别，如果比较器输出信号为

0，则 D_9 保持 1 不变，如果比较器输出信号为 1，则将 D_9 清 0；同理，在第二个时钟信号上升沿到来时，D_8 预置为 1，再根据比较器输出信号进行判决，以此类推，直到确定 D_0 为止。在 EOC 产生时，D_9～D_0 即为 b_9～b_0 输出。

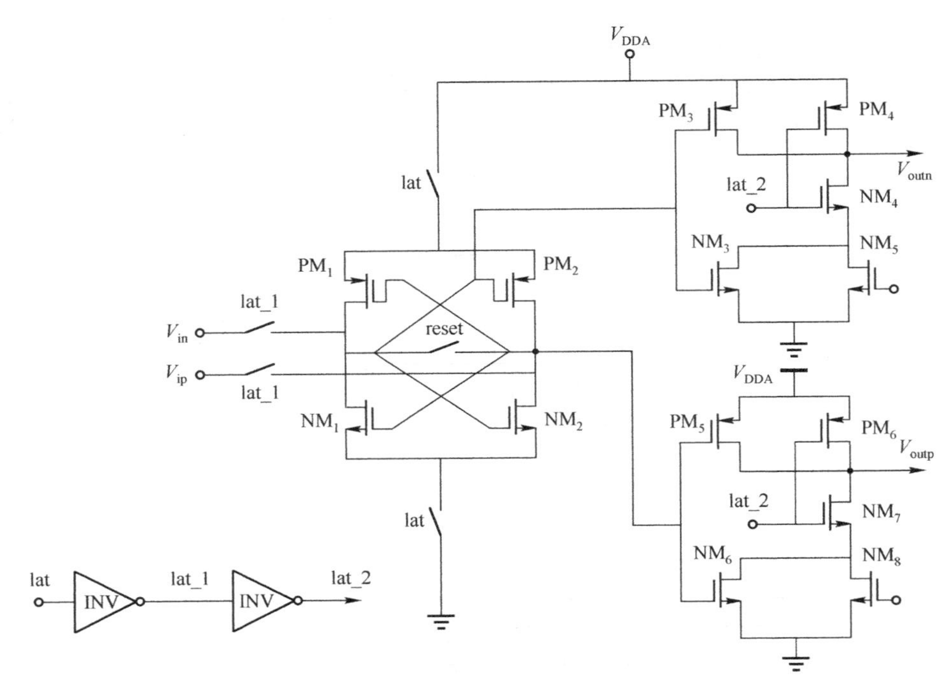

图 4.47　锁存电路

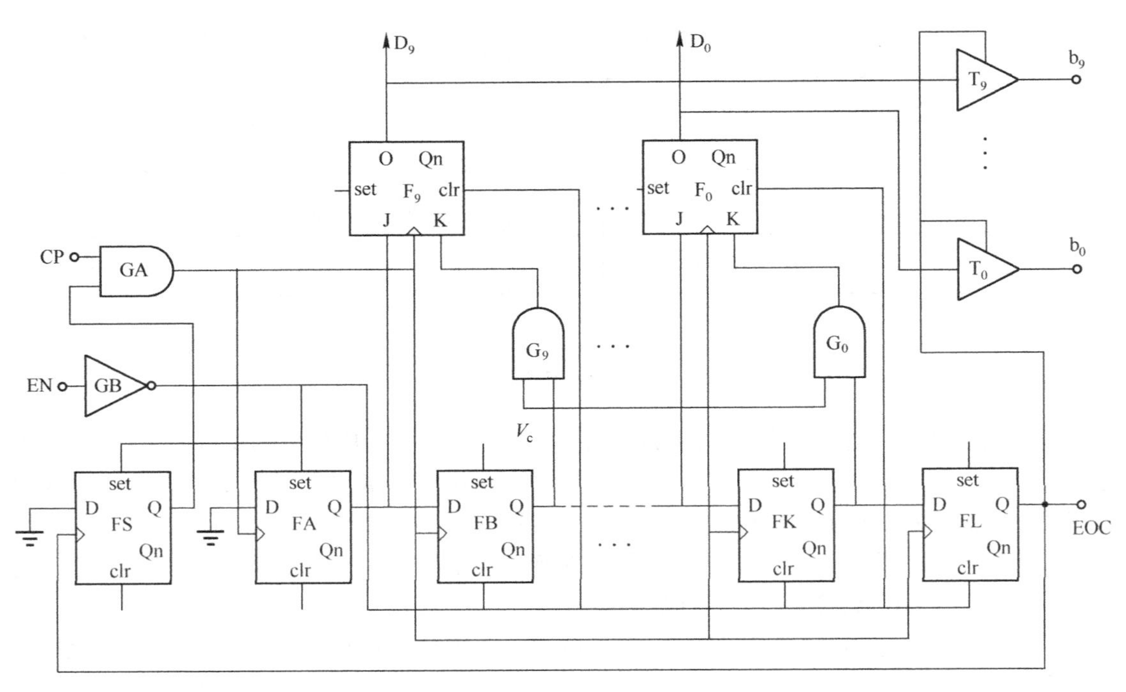

图 4.48　逐次逼近型寄存器逻辑电路

在本次设计中，比较器输入共模信号由片内带隙参考源提供。共模信号的稳定性直接影响模/数转换器最后的稳定精度，只有电压幅度的波动在 0.5 个 LSB 之内，才能保证模/数转换器最后输出正确的数字码。共模电压的抖动也会造成模/数转换器输出信号的谐波相应增大，因此需要在带隙参考源输出端加入一级缓冲电路，稳定输出共模电压的同时，提供一定的电压驱动能力。缓冲器电路如图 4.50 所示，电阻 R_0 和电容 C_0 组成补偿电路，保证缓冲器与系统级联时有足够的相位裕度，避免发生振荡。

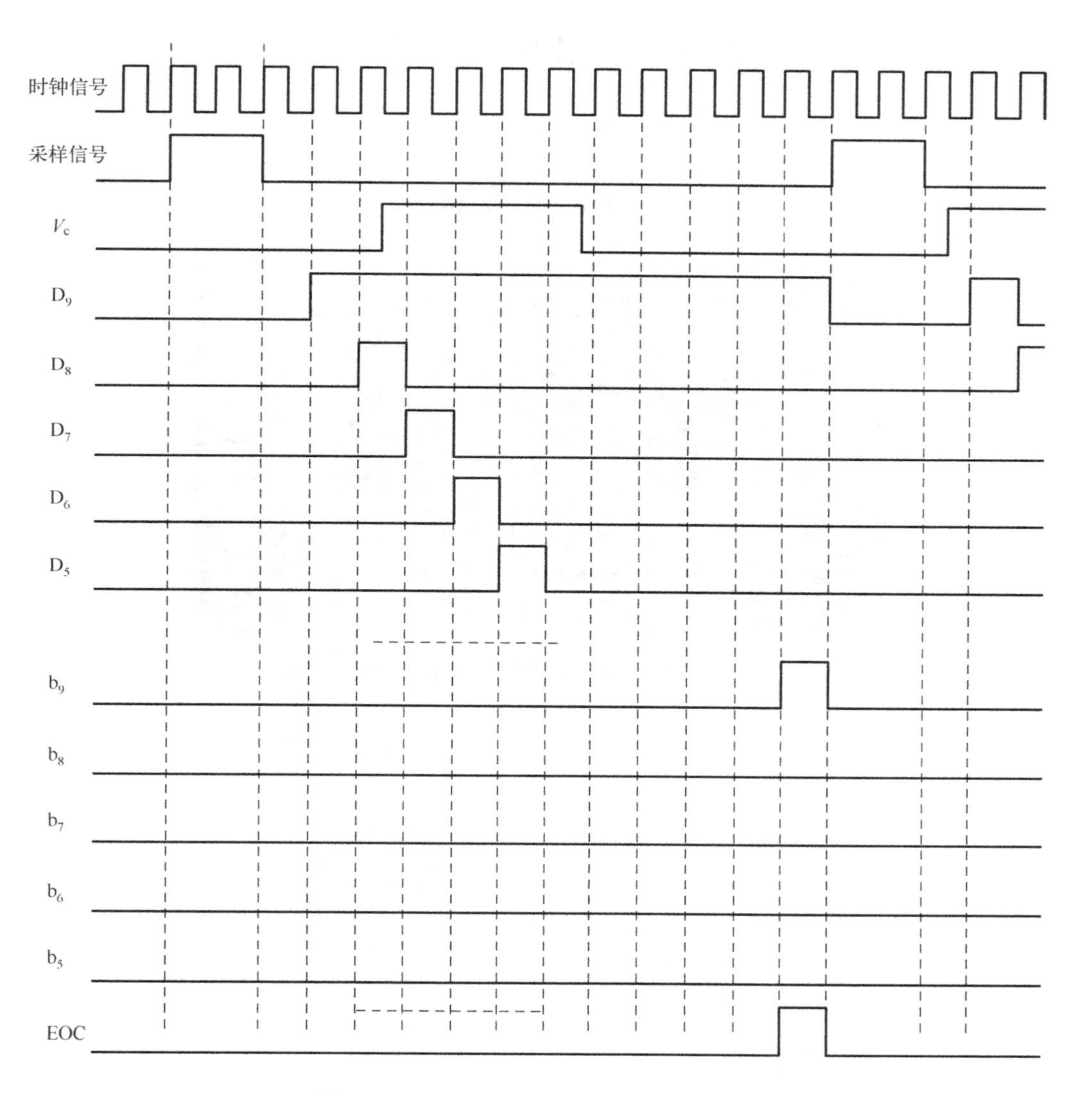

图 4.49　逐次逼近型寄存器逻辑控制时序

10 位/1MHz 逐次逼近型模/数转换器芯片如图 4.51 所示。对其进行了测试验证，在输入信号为 51kHz、时钟频率为 1MHz 时进行了 FFT 频谱分析，其结果如图 4.52 所示。

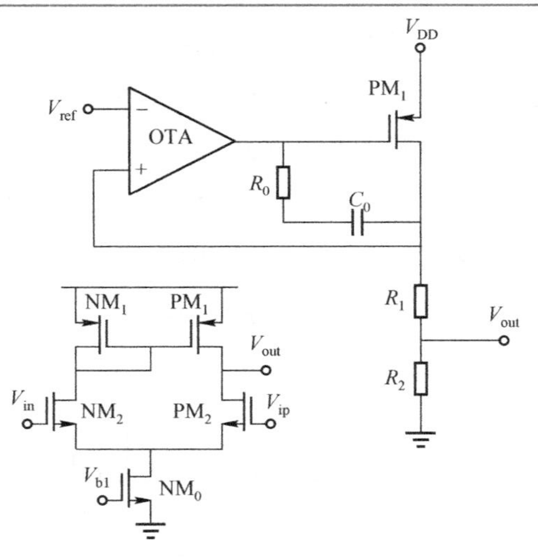

图 4.50　缓冲器电路

图 4.51　10 位/1MHz 逐次逼近型模/数转换器芯片

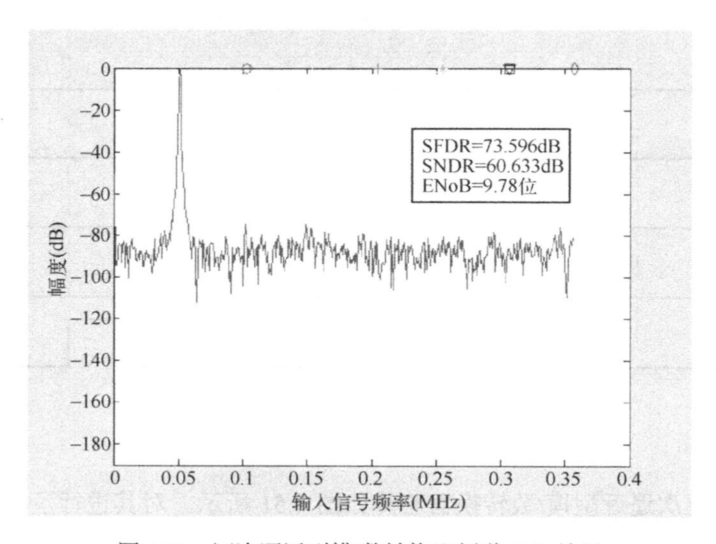

图 4.52　逐次逼近型模/数转换器频谱 FFT 结果

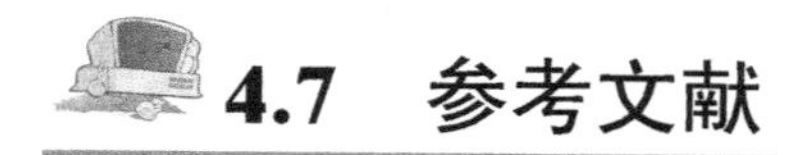

4.7 参考文献

[1] Frank Ohnhäuser, Martin Allinger, Mario Huemer. Trim Techniques for DC specifications for A/D converters based on successive approximation[J]. AEU – International Journal of Electronics and Communications, 2010,64(8):790–793.

[2] Wolfgang Knappe. Fehlererkennung and Fehlerkorrektur bei Analog/Digital-Umsetzern[D]. PhD. Thesis, Technical University of Munich, 1992.

[3] Khen-Sang Tan, Sami Kiriaki, Michiel de Wit, etc. Error correction techniques for high performance differential A/D converters[J]. IEEE journal of Solid-State Circuits, 1990,25(6): 1318–1327.

[4] Frank Ohnhaeuser, Miroslav Oljaca. Offset error compensation of input signals in analog-todigital converter[J]. US Patent 6433712, Texas Instruments, 2002.

[5] Robert E. Seymour. Method and circuit for gain and/or offset correction in a capacitor digitalto-analog converter[J]. US Patent 6922165, Texas Instruments, 2005.

[6] J.H. Atherto, H.T. Simmonds. An offset reduction technique for use with CMOS integrated comparators and amplifiers[J]. IEEE journal of Solid-State Circuits, 1992,25(8): 1168–1175.

[7] Y.C. Huang, B.D. Liu. A 1 V CMOS analog comparator using auto-zero and complementary differential-input technique[C]. IEEE Asia-Parcific Conference on ASICs, 2002.

[8] Frank Ohnhaeuser, Mario Huemer. Reference generation for A/D converters, in the proceedings of the International Symposium on Signals[J]. Systems and Electronics (ISSSE2007), 2007: 355–358.

[9] Seetharaman Janakiraman, Kiran M. Godbole, Surendranath Nagesh. Increasing the SNR of successive approximation type ADCs without compromising throughput performance substantially[J]. US Patent 6894627, Texas Instruments, 2005.

[10] Christopher Peter Hurrell, Gary Robert Carreau. Analog-to-digital converter with signal-tonoise ratio enhancement[J]. US Patent 7218259, Analog Devices, 2007.

第 5 章　Sigma-Delta 模/数转换器

5.1　Sigma-Delta 模/数转换器的工作原理

对于传统奈奎斯特采样频率模/数转换器（Analog-to-Digital Converter，ADC），元器件的失配程度决定了模/数转换器所能达到的精度。随着集成电路尺寸逐渐减小，元器件的匹配误差逐渐增大，MOS 管的二阶效应越加显著，高精度的奈奎斯特采样频率模/数转换器的设计越来越具有挑战性。在奈奎斯特采样频率模/数转换器中，由于抗混叠过渡带很窄，使得抗混叠滤波器的电路变得很复杂。为了避免这些问题，可将过采样技术用于模/数转换器的设计中。首先，在过采样条件下，信号的采样频率会很高，这样对抗混叠滤波器过渡带的要求就会大为降低，一般一阶或二阶的模拟滤波器就可以满足要求。另外，在设计高精度的奈奎斯特采样频率模/数转换器时，由于对元器件之间匹配的精度要求很高，要使用复杂的激光修调技术，而在采用过采样技术后，对元器件匹配的要求同样大为降低。

在过去的几十年里，Sigma-Delta 模/数转换器是模拟集成电路设计领域中最为重要的创新之一。对于 Sigma-Delta 调制器来说，它是一项通过负反馈来改进粗糙量化器分辨率的技术，这一概念由 Cutler 于 20 世纪 60 年代首先提出。与此同时，F. de Jager 也提出了误差反馈编码器的一个变形元器件，即增量调制器（Δ 调制器）。它由正向传输路径中一位量化器和反馈路径中的环路滤波器构成。几年后，Inose 提出在增量调制器前端加入一个环路滤波器，进一步将环路滤波器移入反馈环内。如果将环路滤波器简化为积分器，系统正向传输路径中将包含一个积分器和一位量化器，反馈环路包括一个一位数/模转换器（Digital-to-Analog Converter，DAC）。此时，系统中包含一个增量调制器和一个积分器。1977 年，Ritchie 对基本的 Sigma-Delta 调制器做出了首次重大改进。他提出在正向传输路径中采用若干级联的积分器构造一个高阶环路滤波器，并将数/模转换器的输出信号反馈到每一个积分器的输入端。1987 年，Lee 提出了稳定的高阶调制器的设计技术，即 Lee 准则。基于这种技术，四阶以上的高阶环路滤波器的 Sigma-Delta 调制器的开发相继获得成功。Hayashi 提出了采用级联方法实现稳定的高阶 Sigma-Delta 模/数转换器，即级联噪声整形（Multi-stAge noise SHaping，MASH）。该系统首先采用单级 Sigma-Delta 调制器处理输入信号，所产生的量化误差通过第二级 Sigma-Delta 调制器转换成数字信号。两级调制器的数字输出通过一个噪声逻辑将第一级调制器的量化误差抵消，并对第二级调制器的量化误差进行噪声整形。这种设计方法可以扩展到高阶、多级转换器来实现，如三阶（2-1 级联）、四阶（2-2 级联、2-1-1 级联等）MASH 调制器的设计。另外，采用多位内部量化器技术可以提升 Sigma-Delta 调制器的性能。这要求在调制器的反馈回路上包含一个相应的多位数/模转换器。这种数/模转换器的线性度限制了整个 Sigma-Delta 调制器的线性度。Carley 采用动态元器件匹配（Dynamic Element Matching，DEM）的方法减少多位数/模转换器的非线性影响。

相对于奈奎斯特采样频率模/数转换器，过采样 Sigma-Delta 模/数转换器采用过采样（Over Sampling）和噪声整形（Noise Shaping）技术将热噪声平铺至整个采样频谱内，并将信号带宽内的量化噪声推向高频，然后再采用数字降采样滤波器滤除量化噪声，进而达到高精度。Sigma-Delta 模/数转换器的结构如图 5.1 所示。

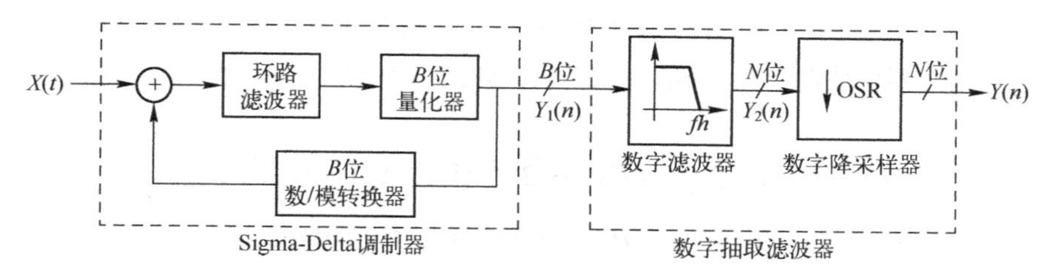

图 5.1　Sigma-Delta 模/数转换器的结构

由图 5.1 可知，Sigma-Delta 模/数转换器由 Sigma-Delta 调制器和数字抽取滤波器构成。其中，Sigma-Delta 调制器主要由环路滤波器、量化器和相应的数/模转换器构成；而数字抽取滤波器由数字滤波器和降采样模块构成。Sigma-Delta 调制器主要完成信号的过采样和量化噪声的整形，数字滤波器将高频的量化噪声滤除并降采样至奈奎斯特频率输出。

5.1.1　Sigma-Delta 调制器过采样

在奈奎斯特采样频率模/数转换器中，为了防止其他信号混叠到信号带宽内，通常采样频率应大于信号带宽的两倍。如果模/数转换器的采样频率远超奈奎斯特频率，由于量化误差均匀分布在整个采样频率范围内，信号带宽范围内的噪声功率就会降低。如上所述，模/数转换器的整个量化噪声功率在其信号带宽范围内可以表示为

$$\sigma_{\mathrm{N,q}}^2=\frac{1}{f_{\mathrm{s}}}\int_{-f_{\mathrm{s}}/2}^{f_{\mathrm{s}}/2}\frac{V_{\mathrm{LSB}}^2}{12}\mathrm{d}f=\frac{V_{\mathrm{LSB}}^2}{12} \tag{5.1}$$

可采用提高带宽来提高精度，使模/数转换器的采样频率远高于奈奎斯特频率，即

$$\sigma_{\mathrm{O,q}}^2=\frac{1}{f_{\mathrm{s}}}\int_{-f_{\mathrm{b}}}^{f_{\mathrm{b}}}\frac{V_{\mathrm{LSB}}^2}{12}\mathrm{d}f=\frac{V_{\mathrm{LSB}}^2}{12}\left(\frac{2gf_{\mathrm{b}}}{f_{\mathrm{s}}}\right) \tag{5.2}$$

由式（5.2）可知，当采样频率 f_s 远大于奈奎斯特频率 $2f_b$ 时，信号带宽内的量化噪声功率就会按照 $f_s/2f_b$ 比例下降，其中采样频率与奈奎斯特频率的比值定义为过采样比，如式（5.3）所示，则式（5.2）可以表示为式（5.4）。采用过采样技术，带宽内量化噪声功率可以降低 OSR 倍。

$$\mathrm{OSR}=f_{\mathrm{s}}/2f_{\mathrm{b}} \tag{5.3}$$

$$\sigma_{\mathrm{O,q}}^2=\frac{1}{f_{\mathrm{s}}}\int_{-f_{\mathrm{b}}}^{f_{\mathrm{b}}}\frac{V_{\mathrm{LSB}}^2}{12}\mathrm{d}f=\frac{V_{\mathrm{LSB}}^2}{12}\left(\frac{2f_{\mathrm{b}}}{f_{\mathrm{s}}}\right)=\frac{V_{\mathrm{LSB}}^2}{12\mathrm{OSR}}=\frac{\sigma_{\mathrm{N,q}}^2}{\mathrm{OSR}} \tag{5.4}$$

过采样模/数转换器量化噪声频率示意图如图 5.2 所示。

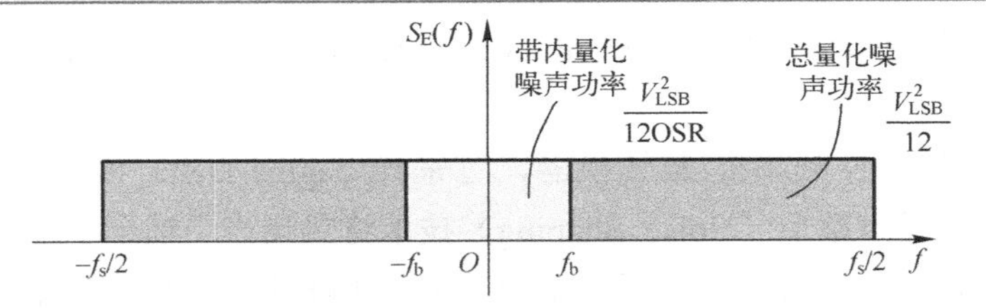

图 5.2　过采样模/数转换器量化噪声频率示意图

由式（5.4）可知，只考虑量化噪声情况下，对比奈奎斯特采样频率模/数转换器，过采样模/数转换器能达到的理想信噪比（SNR）如式（5.5）所示，对数表达式如式（5.6）所示。

$$\mathrm{SNR} = P_{\mathrm{signal}} / P_{\mathrm{noise}} = (FS/2\sqrt{2})^2 / (V_{\mathrm{LSB}}^2/12) = 3 \times 2^{2N}/2 \tag{5.5}$$

$$\mathrm{SNR_{dB}} = 10\lg(P_{\mathrm{signal}}/P_{\mathrm{noise}}) = 6.02 + 1.76 + 10\lg(\mathrm{OSR}) \tag{5.6}$$

由式（5.6）可知，由于采用了过采样技术，模/数转换器的有效精度可以有效地提升，过采样比（OSR）每提升一倍，模/数转换器的理想信噪比大约提高 3dB，有效位数大约增加 0.5 位。

过采样技术还可以有效降低抗混叠滤波器的过渡带。抗混叠滤波器的主要作用是滤除信号带外通过采样过程混叠到信号带内的镜像信号。由于过采样的采样频率远高于奈奎斯特频率，所以其采样后的镜像信号距离带内信号很远，所以对过采样模/数转换器的抗混叠滤波器的过渡带要求就很宽，如图 5.3 所示。

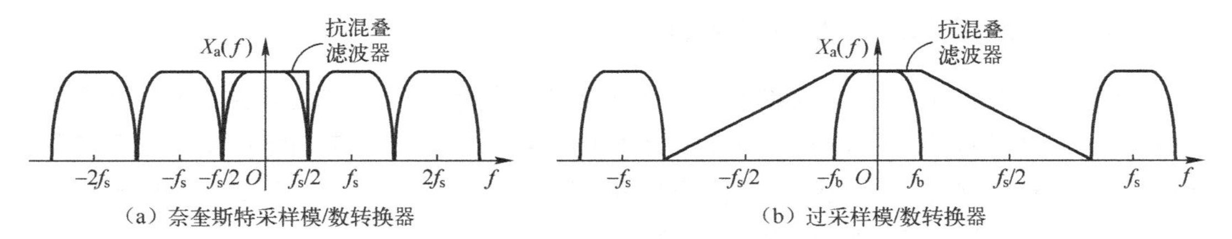

图 5.3　抗混叠滤波器的要求

通常要求模/数转换器的抗混叠滤波器的过渡带为 $f_{tb,n}=f_s-2f_b$，由于奈奎斯特采样模/数转换器的奈奎斯特频率 $2f_b$ 与采样频率 f_s 非常接近，所以造成其滤波器的过渡带非常陡峭。而过采样模/数转换器的采样频率 f_s 远大于奈奎斯特频率，所以其抗混叠滤波器的过渡带要求就低很多，比较容易实现。

总之，过采样技术不仅可以有效地提高模/数转换器的有效精度，还可以极大地降低抗混叠滤波器的过渡带，降低抗混叠滤波器设计的复杂度。但是，在一定的采样频率下，增大过采样是以降低信号有效带宽为代价的，并且由于工艺和功耗等限制，其采样频率也不可能无限制地增大。在通常情况下，过采样技术结合噪声整形技术可以得到更低的带内噪声功率，达到更高的有效精度。

5.1.2　Sigma-Delta 调制器噪声整形

虽然采用过采样技术可以通过提高采样频率提高模/数转换器的精度，但是过高的采样频率对数字信号的处理和存储造成了极大的浪费，所以单纯地依靠提高采样频率的方法提高转换精度并不现实。因此，采样频率一般配合噪声整形共同实现模/数转换器精度的提升。

过采样技术的基本思想是将频谱展宽，从而"稀释"带内的噪声。而噪声整形技术是将信号带宽内的噪声推到带外的高频部分。

噪声整形技术是一种调制技术，将量化噪声以高通滤波的形式推向信号带宽以外。调制器中的高通滤波器的阶数越高、过采样频率越大，信号带宽内的噪声功率就越小。为了说明 Sigma-Delta 调制器噪声整形的基本原理，首先给出了 Sigma-Delta 调制器的线性模型，如图 5.4 所示，其传递函数为

$$Y(z)=\frac{A(z)}{1+A(z)B(z)}X+\frac{1}{1+A(z)B(z)}E(z)=\mathrm{STF}(z)\cdot X(z)+\mathrm{NTF}(z)\cdot E(z) \tag{5.7}$$

式中，STF 为信号传递函数（Signal Transfer Function）；NTF 为噪声传递函数（Noise Transfer Function）；$X(z)$为输入信号；$E(z)$为量化噪声。在通常情况下，令关系式 $B(z)$=1，将关系式 $A(z)$转换成积分形式的传递函数，转换后的一阶 Sigma-Delta 调制器模型如图 5.5 所示。

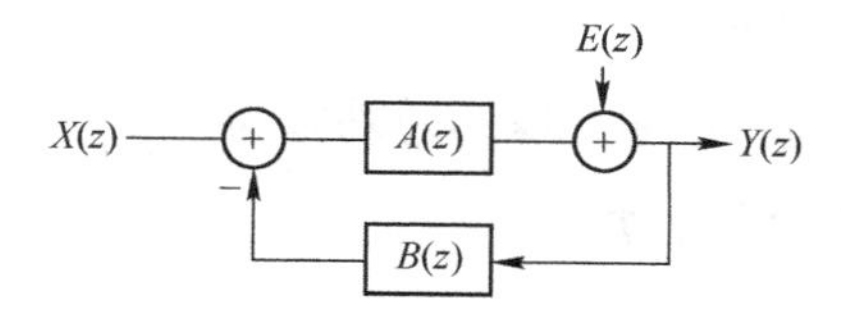

图 5.4　Sigma-Delta 调制器的线性模型

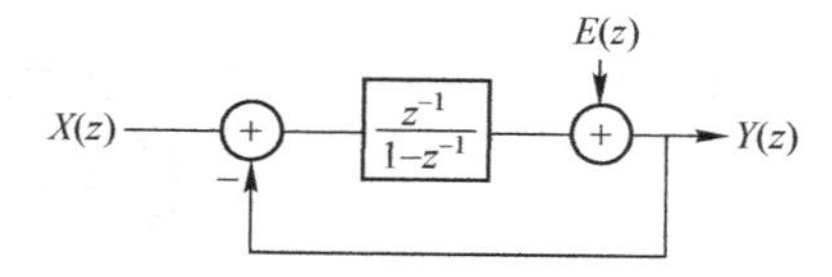

图 5.5　转换后的一阶 Sigma-Delta 调制器模型

图 5.5 中，$A(z)=\dfrac{z^{-1}}{1-z^{-1}}$为积分器，将其代入式（5.7）并整理得

$$Y(z)=z^{-1}\cdot X(z)+(1-z^{-1})\cdot E(z)=\mathrm{STF}(z)\cdot X(z)+\mathrm{NTF}(z)\cdot E(z) \tag{5.8}$$

式中，$\mathrm{STF}(z)=z^{-1}$，$\mathrm{NTF}(z)=1-z^{-1}$。可以看出，对于一阶 Sigma-Delta 调制器的传递函数，输入信号 $X(z)$ 仅仅有一个时钟周期的延迟，而量化噪声 $E(z)$ 得到了 $\mathrm{NTF}(z)=1-z^{-1}$ 的调制。

一阶 Sigma-Delta 调制器相邻两次采样的量化误差之差为

$$E_1(z)=E(z)-E(z)\cdot z^{-1}=E(z)(1-z^{-1}) \tag{5.9}$$

式中，$E(z)$ 为本次采样的量化误差；z^{-1} 为离散域单位延迟。而二阶和三阶 Sigma-Delta 调制器的相邻两次的量化误差之差分别为

$$E_2(z)=E(z)-2E(z)\cdot z^{-1}+E(z)\cdot z^{-2}=E(z)(1-z^{-1})^2 \tag{5.10}$$

$$E_3(z)=E(z)-3E(z)\cdot z^{-1}+3E(z)\cdot z^{-2}-E(z)\cdot z^{-3}=E(z)(1-z^{-1})^3 \tag{5.11}$$

同理，可以归纳得出 L 阶 Sigma-Delta 调制器相邻两次的量化误差之差为

$$\begin{aligned}E_L(z)&=C_L^0E(z)-C_L^1E(z)\cdot z^{-1}+\cdots+(-1)^{(L-1)}C_L^{L-1}E(z)\cdot z^{-(L-1)}+(-1)^L C_L^L E(z)\cdot z^{-L}\\&=E(z)(1-z^{-1})^L\end{aligned} \tag{5.12}$$

从连续域上分析调制器的 NTF，可得相邻两次采样的量化误差之差为

$$\mathrm{NTF}(\omega)=1-\mathrm{e}^{-\mathrm{j}\omega T}=2\mathrm{j}e^{-\mathrm{j}\omega T/2}\frac{\mathrm{e}^{\mathrm{j}\omega T/2}-\mathrm{e}^{-\mathrm{j}\omega T/2}}{2\mathrm{j}}=2\mathrm{j}e^{-\mathrm{j}\omega T/2}\sin(\omega T/2) \tag{5.13}$$

可以看出，被视为白噪声的量化噪声，其噪声能量被函数$\sin^2(\omega T/2)$所整形，将量化噪声向高频处推，在低频处呈现较为明显的衰减，一阶噪声整形效果如图 5.6 所示。

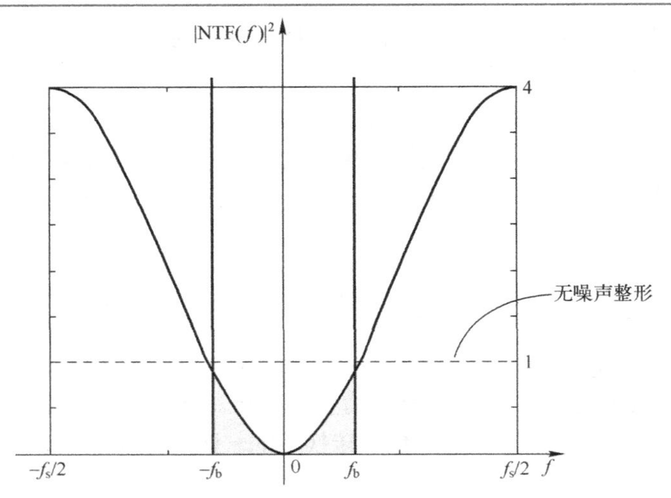

图 5.6　一阶噪声整形效果

对整形后的带内量化噪声能量进行分析，可得带宽内的量化噪声总功率为

$$V_{\mathrm{n}}^2=\varepsilon_{\mathrm{Q}}^2\int_0^{f_{\mathrm{B}}}4\cdot\sin^2(\pi fT)\mathrm{d}f\approx\varepsilon_{\mathrm{Q}}^2\cdot\frac{4\pi^2}{3}f_{\mathrm{B}}^3T^2 \tag{5.14}$$

量化噪声的总能量可以表示为

$$V_{\mathrm{n,Q}}^2=\varepsilon_{\mathrm{Q}}^2\cdot\frac{f_{\mathrm{s}}}{2} \tag{5.15}$$

将式（5.15）代入式（5.14），可得带宽内的量化噪声总功率V_{n}^2为

$$V_{\mathrm{n}}^2=V_{\mathrm{n,Q}}^2\cdot\frac{\pi^2}{3}\left(\frac{f_{\mathrm{B}}}{f_{\mathrm{s}}/2}\right)^3=V_{\mathrm{n,Q}}^2\cdot\frac{\pi^2}{3}\cdot\frac{1}{\mathrm{OSR}^3} \tag{5.16}$$

那么，对于N位量化器的一阶 Sigma-Delta 调制器，其理想信噪比 SNR 满足：

$$\mathrm{SNR}=10\lg\frac{P_{\mathrm{s}}}{P_{\mathrm{n}}}=(6.02N+1.76)-5.17+9.03\times\log_2\mathrm{OSR} \tag{5.17}$$

可见，对于一阶 Sigma-Delta 调制器来说，过采样比每增加 1 倍，其信噪比提升 9.03dB，有效位数约为 1.5 位。

对于 N 位量化器的 L 阶 Sigma-Delta 调制器，其噪声传递函数 NTF 和其连续域上的 NTF 分别为

$$\mathrm{NTF}(z)=(1-z^{-1})^L \tag{5.18}$$

$$\left|\mathrm{NTF}(\omega)\right|^2=\left|1-\mathrm{e}^{-\mathrm{j}\omega T}\right|^{2L}=2^{2L}\sin^{2L}(\omega T/2) \tag{5.19}$$

当 Sigma-Delta 调制器的过采样化很高时，可以认为 $\omega T<<1$，噪声传递函数 NTF 在信号带宽范围内量化噪声功率为

$$P_{\mathrm{n}}=\int_{-f_{\mathrm{b}}}^{f_{\mathrm{b}}}\frac{\Delta^2}{12f_{\mathrm{s}}}\left|\mathrm{NTF}(f)\right|^2\mathrm{d}f\approx\frac{\Delta^2}{12}\cdot\frac{\pi^{2L}}{(2L+1)\mathrm{OSR}^{(2L+1)}} \tag{5.20}$$

由式（5.20）的信号带宽范围内的量化噪声功率和信号功率可得过采样化（OSR）、L 阶和 N 位量化器的位数，只考虑量化噪声，Sigma-Delta 调制器的理想信噪比 SNR 及其对数形式分别为

$$\mathrm{SNR}=\frac{P_{\mathrm{s}}}{P_{\mathrm{n}}}=3\times2^{2N-1}\cdot\frac{2L+1}{\pi^{2L}}\mathrm{OSR}^{2L+1} \tag{5.21}$$

$$\mathrm{SNR_{dB}}=10\lg\frac{P_\mathrm{s}}{P_\mathrm{n}}=6.02N+1.76+10\lg\left(\frac{2L+1}{\pi^{2L}}\mathrm{OSR}^{2L+1}\right) \tag{5.22}$$

由式（5.22）可知，L 阶噪声整形结合过采样技术，可使 Sigma-Delta 调制器的有效位数随着 OSR 每提高一倍而提高（L+0.5）位，相对于只采用过采样技术的 0.5 位有很大的提升。

Sigma-Delta 调制器模型的一般形式，如图 5.7 所示。

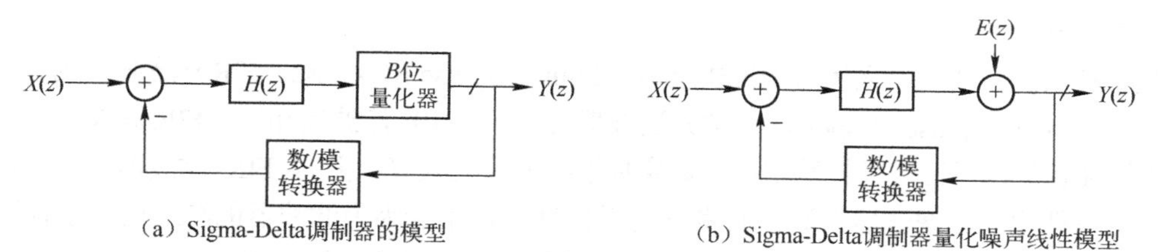

图 5.7　Sigma-Delta 调制器模型的一般形式

图 5.7 中，$X(z)$、$Y(z)$、$H(z)$和 $E(z)$分别表示输入信号、输出信号、环路滤波器传递函数和量化噪声。

图 5.7（b）中，负反馈形式的传递函数可以推导为

$$\left[X(z)-Y(z)\right]\cdot H(z)+E(z)=Y(z) \tag{5.23}$$

$$Y(z)=\frac{H(z)}{1+H(z)}X(z)+\frac{1}{1+H(z)}E(z) \tag{5.24}$$

将式（5.24）与式（5.8）进行对比，可以得到 STF 和 NTF 的一般形式，分别为

$$\mathrm{STF}(z)=\frac{H(z)}{1+H(z)} \tag{5.25}$$

$$\mathrm{NTF}(z)=\frac{1}{1+H(z)} \tag{5.26}$$

如果环路滤波器传递函数 $H(z)$为低通函数，则在信号带宽内的低频段增益较大，而高频段增益很小，那么一阶 Sigma-Delta 调制器的 $H(f)$、STF(f)和 NTF(f)随频率变化的曲线如图 5.8 所示。从图 5.8 可以看出，STF(f)在整个频带近似为恒定增益 1，即对输入信号无任何影响。而 NTF(f)在整个频带展现出高通特性，在信号带宽范围内的噪声具有抑制作用，系统的信噪比将有较大的提升。这种噪声抑制能力越强，系统信噪比的提升越明显。

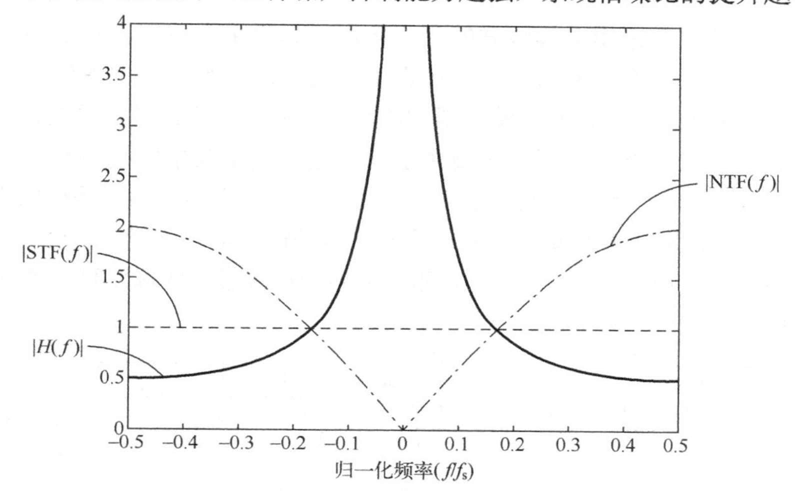

图 5.8　一阶 Sigma-Delta 调制器的 $H(f)$、STF(f)和 NTF(f)随频率变化的曲线

5.1.3 Sigma-Delta 模/数转换器中的数字抽取滤波器

Sigma-Delta 模/数转换器中的数字抽取滤波器是重要的组成部分，它主要完成信号基带外噪声的滤除，并将输出数据采样至奈奎斯特频率输出。Sigma-Delta 调制器决定了 Sigma-Delta 模/数转换器的性能，而数字抽取滤波器在一定程度上决定了整个 Sigma-Delta 模/数转换器的功耗和面积。

数字抽取滤波器可以采用有限冲击响应（Finite Impulse Response，FIR）滤波器或者无限冲击响应（Infinite Impulse Response，IIR）滤波器实现。与 IIR 滤波器相比，FIR 滤波器可以获得严格的线性相位，保证过采样数据经过数字抽取后相位无失真，并且 FIR 滤波器是全零点型滤波器，无条件稳定，滤波器系数具有良好的量化性质，不会因为滤波器的涉入而产生极限环现象。IIR 滤波器只能逼近线性相位，在数字音频范围内，通常要求线性相位。

在进行滤波器设计时，要确定其设计指标。一般滤波器的设计指标是以幅频响应的允许误差来表示。实际低通滤波器的幅频特性如图 5.9 所示。

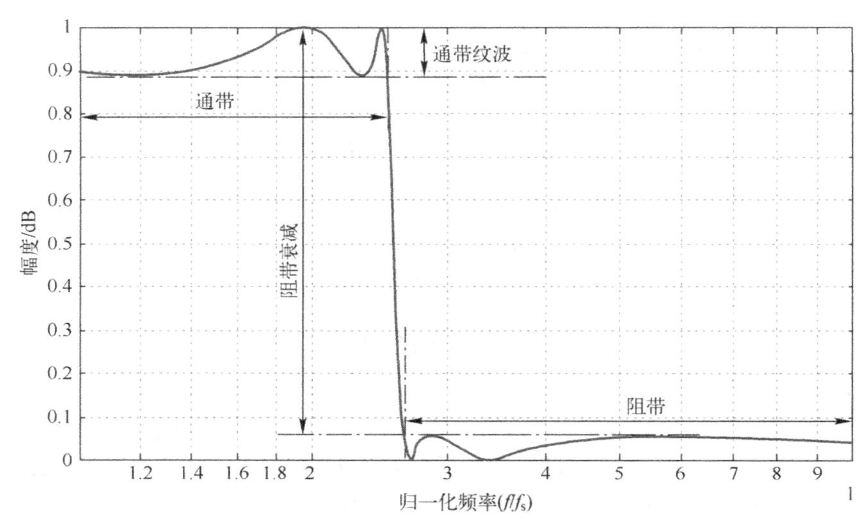

图 5.9 实际低通滤波器的幅频特性

数字抽取滤波器通常采用多级级联的方式实现。如果采用单级方式实现，将会使该滤波器的阶数过高，功耗和面积非常大，在硬件上无法实现。数字抽取滤波器通常采用多级 FIR 滤波器的结构来实现，可以减小滤波器的阶数，同时也减小滤波器系数，从而减小滤波器的功耗和面积。梳状滤波器由于不需要乘法器，是一类最简单的线性相位 FIR 滤波器。通常一般采用梳状滤波器作为抽取滤波器的第一级，并实现大多数的降采样频率；由于梳状滤波器在通带存在一定的幅度衰减，需要补偿滤波器进行一定的补偿；最后一级为半带滤波器（以其一半系数为零而得名），用于得到非常陡峭的过渡带。级联实现的数字抽取滤波器示意图如图 5.10 所示。

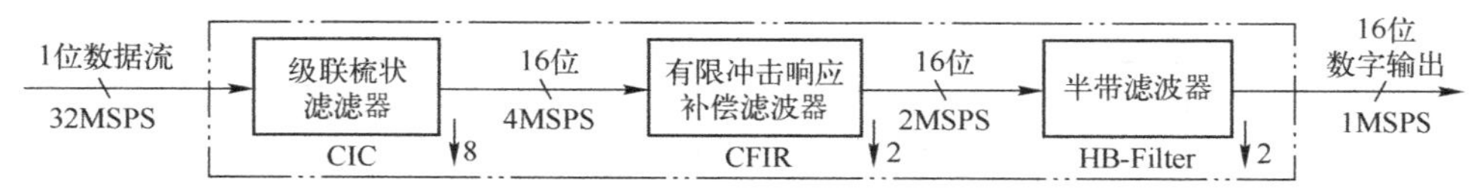

图 5.10 级联实现的数字抽取滤波器示意图

5.1.4　Sigma-Delta 调制器参数与性能指标

由于 Sigma-Delta 模/数转换器的性能主要由 Sigma-Delta 调制器来决定，所以以下描述的 Sigma-Delta 模/数转换器都采用 Sigma-Delta 调制器替代，而数字抽取滤波器部分不做具体描述。

Sigma-Delta 调制器的设计参数主要包括过采样比（OSR）、阶数（L）和量化器位数（B）。式（5.20）所示的 Sigma-Delta 调制器的量化噪声对于阶数较高的 Sigma-Delta 调制器可以通过更为理想的传递函数对量化噪声进行整形，以实现更高的转换精度。由式（5.19）可知，不同阶数调制器的噪声传递函数 NTF 不同。当量化位数为 1 时，Sigma-Delta 调制器不同阶数的 NTF 幅频特性如图 5.11 所示。

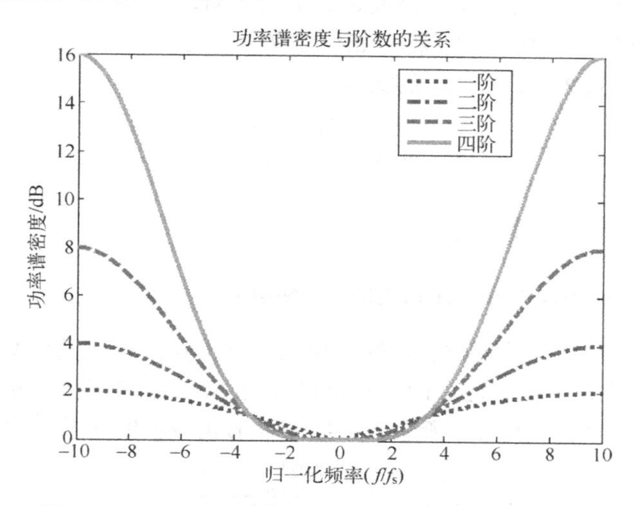

图 5.11　Sigma-Delta 调制器不同阶数的 NTF 幅频特性

图 5.11 示出了一阶、二阶、三阶和四阶 Sigma-Delta 调制器的噪声传递函数的幅频特性曲线。从图 5.11 中可以看到，与一阶 Sigma-Delta 调制器相比，更高阶的调制器 NTF 将低频带内的量化噪声进一步压缩，而对高频带内的量化噪声进一步放大，即量化噪声进一步推向更高频段，阶数越高噪声抑制能力就越强，效果越明显。

Sigma-Delta 调制器同样可以从静态特性和动态特性两方面来进行描述，主要性能指标如下。

1．信噪比（Signal-to-Noise Ratio，SNR）

Sigma-Delta 调制器的信噪比是指输入正弦信号的功率与信号带内不相关的噪声功率的比值。由于信噪比反映的是调制器的线性性能，因此计算时不包括信号带内的谐波分量部分。对于一个仅包括量化噪声的理想调制器，SNR 的对数表达式为

$$\mathrm{SNR}\big|_{\mathrm{dB}} = 10\lg\left(\frac{A^2}{2P_{\mathrm{Q}}}\right) \tag{5.27}$$

式中，A 为输入正弦信号的幅度；P_{Q} 为量化噪声功率。

2．信噪失真比（Signal-to-Noise Distortion Ratio，SNDR）

Sigma-Delta 调制器的信噪失真比是指输入正弦信号功率与信号带宽内所有噪声、谐波功率的比值。SNDR 直接反映了调制器的动态性能，SNDR 的对数表达式为

$$\text{SNDR}\big|_{\text{dB}} = 10\lg\left(\frac{A^2}{2\left(P_{\text{Q}} + P_{\text{h}}\right)}\right) \tag{5.28}$$

式中，A 为输入正弦信号的幅度；P_{Q} 为量化噪声功率；P_{h} 为所有谐波功率之和。

3．动态范围（Dynamic Range，DR）

Sigma-Delta 调制器的动态范围是指能达到最大 SNDR 的输入正弦信号功率与 SNDR=0 时的相应输入信号功率的比值，通常采用 dB 对数形式表示。理想的 Sigma-Delta 调制器的最大输入信号幅度为 $V_{\text{FS}}/2$，那么动态范围为

$$\text{DR}\big|_{\text{dB}} = 10\lg\left(\frac{(V_{\text{FS}}/2)^2}{2P_{\text{Q}}}\right) \tag{5.29}$$

式中，V_{FS} 为输入正弦信号的全摆幅。

4．有效位数（Effective Number of Bits，ENoB）

Sigma-Delta 调制器的有效位数表示的是由动态性能实际得到的位数，可与奈奎斯特模/数转换器的设计指标进行直接对比。ENoB 可以采用 SNDR 来表示，也可以采用 DR 来表示，分别如式（5.30）和式（5.31）所示。采用哪种形式表示根据系统的需要决定。

$$\text{ENoB}\big|_{\text{SNDR}} = \frac{\text{SNDR}\big|_{\text{dB}} - 1.76}{6.02} \tag{5.30}$$

$$\text{ENoB}\big|_{\text{DR}} = \frac{\text{DR}\big|_{\text{dB}} - 1.76}{6.02} \tag{5.31}$$

5．品质因数（Figure of Merit，FoM）

Sigma-Delta 调制器的品质因数衡量的是调制器综合性指标参数。它与调制器的功耗、有效位数和信号带宽等指标均相关，FoM 的一般关系式如式（5.32）所示，此值越小表明调制器的性能越好。

$$\text{FoM} = \frac{\text{Power}}{2^{\text{ENoB}+1}\text{BW}} \tag{5.32}$$

式中，Power 为 Sigma-Delta 调制器的实际功耗；ENoB 为调制器的有效位数；BW 为调制器的信号带宽。

5.2 Sigma-Delta 调制器的结构

前面已经分析了 Sigma-Delta 调制器的基本工作原理和性能指标，本节首先介绍一阶和二阶等低阶 Sigma-Delta 调制器的主要结构，并从时域和频域分析各种结构所能达到的性能

指标及稳定性等设计因素。然后介绍单环高阶调制器、级联噪声整形调制器等高阶调制器的结构和实现方法，最后给出多位量化调制器的结构。

5.2.1 低阶 Sigma-Delta 调制器的结构

1. 一阶 Sigma-Delta 调制器的结构

一阶 Sigma-Delta 调制器的结构如图 5.12 所示，其中环路滤波器采用一阶积分器来实现。

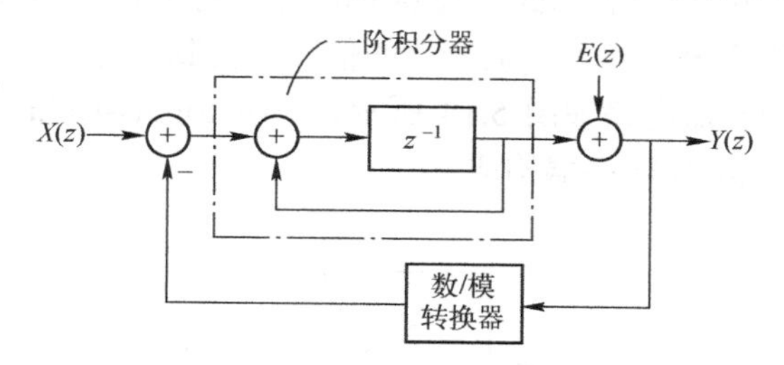

图 5.12 一阶 Sigma-Delta 调制器的结构

根据式（5.8）、式（5.25）和式（5.26）得出一阶 Sigma-Delta 调制器的信号传递函数 STF 和噪声传递函数 NTF 分别为

$$\mathrm{STF}(z)=\frac{H(z)}{1+H(z)}=z^{-1} \tag{5.33}$$

$$\mathrm{NTF}(z)=\frac{1}{1+H(z)}=1-z^{-1} \tag{5.34}$$

由式（5.33）和式（5.34）可知，信号只是经过了一个周期延时，而噪声经过一阶噪声整形。令 $z=\mathrm{e}^{\mathrm{j}2\pi f/f_s}$，得出 STF 和 NTF 的连续域表达式分别为

$$\mathrm{NTF}(f)=\left|1-\mathrm{e}^{-\mathrm{j}2\pi f/f_s}\right|=2\sin\left(\pi f/f_s\right) \tag{5.35}$$

$$\mathrm{STF}(f)=\left|\mathrm{e}^{-\mathrm{j}2\pi f/f_s}\right|=1 \tag{5.36}$$

一阶 Sigma-Delta 调制器的 NTF 幅频特性如图 5.13 所示。

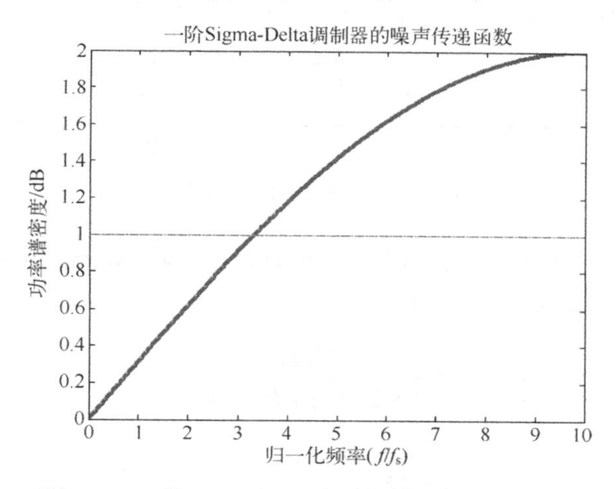

图 5.13 一阶 Sigma-Delta 调制器的 NTF 幅频特性

根据式（5.20）可以得出，一阶 Sigma-Delta 调制器的带宽内的量化噪声功率和理想信噪比公式分别为

$$P_{\mathrm{n}}=\int_{-f_{\mathrm{b}}}^{f_{\mathrm{b}}}\frac{\Delta^2}{12}\times\frac{1}{f_{\mathrm{s}}}\left|\mathrm{NTF}(z)\right|^2\mathrm{d}f=\int_{-f_{\mathrm{b}}}^{f_{\mathrm{b}}}\frac{\Delta^2}{12}\times\frac{1}{f_{\mathrm{s}}}\left[2\sin\left(\pi f/f_{\mathrm{s}}\right)\right]^2\mathrm{d}f=\frac{\Delta^2\pi^2}{36}\frac{1}{\mathrm{OSR}^3}\qquad(5.37)$$

$$\mathrm{SNR}\big|_{\max}=10\lg\frac{P_{\mathrm{s}}}{P_{\mathrm{n}}}=10\lg\left(\frac{3}{2}2^{2N}\right)+10\lg\left[\frac{3}{\pi^2}(\mathrm{OSR})^3\right]=6.02N+1.75-5.17+30\lg(\mathrm{OSR})\qquad(5.38)$$

由式（5.38）可知，对于一阶 Sigma-Delta 调制器，过采样比 OSR 每增加 1 倍，信噪比大约提高 9dB。相对于没有噪声整形，调制器的信噪比得到了有效提高。

一阶 Sigma-Delta 调制器电路如图 5.14 所示。一阶 Sigma-Delta 调制器由采样电路、积分器、量化器和 1 位反馈数/模转换器构成。

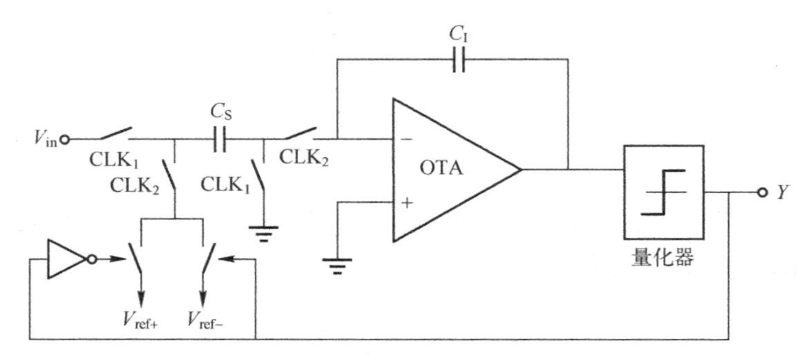

图 5.14　一阶 Sigma-Delta 调制器电路

2. 二阶 Sigma-Delta 调制器的结构

增加 Sigma-Delta 调制器的噪声传递函数的阶数可以更加有效地降低信号带宽内的量化噪声。二阶 Sigma-Delta 调制器的结构如图 5.15 所示，其中环路滤波器采用二阶积分器来实现。

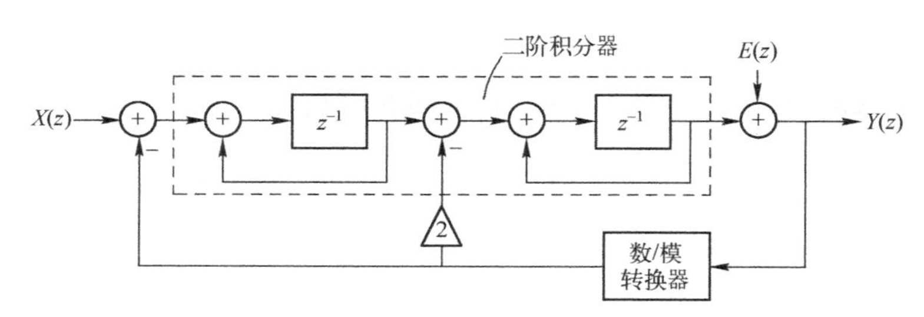

图 5.15　二阶 Sigma-Delta 调制器的结构

根据式（5.18）、式（5.25）和式（5.26）可以得出二阶 Sigma-Delta 调制器的信号传递函数 STF 和噪声传递函数 NTF 分别为

$$\mathrm{STF}(z)=\frac{H^2(z)}{1+2H(z)+H^2(z)}=z^{-2}\qquad(5.39)$$

$$\mathrm{NTF}(z)=\frac{1}{1+2H(z)+H^2(z)}=(1-z^{-1})^2\qquad(5.40)$$

由式（5.39）和式（5.40）可知，信号只是经过了两个周期延时，而噪声经过了两阶噪声整形。令 $z=\mathrm{e}^{\mathrm{j}2\pi f/f_s}$，得出 STF 和 NTF 的连续域表达式分别为

$$\mathrm{STF}(f)=|\mathrm{e}^{-\mathrm{j}2\pi f/f_s}|^2=1 \tag{5.41}$$

$$\mathrm{NTF}(f)=|1-\mathrm{e}^{-\mathrm{j}2\pi f/f_s}|^2=[2\sin(\pi f/f_s)]^2 \tag{5.42}$$

二阶 Sigma-Delta 调制器 STF 和 NTF 幅频特性如图 5.16 所示。

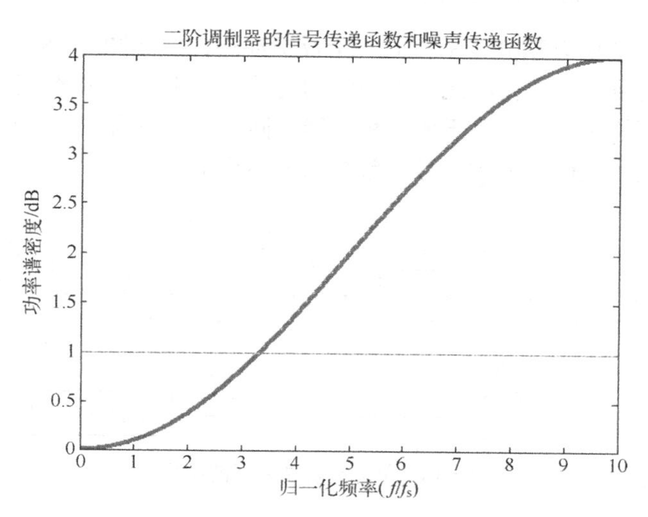

图 5.16　二阶 Sigma-Delta 调制器 STF 和 NTF 幅频特性

根据式（5.41）可以得出二阶 Sigma-Delta 调制器的理想信噪比为

$$\mathrm{SNR}\big|_{\max}=10\lg\frac{P_s}{P_n}=6.02N+1.75-12.9+50\lg(\mathrm{OSR}) \tag{5.43}$$

由式（5.43）可知，对于二阶 Sigma-Delta 调制器，过采样比 OSR 每增加 1 倍，信噪比大约提高 15dB。相对于一阶噪声整形，调制器的信噪比得到了有效提高。

二阶 Sigma-Delta 调制器电路如图 5.17 所示。二阶 Sigma-Delta 调制器由采样电路、两级积分器、量化器和 1 位数/模转换器构成。

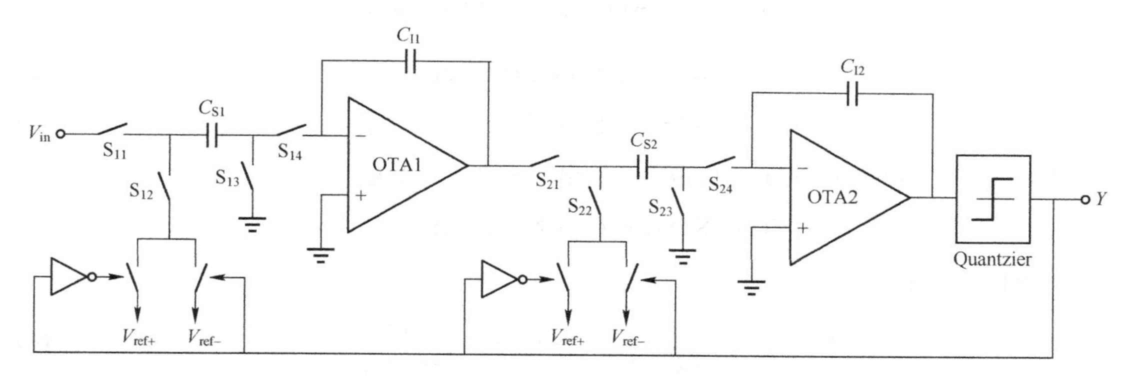

图 5.17　二阶 Sigma-Delta 调制器电路

当噪声传递函数进一步增加时，Sigma-Delta 调制器的信号带宽范围内的量化噪声功率

可以降低，其性能可以进一步改进和提高，通常其噪声传递函数 NTF 可以表示为

$$\mathrm{NTF}(z)=(1-z^{-1})^{L} \tag{5.44}$$

信号带宽内的量化噪声功率和理想信噪比如式（5.20）和式（5.22）所示。

高阶 Sigma-Delta 调制器按结构主要分为单环高阶调制器和级联高阶调制器。

5.2.2 单环高阶调制器的结构

单环高阶调制器的所有积分器都在同一个反馈环路内，如图 5.18 所示。单环高阶调制器的优点在于可以达到很高的信噪比，电路结构简单，对积分器和量化器等电路的非理想特性不敏感。而缺点同样很明显，由于所有积分器在同一个环路内，当阶数较高时，级联积分器传递函数的高频段增益明显增大，导致整个系统不稳定。

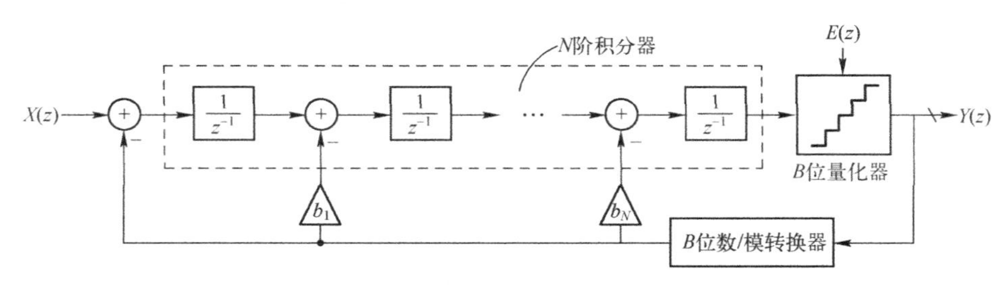

图 5.18 单环高阶调制器的结构

由前面章节描述可知，Sigma-Delta 调制器的传递函数可以分成两个函数来描述：信号传递函数 STF 和噪声传递函数 NTF。通常将 Sigma-Delta 调制器分成两个部分：环路滤波器（线性部分）和量化器（非线性部分），单端输出信号可以表示为两个输入信号的线性组合。Sigma-Delta 调制器的通用结构如图 5.19 所示。

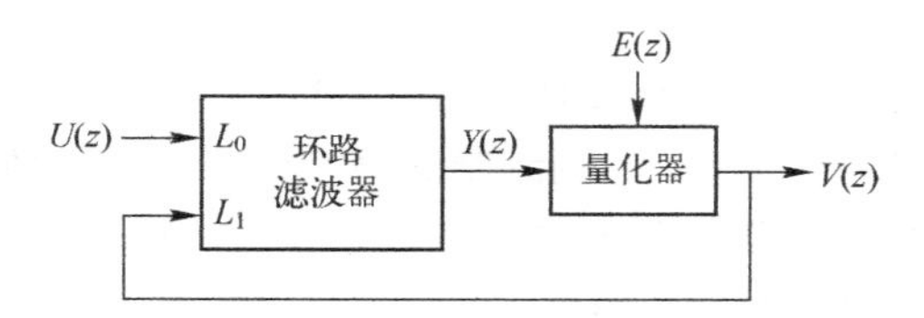

图 5.19 Sigma-Delta 调制器的通用结构

$$Y(z)=L_0(z)U(z)+L_1(z)V(z) \tag{5.45}$$

$$V(z)=Y(z)+E(z) \tag{5.46}$$

由式（5.45）和式（5.46）可以得出，输出 $V(z)$的表达式为

$$V(z)=\mathrm{STF}(z)U(z)+\mathrm{NTF}(z)E(z) \tag{5.47}$$

其中，STF 和 NTF 为

$$\mathrm{NTF}(z)=\frac{1}{1-L_1(z)} \qquad \mathrm{STF}(z)=\frac{L_0(z)}{1-L_1(z)} \tag{5.48}$$

针对不同调制器的结构，环路滤波器的 $L_0(z)$和 $L_1(z)$可以表示为不同参数的系统函数。随着 Sigma-Delta 调制器的阶数不断提高，$L_0(z)$和 $L_1(z)$的表达式也会变得越来越复杂。$L_1(z)$

在信号带宽内有很高的增益，对调制器的量化噪声有足够的衰减。由于 NTF 决定了调制器的噪声抑制能力和系统稳定性，所以在一般情况下，对 Sigma-Delta 调制器的设计都从 NTF 的设计开始。

为了得到一个高阶稳定的 Sigma-Delta 调制器，就要选择合适的极点位置，使得系统的传递函数为

$$\mathrm{NTF}(z)=\frac{(1-z^{-1})^L}{D(z)} \tag{5.49}$$

以下给出两种常用的高阶 Sigma-Delta 调制器的基本原理。

1. 级联谐振器前馈（Cascade Resonator Feed Forward，CRFF）结构调制器

CRFF 结构调制器如图 5.20 所示，每个积分器的输出信号经过加权求和后进入量化器的输入端。这种调制器只有前级积分器处理信号，或者当存在一个从输入端到量化器的直接通路时，所有积分器都不处理输入信号，只处理量化噪声，这样直接降低了积分器的输出摆幅。CRFF 结构调制器满足：

$$L_0(z)=-L_1(z)=\frac{a_1}{z-1}+\frac{a_2}{(z-1)^2}+\frac{a_3}{(z-1)^3}+\cdots+\frac{a_n}{(z-1)^n} \tag{5.50}$$

$$\mathrm{STF}(z)=1-\mathrm{NTF}(z) \tag{5.51}$$

在图 5.20 中，如果不包括 g_1 的负反馈回路，$L_1(z)$的极点被限制在直流点，由于 $L_1(z)$的极点为 NTF 的零点，NTF 的所有零点均在直流点。加入 g_1 的负反馈回路后，调制器的传递函数形成谐振器，将极点沿单位圆移出直流点，并将 NTF 的零点从直流点移到信号带宽范围内，这样可以更好地抑制信号带宽范围内的量化噪声，得到更好的调制器性能。

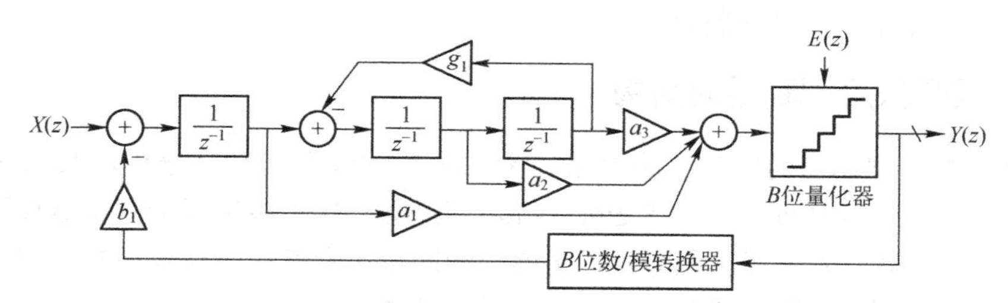

图 5.20　CRFF 结构调制器的结构

2. 级联谐振器反馈（Cascade of Resonator Feed Back，CRFB）结构调制器

CRFB 结构调制器如图 5.21 所示，每个积分器的输入信号都与输出端的负反馈信号进行差分运算。CRFB 结构调制器满足：

$$L_0(z)=\frac{b_1}{(z-1)^n} \tag{5.52}$$

$$-L_1(z)=\frac{a_1}{z-1}+\frac{a_2}{(z-1)^2}+\frac{a_3}{(z-1)^3}+\cdots+\frac{a_n}{(z-1)^n} \tag{5.53}$$

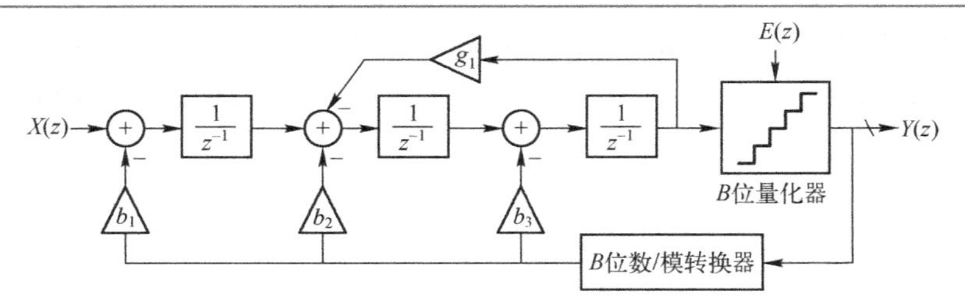

图 5.21　CRFF 结构调制器的结构

在图 5.21 中，如果不包括 g_1 的负反馈回路，NTF 的所有零点均在直流点。NTF 决定了 $L_1(z)$，同时也决定了 STF。假设 NTF 和 STF 分别为

$$\text{NTF}(z)=\frac{(z-1)^n}{D(z)} \tag{5.54}$$

$$\text{STF}(z)=\text{NTF}(z)L_0(z)=\frac{b_1}{D(z)} \tag{5.55}$$

加入 g_1 的负反馈回路后，调制器的传递函数形成谐振器，谐振器的传递函数为

$$R(z)=\frac{z}{z^2-(2-g)z+1} \tag{5.56}$$

该谐振器将极点沿单位圆移出直流点，并将 NTF 的零点从直流点移到信号带宽范围内，这样可以更好地抑制信号带宽范围内的量化噪声，得到更好的调制器性能。

对于 CRFF 和 CRFB 结构调制器，如果选择合适的反馈系数和前馈系数，可以得到基本相等的噪声传递函数 NTF。但是这两种结构的信号传递函数 STF 却不相同。在 CRFF 结构调制器中，由于输入信号通过第一个积分器后直接前馈到输出端，所以信号传递函数 STF 为一阶函数滤波器特性；在 CRFB 结构中，输入信号经过所有积分器才达到输出端，信号传递函数 STF 为 L 阶函数滤波特性。

5.2.3　级联低阶调制器的结构

由于单环高阶调制器的结构较为复杂，无法采用线性系统进行分析，其系统的稳定性也要特别考虑，所以需要新的高阶 Sigma-Delta 调制器。采用多级低阶调制器级联的方式，每级只包含一阶或者二阶等低阶积分器，将前一级的量化噪声作为后级调制器的输入信号，然后通过噪声抵消逻辑电路将所有前级的量化噪声抵消掉，最终只剩下输入信号和经过噪声整形的最后一级量化噪声，这种 Sigma-Delta 调制器成为多级级联噪声整形（Multi-stAge noise SHaping）调制器，简称 MASH 结构调制器。2-1 级联 MASH 调制器的结构如图 5.22 所示。

图 5.22 所示的 2-1 级联 MASH 调制器实际上可以达到三阶噪声整形能力。第一、第二级调制器的输出分别为

$$Y_1(z)=z^{-2}X(z)+(1-z^{-1})^2Q_1(z) \tag{5.57}$$

$$Y_2(z)=z^{-1}g_1Q_1(z)+(1-z^{-1})Q_2(z) \tag{5.58}$$

式中，$X(z)$为输入信号；$Q_1(z)$为第一级调制器的量化噪声；$Q_2(z)$为第二级调制器的量化噪声。另外，图 5.22 中的系数 k_2 为信号输出到下一级的权重系数，可以通过仿真得到一个比

较优化的值，g_1 为第一级的量化噪声输出到下一级的缩放系数，也可以通过仿真得到较为优化的值。两级调制器的输出信号 $Y_1(z)$和 $Y_2(z)$通过噪声抵消逻辑电路 $H_1(z)$和 $H_2(z)$，将第一级调制器的量化噪声抵消，使得最终输出信号 $Y_1(z)$只包含第二级调制器的量化噪声，并得到三阶噪声整形函数为

$$Y(z) = Y_1(z)H_1(z) + Y_2(z)H_2(z) \tag{5.59}$$

其中，噪声抵消逻辑电路的传递函数分别为

$$H_1(z) = z^{-1} \tag{5.60}$$

$$H_2(z) = \frac{1}{g_1}(1 - z^{-1})^2 \tag{5.61}$$

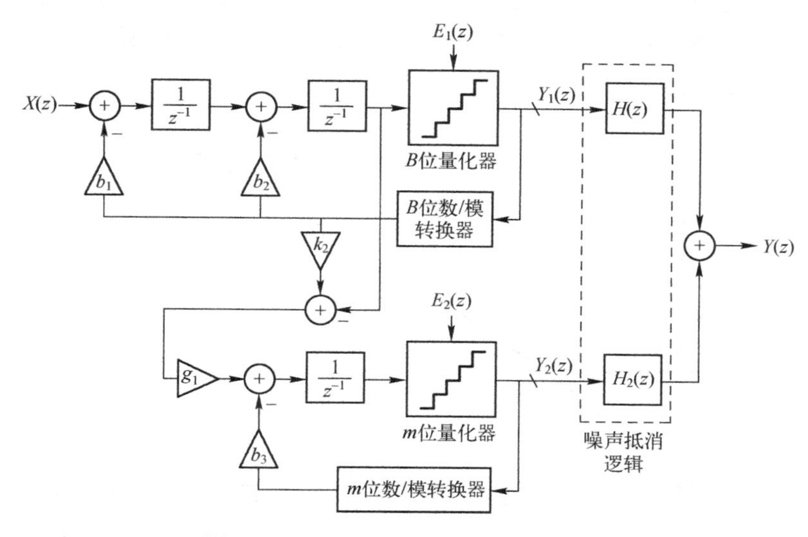

图 5.22　2-1 级联 MASH 调制器的结构

结合式（5.57）～式（5.61）可得 2-1 级联 MASH 调制器的传递函数为

$$Y(z) = z^{-3}X(z) + \frac{1}{g_1}(1 - z^{-1})^3 Q_2(z) \tag{5.62}$$

2-1 级联 MASH 调制器将第一级的量化噪声完全消除，并将第二级的量化噪声进行三阶噪声整形处理，并且每一级的调制器都为二阶以下的低阶结构，不用考虑调制器的稳定性问题。

由于式（5.57）～式（5.61）是在模拟域完成的运算，而式（5.62）是在数字域完成的运算，两个不同域在运算时的实现完全不同，模拟域的实现在开关电容结构中是电容值的比值，这取决于集成电路工艺的匹配精度，存在一定的误差。而数字域的实现是移位和加法运算，无误差存在。模拟域和数字域或多或少地存在一定的误差，这种误差导致的失配会使得前级的量化噪声不能被完全抵消，造成量化噪声泄漏到输出端，最终使得输出信号的质量下降。为了降低这种失配误差的产生，通常这种级联结构调制器在 CMOS 工艺中采用电容匹配精度较高的开关电容结构。另外，在电路级可以通过增大电容面积和积分器的增益带宽来降低这种失配误差的产生。

5.2.4 多位量化 Sigma-Delta 调制器的结构

由 Sigma-Delta 调制器理想信噪比可知，调制器的信噪比与过采样比 OSR、调制器阶数 L 和量化器位数 B 有关。提高调制器的信噪比，须提高 OSR、L 或者 B。提高 OSR，意味着在信号带宽一定的条件下来提高采样频率，当信号带宽达到 MHz 数量级时，只提高时钟的采样频率，一方面电路功耗会急剧地增加；另一方面由于工艺条件限制而无法实现。由于 Sigma-Delta 调制器是一个非线性的负反馈闭环系统，当调制器阶数 L 大于 2 会造成系统不稳定，使量化器过载，进而使得调制器的性能急速下降。较为合适的方式是通过提高量化器的位数 B 来提高调制器的性能，而且提高量化器位数 N 会使高阶调制器的稳定性增强，量化器的稳定输入范围增大；另外，采用多位量化器，使得输出台阶增多，这会降低信号带宽内的量化噪声和杂波强度。三阶 Sigma-Delta 调制器量化器位数和峰值信噪比的关系如图 5.23 所示。

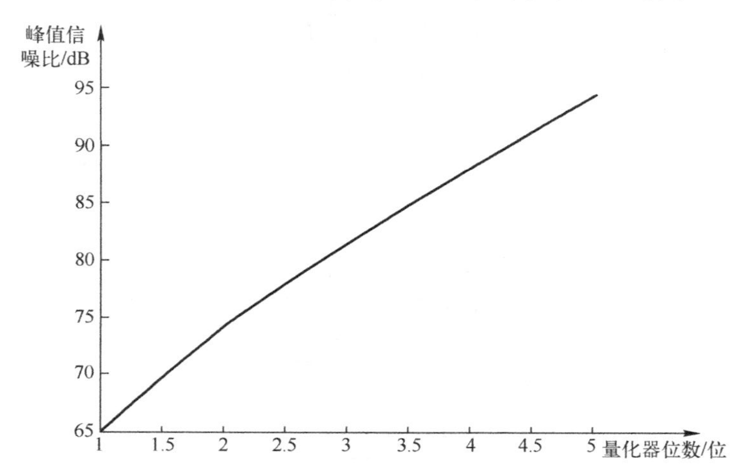

图 5.23 三阶 Sigma-Delta 调制器量化器位数与峰值信噪比 PSNR 的关系

然而，调制器如果采用多位量化器，那么在反馈回路中就会用到多位数/模转换器，而数/模转换器的精度对调制器的影响很大。以一阶调制器多位量化器为例，$X(z)$为输入信号，$E_Q(z)$为多位量化器的量化噪声，$E_D(z)$为反馈数/模转换器的非线性误差引入的噪声，其传递函数为

$$Y(z)=z^{-1}X(z)+\left(1-z^{-1}\right)E_Q(z)-z^{-1}E_D(z) \tag{5.63}$$

由式（5.63）可以看出，由多位数/模转换器产生的非线性误差并没有像量化噪声那样受到反馈环路的调制作用，因此整个调制器的精度受限于多位反馈数/模转换器的精度。

为了解决多位数/模转换器的非线性问题，人们提出了许多数/模转换器的线性化技术和方法，其中比较实用的是数据加权平均（Data Weighted Averaging，DWA）算法。此算法是使每一个数据（Element）用到的次数基本相等，将各个数据的差值进行平均，其基本原理是使用一个单元指针来定位，每一次转换后把单元指针定位到本次使用单元序列的结尾，因此在下一次选取序列时，是按照单元序列的摆放顺序继续选取的。数/模转换器的选择顺序如图 5.24 所示，横向数字代表数/模转换器的编号（共 7 个），纵向

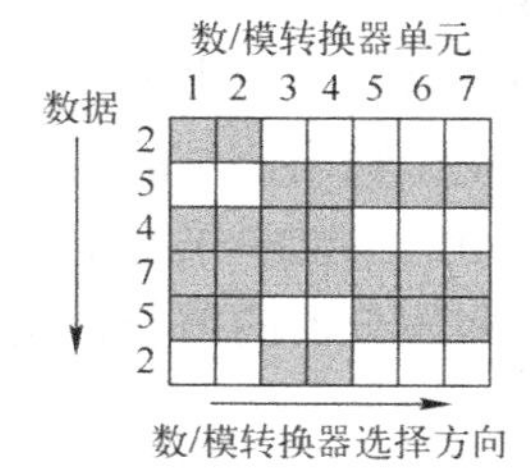

图 5.24 数模转换器的选择顺序

数字代表每次选择数/模转换器的个数（共 6 次），每行的黑色阴影区域则代表被选取的数/模转换器编号。

5.3　Sigma-Delta 调制器非线性分析

由于 CMOS 工艺实现的晶体管存在各种二级效应和非理想因素，使得 Sigma-Delta 调制器与理想调制器的电路性能存在一定的差距。为了能够得到较好的电路性能，要对调制器电路的非理想特性进行定量计算，分析其对电路的影响程度，并指导电路设计。调制器电路的主要非理想特性包括积分器泄漏、电容失配、时钟采样误差，以及有限带宽、有限压摆率和有限输出摆幅等，下面逐一进行详细说明。

5.3.1　Sigma-Delta 调制器的积分器泄漏

Sigma-Delta 调制器主要由积分器构成，而积分器泄漏主要与内部运算放大器的有限增益有关。开关电容积分器的结构如图 5.25 所示，由采样电容 C_s、采样开关、积分电容 C_I 和运算放大器 OTA 构成。开关电容积分器由两相不交叠时钟信号 CLK_1 和 CLK_2 控制。开关电容积分器的结构如图 5.26 所示。

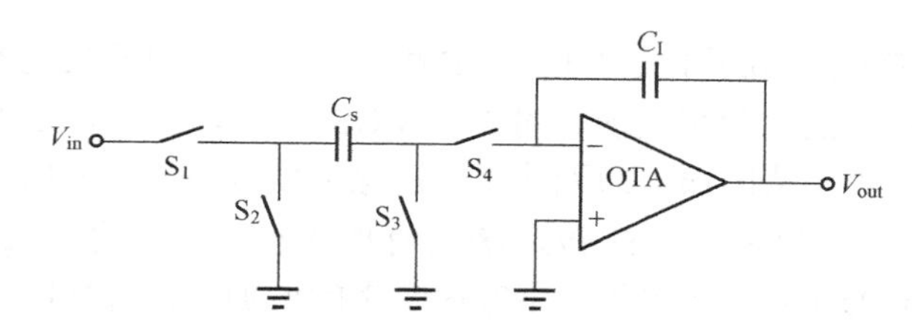

图 5.25　开关电容积分器的结构

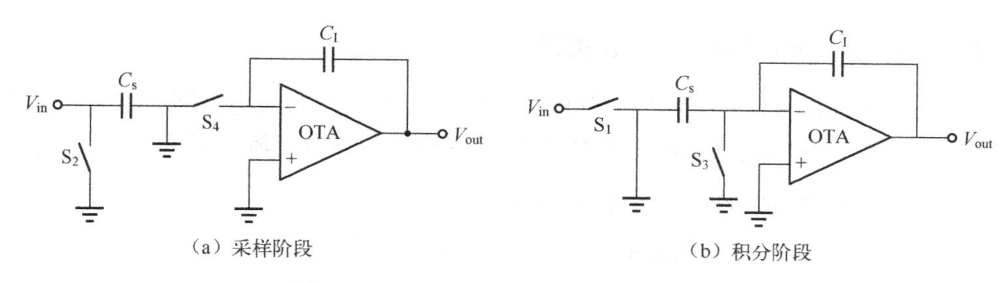

图 5.26　开关电容积分器分相工作示意图

图 5.26（a）为开关电容积分器工作于采样阶段的结构，此时图 5.25 中的开关 S_1 和 S_3 闭合，开关 S_2 和 S_4 打开，将输入信号采样至采样电容 C_s 上，而积分电容 C_I 上保持前一时钟周期的电荷；图 5.26（b）为开关电容积分器工作于积分阶段的结构，此时开关 S_1 和 S_3 打开，开关 S_2 和 S_4 闭合，将采样电容 C_s 上的电荷转移至积分电容 C_I 上。由此可得传递函数为

$$Y(n)=Y(n-1)+X(n-1/2) \tag{5.64}$$

$$H(z)=\frac{Y(z)}{X(z)}=\frac{z^{-1}}{1-z^{-1}} \tag{5.65}$$

式（5.65）假设运算放大器 OTA 的直流增益为无穷大，采样电容 C_s 上的电荷完全转移

至积分电容 C_I 上。但是，这在实际电路中是不可能的，即实际运算放大器 OTA 的直流增益为有限值，这就造成了积分器的采样电荷没有完全转移至积分电容，造成积分器的电荷泄漏。在采样阶段，采样电容上的电荷 Q_s 为

$$Q_s = C_s X(n-1/2) \tag{5.66}$$

如果运算放大器的直流增益为 A，在积分阶段，由于运算放大器有限直流增益的影响，采样电容 C_s 上的剩余电荷 Q_r 和转移至积分电容上的电荷 Q_t 分别为

$$Q_r = Y(n)C_s/A \tag{5.67}$$

$$Q_t = C_s[X(n-1/2) - y(n)/A] \tag{5.68}$$

那么，在积分器上产生的电压及积分器最终的输出电压分别为

$$C_s(X(n-1/2) - Y(n)/A)/C_I \tag{5.69}$$

$$Y(n) = \frac{Y(n-1) + X(n-1/2)C_s/C_I}{1 + C_s/(AC_I)} \tag{5.70}$$

式（5.70）与理想的式（5.64）相比，分母中多了 $C_s/(AC_I)$ 项，这是由于 OTA 的有限直流增益造成了积分器的电荷泄漏，使得采样电容 C_s 上的电荷没有完全转移至积分电容。

5.3.2　Sigma-Delta 调制器的电容失配

开关电容 Sigma-Delta 调制器采用开关电容积分器实现，而开关电容积分器电路中，积分器的增益系数采用电容的比值来实现。对于 CMOS 工艺，虽然片上电容比值实现的精度远高于绝对值，但是电容比值的误差却无法完全消除，使得积分器的增益偏离理想值。这种误差使得实际积分器与理想积分器的传递函数有所不同，改变了 Sigma-Delta 调制器的 NTF，进而使得 Sigma-Delta 调制器信号带宽内噪声的增加，这种性能上的恶化与调制器的结构有很大的关系。

1. 单环 Sigma-Delta 调制器的电容失配

单环 Sigma-Delta 调制器电容失配分析以二阶 1 位量化器的结构为例。用于电容失配分析的单环二阶 1 位量化器的结构如图 5.27 所示。假设各积分器系数为 $g_i^* = g_i\left(1-\varepsilon_{g_i}\right)$，得到二阶 Sigma-Delta 调制器的 STF 和 NTF 分别为

$$\mathrm{STF}(z) \approx (1-|\varepsilon_{g_1} - \varepsilon_{g_1}|)z^{-2} \simeq z^{-2} \tag{5.71}$$

$$\mathrm{NTF}(z) \approx (1+\varepsilon_g)(1-z^{-1})^2, \quad \varepsilon_g = \varepsilon_{g_2} + \varepsilon_{g_1} \tag{5.72}$$

式中，g_i^* 为实际系数；g_i 为理想系数；ε_{g_i} 为系数误差。

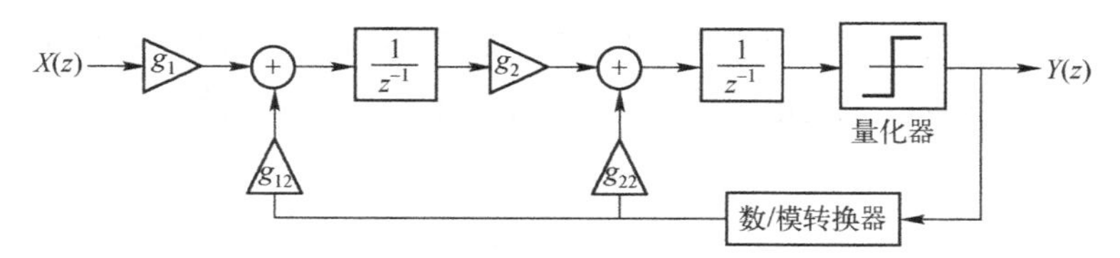

图 5.27　用于电容失配分析的单环二阶 1 位量化器的结构

由式（5.71）和式（5.72）可知，电容失配造成的误差对于 STF 可以忽略不计，对于

NTF 提供的二阶噪声整形外，其增益有所改变。经过推导可以得出，电容失配情况下的信号带宽范围内的量化噪声功率为

$$P_Q = \frac{\Delta^2}{12}\left[\frac{(1+\varepsilon_g)^2\pi^4}{5\text{OSR}^5}\right] \tag{5.73}$$

推广到一般，单环 L 阶调制器考虑到电容失配的传递函数为

$$Y(z) = z^{-L}X(z) + (1+\varepsilon_g)(1-z^{-1})^L E(z) \tag{5.74}$$

电容失配情况导致的信号带宽范围内的量化噪声功率为

$$P_\text{Q} = \frac{\Delta^2}{12}\left[\frac{(1+\varepsilon_g)^2\pi^{2L}}{(2L+1)\text{OSR}^{2L+1}}\right] \tag{5.75}$$

式中，$\varepsilon_g = \varepsilon_{g1} + \varepsilon_{g1} + \cdots + \varepsilon_{gL}$。由式（5.75）可知，电容失配对单环 Sigma-Delta 调制器信号带宽内量化噪声的影响很小。在标准 CMOS 工艺条件下，0.1%的电容匹配精度并不会造成单环 Sigma-Delta 调制器性能的明显恶化。

2. 级联 Sigma-Delta 调制器的电容失配

对于级联 Sigma-Delta 调制器而言，电容失配会明显地增加信号带宽内的量化噪声，恶化 Sigma-Delta 调制器的信噪比。由于 MASH 结构调制器的噪声抵消逻辑电路要求模拟积分器增益与数字系数满足一定的关系式才能将前级的量化噪声完全消除。如果开关电容积分器中电容失配导致了模拟积分器的系数发生了改变，那么前级量化噪声将不会完全抵消，造成了积分器的噪声泄漏。级联 Sigma-Delta 调制器电容失配分析以 2-1 级联 MASH 调制器结构为例。用于电容失配分析的 2-1 级联 MASH 调制器如图 5.28 所示。其中，忽略两级单环 Sigma-Delta 调制器的增益失配，只考虑两级之间的系数失配。

第一级二阶 Sigma-Delta 调制器和第二级一阶 Sigma-Delta 调制器的传递函数分别为

$$Y_1(z) = z^{-2}X(z) + (1-z^{-1})^2 E_{\text{Q1}}(z) \tag{5.76}$$

$$Y_2(z) = z^{-1}X_2(z) + (1-z^{-1})E_{\text{Q2}}(z) \tag{5.77}$$

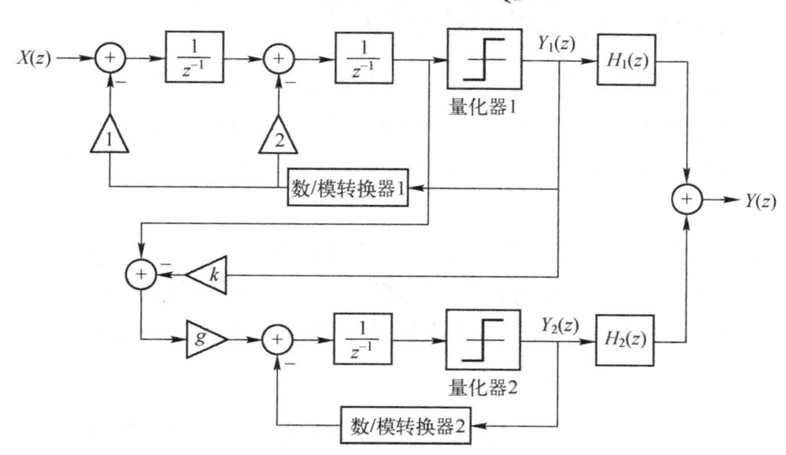

图 5.28　用于电容失配分析的 2-1 级联 MASH 调制器

式中，$X_2(z)=k[(1-g)Y_1(z)-E_{Q1}(z)]$。

将式（5.77）代入式（5.76）中，得到2-1级联MASH结构调制器的传递函数为

$$Y(z)=[z^{-2}H_1(z)+z^{-3}H_2(z)g(1-k)]X(z)+(1-z^{-1})^2H_2(z)E_{Q2}(z)$$
$$+[(1-z^{-1})^2(H_1(z)+z^{-1}H_1(z)(1-k))-z^{-1}H_2(z)g]E_{Q1}(z) \tag{5.78}$$

如果噪声抵消逻辑电路满足：

$$H_1(z)=z^{-1}-(1-k)(1-z^{-1})^2z^{-1} \tag{5.79}$$

$$H_2(z)=\frac{1}{g}(1-z^{-1})^2 \tag{5.80}$$

第一级Sigma-Delta调制器的量化噪声将会被完全消除，其传递函数为

$$Y(z)\approx z^{-3}X(z)+\frac{1}{g}(1-z^{-1})^3E_{Q2}(z) \tag{5.81}$$

如果不存在系数失配，那么2-1级联MASH结构调制器的阐述函数只包含信号的3个单位时间延迟和三阶整形的第二级量化噪声，第一级调制器的量化噪声被完全消除。

下面分析存在系数失配时的情况，假设模拟系数与数字系数产生的误差为δ_g和δ_k，那么存在$g_1=g(1+\delta_g)$和$k_1=k(1+\delta_k)$，2-1级联MASH结构调制器的传递函数为

$$Y(z)\cong z^{-3}X(z)+\delta_{g_1}z^{-1}(1-z^{-1})^2E_{Q1}(z)+\frac{1}{g_1}(1-z^{-1})^3E_{Q2}(z) \tag{5.82}$$

式（5.82）中，两级Sigma-Delta调制器之间的系数g_1的失配会造成第一级Sigma-Delta调制器的量化误差泄漏到级联Sigma-Delta调制器的输出端，增大了量化噪声的功率，降低了Sigma-Delta调制器的性能。由式（5.82）可得到信号带宽内的量化噪声总功率为

$$P_Q(E_Q)=\delta_{g1}^2\frac{\pi^4}{5M^5}E_{Q1}^2+\frac{1}{g_1^2}\frac{\pi^6}{7M^7}E_{Q2}^2 \tag{5.83}$$

式（5.83）中，E_{Q1}^2和E_{Q2}^2分别为第一级和第二级量化器的量化噪声功率。相对于模拟和数字系数匹配，信号带宽内的量化噪声有所增加。

5.3.3 Sigma-Delta调制器的时钟采样误差

Sigma-Delta调制器的时钟采样误差，即时钟抖动误差，来源于采样时钟抖动。时钟抖动是指相对于理想时钟信号的偏移，这种影响对于采样信号影响较大，可归结为信号采样的不确定性和不均匀采样，积分相表现为高阶建立误差。通常积分相的误差可以忽略不计。

时钟抖动发生在采样相，通常表现为采样时间的不确定性，这种不确定性将增加信号带宽内的噪声功率。噪声功率增加的幅度将与输入信号幅度和时钟抖动的程度相关。

假设输入信号是幅度为A、频率为f_s的正弦信号$Y=A\sin(\omega t+\varphi)$，那么每个时钟周期的采样误差如图5.29所示，其表达式为

$$X(nT_s+\Delta t)-X(nT_s)=\frac{\mathrm{d}}{\mathrm{d}x}X(t)\bigg|_{nT_s}\Delta t=2\pi f_s A\cos(2\pi f_s\cdot nT_s)\Delta t \tag{5.84}$$

式中，Δt为采样时间误差。

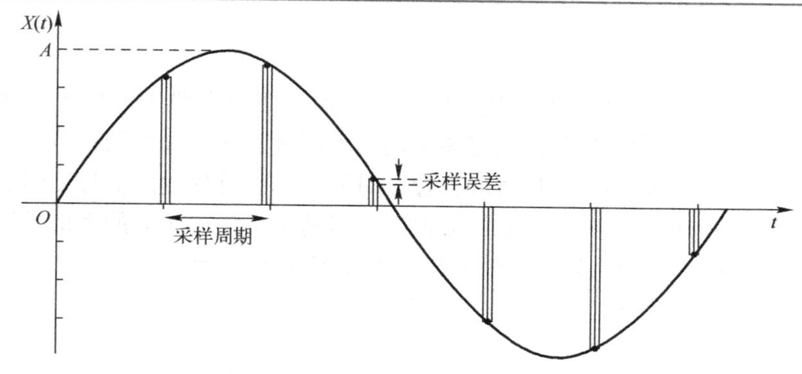

图 5.29　每个时钟周期的采样误差

假设采样时间误差与输入信号不相关，那么信号误差功率在整个采样带宽范围内为均匀分布，那么信号误差的功率密度和信号带宽范围内的噪声功率分别为

$$S_{\mathrm{J}}=\frac{A^2}{2}\frac{(2\pi f\sigma_{\mathrm{J}})^2}{f_{\mathrm{s}}} \tag{5.85}$$

$$P_{\mathrm{J}}=\int_{-f_{\mathrm{b}}}^{f_{\mathrm{b}}}S_{\mathrm{J}}\mathrm{d}f=\frac{A^2}{2}\frac{(2\pi f\sigma_{\mathrm{J}})^2}{\mathrm{OSR}} \tag{5.86}$$

由式（5.86）可知，时钟抖动产生的误差噪声功率与过采样比 OSR 成反比，并与信号频率和幅度的平方成正比。由于信号幅度 $A\leqslant A_{\mathrm{ref}}$，频率 $f\leqslant f_{\mathrm{b}}$，那么在最差情况下，时钟抖动产生的误差噪声功率为

$$P_{\mathrm{J,wc}}=\frac{A_{\mathrm{ref}}^2}{2}\frac{(2\pi f\sigma_{\mathrm{J}})^2}{\mathrm{OSR}}=\frac{A_{\mathrm{ref}}^2}{2}\frac{(2\pi f_{\mathrm{s}}\sigma_{\mathrm{J}})^2}{\mathrm{OSR}^3} \tag{5.87}$$

假设 σ_{J} 不随时钟频率发生变化，那么时钟抖动产生的误差噪声功率与 OSR^3 成反比，所以 Sigma-Delta 调制器中随着过采样比的增加，时钟抖动产生的信号带宽内误差噪声功率随 OSR 增加将大幅降低。

5.3.4　与放大器有关的建立误差分析

与放大器有关的建立误差，除了有限直流增益外，还包括有限单位增益带宽、有限压摆率和有限输出摆幅等，这些建立误差都属于动态建立误差。

1. 有限单位增益带宽

放大器的单位增益带宽与组成积分器的反馈系数得出积分器的闭环带宽，闭环带宽将直接影响积分器的小信号稳定时间。我们假设放大器为一个简单的单极点系统，如果时间常数 $\tau=\frac{1}{2\pi\mathrm{GB}}$，那么输出电压 v_{o} 与输入电压 v_{i} 随时间变化的关系为

$$v_{\mathrm{o}}(t)=v_{\mathrm{i}}\left(1-\mathrm{e}^{-\frac{t}{\tau}}\right) \tag{5.88}$$

如果放大器的单位增益带宽较小，造成其时间常数过大，那么放大器的输出信号没有完全建立。信号带宽内的建立误差将会增加，从而降低 Sigma-Delta 调制器的信噪比。在开关电容 Sigma-Delta 调制器中，可根据容忍误差容限 ε_{o}、时钟周期 T 和负载电容来计算所需的最小的单位增益带宽，并留出一定的设计裕度。

2. 压摆率

运算放大器压摆率的分析要考虑建立时间，它反映了放大器大信号建立能力，即放大器的输入信号加入之后，输出信号接近稳态值的快慢程度。在积分器的积分相，时钟周期的一半为输出的大信号压摆时间与小信号线性建立时间总和。首先输出信号突然发生变化受压摆时间的限制，然后小信号建立受带宽的限制。一般情况下，放大器的大信号压摆时间不会大于整个建立时间的 1/3。放大器的大信号压摆率如图 5.30 所示。

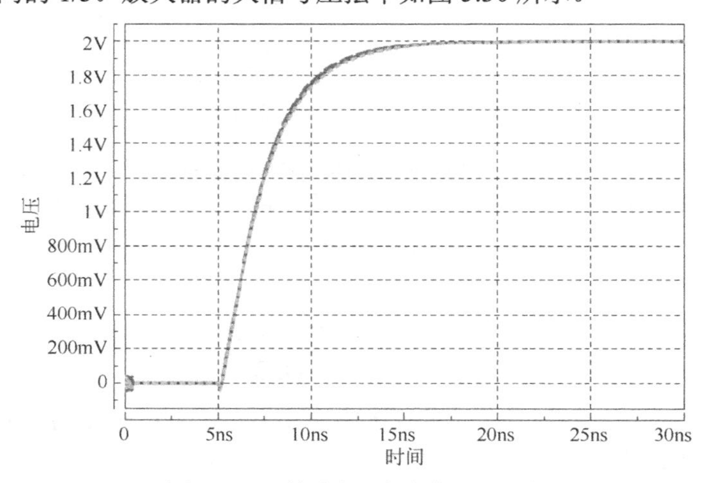

图 5.30　运算放大器的大信号压摆率

3. 有限输出摆幅

在实际的运算放大器电路中，输出摆幅总是小于电源电压的幅值。如果放大器的输出摆幅小于积分器输出所需要的信号幅值，那么超出部分的直流增益会显著下降，最终导致谐波的产生。所以在 Sigma-Delta 调制器的设计里，通常要合理地设置积分系数和反馈系数，使放大器的输出工作在线性摆幅范围内。运算放大器的输出摆幅与直流增益的关系如图 5.31 所示，运算放大器的开环增益在输出摆幅为零时达到峰值，随着输出电压的逐渐增大，输出晶体管逐渐转向线性区，放大器的输出电阻逐渐减小，其直流增益也随之降低，当输出晶体管进入线性区，其直流增益迅速下降。

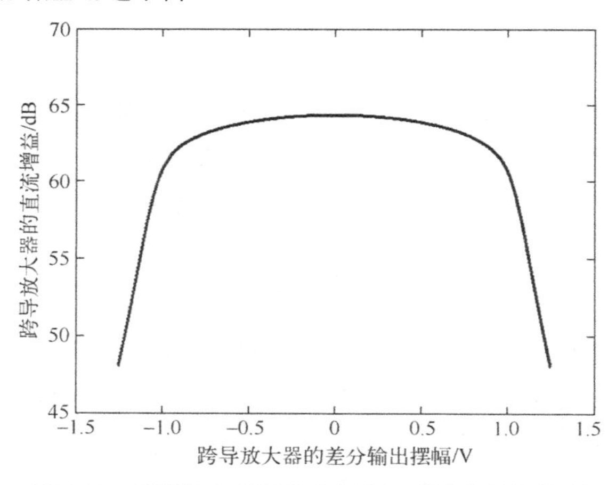

图 5.31　运算放大器的输出摆幅与直流增益的关系

5.4 参考文献

[1] S Au, B H Leung. A 1.95V, 0.34mW, 12b Sigma-Delta Modulator Stability by Local Feedback Loops[J]. IEEE Journal of Solid-State Circuits, 1997,32(3):321-328.

[2] S R Norsworthy, R Schreier, G C Temes. Delta-Sigma Data Converters Theory, Design and Simulation[M]. New York: IEEE Press, 1997.

[3] T Change, L Dung, J Guo, K Yang. A 2.5V 14bit 180mW cascaded sigma delta ADC for ADSL+2 application[J]. IEEE Journal of Solid-State Circuits, 2007, 42(11):2357-2368.

[4] J C Candy, G C Temes. Oversampling Delta-Sigma Data Converters Theory, Design and Simulation[M]. New York: IEEE Press, 1992.

[5] R delRio, F Medeiro, B perez-Verdu, et al. CMOS Cascade Sigma-Delta Modulators for Sensors and Telecom, Error Analysis and practical Design[M]. Netherlands: Springer,2006.

[6] R T Baird, T S Fiez. Linearity enhacement of multibit A/D and D/A converters using data weighted averaging[J]. IEEE Transactions and Circuit Syst-I, 1995, 42(12):753-762.

[7] J A Cherry, W M Snelgrove. Excess loop delay in continuous delta sigma modulator[J]. IEEE Transactions and Circuit Syst-II, 1999, 46(4):376-389.

[8] J A Cherry. Continuous Time Delta Sigma Modulator for High Speed A/D Conversion[M]. Boston: Kluwer Academic Publishers, 2000.

[9] P M et al. Behavioral modeling of switched capacitor sigma delta modulators[J]. IEEE Transactions and Circuits syst-I, 2003, 50(3):352-364.

[10] J B Shyn, G C Temes, F Kmmmenacher. Random error effects in matched MOS capacitors and current sources[J]. IEEE Journal of Solid-State Circuits, 1984, 19(6):948-955.

[11] 范军，黑勇. 一种高性能多位量化 Sigma-Delta 调制器的设计[J]. 微电子学，2012(6)，42(3):306-310.

[12] R Schreier, C Temes Understanding Delta-Sigma Data Converters[M]. New York: John Wiley&Sons, 2005.

[13] B E Boser, B A Wooley. Design of a CMOS second-order sigma-delta modulator[C] //IEEE International Solid-State Circuits Conference, 1988: 258-259,395.

[14] S H Ardalan, J J Paulos. Stability analysis of high-order sigma-delta modulators[C]. 1986 IEEE International Symposium on Circuits and Systems, 1986(2):715-719.

[15] Y Geerts, M S J Steyaert, W. Sansen. A high-performance multibit Delta Sigma CMOS ADC[J]. IEEE Journal of Solid-State Circuits, 2000, 35(12): 1829-1840.

[16] I Fujimori, L Longo, A Hairapetian, et al. A 90-dB SNR 2.5-MHz output-rate ADC using cascaded multibit delta-sigma modulation at 8x oversampling ratio[J]. IEEE Journal of Solid-State Circuits, 2000, 35(12):1820-1828.

[17] S Rabii, B A Wooley. A 1.8-V digital-audio sigma-delta modulator in 0.8-um CMOS[J]. IEEE Journal of Solid-State Circuits, 1997, 32(6):783-796.

[18] G Suarez, M Jimenez, F O Fernandez. Behavioral modeling methods for switched-capacitor Sigma Delta modulators[J]. IEEE Transactions on Circuits and Systems I-Regular Papers,

2007, 54(6):1236-1244.

[19] H Aboushady, Y Dumonteix, M Louerat. Efficient Poly-phase Decomposition of Comb Decimation Filters in Sigma Delta Analog to Digital Converters[C]. IEEE Transactions on Circuits and syst-II, 2001,48 (10).

[20] Brian P Brandt, Bruce A Wooley. A Low-Power, Area-Efficient Digital Filter for Decimation and Interpolation[J]. IEEE Journal of Solid-State Circuits, 1994,29(6):679-687.

[21] S Brigati, F Francesconi, E Maloberti. Modeling sigma-delta modulator non-idealities in SIMULINK[C]. Proc.IEEE ISCAS, 1999(2).

[22] Willy M, C Sansen. Analog Design Essenrials[M]. Beijing: Publishing House of TsingHua university,2008.

[23] Hashem Zare-Hoseini, Izzet Kale, Omid Shoaei. Modeling of switched-capacitor delta-sigma Modulators in SIMULINK[J]. IEEE Transactions on Instrumentation and Measurement, Aug. 2005,54(4):1646-1654.

[24] Crochiere R E, Rabiner L R. Interpolation and Decimation of Digital Signals-A Tutorial Review[J]. Processing of the IEEE. 1981, 69(3): 300331.

[25] RABii S, WOOLE B A. The Design of Low-Voltage Low-Power Sigma-Delta Modulators[M]. Kluwer Academic Publishers, 1999.

[26] Baird R, Fiez T. Improved OE DAC linearity using data weighted averaging[C] //1995 IEEE International Symposium on Circuits and Systems (ISCAS),1995(1): 13-16.

第 6 章　单环 Sigma-Delta 调制器

基于第 5 章关于 Sigma-Delta 调制器的理论描述，本章将讨论一种单环 Sigma-Delta 调制器的电路设计和实验结果分析。首先，根据 Sigma-Delta 调制器的指标选择行为级设计参数；其次，根据设计参数采用 Matlab-Simulink 进行行为级仿真；再次，对电路模块进行设计仿真，完成单环 Sigma-Delta 调制器电路级的设计；最后给出 Sigma-Delta 调制器的实验结果。本章的 Sigma-Delta 调制器电路采用 0.18μm CMOS 混合信号工艺实现，并采用 1.8V 电源电压。

6.1　单环 Sigma-Delta 调制器性能参数的选择

根据表 6.1 中单环 Sigma-Delta 调制器的性能参数，选择行为级设计参数。由第 5 章关于 Sigma-Delta 调制器的性能参数可知，其主要性能参数由过采样比 OSR、阶数 L 和量化器位数 B 决定。

表 6.1　单环 Sigma-Delta 调制器的性能参数

序号	参　　数	参数值
1	信号带宽	50kHz
2	信噪失真比	80dB
3	无杂散动态范围	80dB
4	电流功耗	2mA
5	动态范围	80dB

本章不考虑多位量化器结构的调制器，所以我们首先确定 Sigma-Delta 调制器的量化器位数为 1，即 1 位量化器结构。三阶、四阶 Sigma-Delta 调制器理想峰值信噪失真比（Peak Signal to Noise Distortion Ratio，PSNDR）与 OSR 之间的关系如图 6.1 所示。根据理想信噪失真比与 OSR 之间的关系，留出一定的设计裕度，可以选择的参数如表 6.2 所示。

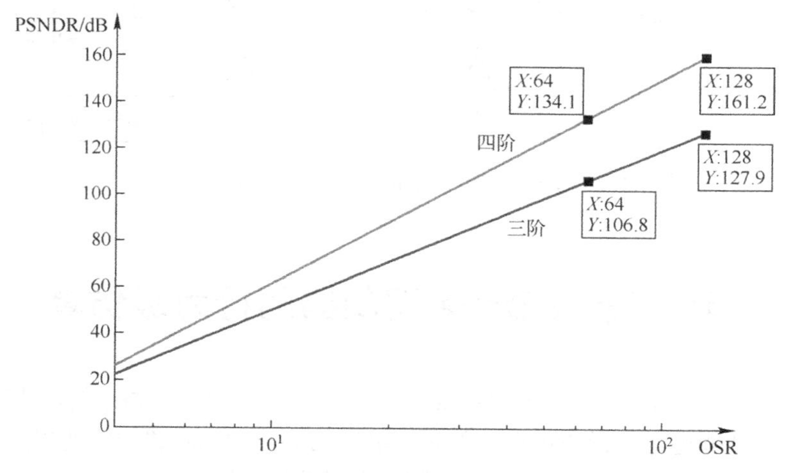

图 6.1　三阶、四阶 Sigma-Delta 调制器理想信噪失真比（PSNDR）与 OSR 之间的关系

表 6.2　单环三阶、四阶 Sigma-Delta 调制器的性能参数

序号	OSR	L	B	理想信噪失真比（PSNDR）
1	64	3	1	106.8dB
2	64	4	1	134.1dB
3	128	3	1	127.9dB
4	128	4	1	161.2dB

表 6.2 中的过采样比 OSR 分别为 64 和 128，调制器阶数分别为 3 和 4 时，可以达到只考虑量化噪声的理想信噪比。根据设计指标 SNDR=80dB，留出一定的设计裕度，我们可选择的设计参数为 OSR=64、L=4 或者 OSR=128、L=3。由于 Sigma-Delta 调制器阶数越高，稳定性越差，所以我们选择 Sigma-Delta 调制器的阶数 L=3，并且对于过采样比 OSR=128 来说，采样时钟频率 f_s=12.8MHz 是可以接受的，其功耗也是可接受的。确定后的单环三阶 Sigma-Delta 调制器的性能参数如表 6.3 所示。

表 6.3　单环三阶 Sigma-Delta 调制器的性能参数

序　号	参　数	参 数 值	序　号	参　数	参 数 值
1	工艺	CMOS-0.18μm	5	过采样比	128
2	电源电压	1.8V	6	采样频率	12.8MHz
3	阶数 L	3	7	信号带宽	50kHz
4	量化器位数 B	1	8	输入信号幅度	0.5V

由第 5 章可知，单环 Sigma-Delta 调制器在结构上可分为 CRFB 结构和 CRFF 结构，CRFF 结构虽然存在前馈通路，使得积分器不处理输入信号，只处理量化噪声，积分器的输出电压较小，在低电源电压下优势较大。但是 CRFF 结构需要在量化器的输入端加入加法器将各前馈通路加权求和，加入的加法器电路造成额外的功耗。由于电路设计在 CMOS 0.18μm-1.8V 工艺下实现，电压摆幅较大，考虑到功耗，我们选择 CRFB 结构实现单环 Sigma-Delta 调制器。单环三阶 CRFB 结构 Sigma-Delta 调制器的结构如图 6.2 所示。

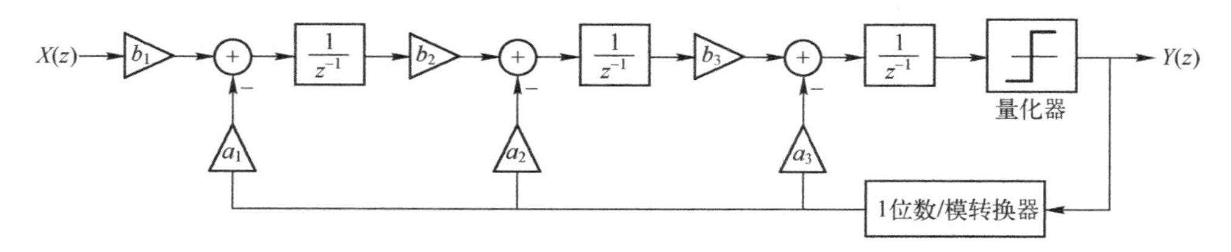

图 6.2　单环三阶 CRFB 结构 Sigma-Delta 调制器的结构

6.2　单环 Sigma-Delta 调制器的行为级仿真

前面我们已经得出了单环 Sigma-Delta 调制器的设计参数和电路结构，本节采用 Matlab 工具对调制器的性能进行分析和仿真。首先对单环 Sigma-Delta 调制器理想的传递函数进行分析，然后采用电路参数对 Sigma-Delta 调制器进行性能分析。

6.2.1　单环 Sigma-Delta 调制器传递函数的行为级仿真

采用如图 6.2 所示的三阶 CRFB 结构，过采样比为 128 的 Sigma-Delta 调制器的离散域噪声传递函数 NTF(z)和环路滤波器传递函数 $H(z)$分别为

$$\mathrm{NTF}(z)=\frac{(z-1)^3}{(z-0.6694)(z^2-1.531z+0.6639)} \tag{6.1}$$

$$H(z)=\frac{0.8(z^2-1.641z+0.695)}{(z-1)^3} \tag{6.2}$$

由于三阶 Sigma-Delta 调制器为一个有条件稳定系统，根据式（6.2）所示的开环环路滤波器，我们可以得出单环三阶 CRFB 结构 Sigma-Delta 调制器开环环路滤波器传递函数 $H(z)$的稳定性分析图，如图 6.3 所示。

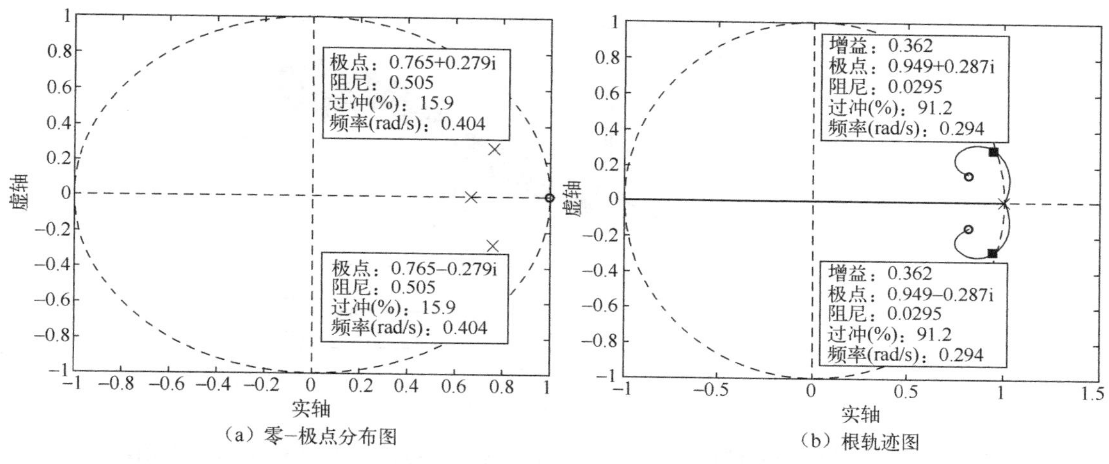

图 6.3　单环三阶 CRFB 结构 Sigma-Delta 调制器开环环路滤波器传递函数 $H(z)$稳定性分析图

从图 6.3 可以看出，当量化器的增益大于 0.362 时，曲线落在单位圆内，单环调制器系统是稳定的，所以量化器输入信号幅度不能太大，否则会造成量化器过载，调制器系统不稳定。

单环三阶 CRFB 结构 Sigma-Delta 调制器（OSR=128）的 STF 和 NTF 随频率变化特性如图 6.4 所示。由图 6.4 可知，信号传递函数 STF 在频率较低（f/f_s<0.01）时，其增益恒定为 1，即信号经过 Sigma-Delta 调制器不发生任何变化；而噪声传递函数 NTF 在整个频率上呈现高通特性，噪声被环路滤波器整形。根据 Lee 准则，高阶 1 位量化器的 Sigma-Delta 调制器的噪声传递函数最大增益应满足$\left|\mathrm{NTF}(z)\right|_{\infty}\leqslant 1.5(3.52\mathrm{dB})$，图 6.4 所示的 NTF 满足 Lee 准则。

采用式（6.1）所示的噪声传递函数 NTF，仿真得到单环三阶 CRFB 结构 Sigma-Delta 调制器的噪声频谱密度（PSD）和信号频谱，如图 6.5 所示。信号频谱和 PSD 在高频区高度一致，由于采用三阶噪声整形结构，带宽外的量化噪声呈现 60dB/dec 上升。另外，输入正弦信号经过调制器处理，可以达到 93.73dB 的信噪比。

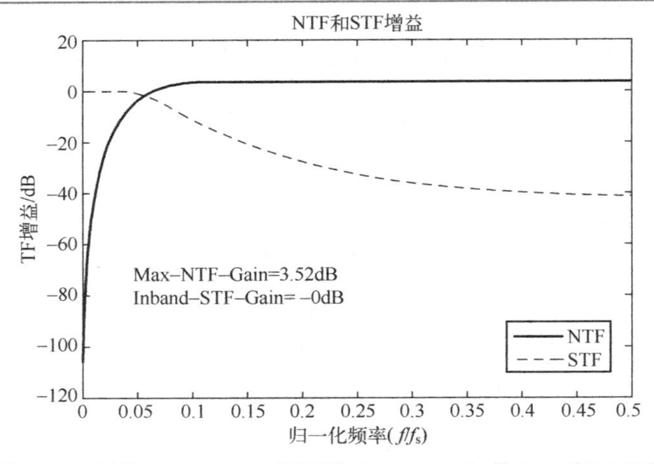

图 6.4 单环三阶 CRFB 结构 Sigma-Delta 调制器（OSR=128）的 STF 和 NTF 随频率变化特性

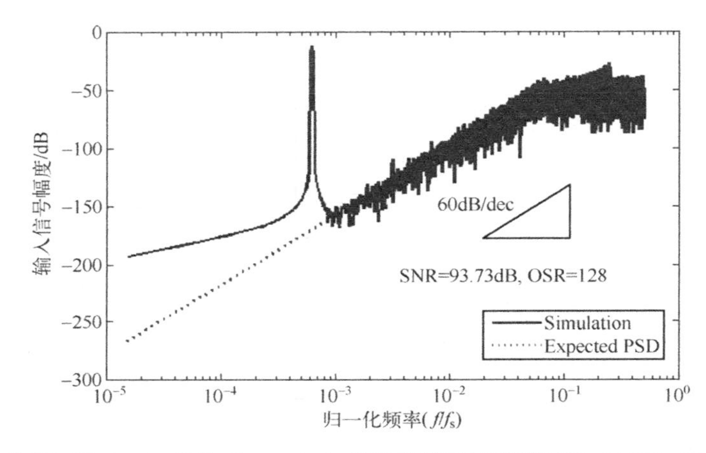

图 6.5 单环三阶 CRFB 结构 Sigma-Delta 调制器的噪声频谱密度（PSD）和信号频谱

采用式（6.1）所示的噪声传递函数 NTF，仿真得到单环三阶 CRFB 结构 Sigma-Delta 调制器的性能（SQNR）与输入信号幅度的关系，如图 6.6 所示。在理想情况下，输入信号幅度为-2dB，三阶 Sigma-Delta 调制器在过采样比为 128 时可以达到 110.4dB 的峰值信噪比（Peak SNR）。

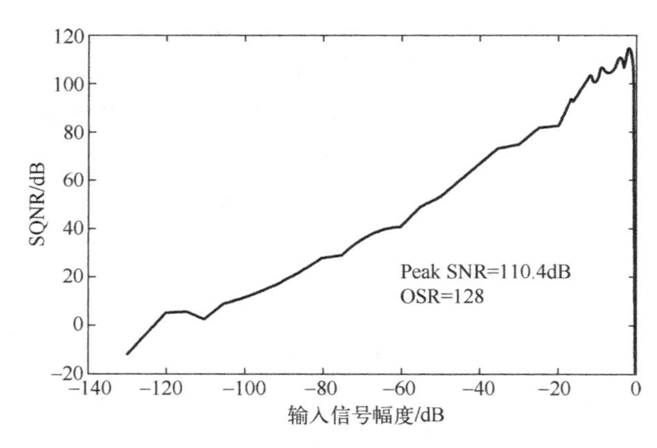

图 6.6 单环三阶 CRFB 结构 Sigma-Delta 调制器的性能（SQNR）与输入信号幅度的关系

6.2.2　单环 Sigma-Delta 调制器电路参数的行为级仿真

单环三阶 CRFB 结构 Sigma-Delta 调制器的结构如图 6.2 所示，由此采用 Matlab-Simulink 搭建的行为级模型如图 6.7 所示。单环三阶 CRFB 结构 Sigma-Delta 调制器系数如表 6.4 所示。Sigma-Delta 调制器理想 Matlab 模型含义如表 6.5 所示。此模型属于理想模型，只包括积分器的输出摆幅，其他的非理想特性均不包含在内，所以仿真出的性能应该与图 6.6 所示的仿真结果较为接近。其中，图 6.7 所示模型的组成模块来自 SDtoolbox 工具。

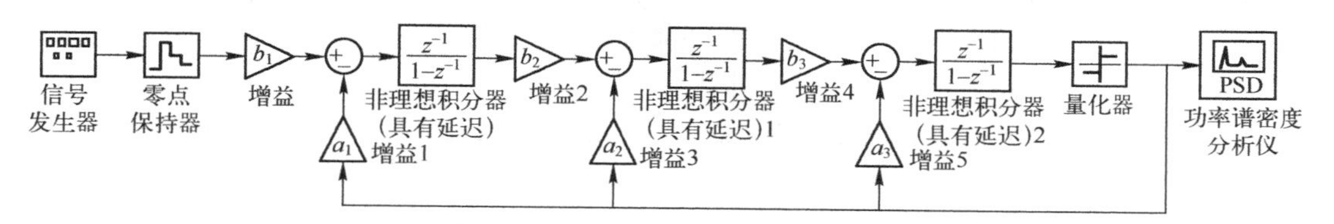

图 6.7　采用 Matlab-Simulink 搭建的行为级模型

表 6.4　单环三阶 CRFB 结构 Sigma-Delta 调制器系数

系　数	a_1	a_2	a_3	b_1	b_2	b_3
系数类型	反馈系数			积分系数		
系 数 值	1/10	1/7	1/6	1/10	2/7	1/3

表 6.5　Sigma-Delta 调制器理想 Matlab 模型含义

序号	符　号	名　称	参 数 值
1	Signal Generator	信号发生器	Amplitude=0.5，Frequency=7.22×10^3
2	Zero-Order Hold	零阶保持	Sample Time=1/（12.8×10^6）（采样时间）
3	IDEAL Integrator(with Delay)	第一级积分器	Saturation=0.7（积分器输出摆幅） Sample Time=1/（12.8×10^6）
4	IDEAL Integrator(with Delay)1	第二级积分器	Saturation=0.7 Sample Time=1/（12.8×10^6）
5	IDEAL Integrator(with Delay)2	第三级积分器	Saturation=0.7 Sample Time=1/（12.8×10^6）
6	Quantizer	量化器	Sample Time=1/（12.8×10^6）
7	Power Spectrum Density	功率谱密度分析仪	Scope Number=1，Sampling Frequency=12.8×10^6 Low Band Bound=1，Upper Band Bound=50×10^3 Signal Frequency=7.22×10^3 Number of FFT Points=65536 Number of Transient Points=100

采用图 6.7 所示的 Matlab-Simulink 行为级模型和表 6.4 所示的积分系数和反馈系数，仿真得到的单环三阶 CRFB 结构 Sigma-Delta 调制器的性能如图 6.8 所示。

由图 6.8 可知，单环三阶 CRFB 结构 Sigma-Delta 调制器采用理想的模型进行仿真，在输入信号幅度为 0.5V，频率为 7.22kHz 时，可以达到 102.3dB 的信噪失真比和 16.7 位的有效位数。图 6.8 所示理想模型由于只包含量化噪声，所以呈现三阶噪声整形，高频端呈现 60dB/dec 的增加。

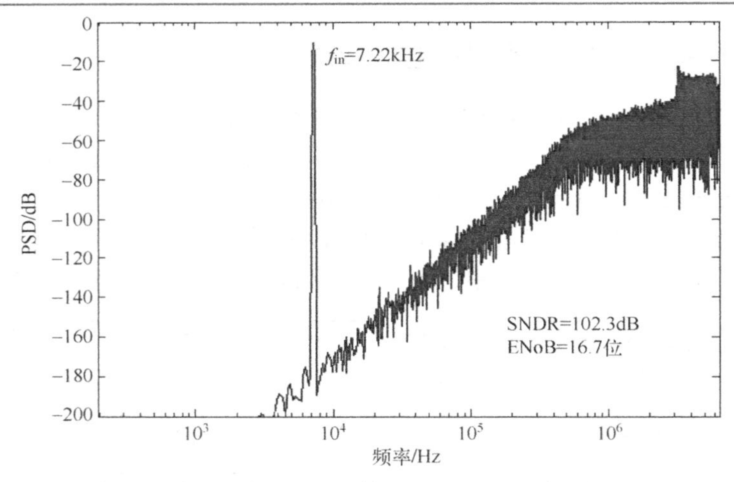

图 6.8 单环三阶 CRFB 结构 Sigma-Delta 调制器的性能

采用单环三阶 CRFB 结构 Sigma-Delta 调制器的理想模型，仿真得到的 3 个积分器电压输出摆幅如图 6.9 所示。从图 6.9 可以看出，3 个积分器电压输出摆幅均小于 0.5V。

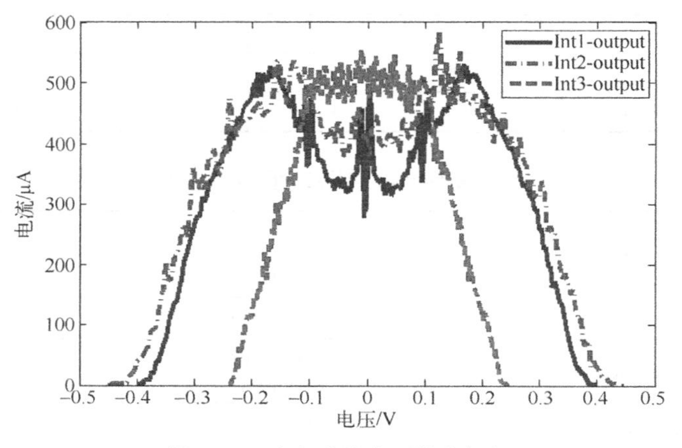

图 6.9 3 个积分器电压输出摆幅

6.3 单环 Sigma-Delta 调制器的开关电容电路实现

6.3.1 开关电容电路

单环三阶 CRFB 结构 Sigma-Delta 调制器的开关电容电路如图 6.10 所示。为了抑制共模噪声及电源线、地线上的噪声，开关电容电路采用全差分结构实现。

在图 6.10 中，全差分结构采用 3 个积分器级联的方式实现，第三级积分器后面连接量化器，根据量化器的输出结果来决定反馈至各级积分器的数/模转换器符号。Sigma-Delta 调制器整体工作在 CLK_{1d} 和 CLK_{2d} 两相不交叠时钟信号下，其中 CLK_1 和 CLK_2 分别为 CLK_{1d} 和 CLK_{2d} 的提前关断时钟，采用提前关断时钟将降低底极板采样的电荷注入。Sigma-Delta 调制器的时钟波形如图 6.11 所示。

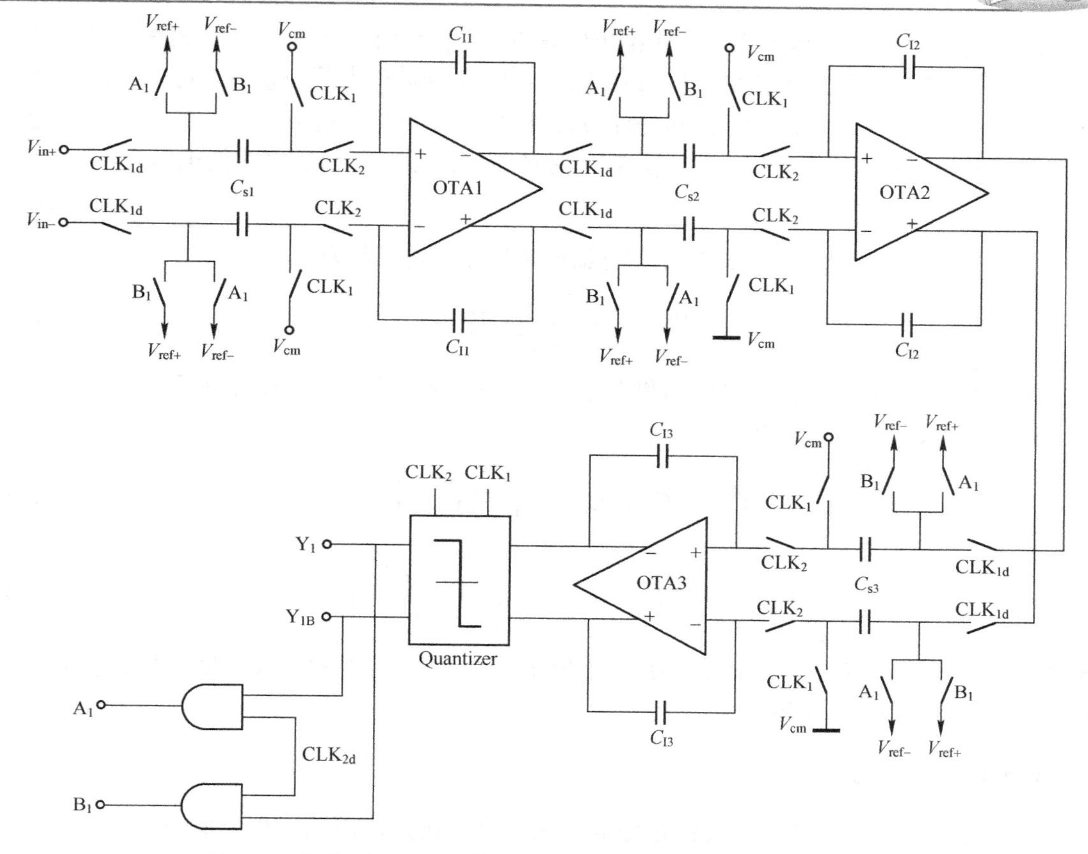

图 6.10　单环三阶 CRFB 结构 Sigma-Delta 调制器的开关电容电路

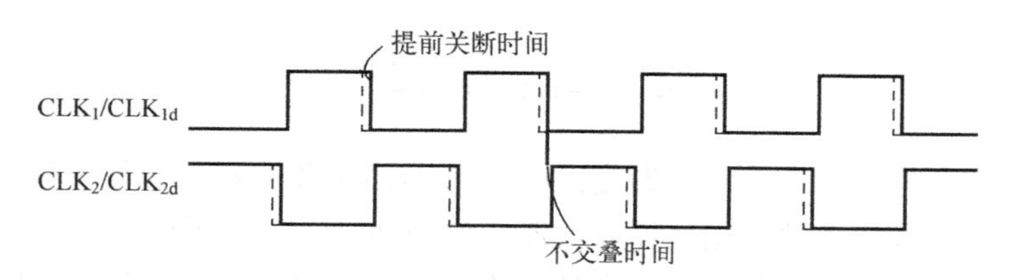

图 6.11　Sigma-Delta 调制器的时钟波形

开关电容积分器电路如图 6.12 所示。开关电容积分器由开关、采样电容 C_s、积分电容 C_i 和运算放大器 OTA 构成，C_p 和 C_o 为积分器的输入和输出寄生电容。

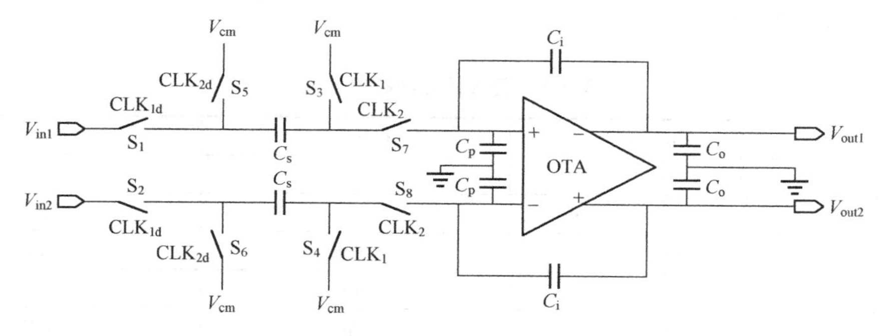

图 6.12　开关电容积分器电路

在图 6.12 中，积分器工作于采样相和积分相。采样相时，开关 S_1～S_4 闭合，开关 S_5～S_8 断开，输入信号 V_{in} 被采样至采样电容 C_s 上，C_s 上存储的电荷为 $Q_s = C_s V_{in}$。此时，积分电容 C_i 将保持上一个时钟周期的积分值；积分相时，开关 S_1～S_4 断开，开关 S_5～S_8 闭合，C_s 存储的电荷将被转移至积分电容 C_i。在本时钟周期积分电容 C_i 上产生的电压为

$$V_{out} = V_{in} \cdot C_s / C_i \tag{6.3}$$

由上面的分析可得，图 6.12 所示积分器的离散域传递函数为

$$V_{out} = \frac{C_s}{C_i} \cdot \frac{z^{-1}}{1 - z^{-1}} \cdot V_{in} \tag{6.4}$$

图 6.12 所示的积分器在采样相和积分相的等效负载不同，在采样相和积分相的等效负载电容分别为 $C_{eq,s}$ 和 $C_{eq,i}$，即

$$C_{eq,s} = C_p + (C_o + C_{s,n})\left(1 + \frac{C_p}{C_i}\right) \tag{6.5}$$

$$C_{eq,i} = C_s + C_p + (C_o + C_s)\left(1 + \frac{C_p + C_s}{C_i}\right) \tag{6.6}$$

式中，C_s 为采样电容；C_i 为积分电容；C_p 和 C_o 分别为积分器的输入和输出寄生电容；$C_{s,n}$ 为下一级积分器的采样电容。

6.3.2 采样电容

开关电容电路的热噪声主要由积分器的采样电容决定，而三级积分器中，第一级积分器的采样电容决定了 Sigma-Delta 调制器的噪声底板，也就是 kT/C 噪声。第一级积分器的采样等效热噪声为

$$v_{n,in}^2 = \frac{4}{3}\frac{kT}{C_1}\gamma(1 + n_t) + \frac{kT}{C_s} \tag{6.7}$$

式中，k 为玻尔兹曼常数；T 为绝对温度；C_1 为积分器的积分相的等效负载电容；γ 为积分器的反馈系数；n_t 为噪声系数，由运算放大器结构来确定；C_s 为采样电容。

由于单环 Sigma-Delta 调制器的积分器都在一个环路内，各级积分器产生的热噪声都会被环路滤波器整形，按照信号流的走向，越靠后的积分器会产生阶数越高的热噪声。所以，后续积分器的采样电容可以按比例适当缩小。由等效输入热噪声指标可以得出各级积分器的采样电容值，采用表 6.4 所示的各级积分器的积分系数和反馈系数，可以得出各级积分器的电容值，如表 6.6 所示。

表 6.6 各级积分器的电容值

级　　数	积分器 1		积分器 2		积分器 3	
系数	b_1	a_1	b_2	a_2	b_3	a_3
系数值	1/10	1/10	2/7	1/7	1/3	1/6
采样电容	0.8pF		0.4pF		0.2pF	
积分电容	8pF		1.4pF		0.6pF	
反馈电容	8pF		0.2pF		0.1pF	

6.3.3　积分器

单环 Sigma-Delta 调制器由于各级积分器都在同一个环路内，其环路内元器件的非线性和非理想特性可以被环路滤波器整形，其整形特性与噪声整形的原理基本相同。单环三阶 Sigma-Delta 调制器由三级积分器级联构成，第一级积分器处于信号处理的最前端，所以对其要求在三级积分器中也是最高的，环路滤波器对其产生的非理想特性只有一阶噪声特性，而环路滤波器对第二级、第三级积分器产生的非理想特性分别有二阶和三阶噪声整形能力。并且，结合过采样技术，第一级、第二级和第三级积分器的非理想特性还降低了 OSR^{-3}、OSR^{-5} 和 OSR^{-7}。所以在电路设计指标上，对第一级积分器的要求最高，而对后级积分器的要求逐渐降低。由于积分器的核心为运算放大器 OTA，所以这里给出了各级积分器中 OTA 的性能指标，如表 6.7 所示。

表 6.7　各级积分器中 OTA 的性能指标

序　号	参　数	第一级积分器	第二级积分器	第三级积分器
1	直流增益	65dB	50dB	40dB
2	单位增益带宽	50MHz	30MHz	20MHz
3	压摆率	60V/μs	40V/μs	30V/μs
4	等效输入噪声	$20nV/\sqrt{Hz}$	$50nV/\sqrt{Hz}$	$100nV/\sqrt{Hz}$

6.4　单环 Sigma-Delta 调制器的电路设计及仿真结果分析

由图 6.10 可知，单环三阶 Sigma-Delta 调制器主要由积分器、量化器和反馈网络构成。另外，调制器系统还需要时钟电路提供采样相和积分相的不交叠时钟信号。本节主要介绍组成单环三阶 Sigma-Delta 调制器各主要模块的电路设计及仿真结果。

6.4.1　积分器的设计与仿真

单环二阶 Sigma-Delta 调制器的积分器结构采用图 6.12 所示的结构。在开关电容积分器中，运算放大器 OTA 是其最核心的模块。OTA 可分为单级放大器和多级放大器，单级放大器还可分为电流镜负载型、套筒共源共栅型、折叠共源共栅型和增益自举型。为了提高稳定性，多级放大器通常选择两级放大器结构，第一级放大器结构为单级放大器的一种，第二级放大器结构可分为共源级（Class-A）结构和推挽输出（Class-AB）结构。运算放大器的结构如图 6.13 所示。

图 6.13（a）～（c）为单级放大器，（d）～（e）为两级放大器。单级放大器的优点是近似单极点系统，不用考虑稳定性问题，带宽较大，并且功耗较低；其缺点是输出摆幅较小。两级放大器的优点是直流增益较大，输出摆幅较大；其缺点是系统极点较多，需要频率补偿。根据 Sigma-Delta 调制器对运算放大器的要求，不需要太高的直流增益，1.8V 电源电压对摆幅的要求也不高，所以选择单级折叠共源共栅型放大器结构。积分器中使用的 OTA 结构如图 6.14 所示。

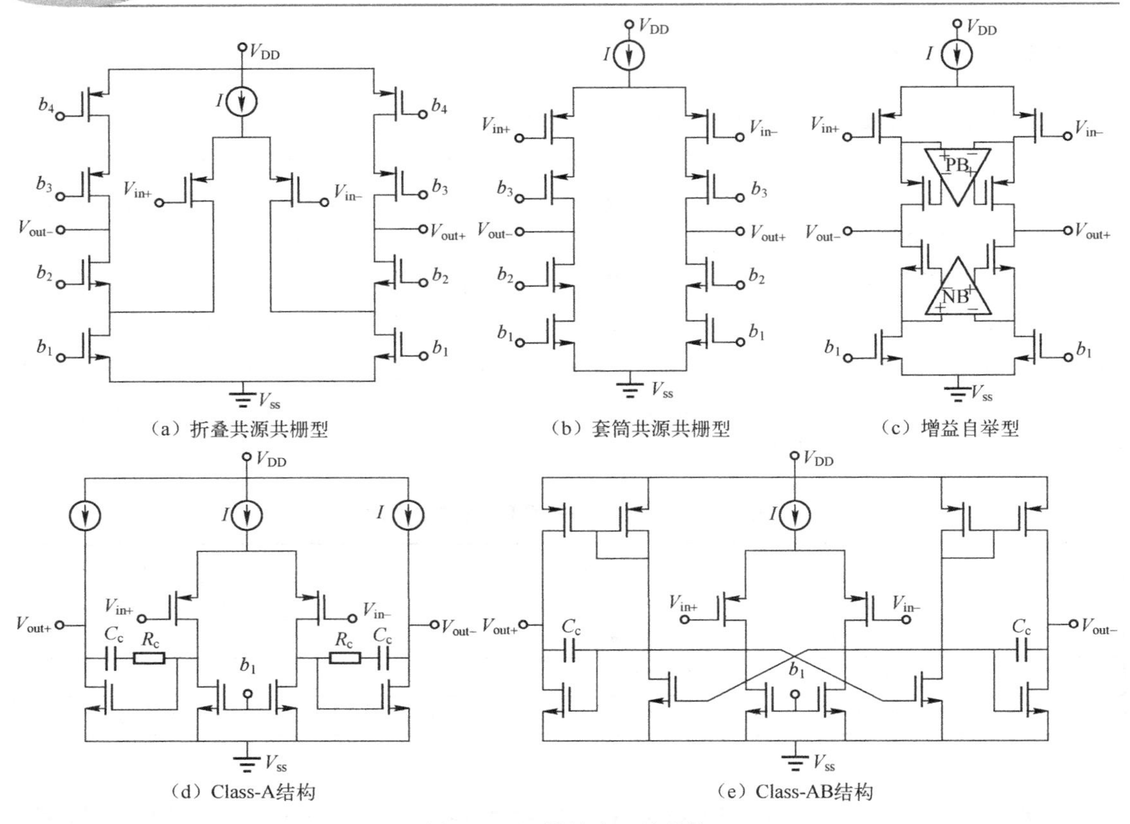

（a）折叠共源共栅型　（b）套筒共源共栅型　（c）增益自举型

（d）Class-A结构　（e）Class-AB结构

图 6.13　运算放大器的结构

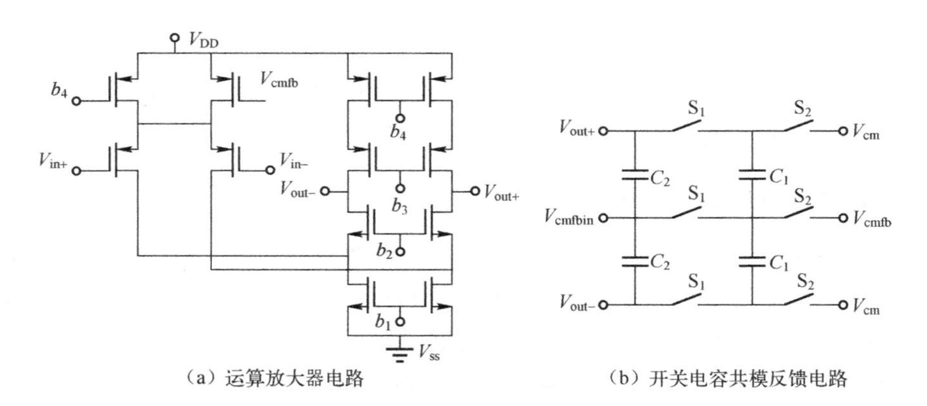

（a）运算放大器电路　（b）开关电容共模反馈电路

图 6.14　积分器中使用的 OTA 结构

在图 6.14（a）中，OTA 选择折叠共源共栅结构，折叠共源共栅结构有较好的输出摆幅、直流增益、单位增益带宽、噪声系数和功耗等指标；选择 PMOS 晶体管作为输入差分对管可有效降低 $1/f$ 等低频噪声。在图 6.14（b）中，由于全差分 OTA 的输出无法确定输出电压值，所以需要共模反馈电路稳定输出电压。开关电容共模反馈不消耗静态电流，并且无须考虑稳定性问题，所以使用在 Sigma-Delta 调制器的开关电容结构中最为合适。

第一级积分器中运算放大器（OTA1）的幅频和相频仿真结果如图 6.15 所示，上半部分为运算放大器的幅频特性，下半部分为运算放大器的相频特性。从图 6.15 中可以得出，

OTA1 的直流增益为 65.22dB，带载情况下单位增益带宽为 91.41MHz，相位裕度为 87.07°。

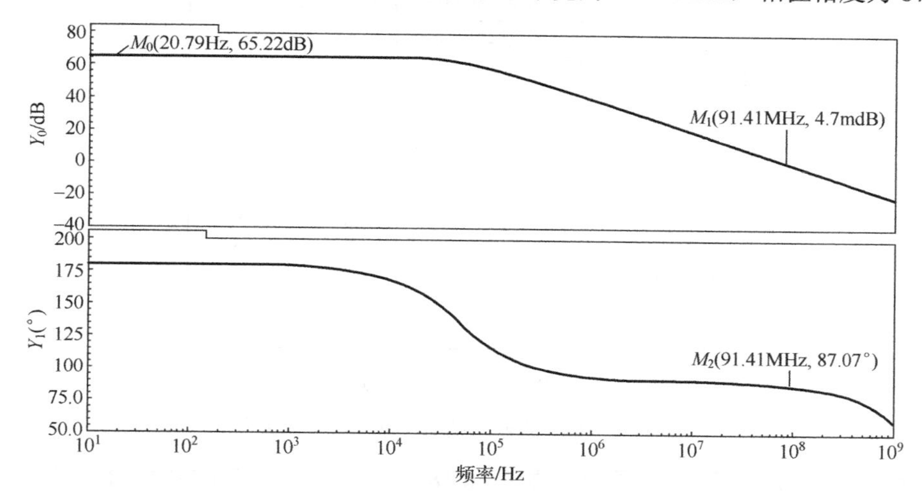

图 6.15　第一级积分器中运算放大器（OTA1）的幅频和相频仿真结果

OTA1 的压摆率仿真结果如图 6.16 所示，上半部分为运算放大器闭环差分输入阶跃信号，下半部分为运算放大器的阶跃响应输出。从运算放大器输出信号来看，OTA1 的大信号压摆发生在 M_0～M_1 区域，那么根据压摆率的定义，得出 OTA1 的压摆率为

$$\mathrm{SR}_1 = \left|[-769.7-(-70.22)]\times \mathrm{e}^{-3}\right| \Big/ [(1.01-1.002)\times \mathrm{e}^{-6}] = 87.4\mathrm{V}/\mu\mathrm{s}$$

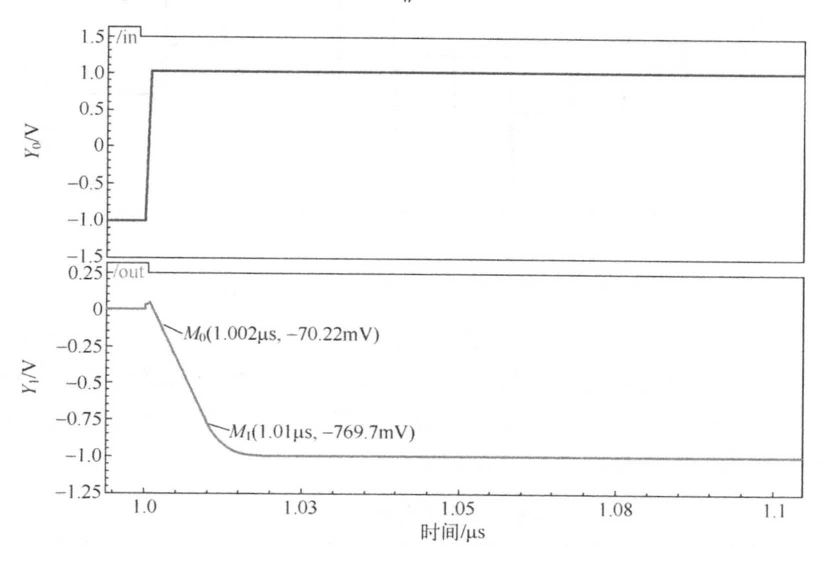

图 6.16　OTA1 的压摆率仿真结果

OTA1 的输出摆幅与直流增益的关系如图 6.17 所示，横坐标为运算放大器的输出差分摆幅，纵坐标为运算放大器的直流增益。假定运算放大器的有效输出摆幅定义为直流增益下降 3dB，那么图 6.17 显示的运算放大器有效输出摆幅在电源电压为 1.8V 的情况下为±0.9V。

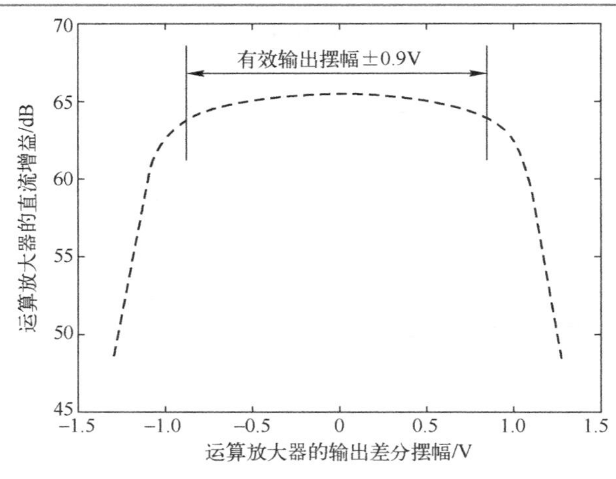

图 6.17　OTA1 的输出摆幅与直流增益的关系

第一级积分器输出信号的仿真波形如图 6.18 所示，积分器在时钟驱动下进行工作，积分器每个工作周期分为采样相和积分相，采样相保持上一个时钟周期积分值，而积分相将积分器当前周期采样值累加至输出。从图 6.18 中可以看出，积分器无论在采样相还是在积分相，其信号建立得都非常好。

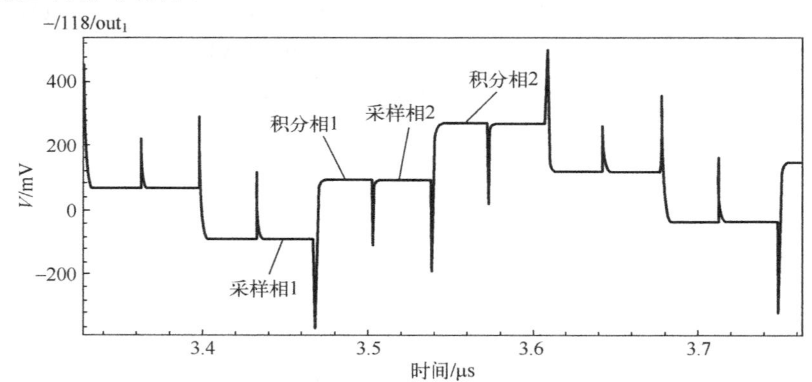

图 6.18　第一级积分器输出信号的仿真波形

以上完成了第一级积分器中的运算放大器的设计和仿真过程，第二级和第三级积分器中的运算放大器的设计和仿真过程与第一级完全相同，只是由于后级积分器会受到更高阶的噪声整形，所以对其性能要求会有所降低，采样电容、晶体管尺寸和偏置电流等方面可以适当地减少。运算放大器的仿真结果如表 6.8 所示。

表 6.8　运算放大器的仿真结果

参　数 \ 放大器	运算放大器 1	运算放大器 2	运算放大器 3
直流增益	65dB	69dB	70dB
单位增益带宽	91MHz	55MHz	30MHz
相位裕度	87°	87°	87°
压摆率	87.4V/μs	50V/μs	35V/μs
输出摆幅	±0.9V	±0.9V	±0.9V
功耗	1mW	0.3mW	0.2mW

6.4.2　量化器的设计与仿真

在调制器的末端需要量化器将积分器的输出信号转换成精度较低的数字码流，由于单环三阶 Sigma-Delta 调制器中，量化器的非理想特性经过了三阶噪声整形的抑制，对量化器的性能要求不高，所以可以采用无静态功耗的 1 位动态比较器结构实现。1 位量化器电路如图 6.19 所示。

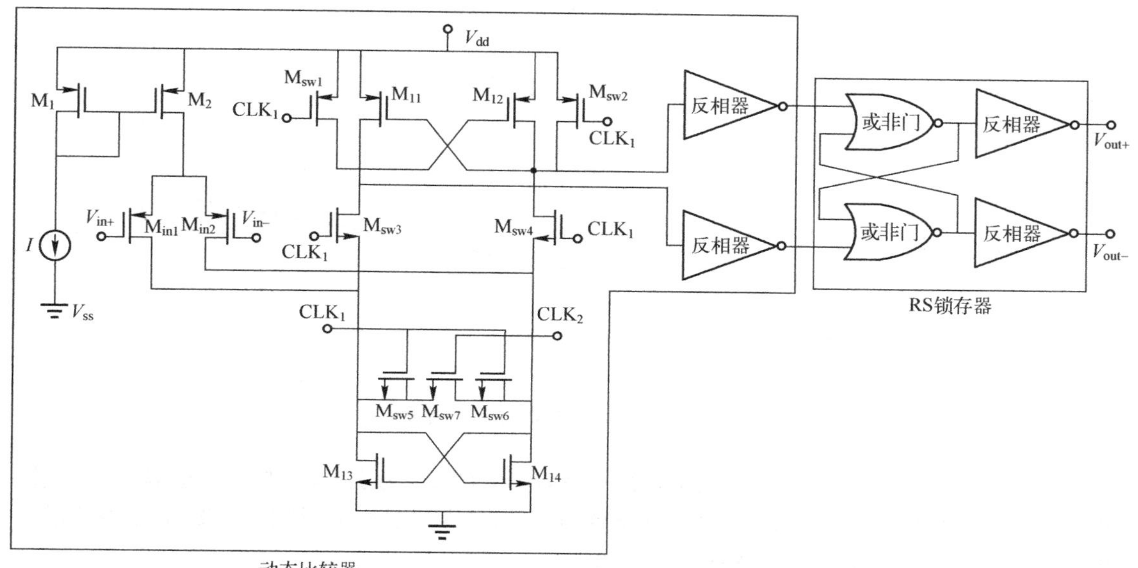

图 6.19　1 位量化器电路

如图 6.19 所示，1 位量化器电路由动态比较器和 RS 锁存器构成。其中，动态比较器在两相不交叠时钟信号的驱动下，比较输入差分信号（$V_{in+}-V_{in-}$）的大小。RS 锁存器将比较器的比较结果进行锁存，使得比较结果在一个时钟周期内保持不变。

如图 6.19 所示的动态比较器电路由 PMOS 差分对管（M_{in1} 和 M_{in2}）、电流镜（M_1/M_2）、受时钟信号控制的开关（M_{sw1}～M_{sw7}）、两对正反馈电路（M_{11}/M_{12} 和 M_{13}/M_{14}）及两组反相器构成。在采样相，时钟信号 CLK_1 为低电平、CLK_2 为高电平，M_{sw7} 导通使得下半部分正反馈电路短路，而 M_{sw1} 和 M_{sw2} 导通使得上半部分正反馈电路短路，两组反相器输出信号同时为低电平；在比较相，时钟信号 CLK_1 为高电平、CLK_2 为低电平，开关 M_{sw3} 和 M_{sw4} 导通，使得比较信号经过输入差分对管产生相应电流后，由上、下两对正反馈电路将微小电流进行放大后输出，完成比较功能。需要说明的是，M_{sw5} 和 M_{sw6} 作为辅助管，可以适当降低 M_{sw7} 晶体管在导通和关断转换时引入的电荷注入影响。RS 锁存器由或非门和反相器构成。当比较器工作在采样相时，差分输出信号都为低电平，这时 RS 锁存器保持上一周期数据不变；当比较器工作在比较相时，差分输出信号为正确的比较结果，这时 RS 锁存器将输出正确的比较结果。

量化器的功能仿真结果如图 6.20 所示，最下面为差分输入信号 in，斜坡信号为 −0.7～0.7V，上面两个为量化器的差分输出信号 out_1 和 out_2。从图 6.20 中可以看出，在输入差分斜坡信号为负值时（即 $V_{in+}<V_{in-}$），输出信号 out_1 为低电平，输出信号 out_2

为高电平；而在输出差分斜坡信号为正值时（即 $V_{in+}>V_{in-}$），输出信号 out_1 为高电平，输出信号 out_2 为低电平。量化器的功能完全正确。

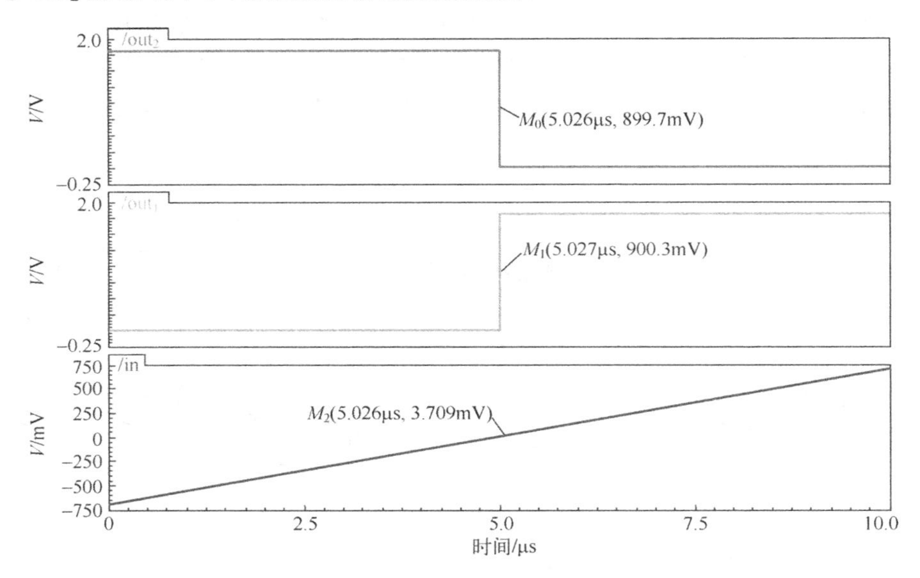

图 6.20　量化器的功能仿真结果

量化器的延迟时间仿真结果如图 6.21 所示，当 CLK_1 为上升沿时，量化器输出比较结果，即量化器的延迟时间从 CLK_1 的上升沿到输出信号变化的延迟时间。从图 6.21 中可以看出，量化器的延迟时间 t_d=(150.6−150.1)ns=0.5ns。

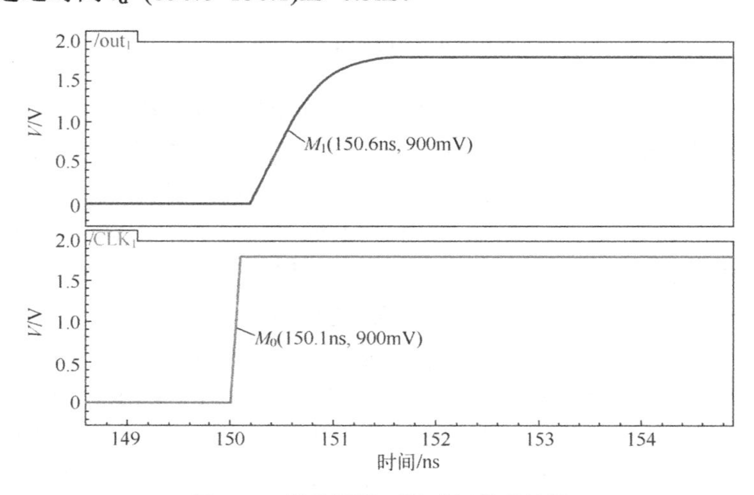

图 6.21　量化器的延迟时间仿真结果

量化器的失调电压仿真结果如图 6.22 所示，量化器的失调电压主要由比较器的差分对管的失调电压决定。采用 PMOS 晶体管、增加输入晶体管的面积、应用适当的版图设计方法将有助于降低比较器的失调电压。图 6.22 为量化器 1000 次的蒙特卡洛分析结果。从图 6.22 中可以看出，比较器的失调电压可以控制在±6mV 范围之内。

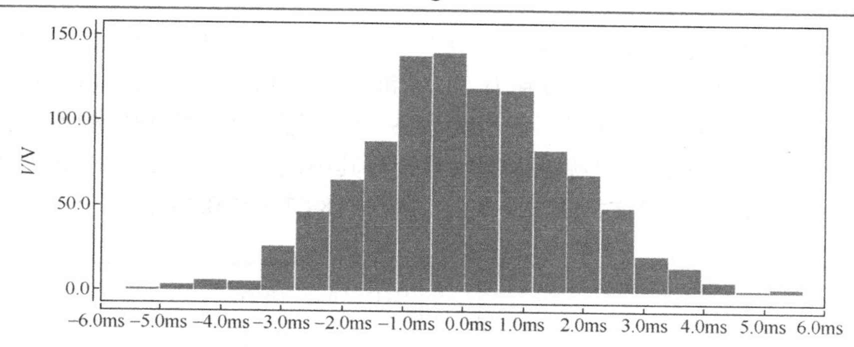

图 6.22　量化器的失调电压仿真结果

6.4.3　分相时钟电路的设计与仿真

开关电容结构的 Sigma-Delta 调制器中的积分器使两相不交叠时钟信号分别工作在采样相和积分相，量化器也分别工作在采样相和比较相，分相时钟电路如图 6.23 所示。

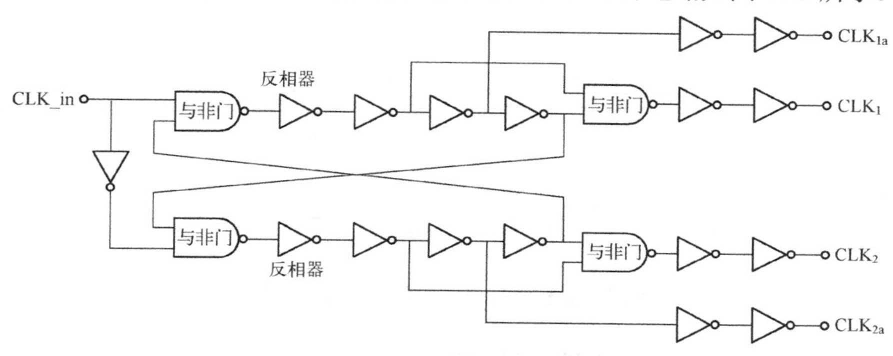

图 6.23　分相时钟电路

图 6.23 所示的分相时钟电路由外部时钟 CLK_in 驱动，并产生两相不交叠时钟信号 CLK_1 和 CLK_2，CLK_{1a} 和 CLK_{2a} 分别为 CLK_1 和 CLK_2 的提前关断时钟信号，为了降低积分器电荷输入对采样精度的影响，必须加入提前关断时钟信号。分相时钟电路的仿真结果如图 6.24 所示。

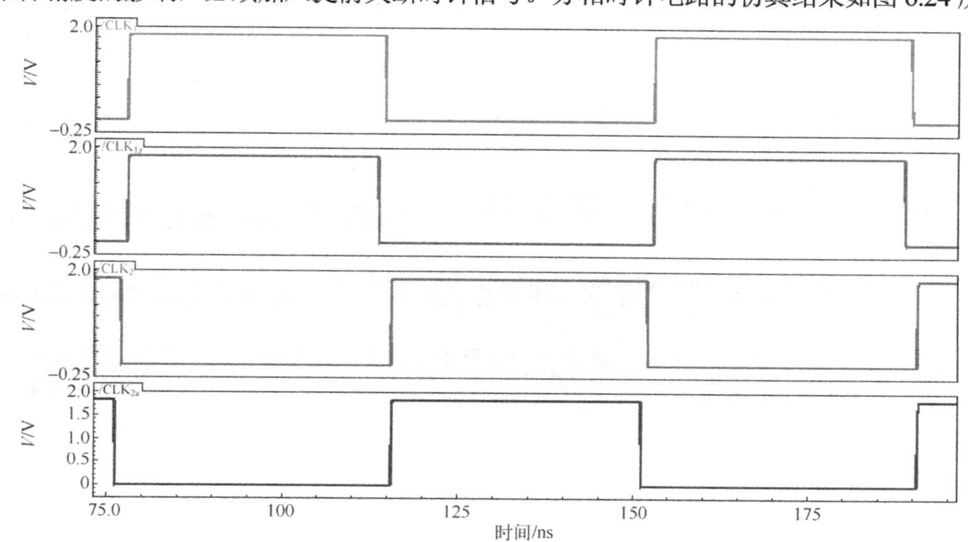

图 6.24　分相时钟电路的仿真结果

在图 6.24 中，从上至下依次为 CLK_1、CLK_{1a}、CLK_2 和 CLK_{2a}，CLK_1 和 CLK_2 为不交叠时钟信号，并且 CLK_{1a} 和 CLK_{2a} 分别为 CLK_1 和 CLK_2 的提前关断时钟信号。分相时钟电路的仿真结果局部放大如图 6.25 所示。由图 6.25 可以得到分相时钟电路的不交叠时间和提前关断时间，由于时钟电路的对称性，所以只计算其中之一即可。其中，不交叠时间 T_{no}=（190.5−189.6）ns=0.9ns，而提前关断时间 T_{ad}=（189.6−188.7）ns= 0.9ns。

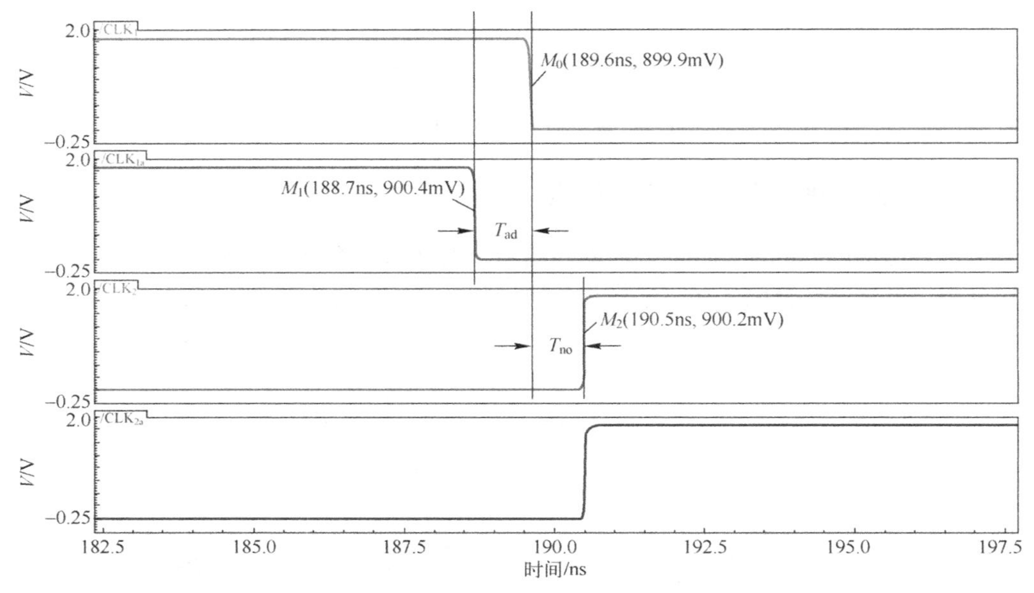

图 6.25　分相时钟电路的仿真结果局部放大

6.4.4　单环 Sigma-Delta 调制器的仿真

单环三阶 CRFB 结构 Sigma-Delta 调制器的仿真结果如图 6.26 所示。对单环三阶 CRFB 结构 Sigma-Delta 调制器进行功能仿真，在输入端加入频率为 7.22kHz、幅度为 0.5V 的正弦信号，时钟信号端加入频率为 12.8MHz 的方波信号，瞬态仿真时间大约为输入信号一个周期时间（140μs）。

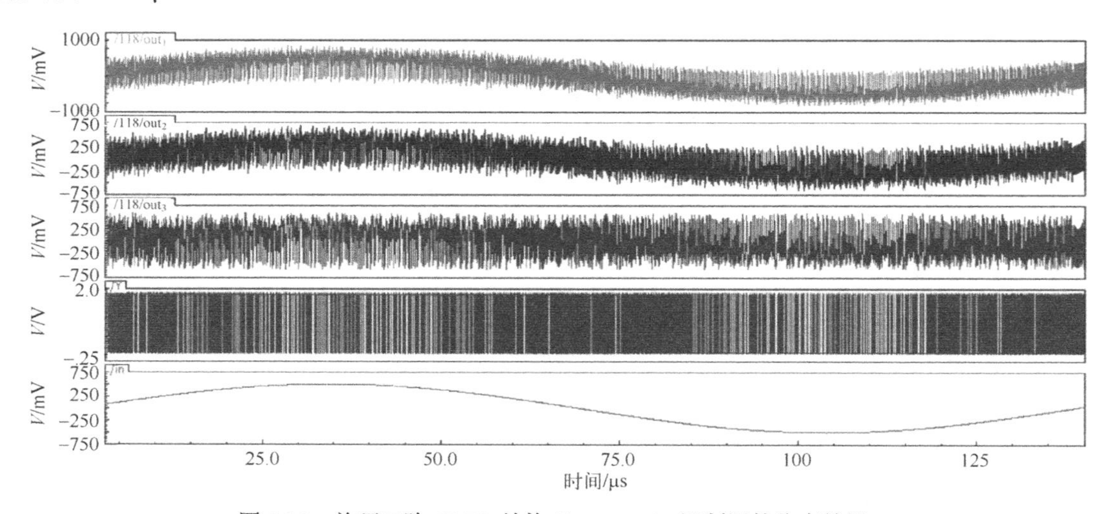

图 6.26　单环三阶 CRFB 结构 Sigma-Delta 调制器的仿真结果

图 6.26 中，从上至下依次为第一级积分器差分输出信号 out_1、第二级积分器差分输出信号 out_2、第三级积分器差分输出信号 out_3、调制器数字输出信号 Y 和输入正弦信号 in。从图 6.26 中可以看出，三级积分器的输出信号都在范围之内，没有发生积分器饱和现象。调制器的输出信号 Y 近似符合脉冲宽度调制（PWM）波形，并且当输入信号幅度较大时，输出信号 Y 的高电平出现的次数明显高于低电平；而当输入信号幅度较小时（负值），输出信号 Y 的低电平出现的次数明显高于高电平；当输入信号幅度接近零时，输出信号 Y 的高、低电平出现的次数基本相等。单环三阶 CRFB 结构 Sigma-Delta 调制器的仿真结果局部放大如图 6.27 所示。

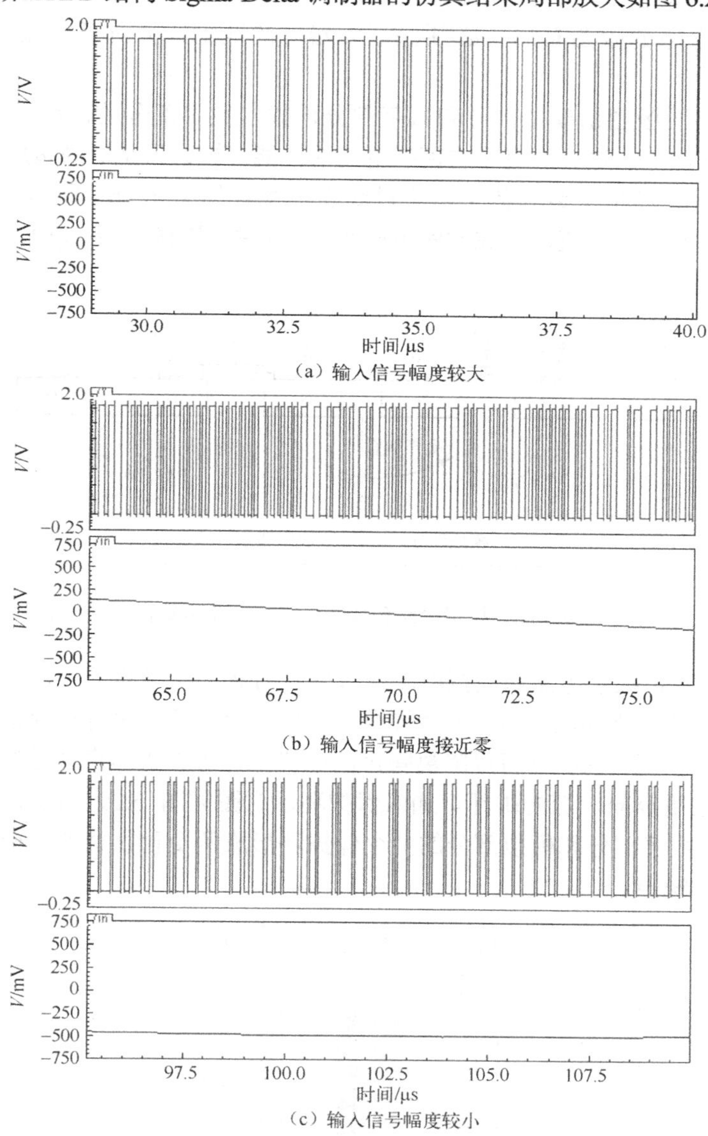

（a）输入信号幅度较大

（b）输入信号幅度接近零

（c）输入信号幅度较小

图 6.27　单环三阶 CRFB 结构 Sigma-Delta 调制器的仿真结果局部放大

 6.5　单环 Sigma-Delta 调制器的版图设计与实验结果

单环三阶 CRFB 结构 Sigma-Delta 调制器是采用 0.18μm CMOS 混合信号工艺设计制成

的，电源电压为 1.8V。本节主要讨论 Sigma-Delta 调制器的版图布局与设计事项，并对实验结果进行讨论。

6.5.1 单环 Sigma-Delta 调制器的版图设计

模拟集成电路的版图设计是芯片设计过程中非常关键的一步，直接影响着整个芯片能否完成预期功能和设计指标。虽然在电路设计上没有问题，但是版图设计没有按照一定的规则进行，由寄生效应、匹配原因造成的非理想因素也可能导致芯片设计失败。所以对于模拟集成电路的版图布局，必须保证元器件的匹配，并降低寄生电容和电阻对电路的影响。

数模混合电路的版图由模拟部分和数字部分构成，数字部分的高频大信号噪声通过硅片衬底耦合到模拟部分，这会严重影响模拟电路的性能，被认为是对高精度设计最为重要的性能制约因素之一。模拟电路和数字电路衬底噪声耦合如图 6.28 所示。这些电路在工作时，周期性地向衬底注入电流，造成衬底电压在每个时钟周期都产生波动，从而影响模拟电路的性能。

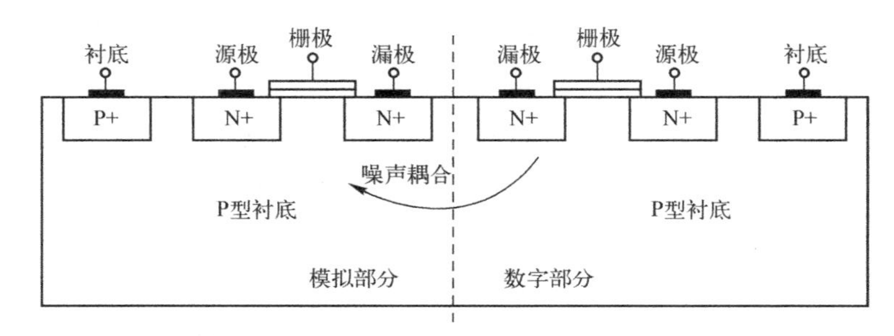

图 6.28　模拟电路和数字电路衬底噪声耦合

如图 6.28 所示，数字电路和模拟电路通过硅片衬底产生噪声耦合，避免这种噪声干扰的解决方案是将模拟电路和数字电路的版图分开一段距离摆放，另外在模拟电路或数字电路的版图周围加上保护环。保护环可以隔离噪声的串扰，也可以将噪声通过低阻通路吸收掉，所以保护环最好采用纵向较深的阱环。加入保护环示意图如图 6.29 所示，保护环由衬底环和 N 阱环构成。数字部分和模拟部分的两个保护环形成两个背靠背的二极管，从而能够隔离数字部分产生的噪声。

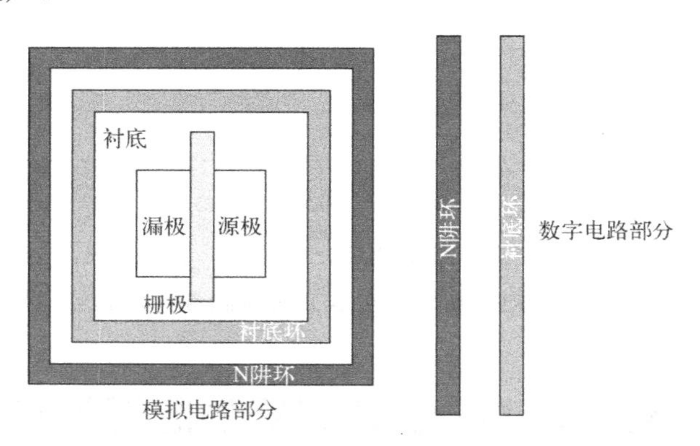

图 6.29　加入保护环示意图

另外，在电源线和地线之间加入较大的电容来降低电源电压的波动。此电容越大越好并且不需要具体的值，所以一般采用单位电容较大的 MOS 电容来实现。MOS 电容由 MOS 晶体管的栅极与源极、漏极和衬底之间构成的平板电容构成，选择 MOS 晶体管作为 MOS 电容时，尽量选择较大的晶体管。

模拟集成电路的精度很多都是由元器件的相对匹配程度决定的，而不是绝对值决定的。例如，运算放大器输入管的匹配程度决定了其失调电压，奈奎斯特采样率模/数转换器中电容的匹配程度决定了其能达到的精度，电流镜的晶体管匹配程度决定了镜像电流的精度等。CMOS 工艺在匹配程度上相对于双极工艺有较大的优势，但在集成电路制造过程中不可避免地会产生诸如几何尺寸的变形和不均匀、注入杂质浓度的梯度分布等，从而造成元器件失配、参数绝对值的变化等。所以在进行电路的版图设计时，要特别注意对称性与匹配程度，其主要原则如下。

（1）匹配元器件在版图上尽量靠近，并采用共质心画法。

（2）需要镜像的元器件尽量采取复制操作。

（3）在匹配元器件周边加上形状上相同、功能上无用的元器件，降低工艺偏差。

匹配电容的基本画法如图 6.30 所示，通常匹配电容需要共质心画法，并且要在周围加入无用的元器件。在图 6.30 中，Dy（Dummy）为无用的电容元器件。

单环三阶 CRFB 结构 Sigma-Delta 调制器的版图布局如图 6.31 所示。在图 6.31 中，按照信号流向，从上至下依次为三级积分器和量化器；虚线为信号流向；分相时钟电路为大信号数字电路，应排在一侧，并离模拟电路有一定的距离；带隙基准源为模拟电路提供精确的电压和偏置电流，所以应离强干扰源的数字电路远一些，我们把它放置在积分器的左侧，并且在其上方的空地加入 MOS 电容阵列来降低电源线和地线的耦合噪声；最后将数字电路放在一角，并远离积分器等模拟电路。

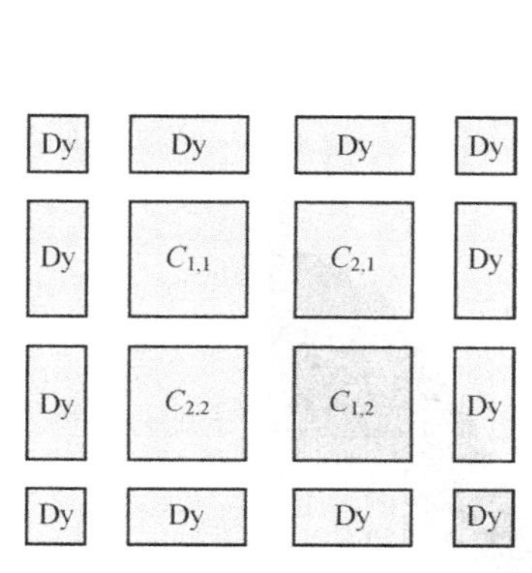

图 6.30　匹配电容的基本画法

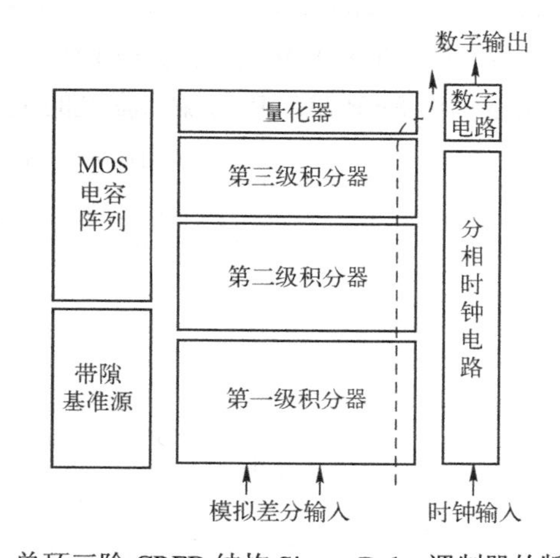

图 6.31　单环三阶 CRFB 结构 Sigma-Delta 调制器的版图布局

单环三阶 CRFB 结构 Sigma-Delta 调制器的版图如图 6.32 所示，它是按照图 6.31 所示进行布局的，其内部电路严格按照版图的匹配、降低噪声等原则进行设计，并通过工艺厂商给定的设计规则检查（DRC），通过电路和版图一致性检查（LVS），提取版图寄生参数并进行后仿真。后仿真结果要满足设计指标的要求。

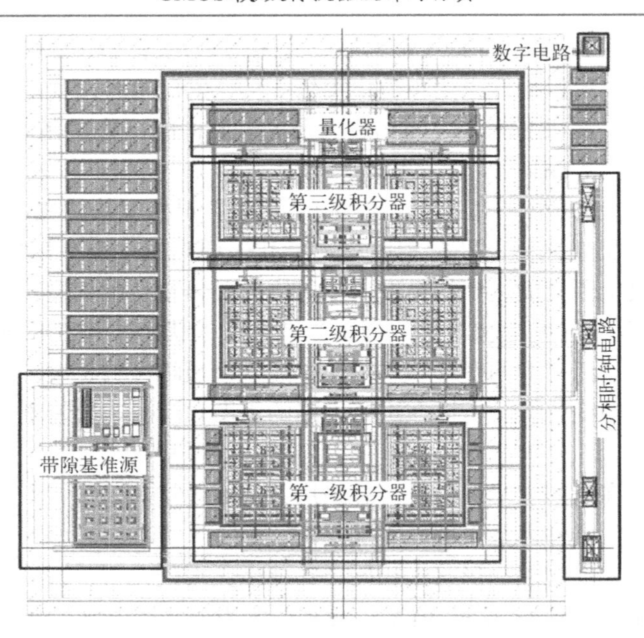

图 6.32 单环三阶 CRFB 结构 Sigma-Delta 调制器的版图

6.5.2 单环 Sigma-Delta 调制器的实验结果

在单环三阶 CRFB 结构 Sigma-Delta 调制器的输入端通过信号发生器加入差分信号，经过一阶抗混叠 RC 滤波器后进入芯片内，时钟信号为 0～1.8V 的方波信号，数字输出信号采用逻辑分析仪进行收集，并采用 Matlab 软件程序进行计算，从而得出实验结果。单环三阶 Sigma-Delta 调制器的输入差分信号的幅度为-6dB，频率为 5kHz，时钟信号频率为 1.28MHz。单环三阶 CRFB 结构 Sigma-Delta 调制器输出频谱如图 6.33 所示。单环 Sigma-Delta 调制器输出 SNR/SNDR 与输入幅度的关系如图 6.34 所示。

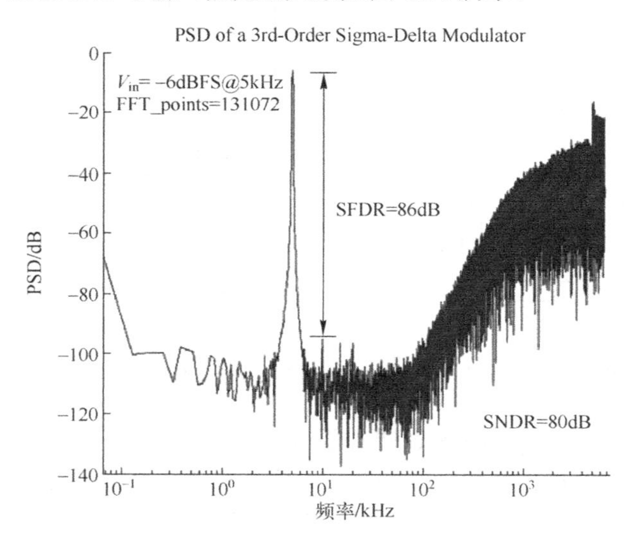

图 6.33 单环三阶 CRFB 结构 Sigma-Delta 调制器输出频谱

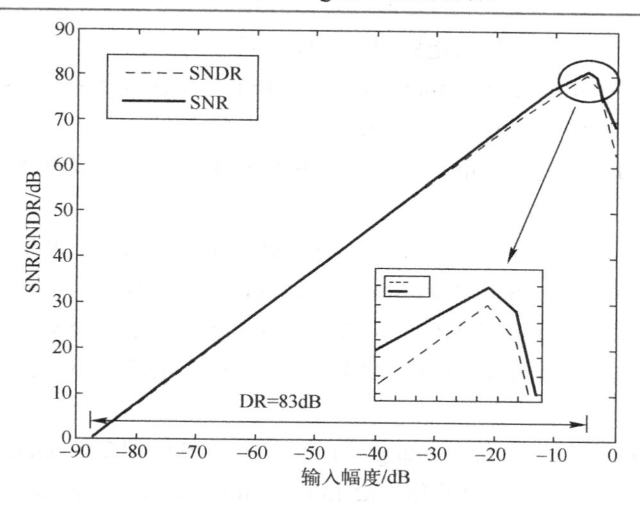

图 6.34　单环 Sigma-Delta 调制器输出 SNR/SNDR 与输入幅度的关系

本章主要描述了基于 CMOS 0.18μm 混合信号工艺的单环 Sigma-Delta 调制器的设计过程，主要从调制器指标制定、行为级仿真、电路模块设计和版图设计等来进行详细的描述。实验结果表明，单环 Sigma-Delta 调制器的信噪失真比 SDNR 可以达到 80dB，动态范围 DR 为 83dB，无杂散动态范围 SFDR 为 86dB，电路消耗电流为 1.5mA，基本达到了预期设计指标的要求。

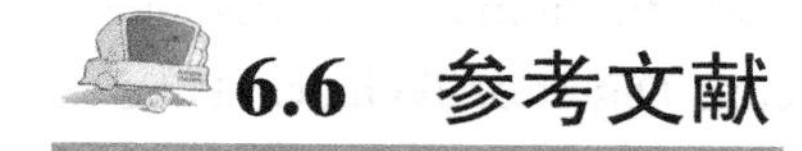

6.6　参考文献

[1] K Bult, Gjgm Geelen. A FAST SETTLING CMOS OP AMP FOR SC CIRCUITS WITH 90-dB DC GAIN[J]. IEEE Journal of Solid-State Circuits, 1990, 25(6):1379-1384.

[2] Alan Hastings. 模拟电路版图的艺术[M]. 北京：清华大学出版社，2003.

[3] Chae Y, Han G. Low voltage low power inverter-Based switched-capacitor delta-sigma modulator[J]. IEEE Journal of Solid-State Circuits, 2009,44(2): 458-472.

[4] Fiorenza J, Sepke T, Holloway P, et al. Comparator-based switched-capacitor circuits for scaled CMOS technologies[J]. IEEE Journal of Solid-State Circuits, 2006,41(12): 2658-2668.

[5] Lee K, Meng Q, Sugimoto T, et al. A 0.8 U, 2.6 mW, 88 dB dual-channel audio delta-sigma D/A converter with headphone driver[J]. IEEE Journal of Solid-State Circuits, 2009, 44(3): 916-927.

[6] Yang Y, Cholchawala A, Alexander M. A 114-dB 68-mW chopper-stabilized stereo multibit audio ADC in 5.62 mm^2[J]. IEEE Journal of Solid-State Circuits, 2003, 38(12): 2061-2068.

[7] Fujimori I, Nogi A, Sugimoto T. A multibit delta-sigma audio DAC with 120-dB dynamic range[J]. IEEE Journal of Solid-State Circuits, 2000,35(8): 1066-1073.

[8] Norsworthy S R, Post I G, Fetterman H S. A 14-bit 80kHz sigma-delta A/Dconverter: modeling, design and performance evaluation[J]. IEEE Journal of Solid State Circuit, 1989, 24(2):256-266.

[9] B Razavi. 模拟 CMOS 集成电路设计[M]. 西安：西安交通大学出版社，2003.

[10] R Schreier. An Empirical Study of High-Order Single-Bit Delta-Sigma Modulators[J]. IEEE Transactions and Circuits Syst-I, 1993:461-466.

[11] Douglas R Holberg, Phillip E Allen. CMOS 模拟集成电路设计[M]. 2 版. 北京：电子工业出版社，2002.

[12] Y Geerts, M S J Steyaert, W Sansen. A high-performance multibit Delta Sigma CMOS ADC[J]. IEEE Journal of Solid-State Circuits, 2000, 35(12):1829-1840.

[13] K Y Nam, S M Lee, D K Su, et al. A low-voltage low-power sigma-delta modulator for broadband analog-to-digital conversion[J]. IEEE Journal of Solid-State Circuits, 2005,40(9): 1855-1864.

[14] Ahn Gil-cho, Chang Dong-young, M Brown. A 0.6V 82dB Delta Sigma audio ADC using switched-RC integrators[J]. IEEE International Solid-State Circuits Conference,2005(1): 166-591.

[15] Libin Yao, Steyaert M S J, Sansen W. A 1V 140μW 88dB audio sigma-delta modulator in 90-nm CMOS[J]. IEEE Journal of Solid-State Circuits, Nov. 2004,39(11) :1809-1818.

[16] Fayed A A, Ismail M. A high-speed, low-voltage CMOS offset comparator [J]. Analog Integrated Circuits and Signal Proc. 2003, 36(3):267-272.

[17] S. Rabii, B. A. Wooley. A 1.8-V digital-audio Sigma-Delta modulator in 0.8um CMOS[J]. IEEE of Solid-State Circuits, 1997, 32: 783-796.

[18] Libin Yao, Michiel Steyaert, Willy Sansen. A 1-V 1-MS/s, 88-dB Sigma-Delta Modulator in 0.13μm Digital CMOS Technology[J]. Symposium on VLSI Circuits Digest of Technical Papers, 2005:180-183.

[19] 范军，蒋见花，李海龙. 一种适用于信号检测的低失真低功耗 Sigma-Delta A/D 转换器[J]. 微电子学，2011，41(4):488-492,497.

[20] CHANG T H, LAN R D. Fourth-order cascaded ΣΔ modulator using tri-level quantization and bandpass noise shaping for broadband telecommunication applications [J]. IEEE Transactions and Circuits Syst-I: Regular Papers, 2008, 55(6): 1722-1732.

[21] R.delRio, F Medeiro, B perez-Verdu, et al. CMOS Cascade Sigma-Delta Modulators for Sensors and Telecom, Error Analysis and practical Design[M]. Netherlands: Springer,2006.

第 7 章　多位量化 Sigma-Delta 调制器

多位量化 Sigma-Delta 调制器是 Sigma-Delta 调制器结构中极为重要的一类，它可以在较低过采样比的条件下实现较大的信噪比。与单环和级联结构相比，多位量化结构 Sigma-Delta 调制器在实现同等信噪比时具有更少的积分器，因而功耗较低，更适合于低功耗系统中的设计。本章将以一款 16 位/8kHz 二阶 3 位量化 Sigma-Delta 调制器作为设计实例进行讨论和分析。

7.1　多位量化 Sigma-Delta 调制器的结构

在 1 位量化 Sigma-Delta 调制器的结构中，在一定的过采样比下可以通过增加调制器阶数来提高调制器动态范围。然而，通过提高阶数来提高调制器动态范围的方法在实际中会受到调制器的结构限制。首先在单环高阶调制器中，阶数的增加会引发稳定性问题，而在 MASH 结构中，多阶调制器输出信号的噪声失配也会造成调制器动态范围的显著下降，因此选择多位量化器结构来提高调制器动态范围就成为另一种合适的设计选择。多位量化 Sigma-Delta 调制器的主要优点如下。

（1）多位量化 Sigma-Delta 调制器使得量化步长减小，因此它比 1 位量化 Sigma-Delta 调制器带内的误差噪声功率大为下降。理论分析得到量化位数每增加 1 位，带内的误差噪声功率降低 6dB，也意味着调制器动态范围增加 6dB。

（2）多位量化 Sigma-Delta 调制器比 1 位量化 Sigma-Delta 调制器具有更好的线性度，因此其由非线性效应引起的空闲噪声也被大幅减弱。

（3）在多位量化 Sigma-Delta 调制器中，实际中的加性白噪声模型逼近也比 1 位量化 Sigma-Delta 调制器的更加准确。

（4）在同样的环路滤波器结构中，高阶多位量化 Sigma-Delta 调制器比 1 位量化 Sigma-Delta 调制器具有更好的稳定性。

因此，多位量化结构可以使调制器的信噪比更逼近理论值。在一定的动态范围指标下，多位量化 Sigma-Delta 调制器可以采用更低的过采样比和更低的调制器阶数。这意味着在应用中，可以采用更低的时钟频率和更少积分器数量来达到设计目标，有效降低了整体调制器的功耗，在低功耗设计中多位量化 Sigma-Delta 调制器是一种更优的设计结构。

多位量化 Sigma-Delta 调制器也有一些显著的缺点要在设计中进行克服，主要表现在以下几方面。

（1）多位量化 Sigma-Delta 调制器需要多个比较器作为量化器使用，模拟电路的规模更大，设计也更复杂。

（2）多位量化 Sigma-Delta 调制器要引入多位数/模转换器进行模拟反馈信号的重构。由于多位数/模转换器之间的元器件失配，会造成数/模转换器的非线性误差，这些非线性误差直接注入反馈环路中，并进入调制器的输入端，而没有经过环路的噪声整形。因此，其整体的线性度受限于多位数/模转换器的线性度，如果不对多位数/模转换器的非线性进行校正，那么调制器的动态范围将受到极大的影响。

典型的包含 B 位模/数转换器和 B 位数/模转换器的多位量化 Sigma-Delta 调制器的结构如图 7.1 所示。其中，该调制器是一个全并行结构，主要包含两条通路，B 的取值通常小于或等于 5。在一条通路中，B 位模/数转换器包括一组并行的 2^B-1 个比较器，将环路滤波器的输出信号转换为温度计码，最终通过编码器转换为二进制码输出。在另一条通路中，B 位数/模转换器利用 2^B-1 个单位元器件（这些元器件可以是电容、电阻或电流源）以 2^B 个（编号为 $0\sim2^B-1$）等级重构模拟反馈信号。

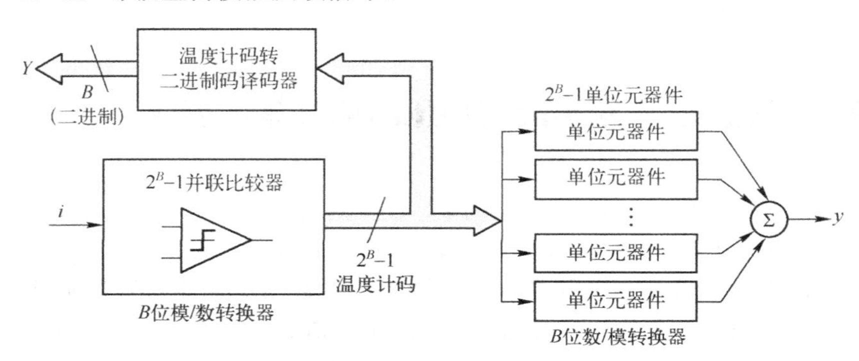

图 7.1　典型的包含 B 位模/数转换器和 B 位数/模转换器的多位量化 Sigma-Delta 调制器的结构

这意味着当选择第 i 个单位元器件进行反馈时，就输出第 i 个等级的反馈信号。数/模转换器的非线性主要来源于单位元器件之间的失配，使得输出等级偏离理想值。假设每一个单位元器件的实际输出遵循高斯分布，那么数/模转换器输出的最大相对误差为

$$\sigma\left(\frac{\Delta y}{y}\right)\approx\frac{1}{2\sqrt{2^B}}\sigma\left(\frac{\Delta U_e}{U_e}\right) \tag{7.1}$$

式中，$\sigma(\Delta U_e/U_e)$ 是单位元器件之间的相对误差。

由于采用全并行结构，整体数/模转换器的精度要高于单位元器件。然而，对于一个具有 16 位精度的 4 位量化 Sigma-Delta 调制器，数/模转换器中单位元器件的匹配精度要达到 0.01% 以上（13 位左右）。在目前标准 CMOS 工艺中，元器件的匹配精度大致为 0.1%（10 位）。因此，为了降低多位数/模转换器的非线性影响，提高元器件匹配精度，在多位量化 Sigma-Delta 调制器中，元器件修调（Element Trimming）、数字校正（Digital Correction）和动态元器件匹配（Dynamic Element Matching，DEM）等校正方法相继被提出，以下进行简要讨论。

1. 元器件修调

提高多位数/模转换器精度的一个直接办法就是通过修调来提高单位元器件之间的匹配

程度，根据不同的元器件，修调的方法也各不相同。例如，电阻可以通过激光进行修调；在 PROM 中对电容的修调是通过打开或关断与单位电容并联的电容来实现的。这些修调步骤必须在工艺厂中完成，随之而来的是增加的工艺和测试步骤，同时也增加了芯片的生产成本。修调的另一个缺陷是这些补偿措施不随温度和芯片老化而相应进行变化。虽然修调也可以在芯片的工作过程中周期性地进行，但被测量的硬件必须加入芯片之后才能进行修调。此外在许多芯片中，应用过程中的修调是不允许的，这时就只能运用后台校正技术，这大大增加了芯片设计的复杂度。因此，修调在实际的多位数/模转换器校正中很少应用。

2. 数字校正

数字校正是另一种多位数/模转换器线性度校正的有效方法，该方法的核心思想是将数/模转换器误差转换到数字域，并通过查表来校正这些误差。数字校正的基本原理如图 7.2 所示，校正操作主要依靠负反馈动作来实现。对于调制器的 B 位输入信号，数字校正模块提供了 N 位的输出码，这些输出码表示调制器输出目标精度的相应水平，其中 $N \gg B$ 。采用 RAM 获得高精度多位数/模转换器输出信号的数字校正框图如图 7.3 所示。其基本原理是：一个 B 位数字计数器不间断地产生数/模转换器所有可能的 2^B 个输入码。每一个模拟输出码都被转化成 N 位字长的数字序列。一个数字滤波器或者计数器找出作为位流均值的等效数/模转换器输出码，并输出到 B 位数/模转换器中。这些等效数/模转换器输出码已经提前存储在由 B 位计数器定义的 RAM 地址中，一个完整的校正周期需要 2^{N+B} 个时钟周期。数字校正技术由于要使用 RAM，并结合一定的数字算法进行工作，在一定程度上增加了调制器的规模和复杂度，限制了数字校正技术的使用。

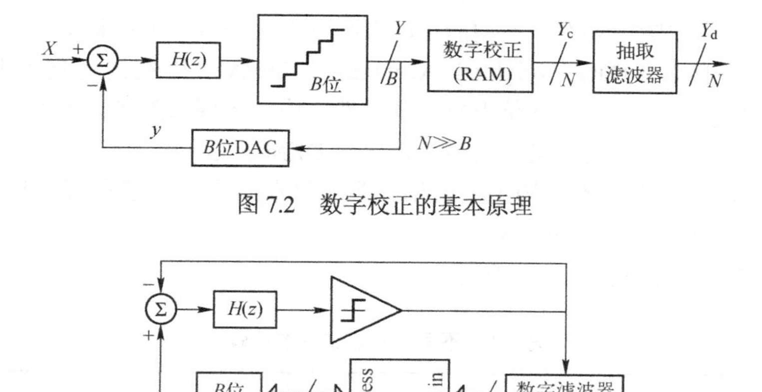

图 7.2　数字校正的基本原理

图 7.3　采用 RAM 获得高精度多位数/模转换器输出信号的数字校正框图

3. 动态元器件匹配

从图 7.1 可以看出，当同一个输入码激活时，同一个单位元器件用来产生相应的数/模转换器输出级，因此在温度计码和数/模转换器误差之间存在直接的联系。动态元器件匹配的基本原理就是打破这种直接联系，使得在转换过程中不同的单位元器件用来产生同一个数/模转换器输出级。这样，固定的误差就被转化为时变的误差。为了达到这个目的，在多位数/模转换器之前要加入一个单位元器件选择模块，在每一个时钟周期内控制相应元器件的选择。动态元器件匹配的原理如图 7.4 所示。根据一定的选择算法，该模块可以使数/模转换器平均误差在一定时间后转化为零。所以一部分低频的数/模转换器误差功率将被搬移到高频带，并通过采样滤波器滤除。

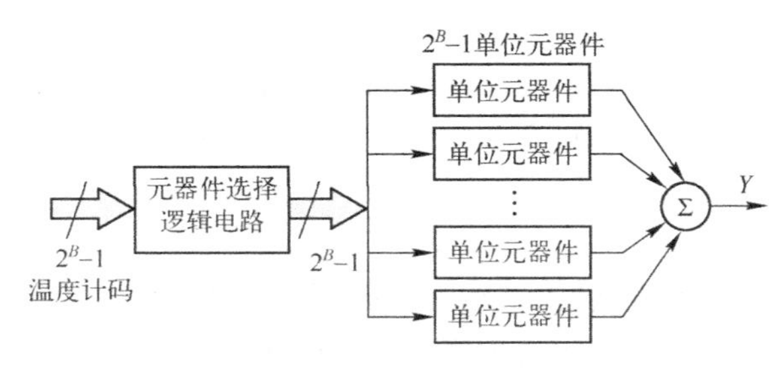

图 7.4　动态元器件匹配的原理

目前，DEM 算法主要分为以下 4 类。

（1）随机算法：采用伪随机配置结构选择单位元器件，如采用与 FFT 类似的蝶形算法。由数/模转换器引入的谐波失真被转化为白噪声，而带外的白噪声将被降采样滤波器滤除。但残留在带内的噪声功率会使得噪声提高。

（2）旋转算法：采用周期性选择单位元器件的算法可以将谐波失真搬移到带外，典型的算法称为时钟平均。这种算法虽然不会增加带内噪声，但采样后折叠回带内的信号会产生带内噪声。

（3）失配整形算法：失配整形算法同样是根据特定的算法来选择单位元器件，最终降低由于失配引起的带内噪声功率。典型的算法有独立电压平均（Individual Level Averaging，ILA）、数据加权平均（Data Weighted Averaging，DWA）和数据定向不规则性（Data Directed Scrambling，DDS）。这些整形算法都只能完成一阶或二阶噪声整形，由于算法较为简单、电路规模小、应用方便，是目前最为常用的 DEM 算法。

（4）相量量化器结构：该结构主要应用在数字调制器中，主要原理是通过误差反馈拓扑结构达到对误差噪声功率的高阶整形。

不同调制器结构的比较如表 7.1 所示。

表 7.1　不同调制器结构的比较

调制器结构	优　点	缺　点
单环低阶 1 位量化调制器结构	（1）无条件稳定 （2）简单的环路滤波器设计 （3）简单的电路设计	（1）较低的信噪比（除非采用较大的过采样比） （2）易于受到空闲噪声的影响
单环高阶 1 位量化调制器结构	（1）在中等过采样比下可获得高的信噪比 （2）不会受到空闲噪声的影响 （3）简单的电路设计	（1）复杂的环路滤波器设计 （2）稳定性与信号幅度有关 （3）最大信号受限，以保证稳定性
多级噪声整形调制器结构	（1）在中等过采样比下可获得高的信噪比 （2）较好的稳定性 （3）允许较大的输入信号范围	（1）模拟积分器和数字微分器之间需要较好的匹配 （2）失配会导致谐波和噪声泄漏到基带中 （3）数字滤波器必须设计为允许多位输入
多位量化调制器结构	（1）在较低过采样比下可获得高的信噪比 （2）相比于单环高阶结构，具有更好的稳定性 （3）消除了空闲噪声的影响	（1）要设计校正算法以消除多位数/模转换器的非线性 （2）更加复杂的电路设计

7.2　Sigma-Delta 调制器行为级建模与仿真

通过以上分析，本节开始以一款 16 位/8kHz 二阶 3 位量化 Sigma-Delta 调制器的设计为例进行探讨。在进行电路设计之前，我们设定 Sigma-Delta 调制器的性能参数，如表 7.2 所示。然后，我们对其进行行为级建模，对各子模块的性能参数进行划分。

表 7.2　Sigma-Delta 调制器的性能参数

参　　数	Sigma-Delta 调制器
工艺	SMIC 0.13μm
结构	二阶 3 位量化
电源电压	1V
信号带宽	8 kHz
分辨率	16 位
峰值无杂散动态范围	>70dB

Sigma-Delta 调制器是一个复杂的混合信号电路，功能和性能仿真需要在时域和频域内同时进行。例如，在设计初期直接采用晶体管级电路确定电路结构和模块指标，仿真迭代的验证时间较长，不利于提高设计效率。行为级仿真是一种在设计早期快速验证电路功能和性能的有效方式，它可以使设计者快速分析各电路子模块对 Sigma-Delta 调制器性能的影响和约束，进而确定模块电路的设计指标，满足 Sigma-Delta 调制器的系统设计需求。目前，进行 Sigma-Delta 调制器行为级建模的工具主要有 VHDL-AMS/Verilog-A、C/C++和 Matlab 中的 Simulink。其中，VHDL-AMS/Verilog-A 及 C/C++编程语言在描述各类非理想因素和误差方面时需要复杂的算法才能达到较高的精度；而且当对不同的系统结构进行描述和性能比较时，要对代码进行相应改动，移植性较差。Matlab 中的 Simulink 有非常强大的数值计算和行为仿真能力，采用 Simulink 中的模块和内嵌函数，可以非常方便地对 Sigma-Delta 调制器的非理想因素和误差进行模拟；而且对于不同的系统结构，只要对不同结构间的主要差异模块进行改动，其余模块仍可复用。因此，Simulink 是 Sigma-Delta 调制器行为级建模与仿真较为理想的工具。

采用 Simulink 进行 Sigma-Delta 调制器行为级建模与仿真主要分为两个步骤：首先，根据 Sigma-Delta 调制器拓扑结构，选择合适的电路参数搭建理想模型，测试 Sigma-Delta 调制器的信噪比等性能。如果性能不满足要求，就要重新调整电路参数，主要是积分器增益系数和反馈系数，直到满足设计要求。其次，根据 Sigma-Delta 调制器的误差来源，加入热噪声、积分器非理想性、时钟抖动等非理想因素进行仿真，确定 Sigma-Delta 调制器可容忍的误差范围，在满足设计指标的情况下，确定 Sigma-Delta 调制器的采样电容大小、开关尺寸、运算放大器的增益、压摆率等。行为级仿真流程如图 7.5 所示。

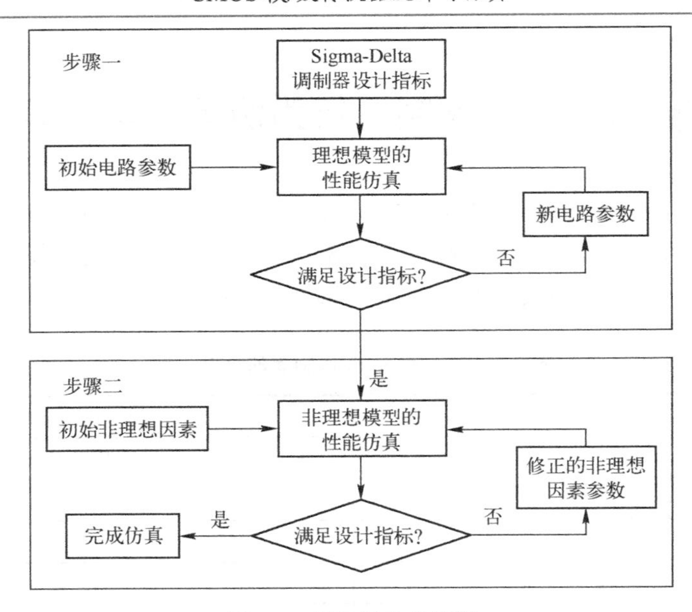

图 7.5　行为级仿真流程

7.2.1　理想 Sigma-Delta 调制器行为级建模与仿真

Simulink 的 SDtool 工具包中包含了丰富的 Sigma-Delta 调制器子模块，主要包括信号源、积分器、量化器、数/模转换器及延迟单元等，可以很方便地进行 Sigma-Delta 调制器结构建立和电路参数修改。根据理论计算结果，Sigma-Delta 调制器选择过采样比为 128 的二阶 3 位量化结构，通过电路参数优化后建立的二阶 3 位理想 Sigma-Delta 调制器行为级模型如图 7.6 所示。

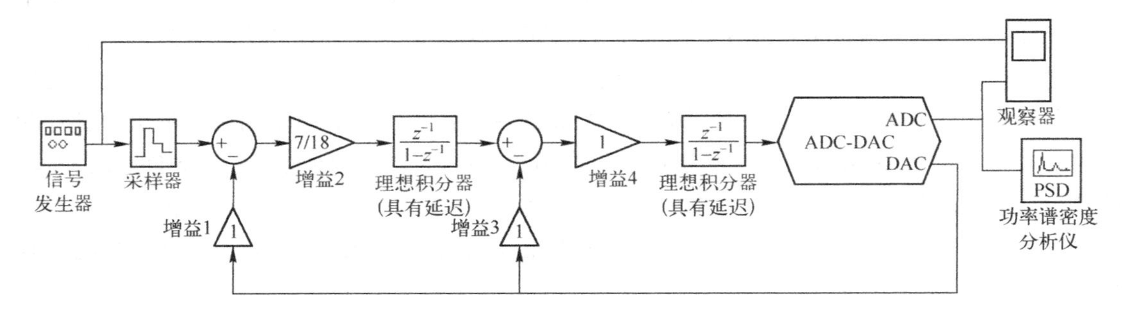

图 7.6　二阶 3 位理想 Sigma-Delta 调制器行为级模型

调制器中两个积分器增益分别设置为 7/18 和 1。由于采用 3 位量化结构，两个反馈系数实际上会在 1/18、2/18、3/18……7/18 和 1/7、2/7、3/7……1 之间变化，这里设置两个反馈系数都为 1，即在噪声整形最恶劣的情况下进行仿真。量化器设置为 3 位的量化分辨率，无电容失配信息。同时，在 1V 电源下，设置输入信号频率为 8kHz，输入信号幅度为 0.5V，采样时钟频率为 2.048MHz，动态性能测试采用 8192 点 FFT。Sigma-Delta 调制器的输入和输出信号如图 7.7 所示。

从图 7.7 可以看出，正弦输入信号经过调制器的采样、积分和量化，成为 3 位表示的脉冲密度调制波形，很好地完成了 Sigma-Delta 调制器功能。理想 Sigma-Delta 调制器 8192 点

FFT 频谱分析结果如图 7.8 所示。

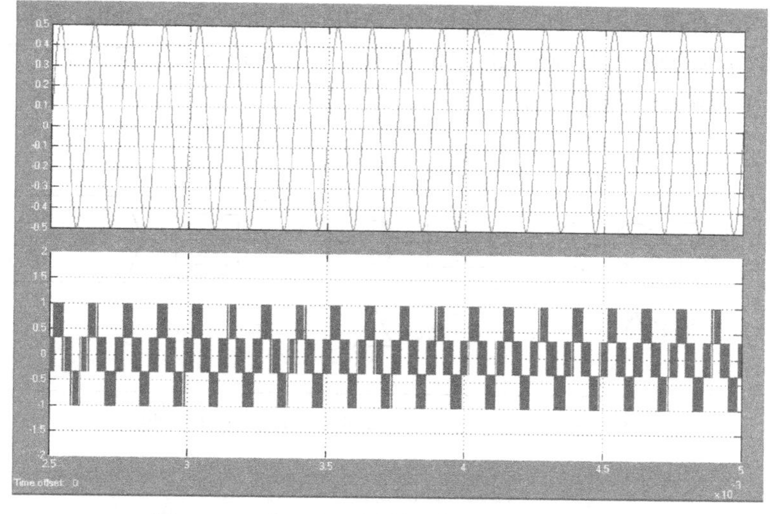

图 7.7　Sigma-Delta 调制器的输入和输出信号

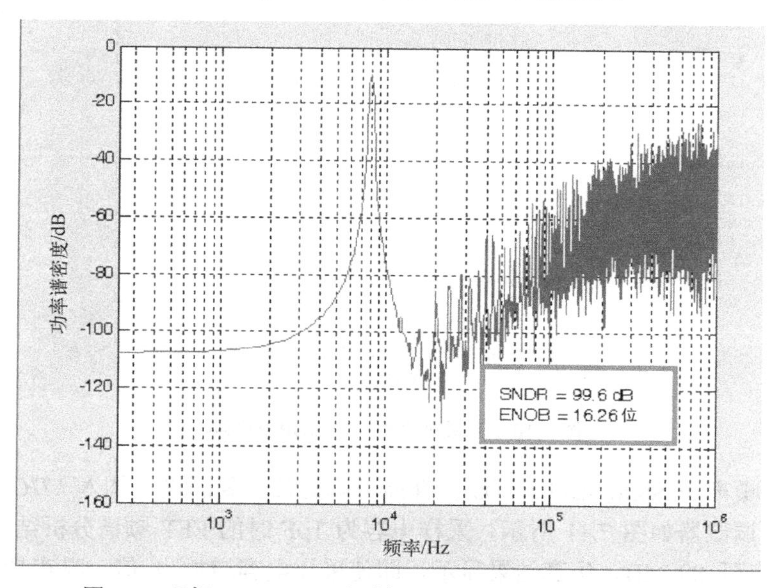

图 7.8　理想 Sigma-Delta 调制器 8192 点 FFT 频谱分析结果

从图 7.8 可以看出，Sigma-Delta 调制器的信号失真比为 99.6dB，有效精度为 16.26 位，满足了预定的设计要求。

7.2.2　非理想 Sigma-Delta 调制器行为级建模与仿真

Sigma-Delta 调制器中主要的非理想因素包括开关非线性、开关 kT/C 噪声、时钟抖动、积分器中的运算放大器热噪声，以及运算放大器有限增益、有限压摆率和有限单位增益带宽。此外，由于本设计采用 3 位量化结构，在数/模转换器中还会由于电容失配产生非线性效应。这些都应在非理想 Sigma-Delta 调制器行为级仿真中加以涵盖。为了设置非理想因素，部分因素要参考 0.13μm CMOS 混合信号工艺中的参数值进行设置。其中，运算放大器白噪声由随机数产生，仅和采样频率相关。3 位数/模转换器的失配参数与反馈电容的值及量化位数有关。以下分别对各个非理想因素进行具体分析。开关非线性中主要的影响因素是 CMOS 开关引入的有限电阻。加入开关非线性后的非理想 Sigma-Delta 调制器如图 7.9 所示。开关非线性对 SNDR 的影响如图 7.10 所示，只要保持开关的宽长比大于 4，开关非线性中的有限电阻的影响就可以忽略。

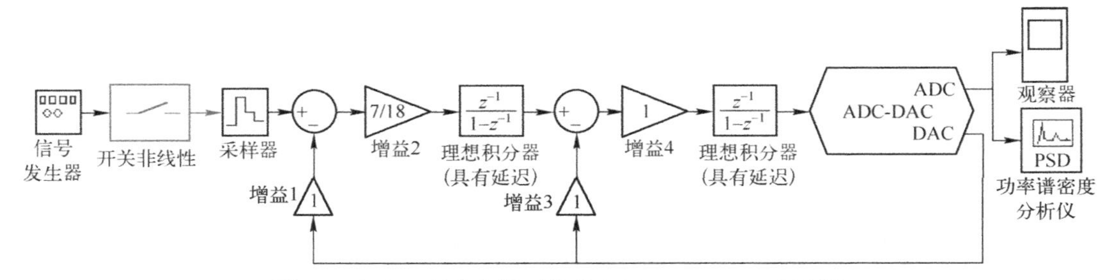

图 7.9　加入开关非线性后的非理想 Sigma-Delta 调制器

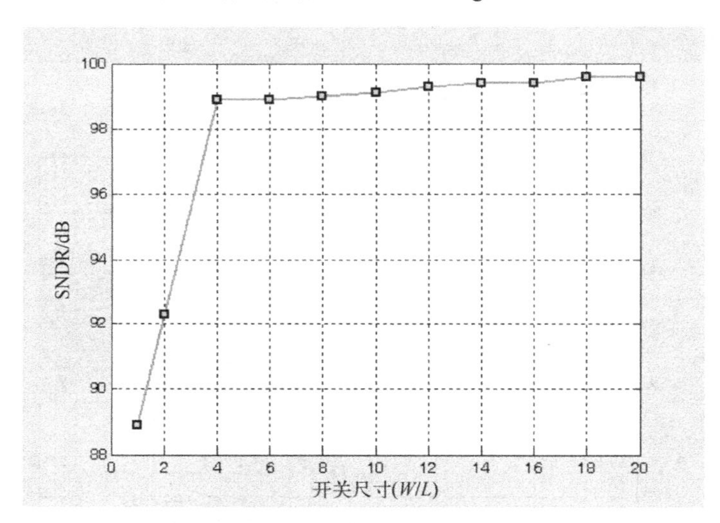

图 7.10　开关非线性对 SNDR 的影响

开关 kT/C 噪声是 Sigma-Delta 调制器性能下降的最主要因素，加入 kT/C 噪声后的非理想 Sigma-Delta 调制器如图 7.11 所示。采样电容为 1pF 时的 FFT 频谱分析结果如图 7.12 所示，SNDR 下降至 89.9dB。仿真结果显示，即使采样电容增加 4 倍，噪声功率只会下降约 6dB。采样电容的增加不但会增加芯片面积，更重要的是为了驱动大的电容，必须增加积分器中运算放大器的设计指标，引起功耗的大幅度上升，因此在 Sigma-Delta 调制器精度和功耗之间要进行折中设计。

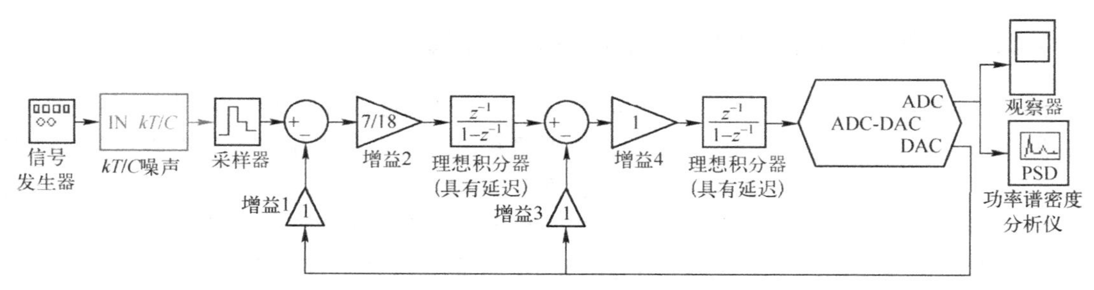

图 7.11　加入 kT/C 噪声后的非理想 Sigma-Delta 调制器

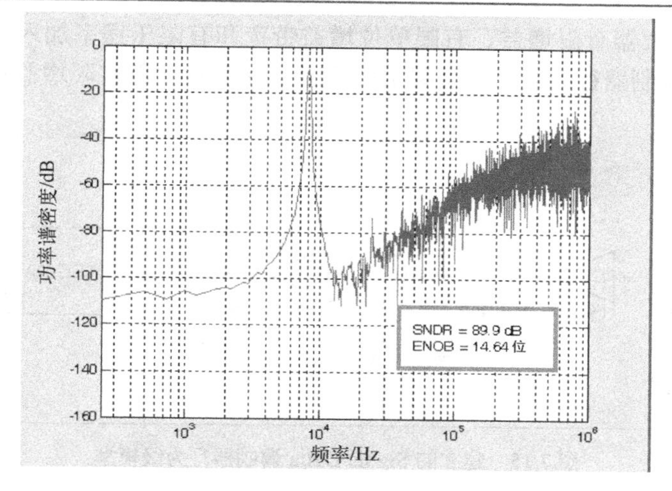

图 7.12　采样电容为 1pF 时的 FFT 频谱分析结果

加入时钟抖动后的非理想 Sigma-Delta 调制器如图 7.13 所示。对不同时钟抖动条件下的调制器 SNDR 进行仿真，其影响如图 7.14 所示。可见，时钟抖动对调制器 SNDR 的影响有限，即使高达 100ps 的抖动也只能使得 SNDR 下降约 7dB。

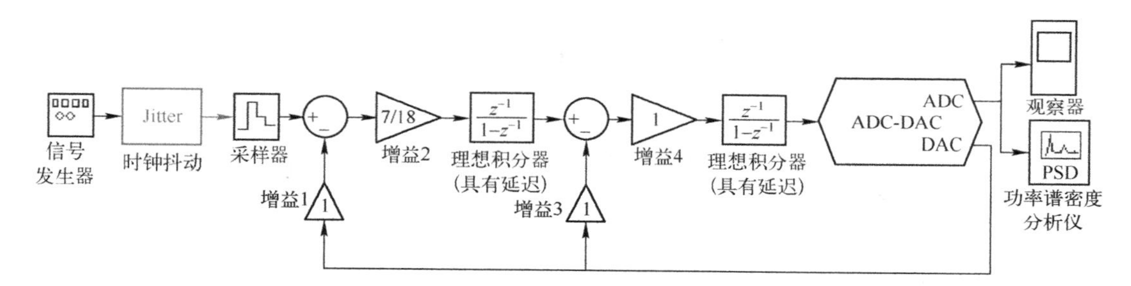

图 7.13　加入时钟抖动后的非理想 Sigma-Delta 调制器

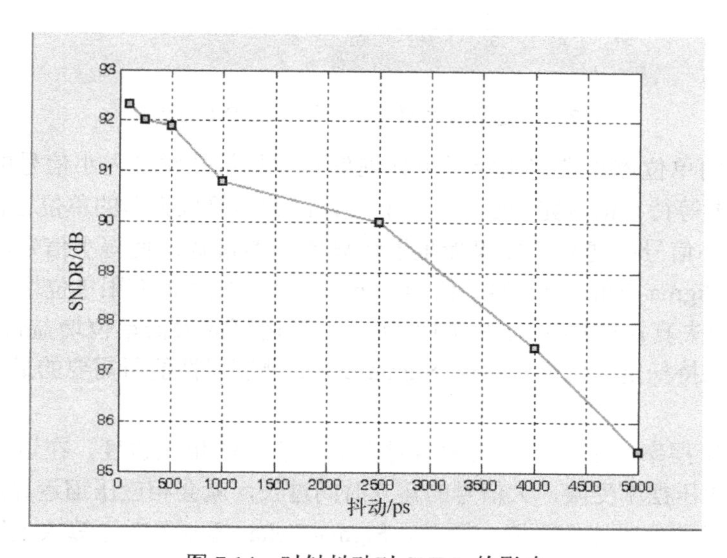

图 7.14　时钟抖动对 SNDR 的影响

分别将运算放大器有限增益、有限单位增益带宽和有限压摆率加入理想积分器中，建立的 Sigma-Delta 调制器行为级模型如图 7.15 所示。运算放大器有限增益对 SNDR 的影响如图 7.16 所示。

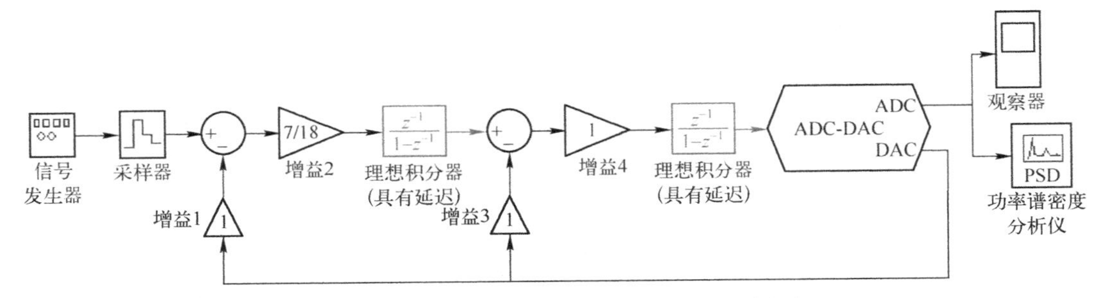

图 7.15 建立的 Sigma-Delta 调制器行为级模型

从图 7.16 可以看出，当增益大于 60dB 之后，Sigma-Delta 调制器的总体 SNDR 性能就可以得到保证，并且趋于稳定。

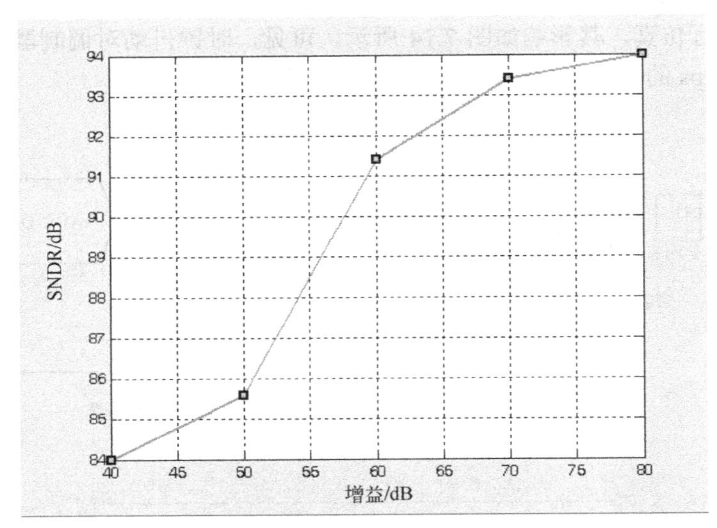

图 7.16 运算放大器有限增益对 SNDR 的影响

运算放大器的单位增益带宽决定了可处理信号的频带及频带内小信号的建立情况。积分器中采样操作要等待小信号完全建立后才有效，因此运算放大器的单位增益带宽要有足够的裕度才能保证小信号的建立。如果受限于运算放大器带宽，使得小信号的建立过程不完全，同样会导致 Sigma-Delta 调制器的信噪比下降。运算放大器有限单位增益带宽对 Sigma-Delta 调制器信噪失真比的影响如图 7.17 所示。当运算放大器单位增益带宽大于 10MHz 时，信噪失真比保持稳定，这也是保证 Sigma-Delta 调制器性能所需要的最小运算放大器单位增益带宽。

运算放大器压摆率决定了运算放大器对大信号建立的相应速度。在运算放大器带宽一定的情况下，如果压摆率受限，大信号的建立时间过长，就会相应压缩运算放大器小信号线性建立的时间，导致信噪比的下降。因此，Sigma-Delta 调制器对运算放大器的压摆率有严格的要求。由于压摆率与单位增益带宽相关，通过对带宽的仿真，我们首先确定运算放大器的单位增益带宽为 10MHz，并在此环境下对运算放大器压摆率进行仿真。如图 7.18 所示，当运算放大器压摆率大于 5V/μs 时，Sigma-Delta 调制器的性能就可以得到保证。

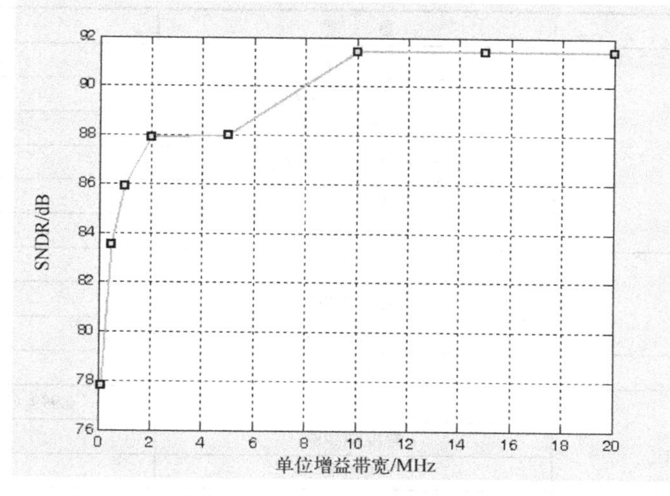

图 7.17　运算放大器有限单位增益带宽对 Sigma-Delta 调制器信噪失真比的影响

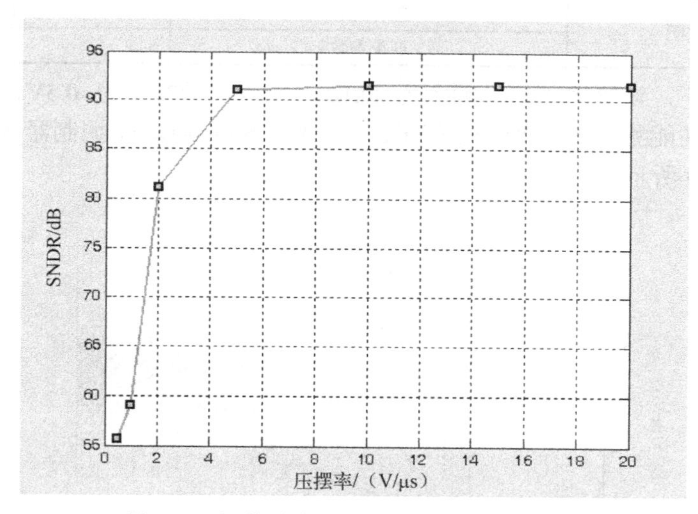

图 7.18　运算放大器压摆率对 SNDR 的影响

结合之前的仿真结果，最终建立完整的二阶 3 位非理想 Sigma-Delta 调制器行为级模型如图 7.19 所示。这时，再加入电容失配系数模拟数/模转换器的非线性影响，该系数与单位面积电容值和总电容面积有关。

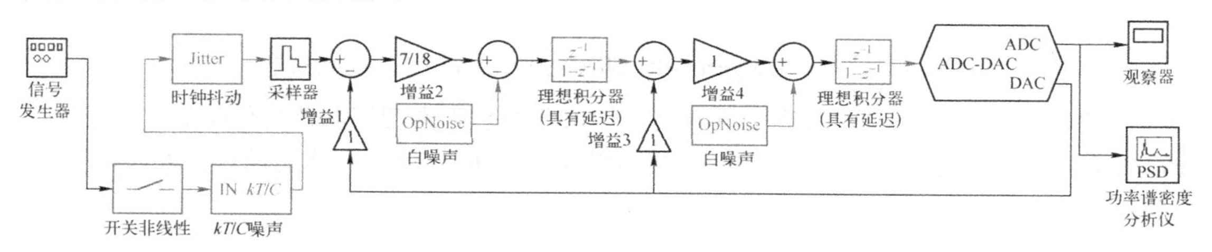

图 7.19　二阶 3 位非理想 Sigma-Delta 调制器行为级模型

非理想因素的参数值如表 7.3 所示。在开关和运算放大器的参数设置中都留出了一定的设计裕度，以保证在晶体管级电路设计时，能够满足设计要求。

表 7.3 非理想因素的参数值

非理想因素	参 数	参 数 值
开关非线性	采样电容	1×10^{-12}
	晶体管尺寸(W/L)	20
	NMOS 增益系数(uC_{ox})	298
	PMOS 增益系数(uC_{ox})	103
	NMOS 阈值电压	0.31
	PMOS 阈值电压	−0.28
kT/C 噪声	采样电容	1pF
	绝对温度	300
	玻尔兹曼常数	1.38×10^{-23}
抖动	时钟抖动	100ps
非理想积分器	有限增益	0.999（表示增益 60dB）
	幅度饱和值	1
	压摆率	5×10^{6}
	增益带宽积	10×10^{6}
数/模转换器失配	整体电容	1×10^{-12}
	匹配参数	5×10^{-9}

在 1V 电源下，设置输入信号频率为 8kHz，输入信号幅度为 0.5V，采样时钟频率为 2.048MHz，动态性能测试采用 8192 点 FFT。非理想 Sigma-Delta 调制器 8192 点 FFT 频谱分析结果如图 7.20 所示。

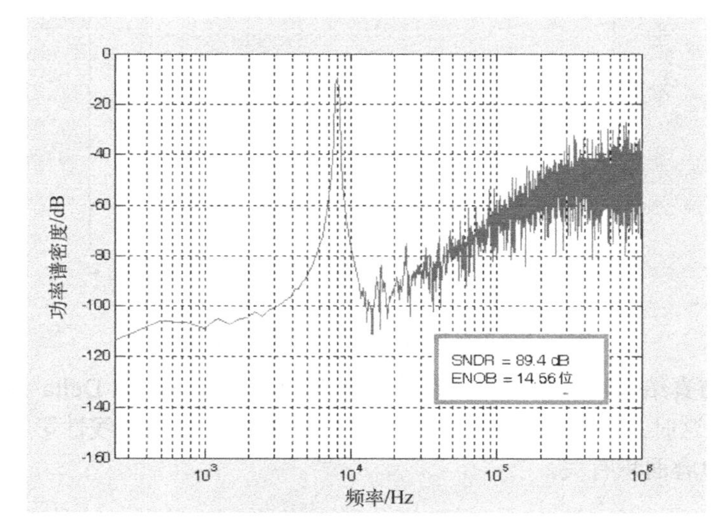

图 7.20 非理想 Sigma-Delta 调制器 8192 点 FFT 频谱分析结果

从图 7.20 与图 7.8 的对比可以看出，加入非理想因素后调制器的信噪失真比下降了 10.2dB，有效精度也下降至 14.56 位，但仍可以满足 70dB 信噪失真比的设计要求。

7.3 Sigma-Delta 调制器的电路实现

二阶 3 位量化 Sigma-Delta 调制器采用全差分的积分电容与数/模转换器反馈电容共

享的结构，有效减小了芯片面积，其电路如图 7.21 所示。二阶 3 位量化 Sigma-Delta 调制器主要包括两个积分器、3 位量化器、编码器、数据加权平均（DWA）模块、两个 3 位数/模转换器电路及时钟电路。参照行为级模型仿真结果，第一级积分器的 14 个采样电容 C_{sp1}～C_{sp7} 和 C_{sn1}～C_{sn7} 都选择 164fF 的单位电容，因此第一级调制器单边总采样电容为 1148fF；依照 7/18 的积分器增益，积分电容为164fF×18＝2952fF；由于第二级积分器的 kT/C 噪声影响可以忽略，可以适当减小采样电容，所以第二级积分器的 14 个采样电容 C_{kp1}～C_{kp7} 和 C_{kn1}～C_{kn7} 都选择 118fF 的单位电容，因此在积分器增益为 1 时，单边积分电容为 826fF；数/模转换器反馈电压信号采用差分参考电压为 V_{ref+} 和 V_{ref-}，当 Sigma-Delta 调制器输出为高电平时，反馈电压信号选择为 V_{ref+}，而当 Sigma-Delta 调制器输出低电平时，反馈电压信号选择为 V_{ref-}。为了满足 Sigma-Delta 调制器满摆幅输入设计，这里的 V_{ref+} 和 V_{ref-} 直接设计为电源和地信号，即 V_{ref+}=1V，V_{ref-}=0V。连接 V_{ref+} 和 V_{ref-} 的开关都采用 CMOS 开关进行设计，这些开关由 DWA 模块输出的数字码 A_1～A_7 和 B_1～B_7 进行控制，实现反馈电压信号的可靠导通。编码器的作用在于将 3 位量化器输出的 7 位温度计码转换为 3 位二进制码输出。共模电压 V_{cm} 选择为 0.5V，实现输入和输出电压的最大摆幅。

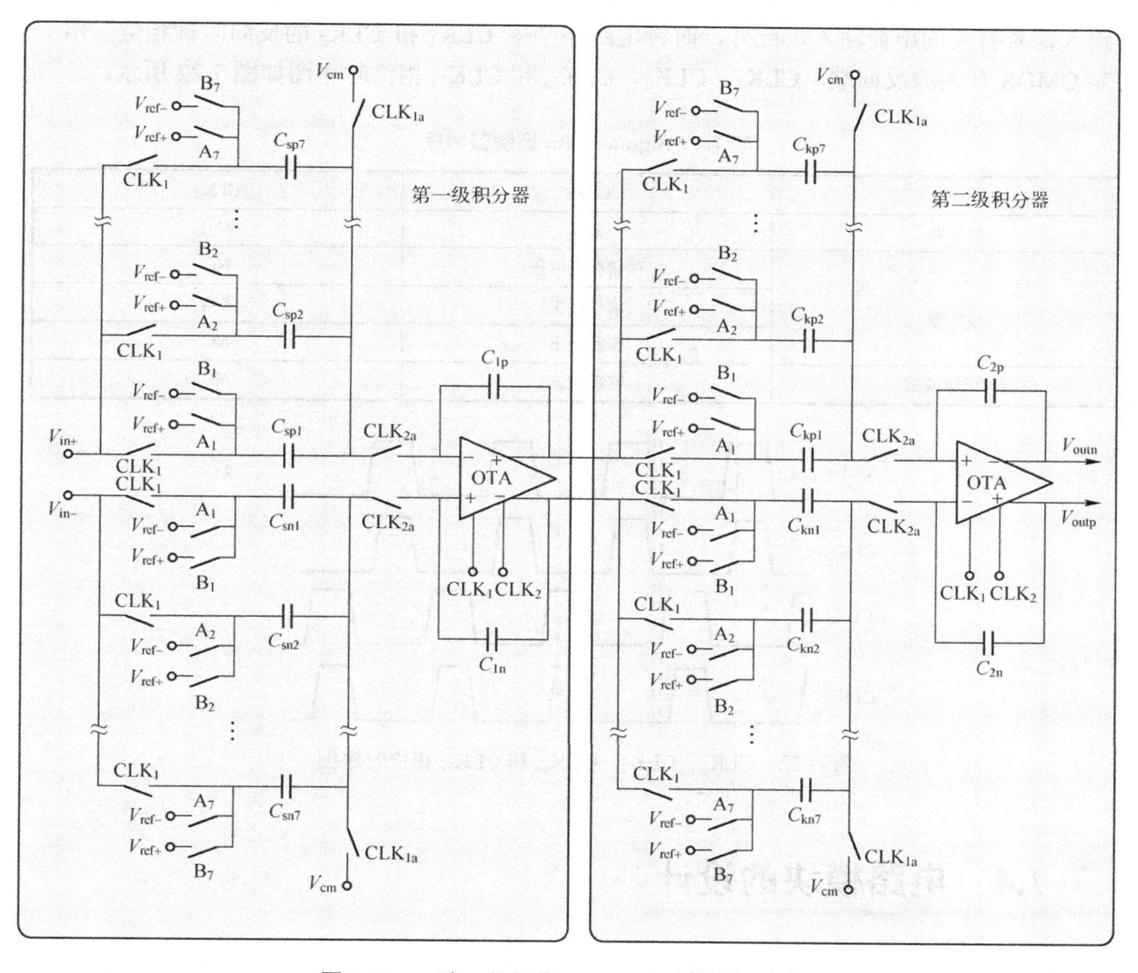

图 7.21　二阶 3 位量化 Sigma-Delta 调制器电路

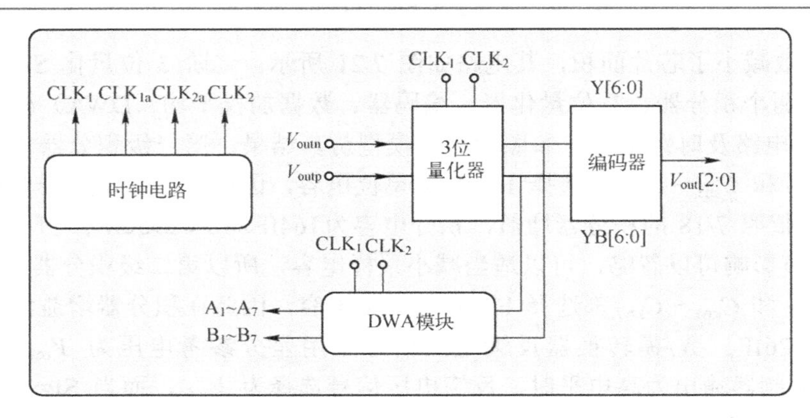

图 7.21　二阶 3 位量化 Sigma-Delta 调制器电路（续）

Sigma-Delta 调制器时序如表 7.4 所示，Sigma-Delta 调制器的工作状态由两相非交叠时钟信号 CLK_1 和 CLK_2 进行控制。积分器的输入信号在 CLK_1 相位时进行采样，在 CLK_2 相位时与数/模转换器相应的反馈电压信号一同进行积分操作。量化器在 CLK_2 相位即将结束时激活，这主要是为了避免量化器在积分器开始采样时受到瞬态响应的干扰。CLK_{1a} 和 CLK_{2a} 是 CLK_1 和 CLK_2 的提前关断时钟相位。采用 CLK_{1a} 和 CLK_{2a} 的目的主要是为了降低与输入信号有关的电荷注入。此外，时钟电路还产生 CLK_1 和 CLK_2 的反向时钟相位，用于控制 CMOS 开关的反向端。CLK_1、CLK_2、CLK_{1a} 和 CLK_{2a} 相位时序图如图 7.22 所示。

表 7.4　Sigma-Delta 调制器时序

	CLK_1	CLK_2
积分器	采样	积分
量化器	存储参考电压	NC
	信号再生	采样
	刷新输出	NC
数/模转换器	刷新输出	NC

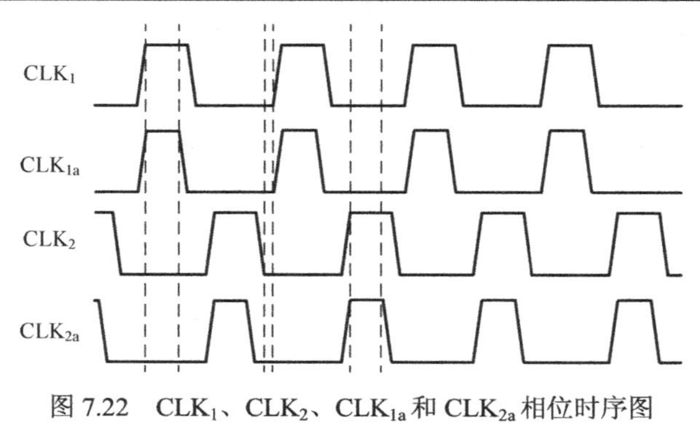

图 7.22　CLK_1、CLK_2、CLK_{1a} 和 CLK_{2a} 相位时序图

7.4　电路模块的设计

7.3 节描述了 Sigma-Delta 调制器的电路实现，各个电路模块的设计决定了 Sigma-Delta

调制器整体的性能和功耗，因此必须全面考虑和精心设计电路模块。本节将具体介绍各个电路模块的设计，着重介绍低功耗运算放大器和 DWA 模块的设计。

7.4.1　低功耗运算放大器

通过前面非理想 Sigma-Delta 调制器行为级仿真可以发现，积分器中运算放大器的增益、单位增益带宽和压摆率对 Sigma-Delta 调制器的性能起着至关重要的作用。同时，由于 Sigma-Delta 调制器的功耗主要是运算放大器的功耗，因此，在低功耗设计中，运算放大器的功耗优化设计最为重要。积分器中的运算放大器电路如图 7.23 所示，它包括偏置电路、运算放大器主电路和开关电容共模反馈电路 3 部分。

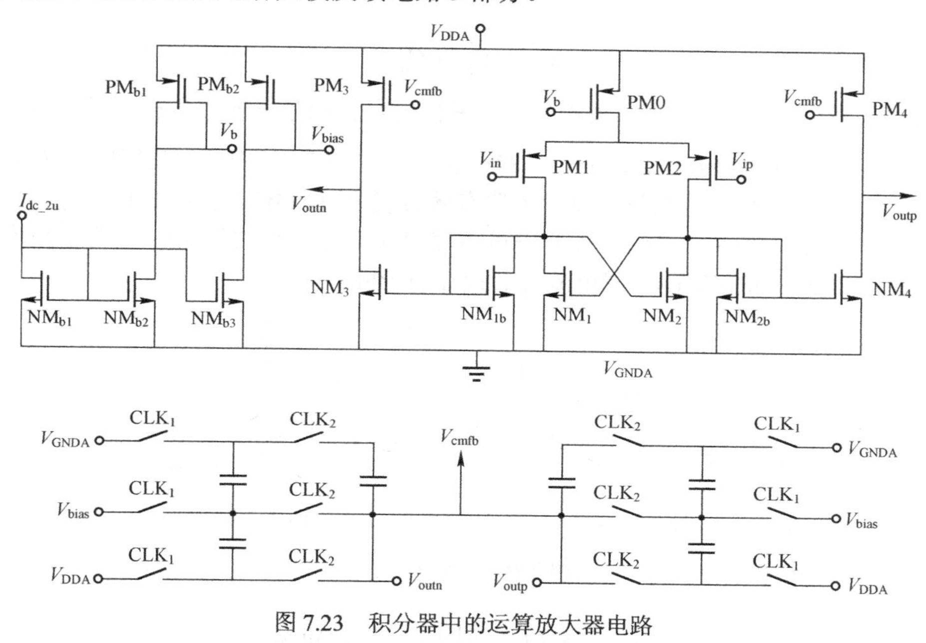

图 7.23　积分器中的运算放大器电路

偏置电路的输入信号为带隙基准源输出的 2μA 的电流，为了节约功耗，NM_{b1} 和 NM_{b2}、NM_{b3} 的宽长比为 2∶1，因此 NM_{b2}、NM_{b3} 支路中仅消耗 1μA 电流，分别为主运算放大器电路和共模反馈电路提供偏置电压 V_b 和 V_{bias}。

主运算放大器采用交叉耦合两级运算放大器结构，该结构优势在于获得较大输出摆幅的同时，也具有较好的噪声性能。第一级运算放大器增加了交叉耦合结构，这样既增大了增益，也稳定了第一级共模输出电压。采用 PMOS 作为输入差分对，有利于获得较好的 1/*f* 噪声性能，在 1V 电源下，也保证了较低的共模输入电压水平。第二级运算放大器是一个简单的共源极放大器结构，电流源晶体管 PM_3 和 PM_4 的栅极由开关电容共模反馈电路的输出电压进行偏置，将运算放大器的输出稳定在 0.5V 的共模输出电平上。由于第一级运算放大器采用交叉耦合、二极管连接 NMOS 晶体管作为负载的结构，存在固有的共模反馈机制，因此要对第二级运算放大器进行共模反馈控制。开关电容共模反馈电路由两相非交叠时钟信号 CLK_1 和 CLK_2 控制，几乎不消耗任何静态功耗。为了保证积分器输出较大的信号摆幅，共模反馈电路中的开关都采用 CMOS 互补开关。

如图 7.24（a）所示，C_{S1}、C_{I1}、C_{p1}、C_{L1} 分别为采样电容、积分电容、输入寄生电容和负载电容。在第一个积分器的积分相中，运算放大器要在 1/2 个时钟周期内建立所需要的精度。积分器的大信号和小信号建立特性分别由运算放大器的压摆率和单位增益带宽决定。对于积分器增益较小的情况，必须充分考虑运算放大器的有限压摆率，而压摆率又由第一级运算放大器的尾电流 I_{PM0} 决定，即

$$\mathrm{SR}=\frac{2I_{\mathrm{PM0}}}{C_{\mathrm{Leff}}} \tag{7.2}$$

式中，C_{Leff} 为运算放大器的有效负载，在图 7.24（a）中，有

$$C_{\mathrm{Leff}}=C_{\mathrm{L1}}+(1-F)C_{\mathrm{I1}} \tag{7.3}$$

负载电容 C_{L1} 包括运算放大器输出及积分电容的底板寄生电容，反馈因子 F 为

$$F=\frac{C_{\mathrm{I1}}}{C_{\mathrm{L1}}+C_{\mathrm{S1}}+C_{\mathrm{p1}}} \tag{7.4}$$

忽略输入寄生电容 C_{p1}，第一级积分器的采样电容、积分电容和负载电容（第二级积分器的采样电容）分别为 1148fF、2953fF、828fF，代入式（7.4）中可得反馈因子 F=0.72。将 F 代入式（7.3）中可得积分相位运算放大器有效负载为 1654fF。根据非理想行为级仿真结果，压摆率最小为 5V/μs，从式（7.2）中可得尾电流 I_{PM0} 最小约为 4μA。为了留出设计裕度，这里设计压摆率为 10V/μs，尾电流 I_{PM0} 设计为 10μA。

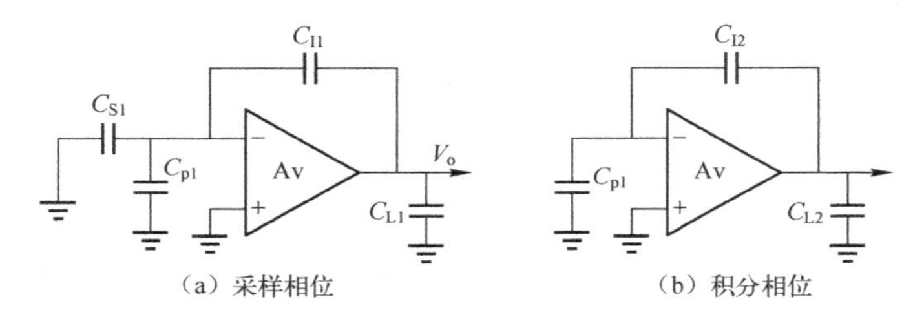

图 7.24　积分器相位

在小信号建立过程中，要考虑运算放大器的单位增益带宽为

$$\mathrm{GBW}=\frac{2g_{\mathrm{m,PM1}}}{C_{\mathrm{Leff}}} \tag{7.5}$$

在 10MHz 单位增益带宽条件下，计算输入差分对的跨导可得 $g_{\mathrm{m,PM1}}>16\mu\mathrm{A/V}$。

运算放大器引入的噪声通常包含热噪声和闪烁噪声两个部分。热噪声由导体内电子的随机运动引起，与绝对温度成正比，其幅值具有高斯分布特性。与热噪声不同，闪烁噪声与氧化层与硅交界面上的晶格缺陷有关。闪烁噪声的能量谱密度与频率近似成反比，与元器件偏置条件无关，而且不同 MOS 的幅值分布不同，也可能不是高斯分布。由于热噪声和闪烁噪声是独立变量，MOS 的等效参考噪声输入电压能量谱密度可以表示为

$$\frac{\overline{v_{\mathrm{in}}^2}}{\Delta f}=4kT\gamma\frac{1}{g_{\mathrm{m}}}+\frac{K_{\mathrm{f}}}{WLC_{\mathrm{ox}}f} \tag{7.6}$$

式中，k 为玻尔兹曼常数；T 为绝对温度，是一个与偏置和工艺相关的因子；g_{m} 为晶体管跨导，为工艺相关常数。对于音频段设计而言，主要考虑的是闪烁噪声（1/f 噪声）的影响，从式（7.6）可以看出，1/f 噪声与栅面积成反比。因此，可以通过增加晶体管尺寸来减小 1/f 噪声。但是，增加晶体管尺寸会增大运算放大器的输入电容，降低运算放大器建立特性，因此

必须折中设计。此外，相对于 NMOS，P 沟道晶体管的主要载流子空穴被捕获的概率较小，相同条件下 PMOS 的 $1/f$ 噪声小于 NMOS，所以输入级采用 PMOS 输入差分对。

完成电路尺寸设计后，首先对运算放大器压摆率进行仿真，在输入端加入 0～1V 阶跃电压，其仿真结果如图 7.25 所示。可见在 10μs 内，输出电压大约上升至 900mV，因此可得运算放大器的压摆率约为 15V/μs，满足预期的 10V/μs 要求。

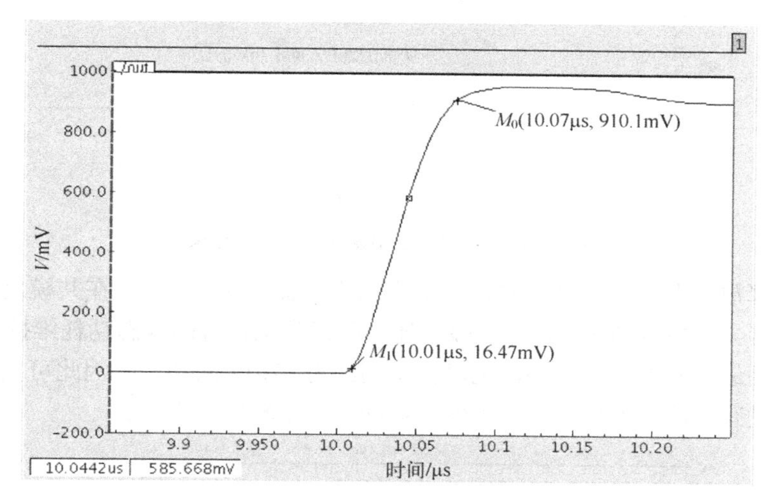

图 7.25 运算放大器压摆率仿真结果

根据有效负载的推算结果，在运算放大器差分输出端加入 2pF 的负载电容，对运算放大器进行频率特性仿真，其仿真结果如图 7.26 所示，直流增益为 58.79dB，相位裕度为 56°，单位增益带宽为 11MHz，都符合表 7.3 中的要求。

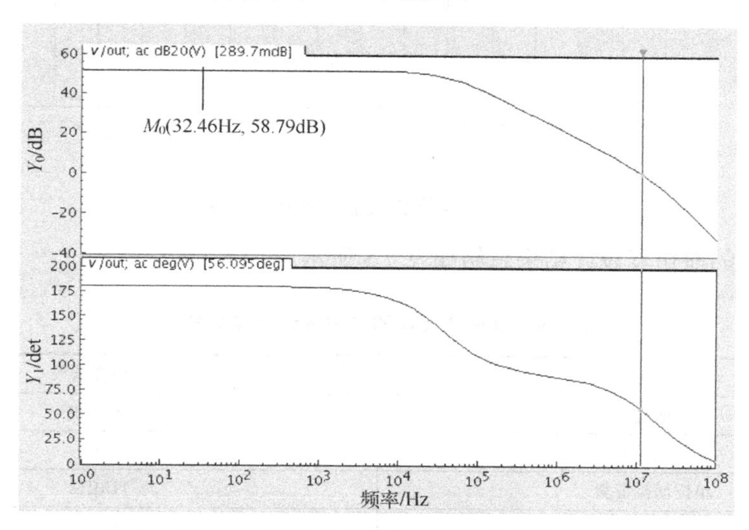

图 7.26 运算放大器频率特性仿真结果

对运算放大器进行噪声特性仿真，其仿真结果如图 7.27 所示。在 8kHz 时的等效输入噪声功率谱密度为 $808\text{nV}/\sqrt{\text{Hz}}$。对有效信号 8kHz 内的噪声功率谱密度进行积分、平均，可得到等效输入噪声方均根值为 1.89μV rms，噪声性能良好。

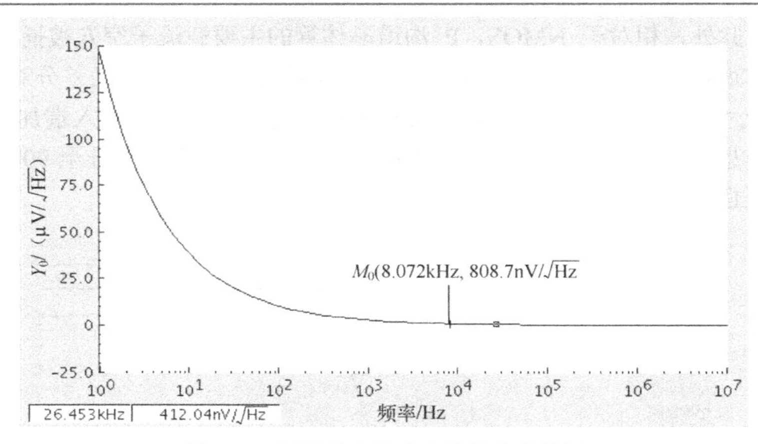

图 7.27　运算放大器噪声特性仿真结果

最后对运算放大器进行功耗仿真，其仿真结果如图 7.28 所示。在共模反馈开关开断瞬间，运算放大器会产生近 600μW 的尖峰功耗，但正常工作时的静态功耗维持在 32.25μW。对时域内的功耗进行积分，再平均，也可以得到约为 32μW 的功耗。因此可见，瞬态尖峰功耗对整体功耗没有影响。整体运算放大器功耗处于一个较低的水平。

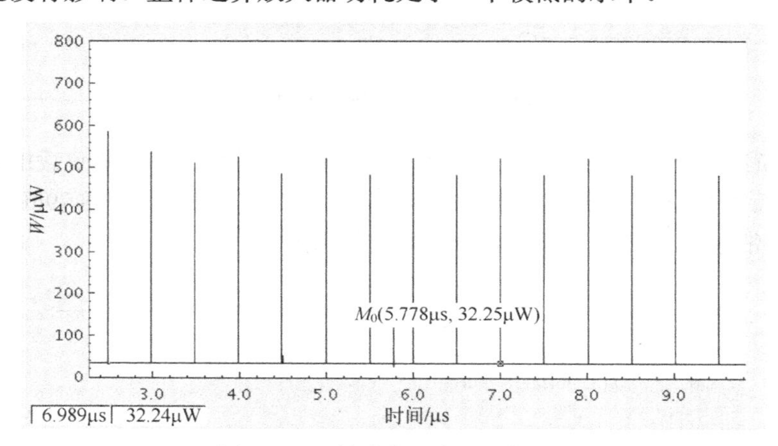

图 7.28　运算放大器功耗仿真结果

运算放大器的前仿真设计结果总结如表 7.5 所示。

表 7.5　运算放大器的前仿真设计结果总结

运算放大器参数	前仿真结果
增益	58.79dB
相位裕度	56°
单位增益带宽	11MHz
压摆率	15V/μs
等效输入噪声方均根	1.89μV
功耗	32μW

7.4.2　量化器

在 Sigma-Delta 调制器中，量化器处于调制器最末端，其非线性受到很强的环路积分器增益压缩，量化器的失调特性指标较为宽松，而且不会影响到 Sigma-Delta 调制器性能的下降。

在高精度多位量化 Sigma-Delta 调制器结构中，我们要在设计中尽可能减小量化器失调、亚稳态等非理想因素。3 位量化器的结构如图 7.29 所示，由电阻串数/模转换器、7 组 1 位比较器组成。3 位量化器采用全差分 Flash 结构，将差分输入信号 ip 和 in（第二级积分器的输出）与参考电压 V_{ref1}～V_{ref7} 进行比较，输出互补温度计码 Y[6:0]和 YB[6:0]。其中，参考电压 V_{ref1}～V_{ref7} 由一个电阻串数/模转换器产生。

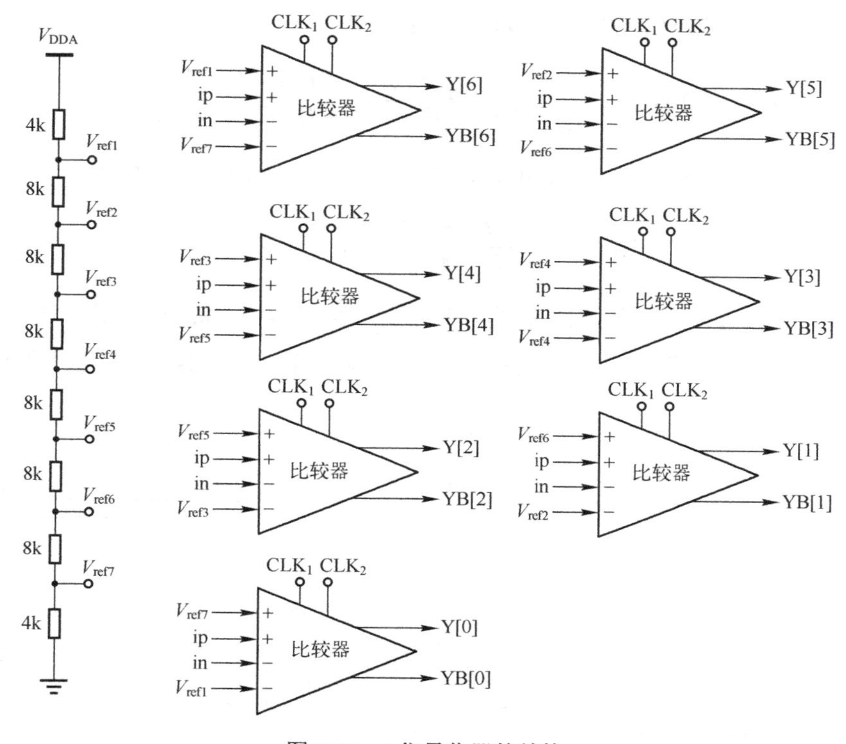

图 7.29　3 位量化器的结构

量化器中的比较器电路如图 7.30 所示，它采用高速再生结构，具有较低的失调电压和迟滞效应，并且可以获得较低输入电容和功耗。

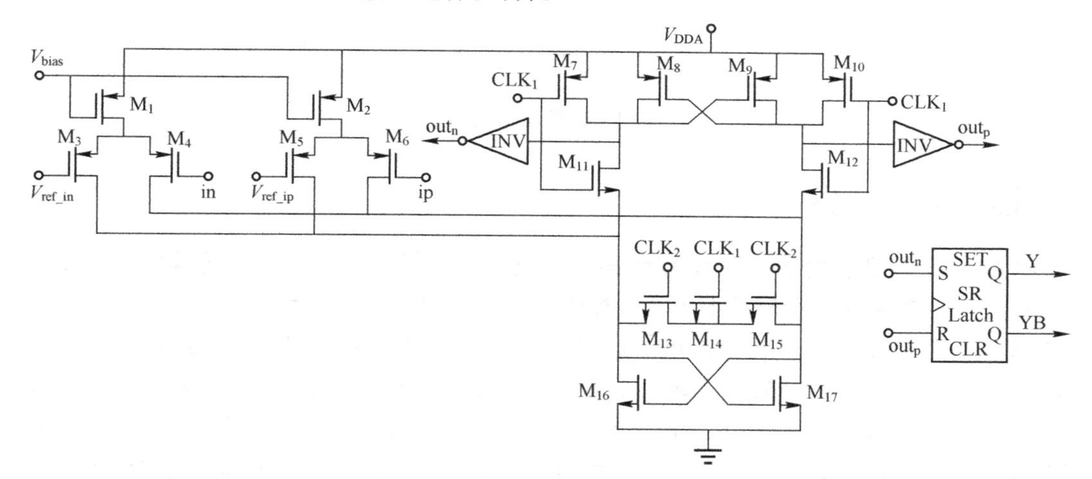

图 7.30　量化器中的比较器电路

比较器由两对 PMOS 差分对（M_3/M_4、M_5/M_6）、CMOS 锁存器（M_7～M_{12}、M_{16}/M_{17}）和 SR 锁存器构成。NMOS 晶体管 M_{13} 和 M_{15} 作为复位开关，而 M_{14} 作为辅助晶体管，用于降低 M_{14} 开关转换时电荷注入的影响。当时钟信号为 CLK_2 时，对顶端和底端的再生环路进行复位，差分对 M_3/M_4、M_5/M_6 输入电流，并通过开关 M_{13} 和 M_{15} 的导通电阻产生不平衡电压。这一不平衡电压决定了时钟信号为 CLK_1 时的比较器输出结果。由于不平衡电压首先由底端的再生环路产生，所以如果在第一次再生过程中的增益足够大，那么 PMOS 再生晶体管和 M_{11}、M_{12} 的失配就可以忽略。比较器的失调电压为

$$V_{\text{offset}}^2 = 2gV_{\text{M}_3}^2 + \frac{g_{\text{M}_{16}}^2}{g_{\text{M}_3}^2}V_{\text{latch}}^2 = 2\frac{A_{\text{vt,p}}^2}{W_3L_3} + 2\frac{KP_{\text{n}}}{KP_{\text{p}}}\frac{W_{16}L_3}{W_3L_{15}}\frac{A_{\text{vt,n}}^2}{W_{16}L_{16}} \tag{7.7}$$

因此，可以得到晶体管 M_3～M_6 和 M_{16}、M_{17} 的最佳匹配的特征长度为

$$L_{\text{M}_{16},\text{M}_{17}} = \sqrt{\frac{KP_{\text{n}}}{KP_{\text{p}}}}\frac{A_{\text{Vt,n}}}{A_{\text{Vt,p}}}L_{\text{M}_3,\text{M}_4,\text{M}_5,\text{M}_6} \tag{7.8}$$

通过选择 $L_{\text{M3,M4,M5,M6}}$ 获得较好的速度、低输入电容、低功耗和最小面积。对比较器进行仿真，其仿真结果如图 7.31 所示。可见，在 2MHz 时钟频率下，比较器分辨精度小于 0.1mV。

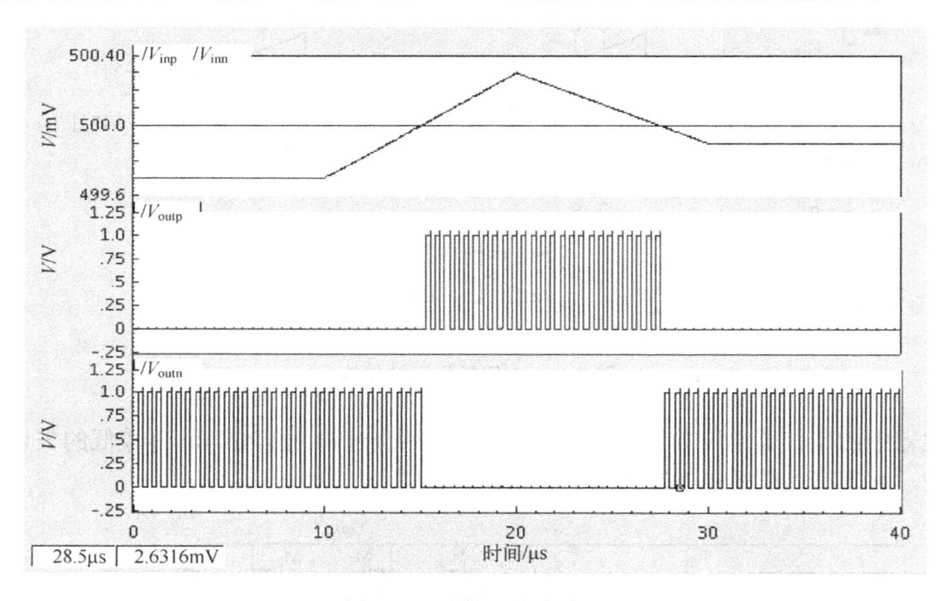

图 7.31　比较器仿真结果

7.4.3　DWA 电路

DWA 算法是目前用于降低数/模转换器非线性特性最为广泛的动态元器件匹配算法。DWA 算法主要是将由数/模转换器电容失配引入的噪声和失真转换为一阶高通噪声误差。

DWA 算法的基本原理非常简单，这也是 DWA 算法得到应用的一个最显著优势。在 DWA 算法中，所有的数/模转换器单位电容按顺序被依次采用，并且算法中指针记录下每次未被使用的第一个单位电容，作为下一次选择电容的开始电容。一个用于 3 位数/模转换器的 DWA 算法工作原理如图 7.32 所示，灰色方块表示每个时钟周期中被选中的单位电容。

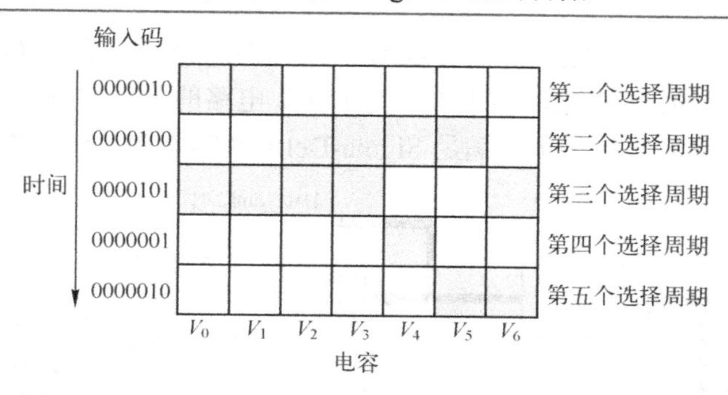

图 7.32　用于 3 位数/模转换器的 DWA 算法工作原理

DWA 算法的一个缺陷是会在信号带内引入谐波失真，并且这个谐波失真和信号的幅度和频率相关。在信号幅度较小时，会在一定程度上降低 Sigma-Delta 调制器的信噪比。例如，在 16 位 Sigma-Delta 调制器中，通过蒙特卡罗仿真，在不同的输入信号幅度下，仿真带内最大的信号谐波都低于开关的 kT/C 噪声。因此，这些谐波在调制器的输出频谱中不可见，这也意味着这些带内谐波不会降低 Sigma-Delta 调制器的信噪比。但在 Sigma-Delta 调制器精度更高的应用场合，如 20 位以上精度的 Sigma-Delta 调制器中，这些谐波可能会造成较大的影响，这时就要采用其他更为合适的算法进行设计。

实现 DWA 算法的电路（简称 DWA 电路）对于 Sigma-Delta 调制器可以达到工作频率是至关重要的，因为 DWA 电路会在 Sigma-Delta 调制器的反馈环路中引入额外的延迟时间。DWA 算法与积分器、量化器配合的工作时序如表 7.6 所示。在 CLK_1 时钟相位时，积分器将信号采样至采样电容中，并在 CLK_2 时钟相位时进行积分操作。同时，通过将反馈电容连接到参考电压 V_{ref+} 和 V_{ref-} 上，反馈信号也进行积分操作，并且量化器采样最后一级的积分器输出信号。在下一个 CLK_1 时钟相位内，量化器产生温度计码，并依据 DWA 算法指针选择下一次使用的数/模转换器单位电容。因为在下一个 CLK_2 时钟相位内，DWA 算法的指针得到更新，而且此时反馈信号必须有效，所以只有半个时钟周期用于量化器的再生和温度计码的轮转。由此可知，最小化 DWA 电路的延迟时间在设计中显得十分重要。

表 7.6　DWA 算法与积分器、量化器配合的工作时序

	CLK_1	CLK_2
积分器	采样	积分
量化器	再生	采样
DWA	轮转	更新指针

实现最优化延迟时间的 DWA 电路如图 7.33 所示，它主要由编码器、全加器、循环对数移位器、寄存器和时序调整驱动电路组成。

采用全加器和对数移位器的移位操作结构，与基础数据选择结构的移位操作结构相比，减少了晶体管数量和路径上的延迟时间，在降低功耗的同时，也提高了 DWA 电路的工作频率。Sigma-Delta 调制器输出的 3 位数据一路经过编码器输出 Data_out[2:0]，并作为 Sigma-Delta 调制器的数字输出信号。另一路进入全加器与前一时钟周期的 Sigma-Delta 调制器输出信号相加，输出指针信号 S_1～S_3，并在本时钟周期 CLK_2 相位时存储至指针寄存器中，同时对循环对数移位器的输入信号进行移位控制，移动相应位数；时序调整驱动电路提高移位信号的驱动能力，并按照一定相位输出数/模转换器的选择开关信号 Out_to_DAC[6:0]，完成对 3 位数/模转换器的控制操作。经过仿真，DWA 电路的最大传输延迟时间为 5ns，可以工作在 200MHz 的最大时钟频率下，满足 Sigma-Delta 调制器 2MHz 工作频率的要求。

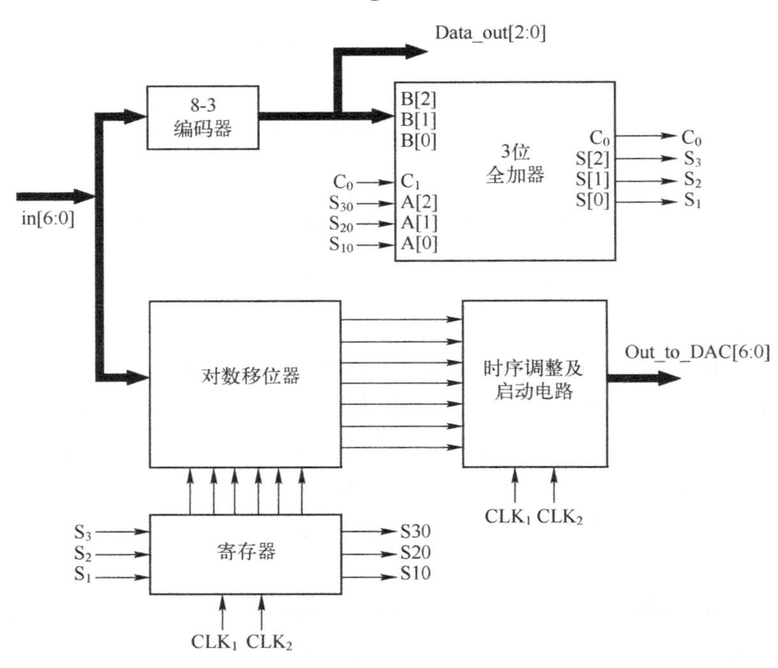

图 7.33　实现最优化延迟时间的 DWA 电路

7.5　芯片实现与测试结果

16 位/8kHz 二阶 3 位量化 Sigma-Delta 调制器采用 0.18μm CMOS 混合信号工艺设计完成，其版图如图 7.34 所示。信号自下向上传输，两个积分器层叠放置，量化器位于最上侧。DWA 电路和时钟电路位于芯片右侧，远离主信号通路。带隙基准源在左侧，为积分器提供偏置电流和参考电压。

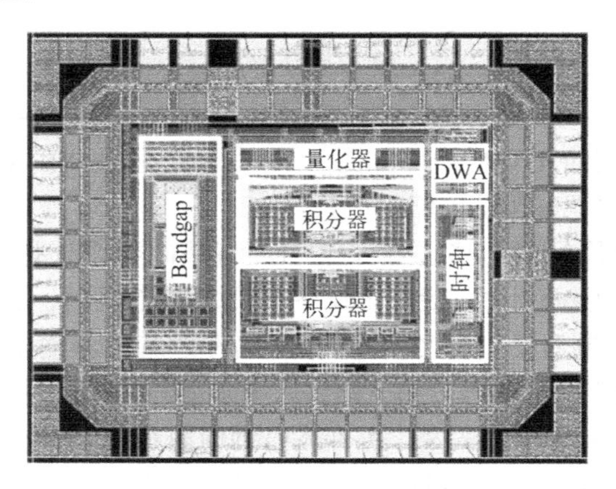

图 7.34　二阶 3 位量化 Sigma-Delta 调制器的版图

输入 2kHz 的峰-峰值为 400mV 的正弦波信号进行测试，其输出频谱如图 7.35 所示。可见，由于输出二次谐波的影响，整体输出无杂散动态范围约为 70dB。

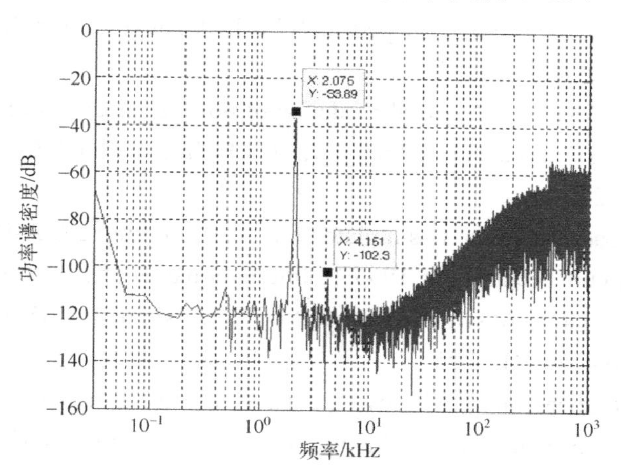

图 7.35　二阶 3 位量化 Sigma-Delta 调制器输出频谱

7.6　参考文献

[1] R T Baird, T S Fiez, Linearity Enhancement of Multibit Sigma-Delta AD and DA Converters Using Data Weighted Averaging[J]. IEEE Transactions on Circuits and Systems, 1995, 42(12):753-762.

[2] S R Norsworthy, R Schreier. Delta-Sigma Data Converter: Theory, Design, and Simulation[M]. New York:The institute of Electrical and Engineers Inc, 1996 .

[3] L E Larson, T Cataltepe, G C Temes. Multi-bit oversampled Sigma-Delta A/D converter with digital error correction[J]. Electronics Letters, 1988, 24:1051:1052.

[4] T Cataltepe, A R Kramer, L E Larson, et al. Digitally corrected multi-bit Sigma-Delta data converter[J]. Proceeding of the IEEE International Symposium Circuit and Systems, 1989:647-650.

[5] R H Walden, T Cataltepe, G C Temes. Architetures for higher-order multi-bit Sigma-Delta modulators[J]. Proceeding of the IEEE International Symposium Circuits and Systems, 1990, 5:895-898.

[6] M Sarhang-Nejad, G C Temes. A High-Resolution Sigma-Delta ADC with Digital Correction and Relaxed Amplifiers Requirements[J]. IEEE Journal of Solid-State Circuit, 1993, 28(4):648-660.

[7] Y Geerts, M Steyaert, W Sansen. Design of Multi-Bit Delta-Sigma A/D Converters[M]. Kluwer Academic Publishers, 2002.

[8] K B Klaasen. Digitally controlled absolute voltage division[J]. IEEE transactions on Instrumentation and Measurement, 1975, 24(3):106-112.

[9] B Leung, S Sutarja. Multi Sigma-Delta A/D Converter Incorporating a Novel Class of Dynamic Element Matching Techniques[J]. IEEE Transactions on Circuits and Systems, 1992, 39:35-51.

[10] R W Adams, T W Kwan. Data-directed scrambler for multi-bit noise-shaping D/A converters[J]. U.S.Patent 5,404,142,1995.

[11] R Schreier, B Zhang. Noise-shaped multibit D/A converter employing unit elements[J]. Electronics Letters, 1995,31:1712:1713.

[12] G Monnerie, H Lévi. Behavioral modeling of noise in discrete time systems with VHDL-AMS application to a sigma-delta modulator[J]. IEEE International Conference on Industrial Technology, 2004: 237-242.

[13] Z Hong, X Cao, J Mucha. C-simulator for over-sampling ΣΔ A-D converters[C]//Solid-State and Integrated Circuit Technology, 1995 4th International Conference: 352 -354.

[14] R Trihy, R Rohrer, A switched capacitor circuit simulator:AWEswit[J]. IEEE Journal Solid-State Circuits, 1994, 29: 217-225.

[15] S Brigati, F Francesconi, P Malcovati, et al. Modeling sigma-delta modulator nonidealities in SIMULINK[J]. in Proceeding IEEE International. Symposium on Circuits and System II, 1999:384-387.

[16] P Malcovati, S Brigati, F Francesconi, et al. Behavioral modeling of switched capacitor sigma-delta modulators[J]. IEEE Transaction on Circuits and System I, 2003, 50(3): 352–364.

[17] K L Lee, R G Meyer. Low-Distortion Switched-Capacitor Filter Design Techniques. IEEE Journal Solid-State Circuits, 1985, 20: 1103-1113.

[18] P Maleovati, F Maloberti, M Terzani. An high-swing, 1.8V, Push-Pull opamp for sigma-delta modulator. IEEE International Conference on Electronics, Circuits and Systems, 1998, 1:33-36.

[19] J Ramirez-Angulo, A J Lopez-Martin, R G Carvajal, et al. Simple class-AB voltage follower with slew rate and bandwidth enhancement and no extra static power or supply requirements. Electronics Letters, 2006,42(14):784-785.

[20] Y Geerts, M Steyaert. Flash A/D specifications of multibit A/D converters[J]. in IEE ADDA, Glasgow, U.K, 1999: 50–53.

[21] S H Lewis, P R Gray. A Pipelined 5-Msample/s 9-bit Analog-to-Digital Converter[J]. IEEE Journal of Solid-State Circuits, 1987, 22(6):954-961.

[22] B P Brandt, B A Wooley. The 50-MHz Multi Sigma-Delta Modulator for 12-b 2-MHz A/D Converter[J]. IEEE Journal of Solid-State Circuits, 1991, 26:1746-1756.

[23] R T Baird, T S Fiez. Linearity enhancement of multibit A/D and D/A converters using data weighted averaging, IEEE Transaction Circuits and System. II, 1995, 42: 753-762.

[24] O Nys, R Henderson. An analysis of dynamic element matching techniques in Sigma-Delta modulation[J]. Proceeding of IEEE International Symposium Circuits and Systems 1996: 231-234.

[25] X M Gong, E Gaalaas, M Alexander, et al. A 120-dB multibit SC audio DAC with second-order noise shaping[J]. ISSCC. 2000: 344-345.

第 8 章　低功耗 Sigma-Delta 调制器

自 1958 年集成电路诞生以来，电子工业已经取得了日新月异的进步。在过去的 60 年间，芯片上晶体管的数目呈几何级数增长。随着晶体管尺寸不断逼近摩尔定律的极限，单体芯片所占据的面积和成本不断降低。以往，工程师们更多地关注于提升芯片的工作频率和功能。在很长的一段时间内，芯片功耗并不是特别关注的重点。

进入 21 世纪以来，这种趋势发生了重大转变。如今，工程师们已经能够将各种复杂的功能集成到一块硅衬底上，其中可能包含了数字、模拟及射频的芯片模块，产生了所谓的系统级芯片（System-on-Chip，SoC）概念。而 SoC 目前已经成为便携式设备、穿戴式电子设备、手机、无线终端及无线传感网的核心部分。高密度的晶体管集成必然会带来动态功耗、泄漏功耗的急剧增加，给芯片的稳定性带来巨大的挑战。同时，这些设备大都通过电池进行供电，为了延长供电时间，降低芯片功耗也就自然成为设计的重中之重。

本章将主要介绍低功耗 Sigma-Delta 调制器的设计技术，首先介绍低电源电压下 Sigma-Delta 调制器的几种设计方法和思路，然后讨论一种亚阈值反相器型 Sigma-Delta 调制器的设计实例，作为理论和实践的结合。

8.1　低功耗 Sigma-Delta 调制器电路

在进行低功耗 Sigma-Delta 调制器设计时，设计者首先想到的是降低电源电压。这是一种很直观的设计思路，在电流不变的情况下，供电电压的下降直接降低了电路功耗。但在实际中，低的电源电压并不一定意味着低功耗。为了在低电源电压设计环境中保证 Sigma-Delta 调制器具有同样、甚至更优的信噪比，设计者往往要加入附加的电路模块，从而产生更多的功率消耗。

在 1V 甚至更低电源电压的情况下，Sigma-Delta 调制器仍须维持与 1.8V、3.3V 电源电压时相同的动态范围，这就对低功耗 Sigma-Delta 调制器设计提出了严峻的挑战。本节主要从电路设计方面讨论哪些技术可以应对这些挑战，从而实现低功耗 Sigma-Delta 调制器。

8.1.1　前馈 Sigma-Delta 调制器的结构

在讨论 Sigma-Delta 调制器的结构之前，我们首先明确一个概念，即所有的 Sigma-Delta 调制器的结构都可以用噪声传递函数（Noise Transfer Function，NTF）和信号传递函数（Signal Transfer Function，STF）来表征。噪声传递函数决定了量化噪声降低的程度及调制器所能达到的最大信噪比。对于一个给定的调制器结构，信号传递函数通常与噪声传递函数密切相关，而不能被独自定义。从电路设计的角度来看，由积分器构成的环路滤波器可以表

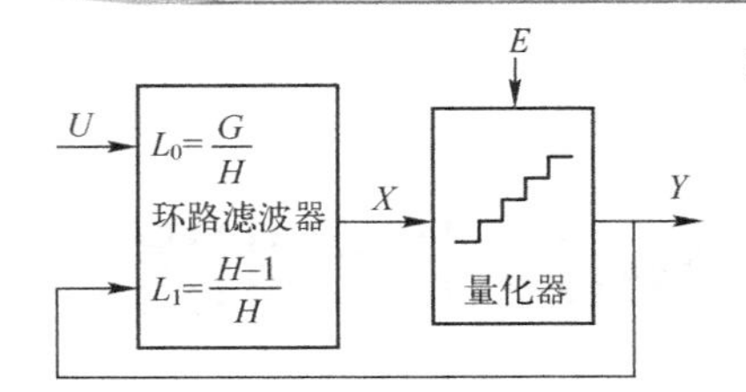

图 8.1 Sigma-Delta 调制器的结构

示并最终决定噪声传递函数的品质，因此一个调制器可以由图 8.1 中的结构来描述。

从图 8.1 可以得到调制器的 NTF 和 STF 分别为

$$\mathrm{NTF}(z)=\frac{1}{1+L_1(z)} \tag{8.1}$$

$$\mathrm{STF}(z)=\frac{L_0(z)}{1+L_1(z)} \tag{8.2}$$

式中，环路滤波器 $L_0(z)$ 和 $L_1(z)$ 可以以环路参数的形式进行表示。在电路中，$L_1(z)$ 在信号带宽内具有较高的增益，同时又对量化噪声有衰减作用。从式（8.1）和式（8.2）可以看出，$L_1(z)$ 的极点是 NTF 的零点，而且 NTF 和 STF 具有同样的极点，因此当 NTF 和 STF 采用高 Q 值环路滤波器（即极点接近单位圆时），容易造成调制器的不稳定。

目前，Sigma-Delta 调制器主要分为前馈结构和反馈结构两大类。根据应用需求的不同，在前馈结构和反馈结构中又会相应地加入局部反馈支路和前馈支路，用于 Sigma-Delta 调整调制器的 NTF 和 STF，达到更优的信号处理结果。反馈拓扑结构 Sigma-Delta 调制器如图 8.2 所示。

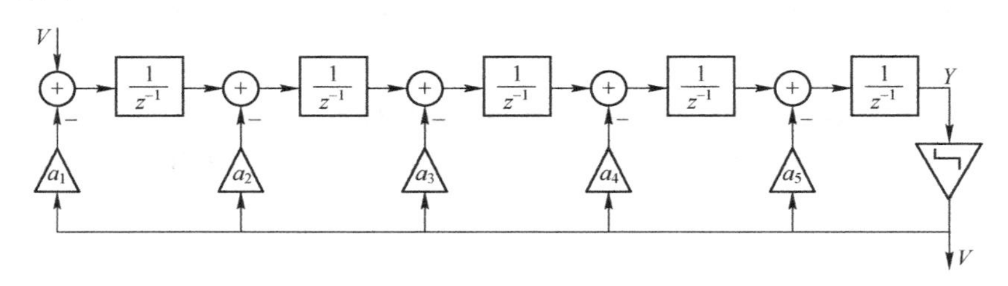

图 8.2 反馈拓扑结构 Sigma-Delta 调制器

该 Sigma-Delta 调制器的环路滤波器 $L_0(z)$ 和 $L_1(z)$ 分别为

$$L_0(z)=\frac{b_1}{(z-1)^n} \tag{8.3}$$

$$L_1(z)=-\left[\frac{a_1}{(z-1)^n}+\frac{a_2}{(z-1)^{n-1}}+\frac{a_3}{(z-1)^{n-2}}+\cdots\right] \tag{8.4}$$

将式（8.3）和式（8.4）代入式（8.1）和式（8.2），可以分别得到反馈拓扑结构 Sigma-Delta 调制器的 NTF 和 STF，其中 NTF 的零点都位于直流点处。通过计算不难看出，如果设计 NTF 为巴特沃兹高通滤波器，那么 STF 则是具有巴特沃兹极点的低通滤波器。这种反馈拓扑结构 Sigma-Delta 调制器的显著缺点是积分器的输出包含明显的输入信号和量化噪声。每个积分器在直流点有无限增益，所以进入每个积分器的两路信号求和必须为零，以避免任何直流信号进入积分器。一路信号是量化器反馈信号乘以反馈系数，另一路信号是前一级积分器的输出信号。前一级的积分器输出信号必然包括直流分量，所以每个积分器可能会有直流信号输入。每个积分器的输出信号包含滤波后的量化噪声和一个等于输入信号的低频信号。当 Sigma-Delta 调制器由开关电容电路实现时，输出摆幅由电容比值来调整，因此需要大的积分反馈电容，才能保持信号在允许的范围内进行输出，所以反馈结构 Sigma-Delta 调制器通常要消耗较大的功耗来完成信号处理。

前馈拓扑结构 Sigma-Delta 调制器如图 8.3 所示。

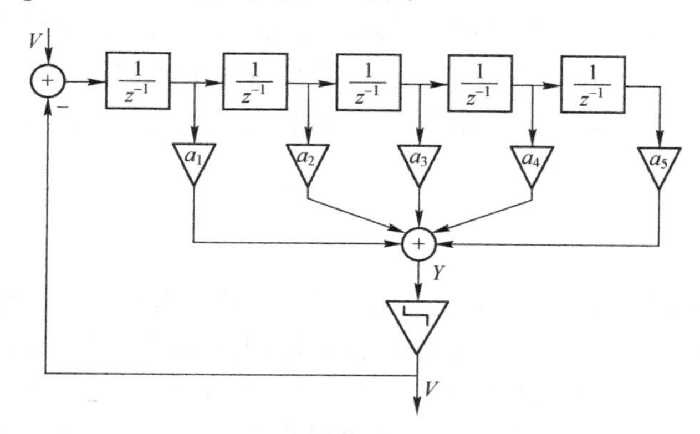

图 8.3　前馈拓扑结构 Sigma-Delta 调制器

前馈拓扑结构 Sigma-Delta 调制器的环路滤波器 $L_0(z)$ 和 $L_1(z)$ 可以表示为

$$L_0(z) = -L_1(z) = \frac{a_1}{z-1} + \frac{a_2}{(z-1)^2} + \frac{a_3}{(z-1)^2} \cdots \tag{8.5}$$

从式（8.5）可以看出，$L_1(z)$ 的极点被限制在直流点上（z=1）。由于 $L_1(z)$ 的极点同时也是 NTF 的零点，因此 NTF 的零点也位于直流点上。在实际设计中，巴特沃兹高通滤波器结构常作为 NTF 原型进行设计。相比于反馈拓扑结构，前馈拓扑结构 Sigma-Delta 调制器的优点是在信号通路中只处理前一级的量化噪声，每一级的输入信号通过前馈支路输入量化器进行处理，从而可以有效地增大输入信号摆幅，而不产生过载现象和失真，最终获得比反馈拓扑结构 Sigma-Delta 调制器更大的动态范围。

由于在低电源电压设计时，Sigma-Delta 调制器获得的输出摆幅要远小于高电源电压时，微小的失真都会严重降低 Sigma-Delta 调制器的动态范围。同时，前馈拓扑结构 Sigma-Delta 调制器在信号通路中只要处理微小的量化噪声信号，对积分器中运算放大器的设计指标要求也比反馈拓扑结构中的运算放大器更为宽松，因此在低单位增益带宽和低开环增益的运算放大器指标下，有利于获得更优的功耗优化。所以，在低功耗 Sigma-Delta 调制器设计中，具有低失真和低功耗性能的前馈拓扑结构 Sigma-Delta 调制器是一种更为优良的选择。

8.1.2　低功耗运算放大器

在低功耗 Sigma-Delta 调制器设计中，低功耗运算放大器是电路设计的核心部分。因为积分器的设计实际上就是运算放大器的设计，运算放大器的功耗决定了积分器的总功耗，同时它也是 Sigma-Delta 调制器功耗中最为重要的来源。在低功耗 Sigma-Delta 调制器的运算放大器设计中，开环增益、压摆率、单位增益带宽和功耗是设计者最为关注的 4 个性能指标。开环增益和压摆率分别决定了积分器小信号和大信号时的建立精度；而单位增益带宽则限制了 Sigma-Delta 调制器的信号最高采样频率（或者时钟频率）。

Sigma-Delta 调制器属于一个闭环系统，运算放大器须连接为闭环反馈形式，因此在运算放大器结构选择中只能采用折叠和两级运算放大器两种结构。相比于两级运算放大器结构，折叠运算放大器的增益较低且输出摆幅受限，这限制了 Sigma-Delta 调制器所能达到的最大动态范围。此外，由于低功耗 Sigma-Delta 调制器通常应用在低噪声的场合中，而折叠运算放大器固有的热噪声和闪烁噪声也大于两级运算放大器固有的热噪声和闪烁噪声，一定程度上降低了 Sigma-Delta 调制器的信噪比。因此，低功耗两级运算放大器通常作为低功耗 Sigma-Delta 调制器首选的运算放大器结构。下面就对低功耗两级运算放大器中的一些电路技术进行详细讨论。

1. 电流缺乏技术

在低电源电压运算放大器设计中，即使两级运算放大器也很难达到较高的增益。为了提高运算放大器增益，在运算放大器电路中可以采用电流缺乏技术。电流缺乏技术的原理如图 8.4 所示，通过一个直流电流源对负载晶体管 M_2 的直流电流进行分流，从而增大晶体管的交流阻抗，最终提高增益。增益提高的程度取决于分流的比例因子 k。实际上，k 值表示了输入晶体管 M_1 被直流电流源分流的比例。在弱反型区，晶体管 M_2 的信号电阻为$1/g_{M2}$，其增大了 $1-k$ 倍，增益 A 也增大了同样的倍数。

需要注意的是，不能过分增大信号电阻$1/g_{M2}$的值，如图 8.5 所示，因为在电路中这个节点形成了运算放大器电路的次极点 P_{nd}。首先，我们计算次极点 P_{nd} 和运算放大器单位增益带宽 GBW 为

$$P_{nd}=\frac{g_{M2}}{2\pi C_c}=\frac{2(1-k)I_1}{2\pi C_c(V_{GS}-V_T)_2} \tag{8.6}$$

$$\mathrm{GBW}=\frac{Bg_{M1}}{2\pi C_L}=\frac{2BI_1}{2\pi C_L(V_{GS}-V_T)_1} \tag{8.7}$$

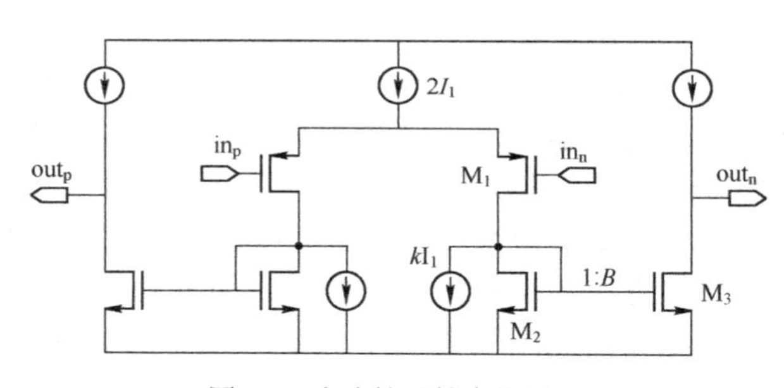

图 8.4　电流缺乏技术的原理

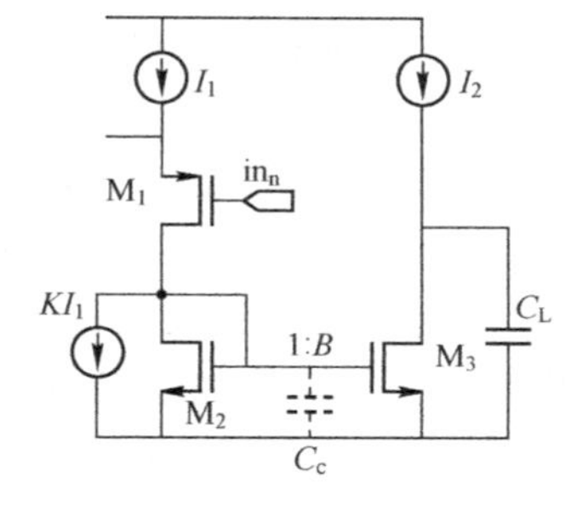

图 8.5　运算放大器的稳定性原则

为了保证足够的相位裕度，次极点 P_{nd} 必须大于 3 倍的单位增益带宽，即

$$P_{nd}>3\mathrm{GBW}\Rightarrow k<1-3B\frac{C_c}{C_L} \tag{8.8}$$

式中，B 为第二级电流源与第一级电流源的比值。

采用电流缺乏技术的完整运算放大器电路如图 8.6 所示，采用 Class-AB 结构的目的是为了达到轨至轨的输出摆幅要求。从图 8.6 我们可以看出，运算放大器的第一级采用了电流分流技术，其中分流电流源与固定电流源的电流占第一级电路电流的比例分别为 0.8 和 0.2，这样就有效地提高了第一级乃至整体运算放大器的增益。图 8.6 中的 CMFB 为运算放大器的共模反馈输入节点，开关电容共模反馈通过这个节点稳定输出共模电压。

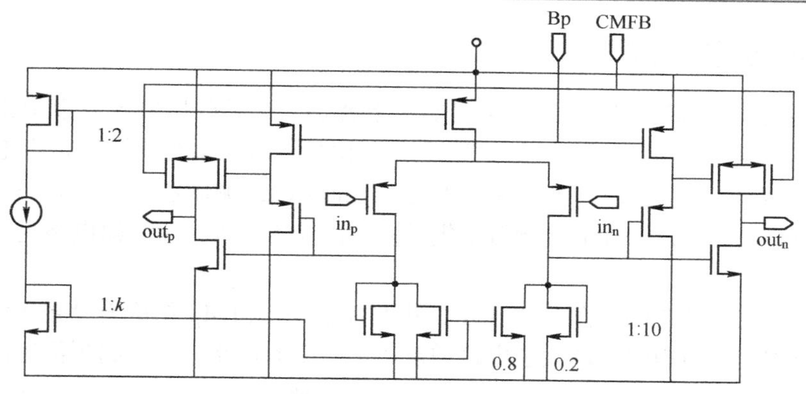

图 8.6　采用电流缺乏技术的完整运算放大器电路

2．Class-AB 输出级运算放大器技术

在两级运算放大器中采用 Class-AB 输出级的目的主要有两个，即在降低第二级运算放大器静态电流的同时，得到轨至轨的输出摆幅，从而获得低功耗和更大的输出动态范围。一个简单的 Class-AB 输出级运算放大器电路如图 8.7 所示。

图 8.7 中，运算放大器输入晶体管为 M_1 和 M_2，M_2 作为源跟随器的同时，还和 M_3、M_4 一起构成低电压电流源。由于 M_2 和 M_3 组成反馈环路，保证了 M_2 的电流恒定为 I_{B_1}，因此 M_2 的栅源电压也为一个恒量，并且输入电压 V_{in_2} 无衰减地传输到了 M_2 的源极。此时，输入晶体管 M_1 的栅源电压 $V_{GS_1}=V_{in_1}-V_{in_2}$，该电压通过 M_1 转换为电流信号。在这个运算放大器中，只有 M_1 将差分输入电压转换为电流。电流信号流入 M_3，通过 M_4 镜像输出，也可以通过 M_1 的漏极输出，从而完成 AB 类的输出。需要注意的是，当该运算放大器用于低电源电压环境中时，要合理配置输入晶体管的栅源电压和漏源电压。

一个完整的 Class-AB 输出级运算放大器电路如图 8.8 所示。输入晶体管 M_{1b} 和 M_{1c} 将输入电压转换为电流，流过 M_{1b} 的电流不仅通过 M_{2a} 和 M_{3a}，而且通过 M_{5b} 和 M_{6b} 反馈到输出端，从而获得了一个差分的输出电流。

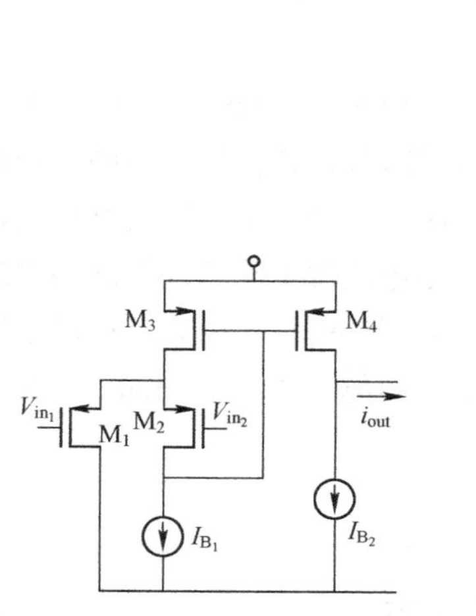

图 8.7　Class-AB 输出级运算放大器电路

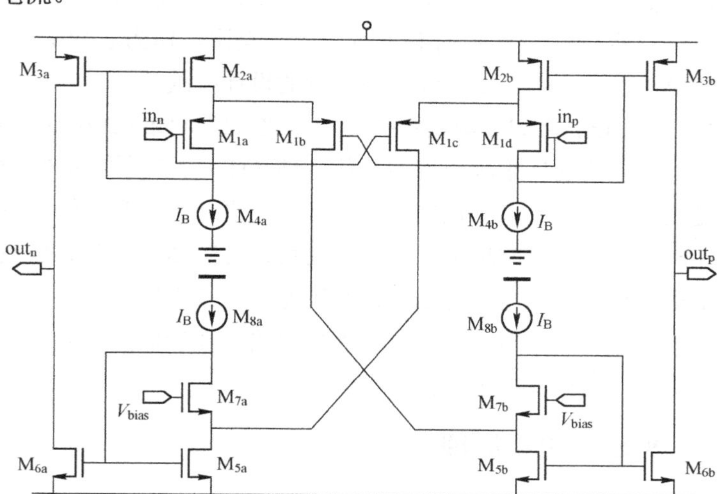

图 8.8　完整的 Class-AB 输出级运算放大器电路

8.1.3 低功耗比较器

Sigma-Delta 调制器中的 1 位量化器实际上就是一个差分比较器。由于比较器出现在 Sigma-Delta 调制器的最后一级，且如果只采用 1 位量化器，单个比较器的功耗仅占 Sigma-Delta 调制器功耗中一小部分。通常在低功耗 Sigma-Delta 调制器中往往会采用多位量化结构，也就是说会在 Sigma-Delta 调制器中集成多个比较器，因此比较器电路也要进行相应的低功耗设计。

低电源电压比较器电路如图 8.9 所示。由晶体管 M_{1a} 和 M_{1b} 组成差分输入结构，M_{2a} 和 M_{2b} 通过正反馈构成负电阻，增大了电路增益。足够高的增益又可以起到再生作用，在电路的一端输出产生高电平，而在另一边产生低电平。在这样的比较器电路中，通常会在晶体管 M_{1a} 和 M_{1b} 的漏极加入一个开关。在加入输入电压之前，开关是闭合导通的。一旦开关截止，根据输入信号的不同极性，再生作用就会在输出端产生高电平和低电平。由于在电源比较低的环境中，开关功能主要由 M_{3a} 和 M_{3b} 来实现。当这两个晶体管截止时，电路进入再生状态。

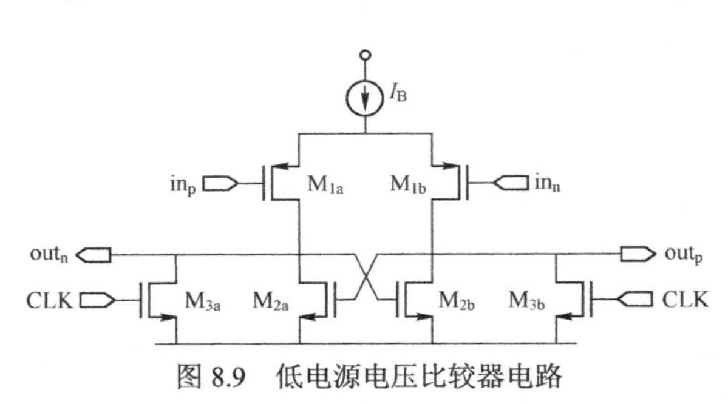

图 8.9 低电源电压比较器电路

8.2 亚阈值反相器型 Sigma-Delta 调制器设计

随着集成电路及医疗检测技术的不断进步，各类疾病患者越来越多地使用穿戴式医疗设备对自身的健康和病情状况进行实时监控。通常这类穿戴式设备都使用微型电池供电，体积和设备空间严重限制了电池容量。为了延长设备工作时长，就必须对其中的集成电路芯片进行低功耗设计。此外，为了提取微弱的生物电信号，芯片还要具有足够低的等效输入噪声，才能在模/数转换时获得较高的信噪比。作为芯片中模拟信号与数字信号的桥梁，模/数转换器设计面临着低功耗、高精度的设计挑战。

在 Sigma-Delta 调制器中，跨导放大器（Operational Transconduntor Amplifier, OTA）是电路的主要功耗来源。例如，体驱动 OTA 具有较小的等效输出跨导，使得该电路的噪声性能较差，且只能应用在信号带宽有限的设计中；数字辅助型 OTA 中增加了数字校准电路，在降低噪声的同时增加了多余的功耗；比较器型 OTA 虽然采用电流源消除了反馈回路中的不稳定点，但该电路无法工作在较低的电源电压环境下。为了克服这些设计困难，可以采用反相器作为积分器中的运算放大器电路。在极低的电源电压下，实现了 Sigma-Delta 调制器低功耗、高精度的模/数转换功能。

8.2.1 电路原理

采用 OTA 结构和反相器结构的传统积分器电路如图 8.10 所示。

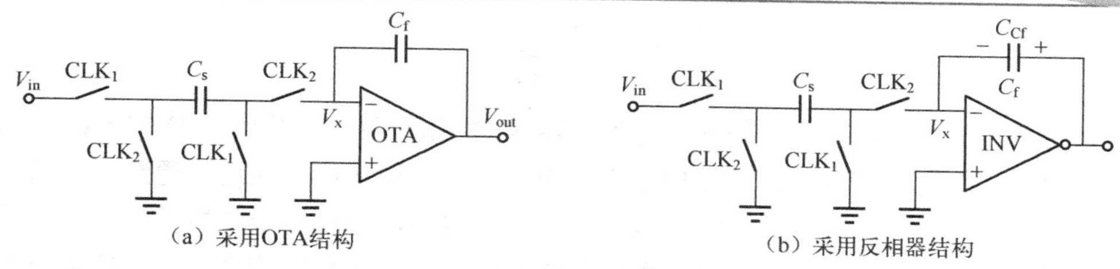

图 8.10　传统积分器电路

在图 8.10（a）中，积分器由两相非交叠时钟信号（采样时钟信号 CLK_1 和积分时钟信号 CLK_2）控制。当 CLK_1 为高电平时，输入信号被采样到采样电容 C_s 中；而当 CLK_2 为高电平时，存储在 C_s 中的电荷转移到反馈电容 C_f 中，完成积分操作。此时，OTA 的负向输入端节点 V_x 由于虚短到正向输入端，成为一个虚地点。与 OTA 结构的积分器不同，采用反相器结构的积分器由于只有一个输入端，而无法形成虚地点。因此，V_x 节点电压接近于反相器的输入失调电压，即

$$V_x = \frac{A}{1+A}V_{off} - \frac{V_{Cf}}{1+A} \approx V_{off} \tag{8.9}$$

式中，A 为反相器的直流增益；V_{Cf} 为反馈电容上的电压。

所以，在 CLK_2 为高电平时，转移至 C_f 中的电荷为 $C_f(V_{in}-V_{off})$。由于反相器的输入失调电压与晶体管尺寸、阈值电压、电源电压及工艺变量有关，所以在该电路中要增加失调消除机制，才能完成精确的积分操作。

自调零反相器积分器电路如图 8.11 所示。

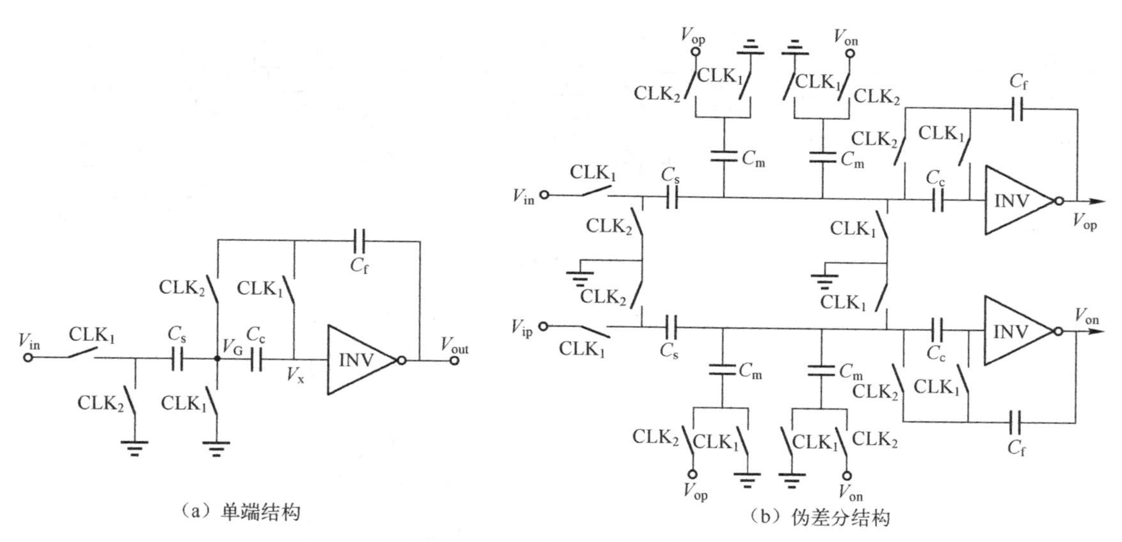

图 8.11　自调零反相器积分器电路

在 CLK_1 为高电平时，反相器形成一个单位增益反馈电路，V_{off} 采样到电容 C_c 中。同时，输入信号采样至采样电容 C_s 中；在 CLK_2 为高电平时，由于反馈电容 C_f 形成负反馈通路，V_x 节点电压为失调电压 V_{off}。此时节点 V_G 可以作为一个虚地点，而采样电容 C_s 中的电荷则完全转移至反馈电容 C_f 中。于是，可以得到此时积分器的输入和输出关系为

$$C_s V_{in}(n+1/2) + C_f V_{out}(n) = C_f V_{out}(n+1) \tag{8.10}$$

从而推导出该积分器的传递函数为

$$\frac{V_{\text{out}}(z)}{V_{\text{in}}(z)}=\frac{C_{\text{s}}}{C_{\text{f}}}\cdot\frac{z^{-1/2}}{1-z^{-1}} \tag{8.11}$$

包含共模反馈电路的伪差分结构积分器如图 8.11（b）所示。共模反馈电容 C_{m} 在 CLK_2 为高电平时检测输出共模电压，在 CLK_1 为高电平时将共模电压输入信号通路中。而检测到的共模电压与信号通路上电压的差值将被输入到积分器中，形成一个共模反馈环路。其增益由电容比 $C_{\text{m}}/C_{\text{f}}$ 决定。由于 C_{m} 在每一个积分周期内只驱动少量电荷来维持共模输出电压，所以 C_{m} 电容值较小，不会增加积分器的负载电容。

在积分器中，放大器的直流增益决定了电荷转移的精度，而单位增益带宽则决定了工作速度。生物电信号的带宽通常在赫兹级，对放大器的带宽约束较小。为了增大直流增益，这里选择共源共栅反相器结构进行设计。共源共栅反相器电路如图 8.12 所示。

同时，在低电源电压时，将晶体管偏置在亚阈值区，可以获得最大的直流增益。但由于共源共栅反相器在电源到地的通路上层叠了 4 个晶体管，使得等效放大器的输出摆幅受到限制，也在一定程度上缩小了输出信号的动态范围。

图 8.12　共源共栅反相器电路

8.2.2　电路设计

反相器型 14 位/500Hz 二阶 Sigma-Delta 调制器如图 8.13 所示。

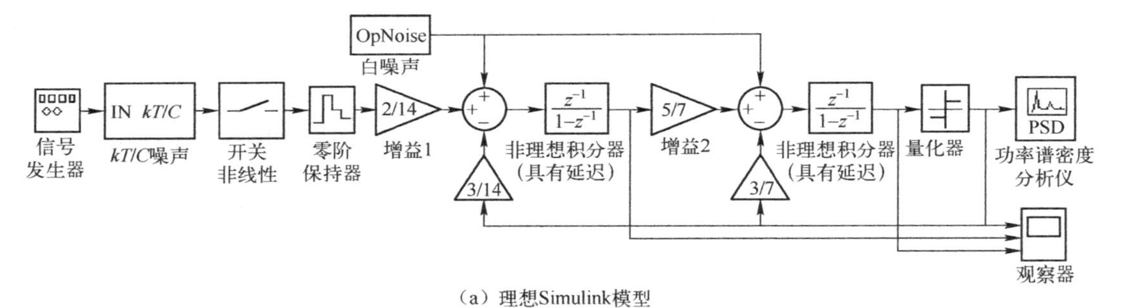

（a）理想Simulink模型

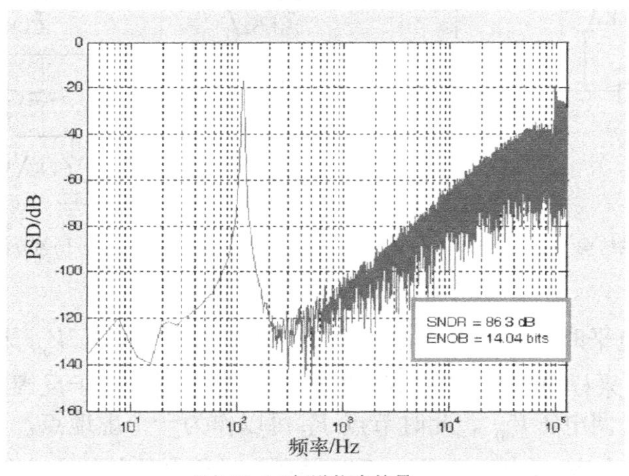

（b）Matlab频谱仿真结果

图 8.13　反相器型 14 位/500Hz 二阶 Sigma-Delta 调制器

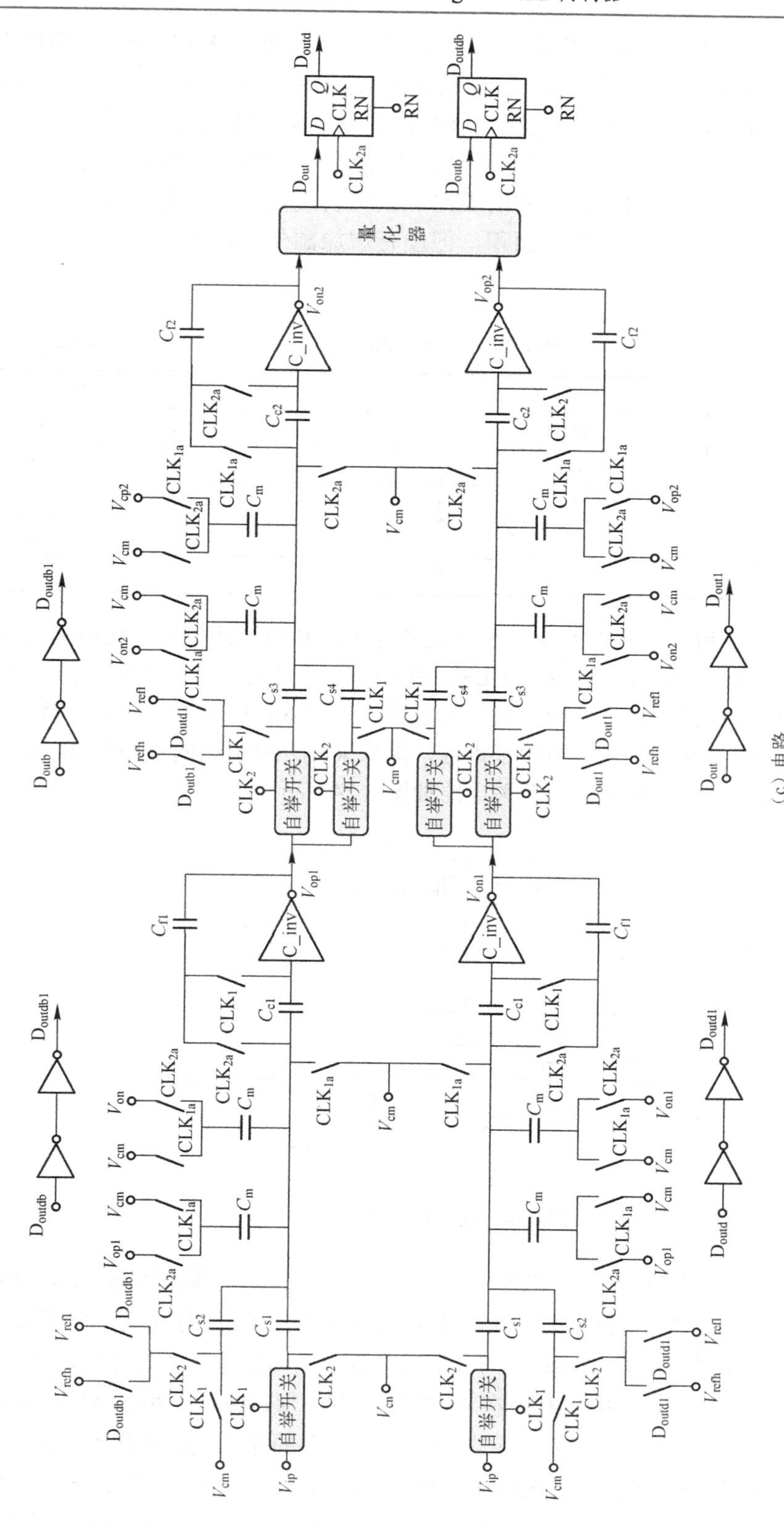

图8.13 反相器型14位/500Hz二阶Sigma-Delta调制器（续）

图 8.13 中的调制器电路采用稳定的二阶反馈结构。根据图 8.13（b）中的行为级仿真结果，为了获得 14 位精度，在采用 256 倍过采样比时，反相器直流增益要达到 46dB（200 倍）。与传统 OTA 结构积分器相比，该结构主要是通过使用反相器替代 OTA 结构进行设计。同时，为了消除反相器失调电压对输出精度的影响，增加了自调零失调消除机制，从而实现与采用 OTA 结构相当的信噪比。该机制使差分积分电路仅引入两个开关和两个自调零电容，增加了一部分芯片面积，但没有增加额外的功耗开销。积分器电容值如表 8.1 所示。

表 8.1　积分器电容值　　单位：pF

电　容	电 容 值	电　容	电 容 值
C_{s1}	560	C_{s3}	480
C_{s2}	840	C_{s4}	320
C_{m}	560	C_{c2}	1120
C_{c1}	3920	C_{f2}	1120
C_{f1}	3920		

参考高电平 V_{refh} 和参考低电平 V_{refl} 分别设置为电源和地，即理想量化范围为 600mV。CLK_1 和 CLK_2 为两相非交叠时钟信号，CLK_{1a} 和 CLK_{2a} 分别为 CLK_1 和 CLK_2 的延迟关断时钟信号，目的是降低电荷的注入效应。同时为了在低至 0.6V 电源电压时，保持开关栅漏电压恒定，提高导通阻抗在输入范围内的平坦性，降低采样开关引入的谐波失真，输入开关选择栅压自举开关进行设计。栅压自举开关电路如图 8.14 所示。

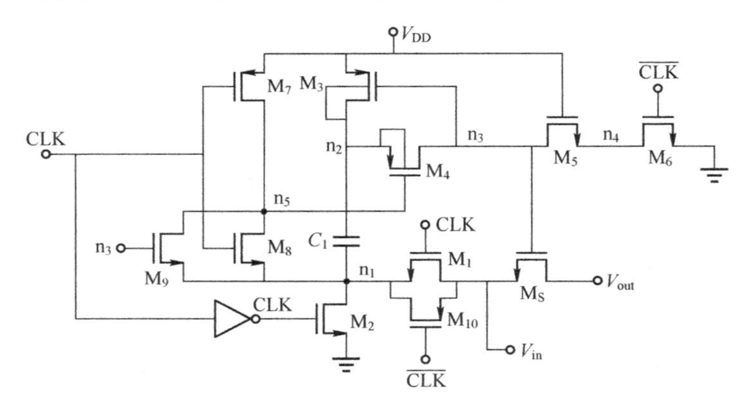

图 8.14　栅压自举开关电路

栅压自举开关的工作原理：当 CLK 为低电平时，开关处于保持状态，M_5、M_6 导通，节点 n_3 为低电平，M_3、M_2 导通，V_{DD} 通过 M_3、M_2 对电容 C_1 进行充电，C_1 两端电压被充至 V_{DD}（忽略 M_3、M_2 的导通电压降）。与此同时，开关管 M_S 的栅极通过 M_5、M_6 接地，使其关断，M_1 和 M_{10} 组成的 CMOS 开关在 CLK 的控制下保持关断。由于 M_7 导通，节点 n_5 为高电平，M_4 截止，使节点 n_3 与节点 n_2 断开。这样开关的输入电压变化不会影响电路内各节点电压。当 CLK 为高电平时，开关进入采样状态，M_1、M_{10} 导通，使节点 n_1 处的电压与输入电压 V_{in} 几乎相等，M_2 截止，M_4、M_8 导通，节点 n_3 电压升高，M_3 截止，开关管 M_S 的栅端与源端分别通过 M_4、M_1、M_{10} 与电容 C_1 连接，其栅源电压差近似为电容 C_1 上的电压

V_C。栅压自举开关由于在采样状态时将内部部分节点电压提升，带来了可靠性问题，当晶体管尺寸进入深亚微米后，晶体管 4 个端点中任意两点之间的电压差不能超过 $1.7V_{DD}$。为了提高电路的可靠性，在电路结构中增加了功能上相对冗余的 M_9 和 M_5，M_9 的作用是确保 M_4 在导通时的栅源电压不超过 V_{DD}，M_5 的作用是为了在 CLK 为低电平时，保证 M_6 的 V_{gd} 与 V_{ds} 不超过 V_{DD}。

量化器采用高速动态比较器结构，量化器电路如图 8.15 所示。冗余晶体管 M_3 和 M_5 在 CLK_1 控制下将量化器进行复位，消除残余电荷，保证了比较精度。

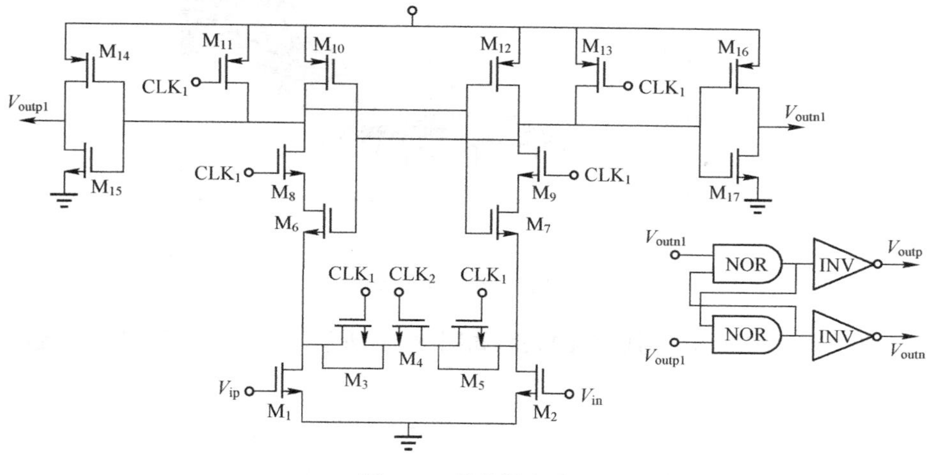

图 8.15　量化器电路

8.2.3　电路测试结果

反相器型 14 位/500Hz 二阶 Sigma-Delta 调制器电路采用 0.13μm 1P8M SMIC 混合信号工艺流片实现，电源电压为 0.6V，包含输入、输出单元。Sigma-Delta 调制器芯片尺寸如图 8.16 所示，整体面积为 $1.32mm^2$，其中核心电路面积为 $0.72mm^2$。

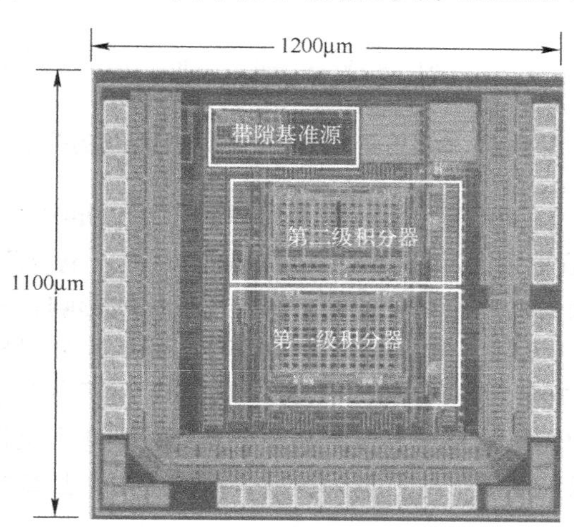

图 8.16　Sigma-Delta 调制器芯片尺寸

首先，对输出信号频谱进行信噪比测试。当电源电压为 0.6V、输入信号频率为 400Hz、差分信号峰-峰值幅度为 500mV 时，输出信号频谱如图 8.17 所示。可以看到，输出最大信噪失真比为 69.7dB，有效精度为 11.3 位，表明 Sigma-Delta 调制器在低电源电压时仍达到了较高的输出信号精度。

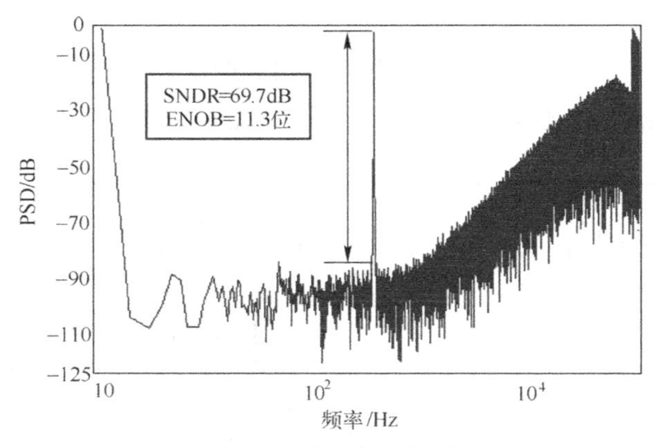

图 8.17　输出信号频谱

输出信噪失真比与输入信号幅度的关系如图 8.18 所示，表明该电路保持了接近 500mV 的输入量化范围。

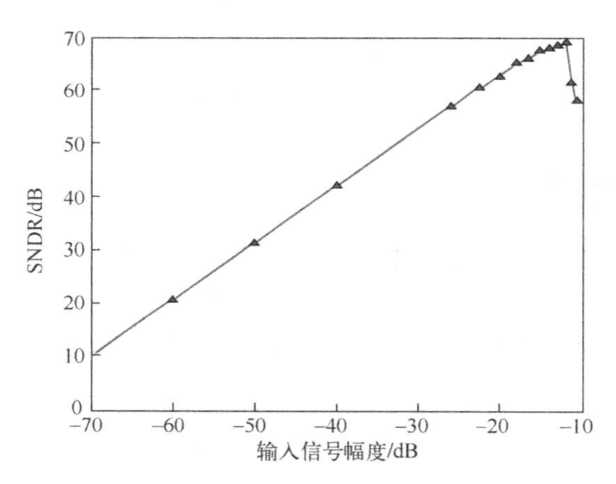

图 8.18　输出信噪失真比与输入信号幅度的关系

最后，固定输入频率为 400Hz，输入信号峰-峰值为 500mV，改变电源电压，在 0.6～0.8V 的范围内测试输出信号频谱。从图 8.19 可以看出，在该电压范围内，Sigma-Delta 调制器保持了稳定的输出信噪失真比，不会受到电源电压变化的影响。在电源电压为 0.6V 时，Sigma-Delta 调制器的功耗仅有 5.07μW。与传统 OTA 结构积分器相比，采用反相器结构的二阶 Sigma-Delta 调制器功耗可下降 80%左右；但由于采用了自调零失调消除机制，其输出信号与传统结构调制器的输出信号差不多。其不足之处在于基于反相器的 Sigma-Delta 调制器带宽受到极大限制，只能满足信号带宽为赫兹量级的应用，且鲁棒性和抗工艺角变化能力较弱。

电路测试性能比较如表 8.2 所示。该电路在中等电源电压环境下、相对较小的信号带宽之内，获得了最高的信噪比和最低的功耗，其性能是优秀的。

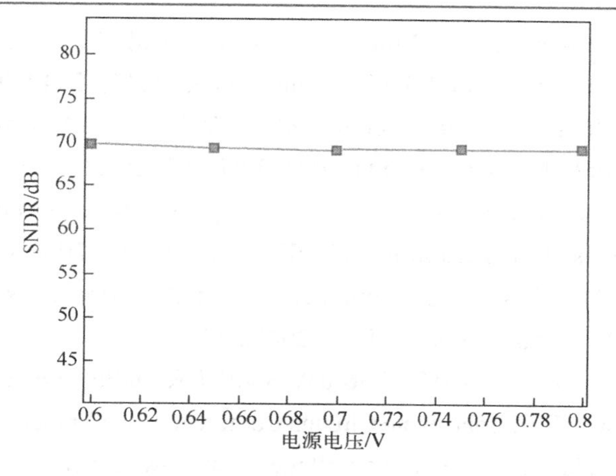

图 8.19　输出信噪失真比与电源电压的关系

表 8.2　电路测试性能比较

工　艺	CMOS 0.13μm	CMOS 0.13μm	CMOS 0.13μm	CMOS 0.5μm	CMOS 0.13μm
供电电压/V	0.6	0.5	0.25	1.5	0.4
信号带宽/kHz	0.5	8	10	0.05	20
调制器阶数	2	2	2	2	3
峰值信噪失真比/dB	69.7	63.6	61	55.39	68
有效精度/位	11.3	10.2	9.8	8.9	11
功耗/μW	5.07	17	7.5	58.3	140
面积/mm^2	0.72	—	0.37	2.25	0.27

8.3　参考文献

[1] Wang Y C, Ke K R, Qin W H, et al. A low power low noise analog front end for portable healthcare system [J]. Journal of Semiconductors, 2015, 36(10): 105008-7.

[2] Mao Y Q, Gao T Q, Xu X D, et al. A fully integrated CMOS super-regenerative wake-up receiver for EEG applications [J]. Journal of Semiconductors, 2016, 37(9): 095001-6.

[3] Xiao G L, Qin Y L, Xu W L, et al. Demonstration of a fully differential VGA chip with small THD for ECG acquisition system [J]. Journal of Semiconductors, 2015, 36(10): 105005-6.

[4] Duan J H, Lan C, Xu W L, et al. An OTA-C filter for ECG acquisition systems with highly linear range and less passband attenuation [J]. Journal of Semiconductors, 2015, 36(5): 055006-6.

[5] Dai L, Liu W K, Lu Y, et al. A 410 μW, 70 dB SNR high performance analog front-end for portable audio application, Journal of Semiconductors [J]. 2014, 35(10): 105013-6.

[6] Pu X F, Wan L, Zhang H, et al. A low-power portable ECG sensor interface with dry electrodes, Journal of Semiconductors [J]. 2013, 34(5): 055002-6.

[7] Pun K P, Chatterjee S, and Kinget P. A 0.5-V 74-dB SNDR 25kHz CT Sigma-Delta modulator with return-to-open DAC [J]. IEEE Journal of Solid-State Circuits, 2007, 42(3): 496-507.

[8] Murmann B, Boser B. A 12-bit 75-MS/s pipelined ADC using open-loop residue amplification [J]. IEEE Journal of Solid-State Circuits, 2003, 38(12): 2040-2050.

[9] Siragusa E, Galton I. A digitally enhanced 1.8-V 15-bit 40-MSample/s CMOS pipelined ADC [J]. IEEE Journal of Solid-State Circuits. 2004, 39(12): 2126-2138.

[10] Fiorenza J K, Sepke T, Holloway P, et al. Comparator-based switch-capacitor circuits for scaled CMOS technologies [J]. IEEE Journal of Solid-State Circuits, 2006, 41(12): 2658-2668.

[11] Chae Y, Han G. A low power sigma-delta modulator using class-C inverter [C] // 2007 IEEE Symposium on Vlsi Circuits. Kyoto :IEEE, 2007:240-241.

[12] Chae Y, Lee I, Han G. A 0.7-V 36-μW 85dB-DR audio Sigma-Delta modulator using class-C inverter [C] // 2008 IEEE Solid-State Circuits Conference. San Francisco:IEEE, 2008: 490-491.

[13] Chae Y, and Han Gunhee. Low voltage, low power, inverter-based switch-capacitor delta-sigma modulator [J]. IEEE Journal of Solid-State Circuits, 2009, 44(2): 458-471.

[14] Andrew M, Gray P R. A 1.5-V, 10-bit, 14.3-MS/s CMOS Pipeline Analog-to-Digital Converter [J]. Journal of Solid-State Circuits,1999,34(5):599-603

[15] Abiri E and Pournoori N. A 0.5-V 17uW second-order Delta-Sigma modulator based on a self-biased digital inverter in 0.13um CMOS [J]. Journal of Basic and Applied Scientific Rearch, 2012,2(4):3476-3480.

[16] Michel F, Steyaert M. A 250 mV 7.5uW 61dB SNDR SC Sigma-Delta Modulator using near-threshold-voltage-biased inverter amplifier in 130nm CMOS [J]. IEEE Journal of Solid-State Circuits, 2012, 47(3): 709-721.

[17] Yang Y, Yang Y, Lu L, et al. Inverter-based second-order sigma-delta modulator for smart sensor [J]. Electronics letters, 2013. 49(7): 31-32.

[18] Y Yoon, H Roh, H Roh. A true 0.4V Delta-Sigma modulator using a mixed DDA integrator without clock boosted switches [J]. IEEE transactions on circuits and systems-II: Express Briefs, 2014, 61(4):229-233.

第9章 高速串行接口电路

随着通信技术和计算机技术的发展，不同设备之间的数据传输和交换量与日俱增，而影响数据传输的主要限制因素之一就是不同设备之间的接口速率。传统的并行接口已经不能满足高速传输的需求，主要表现在以下两个方面：一方面，并行数据的传输速率是单个传输速率和通道个数的乘积，在实际的设计过程中，往往会因为各个通道之间的偏移而降低整个系统的传输速率；另一方面，并行传输通道之间的串扰影响会限制传输线的长度，特别是当传输速率比较高时，传输线的衰减和趋肤效应会进一步影响信号质量。随着集成电路成本的降低和消费者对于高速和长传输距离的需求，使得串行数据传输代替并行数据传输成为一种必然趋势。

与模/数转换器类似，高速串行接口电路也是一种典型的混合信号电路，且作为数据传输的接口电路，具有较多的相似点。本章将主要介绍高速串行接口电路的基本原理和性能指标，重点对发送端电路、预加重技术、接收端均衡技术和时钟数据恢复技术进行讨论，最后对一种5Gbit/s高速串行接口电路设计进行详细分析。

9.1 高速串行接口通信协议架构

随着高速串行接口的迅速发展，不同组织根据不同应用场合和应用需求制定了不同速率的协议标准，但是基本架构相同。高速串行接口通信协议架构如图9.1所示，自上而下分为软件层、事务层、数据链路层和物理层，每一层都可以实现双向的数据传输。软件层是其核心部分，主要用来与用户进行交互信息，并为用户提供友好的界面，满足用户的需要；事务层主要负责接收从软件层送来的读、写请求，并且建立一个请求包传输到数据链路层；数据链路层主要负责确保数据包可靠、正确传输，具体任务包括对从物理层过来的数据进行封包、数据链路层CRC检测、接收应答、数据链路层初始化等；物理层包括编码子层（PCS）和媒介连接子层（PMA）两部分，PCS负责对数据进行编/解码，加/去干扰等；PMA是物理层的核心部分，主要负责将PCS输出的低速并行数据转化成高速串行信号，并将被传输信道衰减的高速串行信号转化成低速并行信号后再传给PCS。

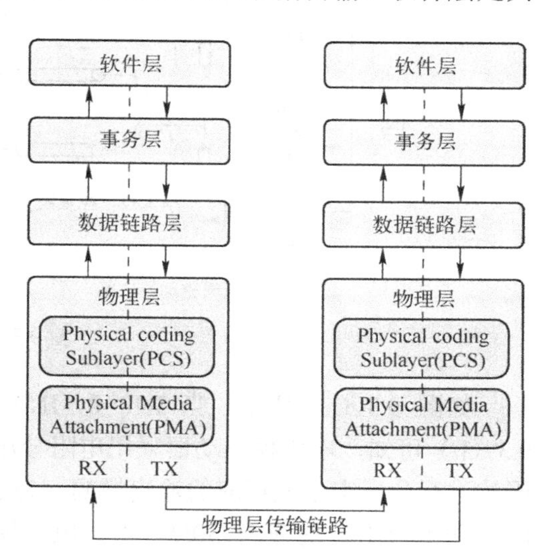

图9.1 高速串行接口通信协议架构

同时，PMA负责将高速的串行信号发送到物理层传输链路上，并且在没有同步时钟信号的情况下，从被衰减的高速串行信号中恢复出同步的时钟信号和数据，以实现数据高性能的传输。PMA 就是通常所说的高速串行接口电路，其最高工作速率限制了系统的带宽。因此，PMA 是实现串行点对点传输的关键环节。

高速串行接口电路的基本架构如图 9.2 所示，主要包括发送器、接收器和高速时钟信号生成器。为了提高高速信号的抗干扰能力，一般采用全差分的信号进行传输。其中，发送器包括并串转换器和高速驱动器；接收器包括均衡器、时钟信号与数据恢复电路和串并转换器；高速时钟信号生成器由高性能的锁相环组成，其性能直接影响发送器输出信号的质量。

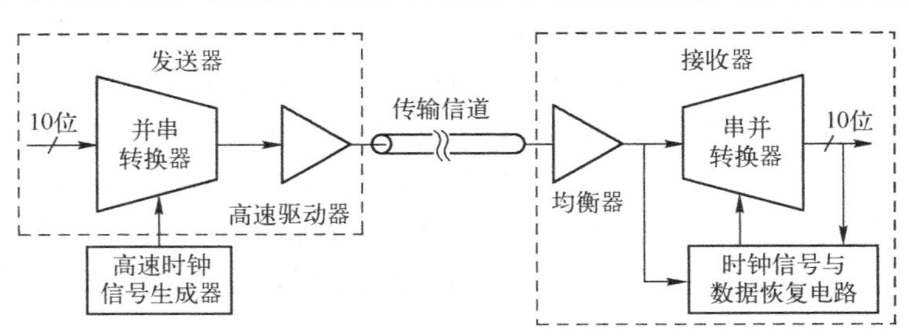

图 9.2　高速串行接口电路的基本架构

9.1.1　发送器的常用结构

由图 9.2 可知，发送器负责将 PCS 输出的并行数字信号转化成串行数字信号后，通过高速驱动器发送到传输信道上，从而完成信号由低速并行模式到高速串行模式的转换。高速驱动器是发送器的核心电路，其决定了发送器的驱动能力、输出信号的幅度、发送器的功耗和面积等。常用的驱动器有电压模驱动器与电流模驱动器，如图 9.3 和图 9.4 所示。

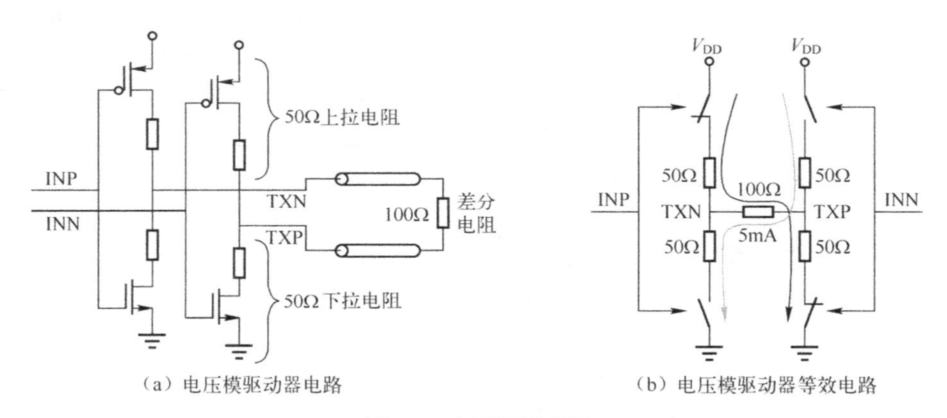

图 9.3　电压模驱动器

如图 9.3（a）所示，当 INP=0，INN=1 时，电路可等效成图 9.3（b）所示电路。由图 9.3（b）可知，电压模驱动器采用电阻分压的方式，使驱动器的输出阻抗与差分 100Ω 负载阻抗进行分压来生成相应的输出摆幅。为了减小由于阻抗不连续引入的反射，驱动器的上拉阻抗和下拉阻抗均应为 50Ω，因此电压模驱动器的单端输出摆幅 V_{swing} 等于 $V_{DD}/2$，差分 100Ω 电阻上流过的电流为 $V_{swing}/100$。

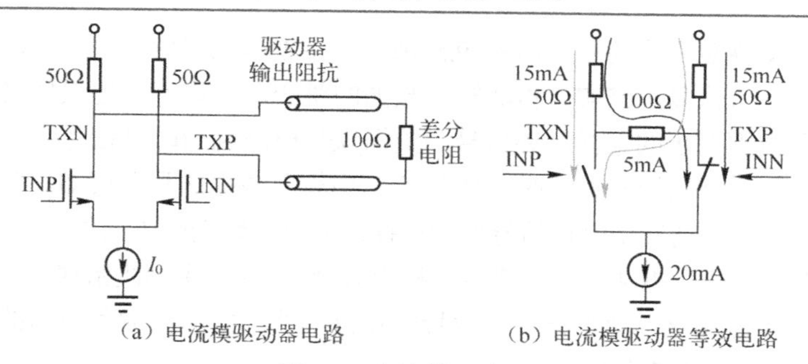

（a）电流模驱动器电路　（b）电流模驱动器等效电路

图 9.4　电流模驱动器

如图 9.4（a）所示，当 INP=0，INN=1 时，电路可以等效成图 9.4（b）所示电路。由图 9.4（b）可知，电流模驱动器实质上是采用电阻分流的方式实现差分信号摆幅的输出，因此被称为电流模驱动器。TXN/TXP 的单端输出摆幅 V_{swing} 由流过差分电阻的电流决定，即

$$V_{\text{swing}}=\frac{50}{50+50+100}I_0\times 100=25I_0 \tag{9.1}$$

式中，I_0 为电流模驱动器的尾电流。

由图 9.3 和图 9.4 可知，电压模驱动器与电流模驱动器分别使用电阻分压和电阻分流的方式实现所需的差分信号摆幅。为了得到相同的输出摆幅，表 9.1 中给出了电压模驱动器与电流模驱动器性能对比。

表 9.1　电压模驱动器与电流模驱动器性能对比

	电流	幅度控制	面积	设计复杂度	噪声抑制能力
电压模驱动器	$V_{\text{swing}}/100$	较难	稍大	高	弱
电流模驱动器	$V_{\text{swing}}/25$	容易	较小	低	强

由表 9.1 可知，电流模驱动器消耗电流是电压模驱动器消耗电流的 4 倍，因此电压模驱动器在功耗方面有很大的优势，但是其抗噪声能力不如电流模驱动器，这是因为电流模驱动器采用的是全差分结构。另外，电压模驱动器的输出摆幅与供电电压 V_{DD} 相关，这样的缺点是：一方面 V_{DD} 上的噪声可以直接传递到输出信号上，另一方面增加了实现输出摆幅控制的设计复杂度。

为了抑制 V_{DD} 上的噪声对输出信号质量的影响，V_{DD} 一般由 LDO（Low Drop-Out）提供。电压驱动器会跟随输入数据的变化产生数据相关的电流波动，因此 LDO 电压驱动器要接一个比较大的片内电容或片外电容，以减小电源电压上的波动，但是这样会增加电路面积和设计复杂度，降低电压模驱动器的功耗优势。通过调整 LDO 电压驱动器的电阻网络可以实现幅度的控制，但是可能会影响 LDO 电压驱动器环路的稳定性，进而影响输出信号的质量。根据以上的分析可知，每一种结构都有自身的优缺点，设计者应根据设计指标和应用场合选择适合的结构加以研究和应用。

9.1.2　接收器的常用结构

接收器负责在满足一定误码率要求的同时，从接收到的信号中恢复出同步的时钟信号和数据；并将接收到的信号解串成低速的并行数据，然后传给编码子层，从而实现从高速串行到低速并行的数据转换。其中，时钟信号与数据恢复电路是接收器的核心模块，决定了接收器的性能。

时钟信号与数据恢复电路的原理如图 9.5 所示，主要包括时钟信号恢复电路和数据恢复电路两个部分。时钟信号恢复电路实时检测输入数据的跳变沿并调整本地采样时钟信号的相位，从而提取出与输入数据同步的采样时钟信号；数据恢复电路利用时钟信号恢复电路提取出来的时钟信号对输入信号进行采样和重定时。从图 9.5 中输入数据的眼图可知，为了能够正确地对输入数据进行采样，理想情况下时钟信号最佳采样点应位于数据的中间位置（最佳采样点）；假若时钟信号采样时刻位于数据跳变沿（错误采样点），则容易产生判决错误。因此，时钟信号与数据恢复电路的作用是调整本地采样时钟信号的相位，使其能够在输入数据的中心位置进行采样，从而实现低误码率的数据传输。

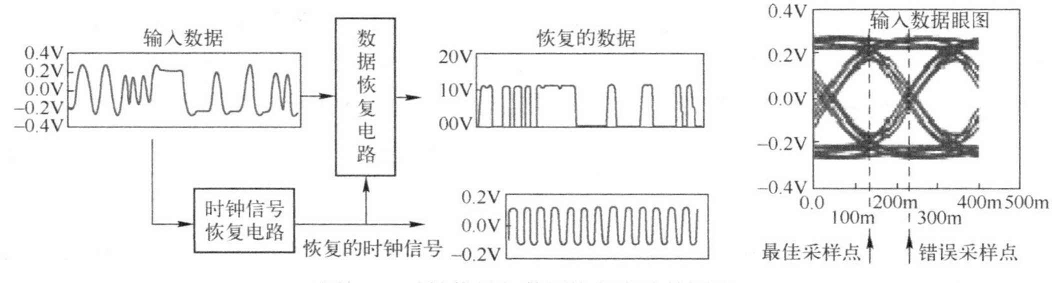

图 9.5　时钟信号与数据恢复电路的原理

正是由于时钟信号与数据恢复电路在接收端的核心地位，研究者们根据不同的应用需求提出了不同的电路结构。根据输入信号与本地采样时钟信号之间的相位关系，将时钟信号与数据恢复电路大致分为以下三类。

（1）采用反馈方式实现相位跟踪的结构，包括锁相环（Phase-Locked Loop，PLL）、延迟锁相环（Delay-Locked Loop, DLL）、相位插值器（Phase Interpolator，PI）和注入锁定结构等。

（2）基于过采样的相位跟踪结构，该结构不需要相位反馈，利用高速多相时钟信号对数据进行采样，采用相应的算法对数据的跳变沿进行采样和判断。

（3）基于相位对准技术但不带相位反馈的结构，包括 Gated 振荡器和高 Q 值带通滤波器结构。

时钟信号与数据恢复电路常用结构的性能对比如表 9.2 所示。

表 9.2　时钟信号与数据恢复电路常用结构的性能对比

结构	优　点	不　足	应　用
PLL	（1）有效抑制输入抖动 （2）具有频偏追踪能力	（1）存在相位抖动过冲 （2）环路滤波器面积较大 （3）多通道之间存在串扰及牵引 （4）锁定时间比较长	适用于连续模式下的异步通信系统
DLL	（1）无抖动过冲 （2）多通道之间可以共享 PLL	（1）仅适用于同源通信系统 （2）环路滤波器的面积较大 （3）有限的相位捕获范围	适用于连续模式下的同源通信系统
PI	（1）多通道之间可以共享 PLL （2）具有频偏追踪能力	（1）存在相位量化噪声 （2）多相位时钟信号的布局复杂 （3）存在周期-周期抖动	适用于连续模式下的异步通信系统
注入锁定结构	（1）抖动容忍性好 （2）具有良好的占空比 （3）多通道之间可以共享 PLL	（1）存在相位量化噪声 （2）多相位时钟信号的布局复杂 （3）存在周期-周期抖动 （4）振荡器频率范围比较大	适用于连续模式下的同源通信系统

续表

结构	优　点	不　足	应　用
过采样的相位跟踪结构	(1) 不需要相位反馈支路 (2) 快速锁定 (3) 不存在稳定性问题	(1) 数字电路比较复杂 (2) 需要大的 FIFOs (3) 需要多相位时钟信号	适用于突发模式和连续模式的异步通信系统中
Gated 振荡器	(1) 无相位反馈支路 (2) 快速锁定 (3) 面积较小	(1) 数据与时钟信号之间需要相位对准 (2) 没有输入抖动抑制能力 (3) 多通道应用时存在牵引和串扰	适用于突发模式的同源通信系统中 适用于短距离数据通信
高 Q 值带通滤波器	(1) 无相位反馈 (2) 快速的跟踪能力 (3) 开发成本低	(1) 数据与时钟信号之间需要相位对准 (2) 没有输入抖动抑制能力 (3) 难以集成	适用于突发模式的同源通信系统中

9.2　高速串行接口性能评价标准

9.1 节中我们详细介绍了高速串行接口通信协议架构，以及发送器与接收器的常用结构，但是无论设计者采用什么结构进行设计，其性能评价标准都是一致的，通用的评价指标有眼图、抖动和误码率。

9.2.1　眼图

眼图能够定性和直观地衡量高速电路系统信号质量，它通过将信号的时序波形分割为相等时长的若干部分，并将这些部分叠加后得到。如图 9.6 所示，它可以同时反映信号的幅度信息和时间信息。眼图的横轴代表时间，一般为一个或者两个码元间隔（Unit Interval, UI）；纵轴代表信号的幅度。眼图中重要的指标是眼宽和眼高。眼宽是眼图在水平轴所张开的大小，反映了信号的总抖动特性。眼高是眼图在垂直轴所张开的大小，它反映了信号的噪声容限。最佳采样时刻是眼睛张开最大的时刻，即使本地的采样时钟信号有些许抖动也不会影响判决结果的正确性。因此，发送端一般用眼图来衡量发送器输出信号的质量，传输信道用眼图来衡量传输信道的衰减和反射对被传输信号的影响，而接收器的功能就是调节本地采样时钟信号的相位，以保证在最佳采样时刻采样输入信号（传输信道的输出信号），从而实现低误码率的信号接收和恢复。

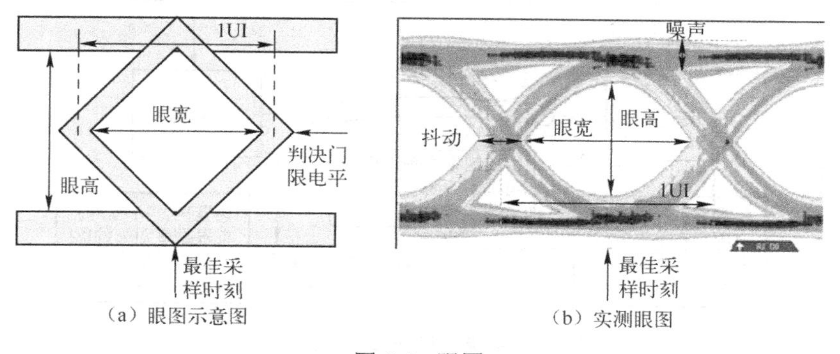

（a）眼图示意图　（b）实测眼图

图 9.6　眼图

9.2.2　抖动

无论对于数据信号还是时钟信号来说，抖动都是从时间域来描述信号在某特定时刻相对于其理想时刻的短期偏离。理想时钟信号和抖动时钟信号的波形如图 9.7 所示。研究串行数据通信系统的抖动主要是研究时钟信号与串行数据信号的相对抖动，而不是单纯地研究时钟信号或者数据信号的抖动。这是因为即使输入数据信号有较大的抖动，但是只要时钟信号也存在相同的抖动，则两者之间的相对抖动为零，时钟信号仍可以保证在最佳采样点采样输入数据。所以在串行数据通信系统中，若时钟信号可以跟随数据信号的抖动，则可以实现正确的数据接收，但是由于接收器的环路带宽是有限的，使得其难以实时地跟踪输入数据信号的高频抖动，从而恶化了系统的误码率。因此在对电路进行设计之前，仍须了解抖动的组成与分类（见图 9.8）和系统中抖动的来源（见图 9.9），以便有针对性地减少电路自身引入的抖动，进而降低接收端对数据信号抖动的跟踪能力。

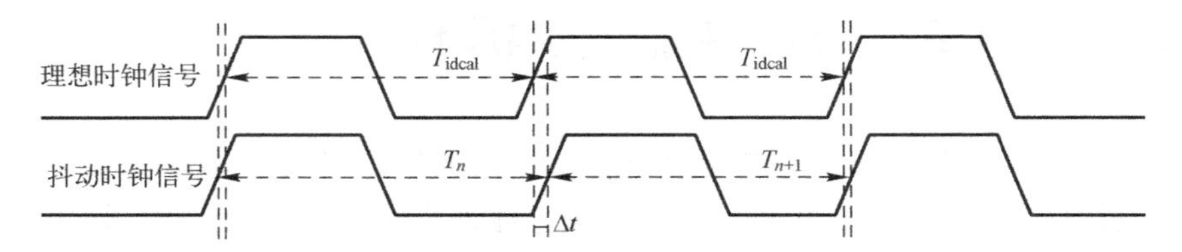

图 9.7　理想时钟信号与抖动时钟信号的波形

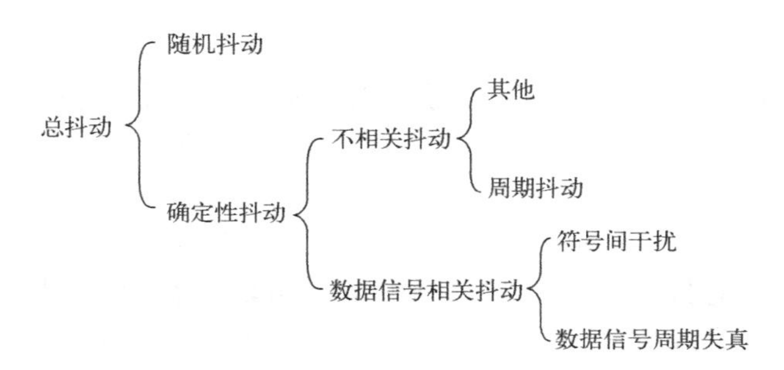

图 9.8　抖动的组成与分类

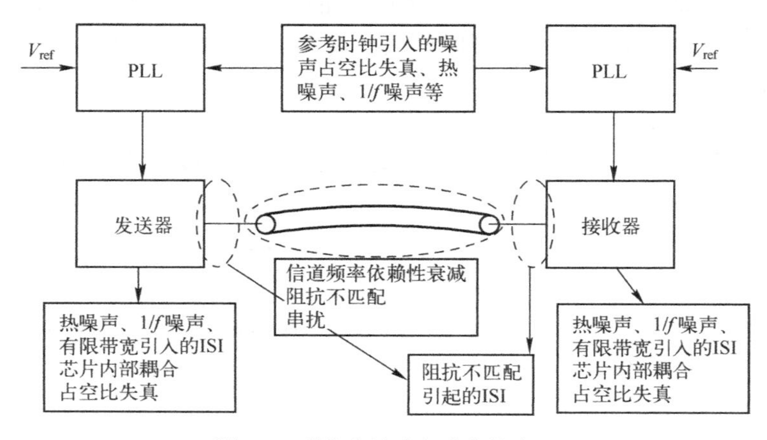

图 9.9　系统中抖动和噪声的来源

9.2.3　误码率

误码率（Bit Error Ratio, BER）是衡量通信系统功能的最基本指标。顾名思义，误码率是指在接收到的所有数据中，出现误码的概率，即发送端发送一定量的数据，在接收端接收到的数据中出现错误位的概率。大部分的串行标准要求误码率小于 10^{-12}，如 PCI-E、SATA、USB、RapidIO 等，该指标意味着当连续接收到 10^{12} 个数据位时，最多只允许 1 位数据出错。抖动和噪声是导致误码的主要原因，因此为了降低系统的误码率，应减小高速串行链路中引入的抖动和噪声。

一般情况下，数据通过一个工作正常的高速串行收发器不会产生误码。也就是说，在收发器工作的环回模式情况下，数据通信的误码率为零。在误码率要求比较严格的应用中存在着以下挑战。

（1）可以准确地预测数据通信的误码率。

（2）由于传输错误存在低频成分，为计算误码率而观测足够数据所需要的时间很长。因此，要在比较短的时间内进行准确的误码率计算，必须借助估计和外推技术。

（3）从抖动的角度来看，选择一个具有较好抖动特性的物理层元器件。

高速串行数据通信中的误码主要来源于不当的设计或者随机事件，所以误码率是由电路设计和概率决定的。在高速数字串行通信中，误码的产生存在内部和外部因素。

内部因素来自通信链路的设计、元器件和实现方式。内部的噪声源（热噪声）、较差的电气连接和接收端采样错误都会产生误码。在光通信中，误码主要是由物理元器件（光驱动器、光接收器、连接器、光纤）的连接问题引起的。另外，其他因素（如光衰减和光扩散）同样也会导致错误的传输。

随机事件或噪声导致的错误最大来源之一是光接收器。来自光纤的光信号通过跨阻放大器被转换为电信号。这个放大器必须响应 PIN 光探测器微安级的电流变化，以便检测光信号的有无。这个低的信号电平使得接收端的预放大器易于受热噪声和突发噪声影响，最后将转化为随机抖动。在高速串行通信中，通常不认为发射端是错误源，这主要是因为发射端设计的伪同步特性。例如，Cypress 的发送器内部时钟信号和位处于同步状态。只要时钟信号、数据和功耗满足指定的参数，发送器就不会产生任何错误。串行接收器只要能够提供指定的有效功耗和数据，通常也不认为是错误源。接收端设计的高抖动容忍能力和高输入灵敏度使得它可以衰减由内部和外部引入的抖动。

外部的错误源是由外部设备带来的，主要包括电源噪声/跳变、静电放电、电磁耦合和电缆或连接器的振荡。通常会产生这样一个误解，即认为在串行通信中发现的错误传输是由于链路中抖动积累的结果。只有当其他的内部和外部误差源处于可控的状态时，抖动才会成为影响系统误码率的主要因素。当其他误差源的影响都降为最低时，由发送器产生的抖动经过发送器、信道、接收器到达接收端的数据恢复端，会直接影响系统的误码率。

由于误码率依赖于概率分布，所以只有当发送的位数趋向于无限大时，误码率才能代表整个链路的情况。由于误码率的计算是长期观测样本的结果，但是在实际的测量和计算过程中，长时间的等待是不可能的。可采用的一个方案是在一定的置信度条件下观测数据来决定误码率。

设计性能好的时钟信号与数据恢复电路，内部的锁相环在其环路带宽内可以动态地跟踪抖动，它本身不会产生抖动，所以环路带宽外的抖动才会影响最终的误码率。发送端必须保证最小的抖动产生，接收端必须保证最大限度的抖动容限。

9.3 高速串行接口结构分析

高速串行接口主要包括发送端和接收端电路。在通常情况下，发送端在高速时钟信号的同步下，将上层输入的并行数据转化为一路高速差分数据流，送入信道进行传输；接收端通过信道接收到所需要的数据之后，时钟信号与数据恢复电路根据所得到的高速数据流恢复出同步时钟信号，然后再由恢复出的时钟信号重定时接收到的数据，把高速串行数据流转换为并行数据。通常根据接收端时钟信号恢复原理的不同，把高速串行接口分为过采样型、注入锁定型和相位插值型结构。

随着晶体管尺寸的减小和单片集成度的提高，有线通信的数据带宽需求与日俱增。2007年，国际半导体技术路线图预测到2019年高性能差分点对点通信的不归零码数据率将会达到100Gbit/s，而这么高数据率的信号在传输过程中会由于信道的衰减而引起失真。在许多有线传输应用中，如光通信系统、背板数据传输和芯片互联，时钟信号与数据恢复电路是一个关键的模块。如图9.10所示，时钟信号与数据恢复电路主要完成从失真的高速传输数据中提取同步时钟信号，同时对高速数据进行重定时。

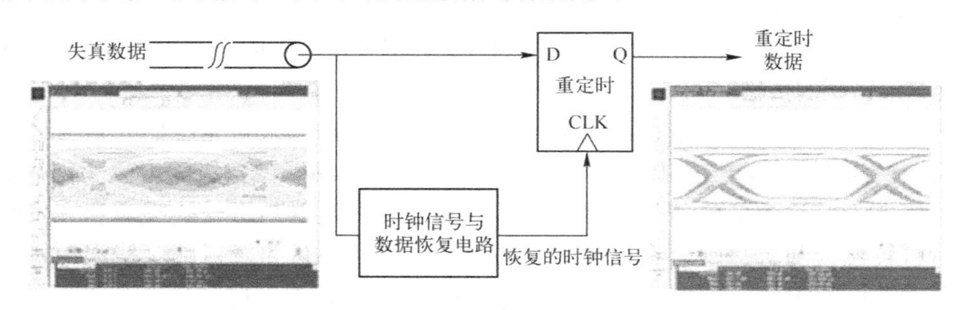

图9.10 时钟信号与数据恢复电路的工作原理

一个高速串行接口收发器的工作原理如图9.11所示。在锁相环（PLL）的输入时钟信号同步下，发送端将并行数据转换为一路差分串行数据，经过发送端的输出驱动器，将高速差分串行码流发送到传输信道上。接收端接收的数据经过输入缓冲器来补偿信道对信号的衰减，然后将高速数据传输到串行转并行模块中，通过恢复得到的时钟信号对高速数据流进行重定时。在这个传输过程中，发送端和接收端的时钟源是异步的，即发送的数据速率和接收端恢复的时钟信号之间有一定的频率差，这给接收端时钟信号与数据恢复电路的设计带来了一定的挑战。许多的高速串行通信都属于这一类，而与此相反，芯片与芯片之间的通信往往采用相同的时钟源，这样的系统常常被称为源同步系统。实际的通信过程往往是多个链路并行传输，也就是需要多个发送和接收模块进行通信，而多个发送和接收模块可以公用一个时钟源，这样就可以降低多个链路系统的功耗和面积。

基于相位插值器的5Gbit/s高速串行接口收发器架构如图9.12所示。该结构采用双环路半速设计思想，其中一个环路用于产生时钟信号，使得锁相环（PLL）的振荡频率锁定在2.5GHz，另一个环路用于调整PLL输出时钟信号的相位，使得锁定状态下采样时钟信号能够到达数据眼图的中心，也就是最佳采样点。

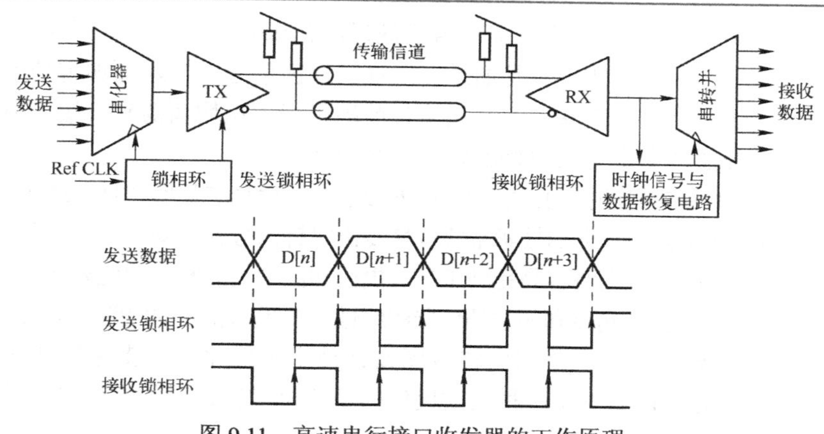

图 9.11　高速串行接口收发器的工作原理

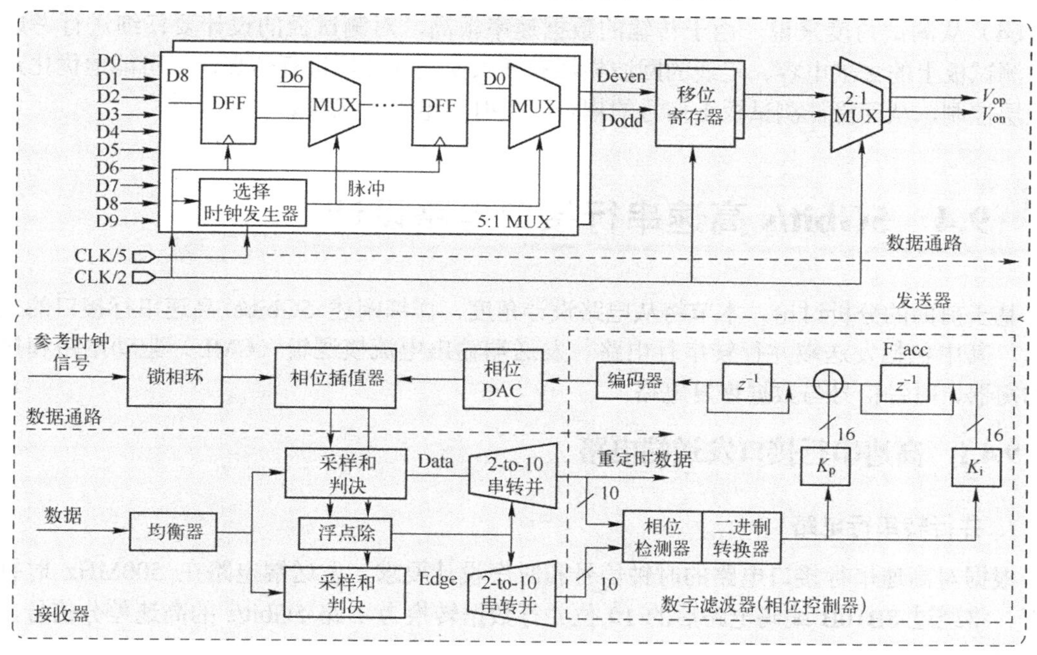

图 9.12　基于相位插值器的 5Gbit/s 高速串行接口收发器架构

整个环路的工作从接收前端均衡器开始，由于高速数据经过信道后有一定的衰减和频率选择性衰落，从而导致接收到的数据有一定的码间干扰，如果直接将数据传输到后续的采样电路，由于噪声和时序不确定等因素，可能会导致采样错误。所以在接收前端加入了均衡器单元，其主要作用是补偿信道对信号的电平衰落和频率选择性衰落，使得经过均衡后的信号具有很好的信号质量，从而有利于后面的采样能够正确判断，降低系统误码率。通过 2.5GHz 的 4 相时钟信号分别对数据和边沿的奇数位和偶数位进行采样，采用半速的目的是降低本地锁相环和采样电路的设计难度。采样得到的数据和边沿信号经过两个 2∶10 的串行转并行电路，将串行信号转换为并行信号，然后输入相位控制器中调整采样时钟信号的相位。

为了能够容忍一定的输入数据和采样时钟信号的频率差，采用二阶环路来实现相位控制，输出信号分别控制电流数/模转换器和相位插值器，从而对锁相环的 4 相时钟信号同时进行调整。最终在锁定状态下，使得锁相环的时钟信号相位到达数据眼图的中心。

5Gbit/s 高速串行接口的设计主要应考虑以下几点。

（1）尽可能地提高接收的信号质量。由于低通的信道对于高速传输信号的衰减，对信号的补偿可以采取以下两种方式：一是通过在发送端输出信号中加入预加重功能，采用预失真的方法来补偿信道对信号的衰减；二是在接收前端采用模拟均衡器来补偿信道对信号的衰减，可以通过调整补偿增益来得到较好的输入信号质量。

（2）降低恢复出时钟信号的抖动。由于采用的数字时钟信号与数据恢复电路（CDR）是一个非线性的环路，所以必须采用相应的技术来降低恢复出时钟信号的抖动，同时也降低了重定时后数据的抖动。相位调节的模拟电路容易受到工艺、电压和温度的影响，因此要仔细调节其性能指标，特别是电流数/模转换器的精度和相位插值器的线性度要采用相应的电路技术来进行优化。

（3）从电路版图设计来说，采用电路版图设计技术来优化各个支路的匹配度，尽可能地减小失配，特别要对锁相环为发送和接收提供的多相位时钟信号的布线进行特殊考虑，以减小布线带来的相位失配。

（4）从测试角度来说，由于传输的数据速率很高，对测试板的设计要仔细进行考虑，要对测试板上的去耦电容、走线的回波损耗和插入损耗仔细地进行仿真，尽可能地优化走线和叠层控制，从而降低测试板上信号的耦合、反射和电磁干扰等影响。

9.4 5Gbit/s 高速串行接口电路设计

基于前面的分析讨论，本节将从电路设计角度，详细阐述 5Gbit/s 高速串行接口的关键设计，其中包括发送端并行转串行电路、发送端输出电流模逻辑（CML）驱动电路和接收端均衡器、时钟信号与数据恢复电路。

9.4.1 高速串行接口发送端电路

1. 并行转串行电路

根据对高速串行接口电路的时钟信号和时序设计要求，发送端电路在 500MHz 时钟信号下，将经过 8B10B 编码电路后的 10 位并行数据转换为 1 路 5Gbit/s 的高速差分信号，如图 9.13 所示。

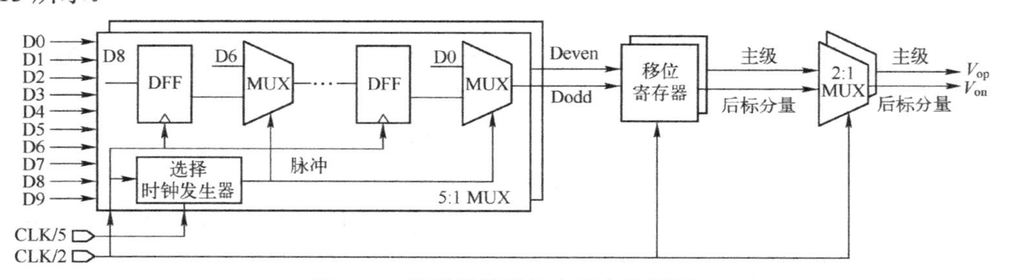

图 9.13 发送端并行转串行电路框图

输入到并行转串行电路的 10 位数据分别以奇数位和偶数位方式进行 5：1 的串化，首先在 CLK/2 和 CLK/5 作用下产生一个脉冲信号 Pulse，该信号的周期为 $5T_{\text{CLK}}$。发送端并行转串行电路时序如图 9.14 所示，当 Pulse 为高电平时，偶数位中的 D0、D2、D4 和 D6 到达各自 2：1 MUX 的输出端，此时 D0 到达了 5：1 MUX 的输出端，D2、D4、D6 和 D8 仍然在 D 触发器的输入端；然后 Pulse 变为低电平时，如果此时时钟信号 CLK/2 到来时，

D2、D4、D6 和 D8 到达 D 触发器的输出端，也就是 2∶1 MUX 的输入端，由于此时 Pulse 为低电平，所以 D2、D4、D6 和 D8 通过 2∶1 MUX 后直接到达了下一级 D 触发器的输入端，以此类推，在 Pulse 信号为低电平的 4 个周期内，D2、D4、D6、D8 依次从 5∶1 MUX 中输出。在 5∶1 MUX 后得到了奇数位和偶数位串化的高速信号；这两路高速信号在 CLK/2 时钟信号控制下，最终产生 1 路 5Gbit/s 高速差分信号进入后级的驱动电路。

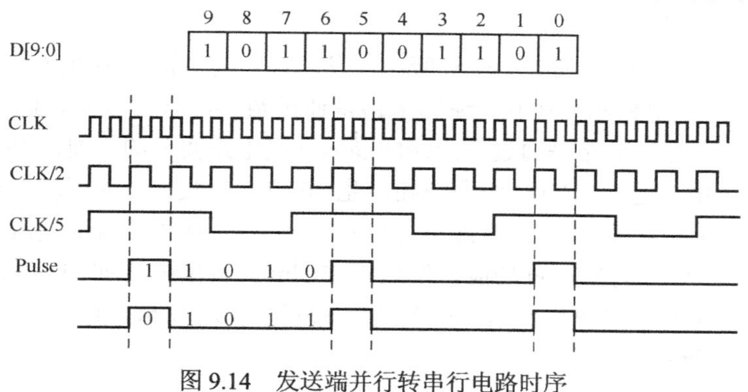

图 9.14　发送端并行转串行电路时序

2. 发送端驱动电路

由于芯片焊盘、封装寄生电容和传输线寄生电容和寄生电阻的影响，使得输出信号眼图无法满足协议要求，要在高速串行接口发送端加入缓冲器来增大眼开，同时加入预加重模块来均衡信道对信号的衰减。

电流模驱动器电路和预加重电路如图 9.15 所示。为了修正前级电路带来的信号占空比失真的影响，主级信号首先通过占空比消除电路，然后通过三级缓冲器来逐级增大信号的摆幅，以满足协议要求，三级缓冲器采用电流模驱动器电路来实现。最后一级差分输出对地电阻为 100Ω（单端输出对地电阻为 50 Ω），以匹配传输线 100 Ω的差分阻抗，降低信道反射，增大前向能量传输。

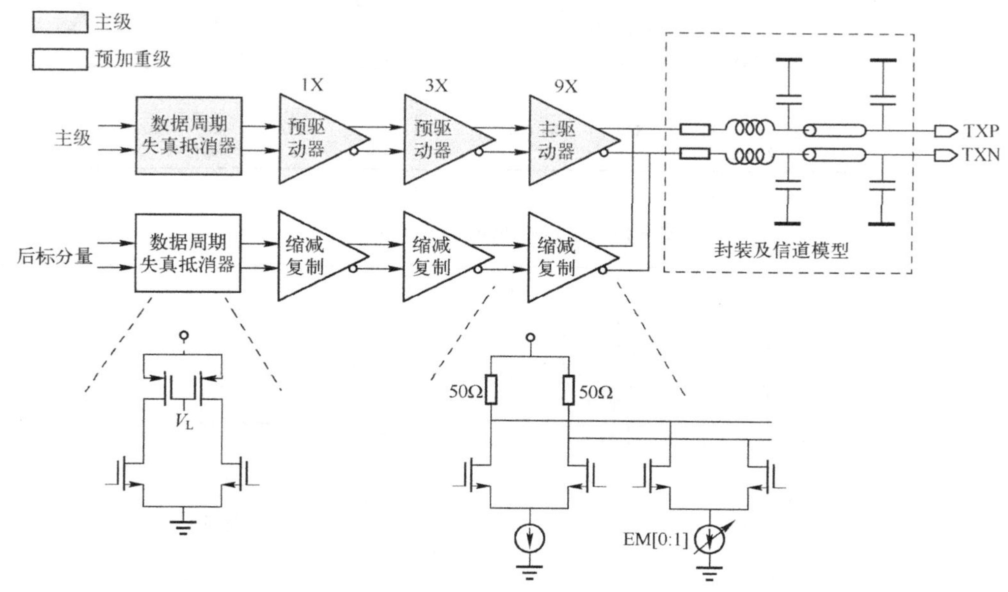

图 9.15　电流模驱动器电路和预加重电路

为了均衡信道对信号的衰减，在高速串行接口发送端加入了预加重模块来补偿信道对信号的衰减。从级的电路结构采用复制主级电路的形式实现预加重，所不同的是，从级的输入信号是主级信号经过半个时钟延迟之后形成的，所以预加重信号就是在原来差分信号的半周期处，通过增加驱动电流产生阶梯，增大信号的高频分量，以抵消信道对信号的衰减。

3．发送端整体电路

发送端整体电路结构框图如图 9.16 所示，发送端主要包括数字电路和全定制的模拟电路，其中 PRBS 产生电路和 8B10B 编码电路是通过数字综合方式实现的，并行转串行电路、输出驱动电路及分频电路是通过全定制的晶体管级电路实现的。通过 PRBS 随机码产生器产生 8 位并行数据，通过 8B10B 编码电路产生 10 位并行数据，并行转串行电路在两个时钟信号控制下将 10 位数据转换为 5Gbit/s 高速差分信号，通过后端的电流模驱动器电路输出，同时实现 3 个等级的预加重功能。发送端 5Gbit/s 输出信号如图 9.17 所示。发送端 5Gbit/s 输出信号 3.5dB 预加重后的信号如图 9.18 所示。发送端 5Gbit/s 输出信号 6dB 预加重后的信号如图 9.19 所示。

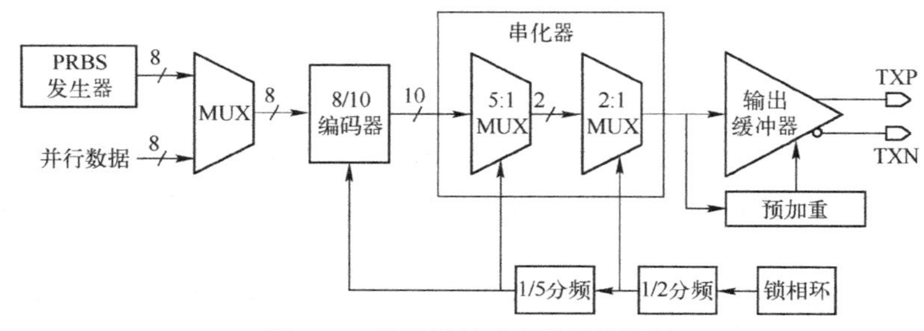

图 9.16　发送端整体电路结构框图

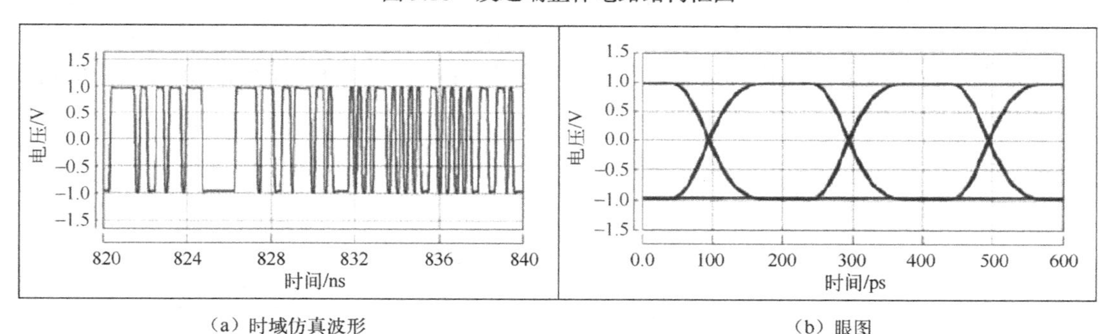

图 9.17　发送端 5Gbit/s 输出信号

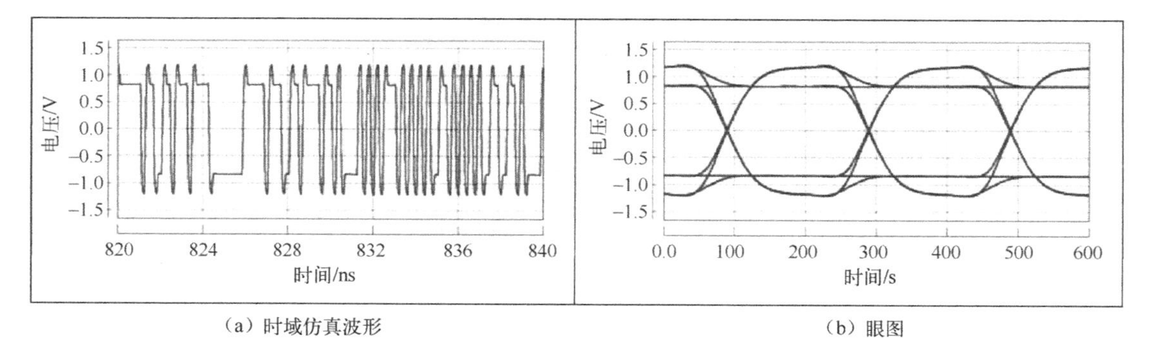

图 9.18　发送端 5Gbit/s 输出信号 3.5dB 预加重后的信号

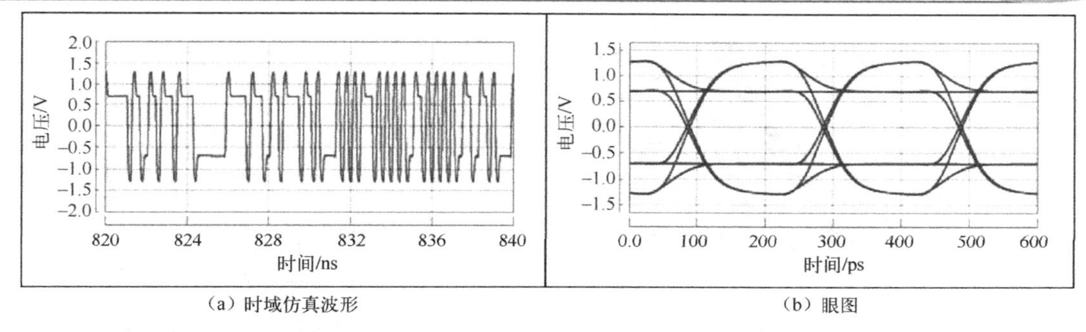

（a）时域仿真波形　　（b）眼图

图 9.19　发送端 5Gbit/s 输出信号 6dB 预加重后的信号

9.4.2　高速串行接口接收端电路

1. 连续时间线性均衡器（CTLE）

在实际的均衡器设计过程中，最重要的一个设计指标是线性度。高速数据码流经过 FR4 板材的差分走线衰减后的时域仿真波形如图 9.20 所示，可以发现当前数据码元转换的过零点性依赖于前面传输的数据码元。一个设计较好的均衡器，可以根据衰减后数据码元过零点信息来提供所需要的高频增益。对于线性度较差的设计，输出信号的数据码元过零点信息受到了干扰，最终均衡后的效果反而进一步加剧了信号的码间干扰，使信号眼图效果进一步恶化。

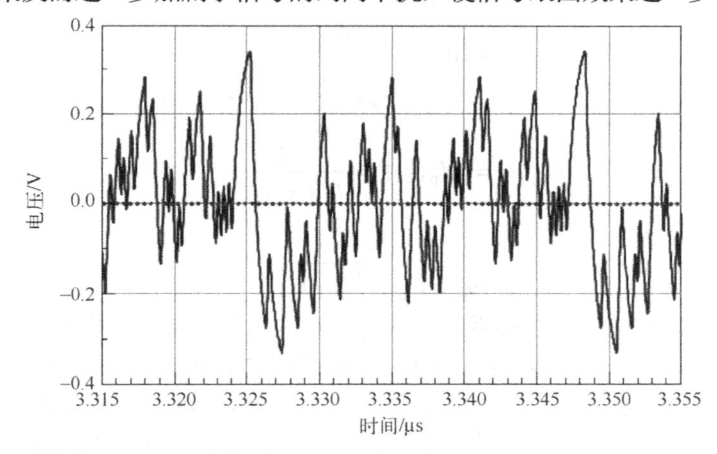

图 9.20　高速数据码流经过 FR4 板材的差分走线衰减后的时域仿真波形

线性度对均衡器的设计提出了以下两个要求。

（1）第一级均衡器比后面级联的均衡器具有更好的线性度。

（2）均衡器线性度应当与信道的衰减成正比。

大多数高速传输系统协议对接收端的回波损耗都有明确的规定，在实际的电路设计时，必须考虑输入阻抗对于整个接收端回波损耗的影响。均衡器位于接收端电路的最前端，所以其输入阻抗必须经过仔细设计，以满足一定的回波损耗指标。

键合线是连接芯片焊盘和芯片封装引脚（Lead Frame）的一小段连接线，如图 9.21 所示。在高速串行链路设计中，键合线对于信号传输起着不可忽视的作用，其等效模型如图 9.22 所示。在低频时，键合线可以等效为一个连接到地的电阻；当传输速率升高时，键合线等效一个由电感、电容和电阻组成的 T 形等效网络。

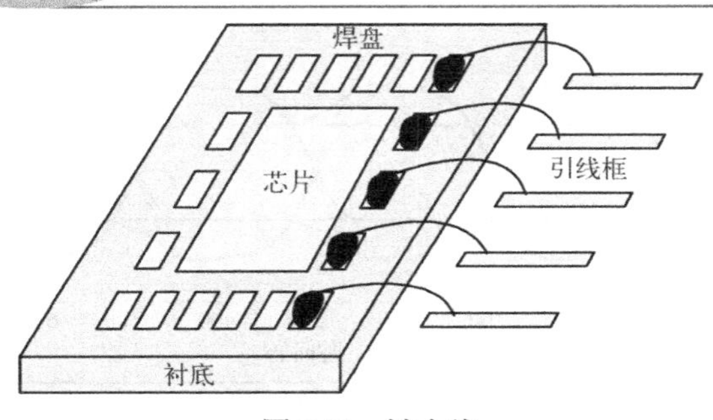

图 9.21　键合线

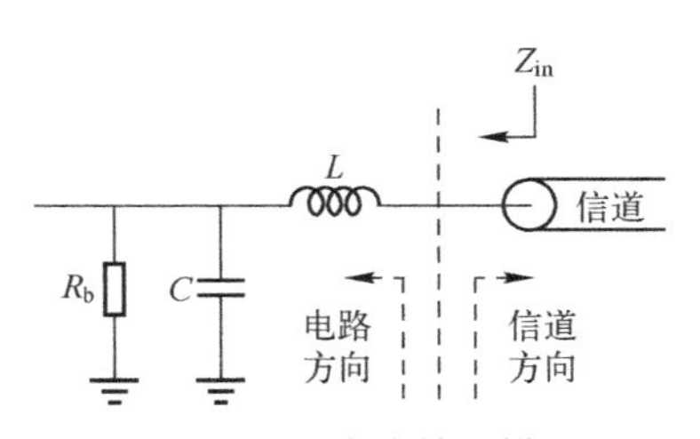

图 9.22　键合线等效模型

在通常情况下，常用的信道是一段 PCB 走线或者电缆，其特性阻抗为 Z_0，那么整个电路在芯片封装引脚处的反射系数为

$$\rho = \frac{Z_{in} - Z_0}{Z_{in} + Z_0} \tag{9.2}$$

芯片的输入阻抗 Z_{in} 不仅包括键合线的寄生电感、寄生电容和电阻组成的阻抗网络，还包括了接收前端均衡器的输入电容，所以为了使均衡器最大限度地接收输入数据的能量，应尽可能地减小输入阻抗，这就要对均衡器第一级的电路进行优化，以达到较好的回波损耗。

在实际的电路设计过程中，为了提供较大的高频补偿增益，常常采用多级级联的电路方式来实现，但是多个相同的单元级联后会使得整个系统的总带宽下降，下面的推导就说明这个问题。假设一个单极点系统具有以下传递函数：

$$H_0(s) = \frac{A_0}{1 + s/\omega_0} \tag{9.3}$$

式中，ω_0 为系统带宽。当 n 个相同单极点系统级联时，所得到的系统传递函数为

$$H_\omega(s) = [H_0(s)]^n = \frac{A_0^n}{(1 + s/\omega_0)^n} \tag{9.4}$$

此时，系统对应的带宽为

$$\omega_\omega = \omega_0 \sqrt{2^{1/n} - 1} \tag{9.5}$$

从式（9.5）可以看出，当 3 级系统级联时，系统的总带宽为原来的 0.51 倍。

为了增大系统带宽，可以采用图 9.23 中的反向尺寸优化技术来对均衡器进行电路设计。每一级的电路晶体管和电阻尺寸通过因子 β 来减小，这样在每一级的输出节点得到的时间常数是原来的$1/\beta$ 倍。在第 k 级和第 k+1 级之间的节点总电容可以表示为

$$C_{T,k} = C_{out,k} + C_{in,k+1} \tag{9.6}$$

式中，$C_{out,k}$ 包含了第 k 级晶体管漏端的结电容和栅漏交叠电容；$C_{in,k+1}$ 表示第 k 级晶体管的输入电容。那么，第 k 级输出节点的时间常数为

$$\tau_{scaled} = \beta^{k-1} R_D \left(\frac{C_{out,1}}{\beta^{k-1}} + \frac{C_{in,1}}{\beta^k} \right) \tag{9.7}$$

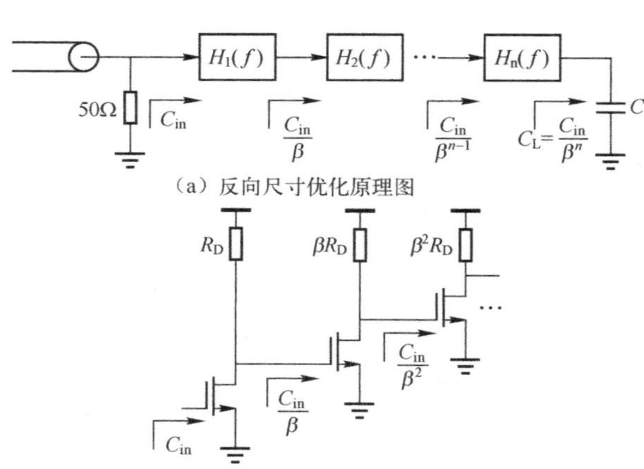

图 9.23　反向尺寸优化技术

从式（9.7）可知，系统的时间常数与单级系统相比减小，从而级联后系统的带宽提高。

在反向尺寸优化技术的设计中，有 3 个因素影响因子 β 的选取：接收前端输入电容的大小、最小可以接受的负载电容和可以接受的级联级数。根据协议中对回波损耗的要求，可以选定所要求的接收前端输入电容值；由于在高速串行链路中，均衡后的数据直接馈入时钟信号与数据恢复电路中，所以可接受的输出电容就是时钟信号与数据恢复电路前端采样器的输入电容；在单个均衡器设计中，由于实际测试是在 PCB 上直接观看数据眼图，所以负载电容就是芯片输出焊盘和 PCB 上的输入电容之和，一般为 2～3pF，所需要的级数需要在高频增益和系统带宽之间进行折中。

连续时间模拟均衡器整体结构如图 9.24 所示，输入的数据是经过信道衰减过后的具有 ISI 的差分数据码流。端接电阻 Z_0 为 50Ω，用来匹配单端传输线 50Ω 的特征阻抗。为了评价均衡和未均衡信号的质量，在本设计中，输入数据码流分为两个路径：均衡路径和缓冲路径，通过终端的 2∶1 选择器来实现选择输出。

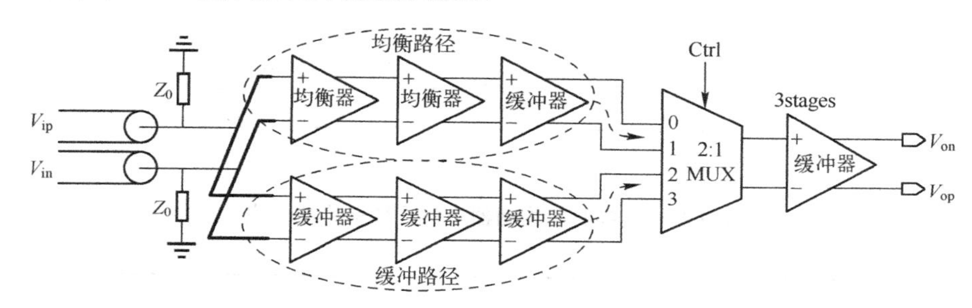

图 9.24　连续时间模拟均衡器整体结构

连续时间线性均衡器电路如图 9.25 所示，本设计采用源级电阻和电容衰减结构实现高通滤波。该均衡器的系统传递函数为

$$H(s)=-\frac{g_{\mathrm{m}}R_{\mathrm{L}}(1+sR_iC_i)}{1+1/2g_{\mathrm{m}}R_i+sR_iC_i}, \quad i=0,1,2 \tag{9.8}$$

式中，g_{m} 表示输入晶体管 M_1 和 M_2 的跨导；R_{L} 表示负载电阻。为了实现对不同信道和不同频率信号的衰减，在输入晶体管 M_1 和 M_2 的源端（P_1 和 P_2）之间加入了可选电阻（R_1 和 R_2）和电容（C_1 和 C_2），其中开关管 S_1～S_4 由外部的状态控制码 Ctrl[3:0]来控制。

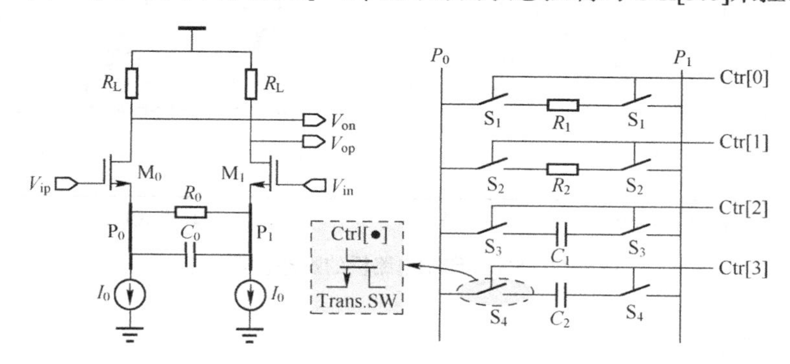

图 9.25　连续时间线性均衡器电路

连续时间均衡器小信号转移特性曲线如图 9.26 所示，可以看出均衡器的传输特性类似

一个高通滤波器，用于补偿信道对信号低频和高频分量的衰减。通过调节跨接在源端的衰减电阻可以调节低频增益，同时也就调节了接收前端电路的接收灵敏度。高频增益的调节可以通过增加或减小衰减电容来实现。经过电路调节和尺寸优化，该电路可以对经过信道（50cm 印制电路板走线）衰减后的 6Gbit/s 高速信号进行补偿。50cm 印制电路板的瞬态仿真结果如图 9.27 所示。

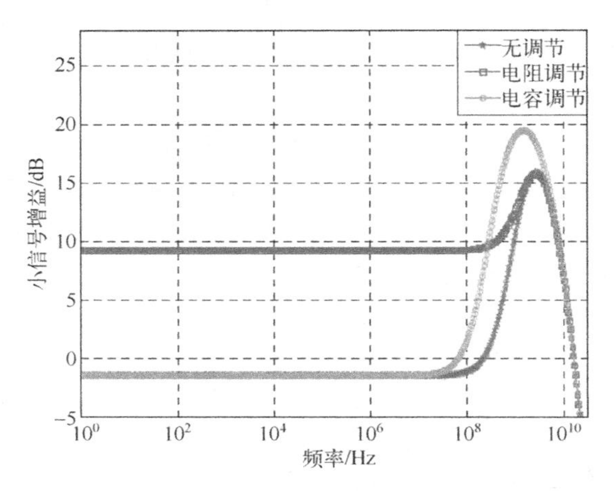

图 9.26　连续时间均衡器小信号转移特性曲线

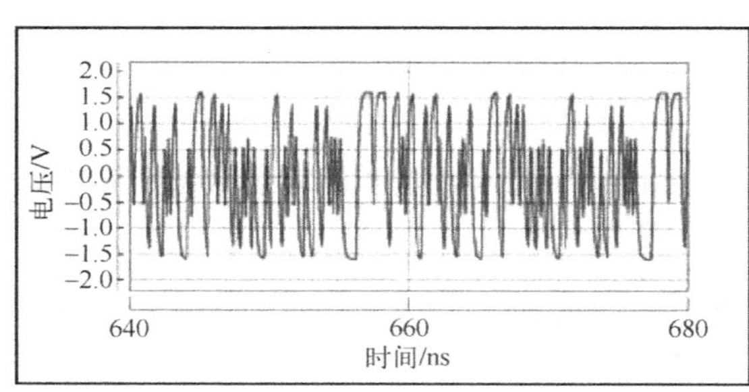

（a）6Gbit/s信号经过50cm印制电路板后的时域响应仿真结果

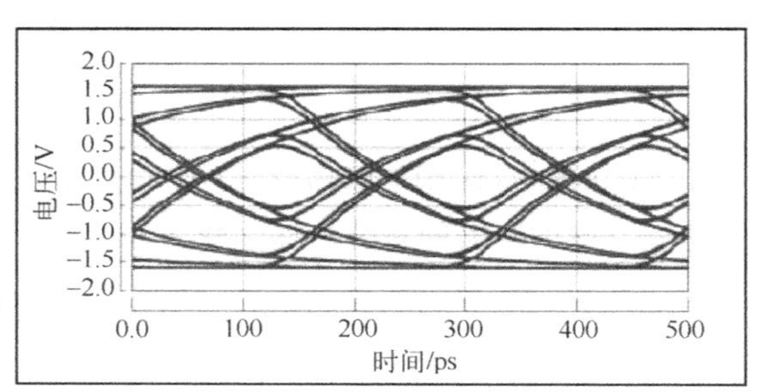

（b）信道衰减眼图

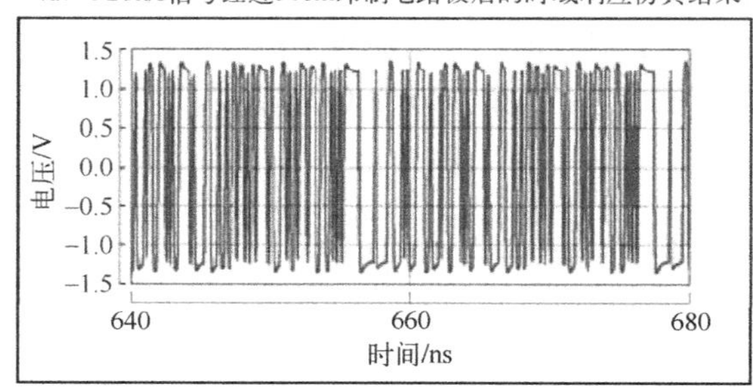

（c）6Gbit/s信号经过均衡滤波器补偿后的信号仿真结果

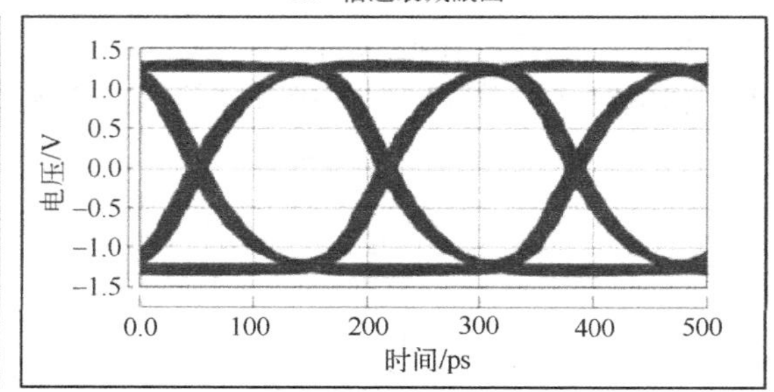

（d）均衡后信号的眼图

图 9.27　50cm 印制电路板的瞬态仿真结果

2. 采样判决电路

高速串行数据经过均衡器补偿信道之后，到达采样判决电路并进行数据采样和判决。在半速时钟信号与数据恢复电路中，需要正反两相时钟信号分别对全速数据的偶数位和奇数位进行采样，同时为了判断相对于时钟信号的超前、滞后信息，必须对数据信号边沿进行采样，所以整个数据的采样过程需要 4 个采样和判决电路。

采样和判决电路如图 9.28 所示。采样过程在 4 相 2.5GHz 时钟信号下，如图 9.29 所示，输入的数据同时进入由 4 个 Slice 表示的采样电路中，采样电路的核心部分由 4 个 NMOS 共享一个电流源构成。以 Slice0 为例，在 Φ_c 为低电平时，采样电路的输出节点也就是输入管 M_{1S} 的漏端电压被拉高；当 Φ_s 信号为高电平时，采样电路的尾电流源打开，然后 Φ_c 为高电平，输入管 M_{1S} 的漏端电压将被拉低。如果在尾电流源打开之前 Φ_c 就变为低电平，采样电路的输出节点就会被悬空，那么输出节点很容易受到 Φ_c 时钟信号的电荷共享和时钟馈通的影响，使得输出节点的电压上升到电源电压以上，从而影响后级电路的正常工作。由于只有当输入数据为高电平时，采样电路的输出电压才会被拉低，并且该放电过程是通过全部尾电流源来放电，所以只要很小的电流就可以达到很高的传输速率。当 Φ_s 变为低电平以后，Φ_c 仍然保持高电平，数据得以保持，以使后级的电路进行数据锁存。

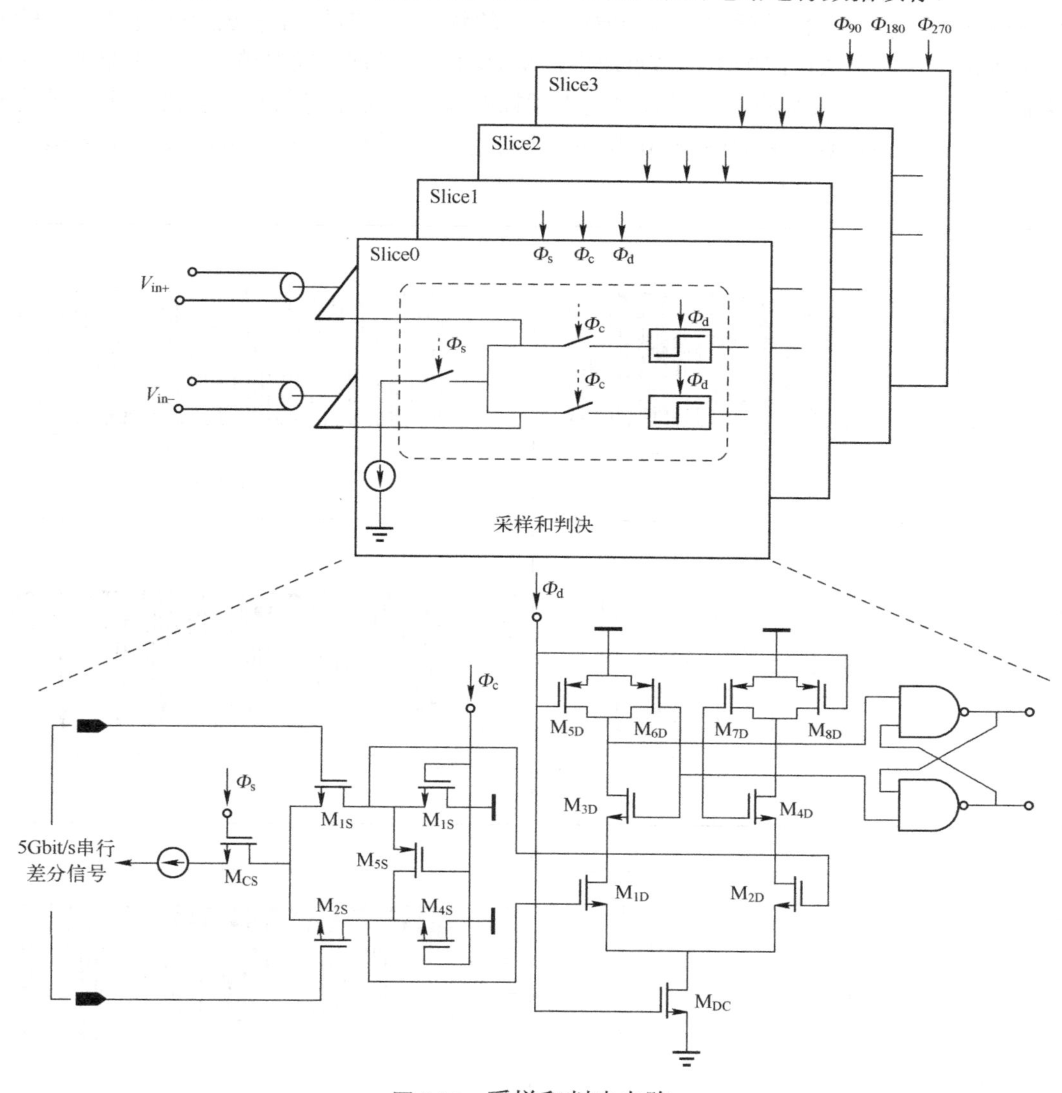

图 9.28　采样和判决电路

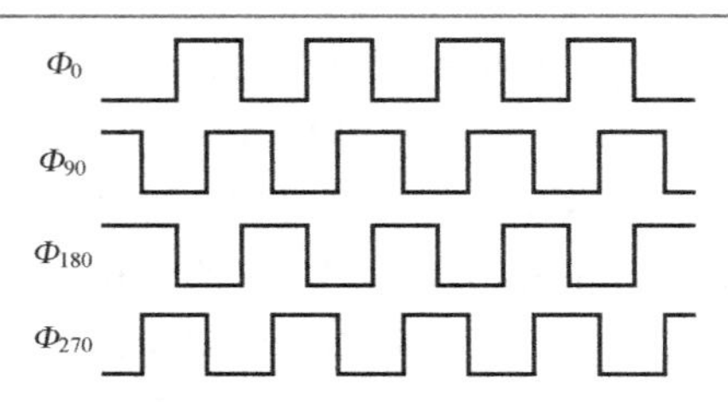

图 9.29 采样和判决电路 4 相采样时钟信号的时序

判决电路实际上是一个灵敏放大电路，它可以接收小的输入信号并将其放大，以产生轨到轨的输出摆幅。其核心电路是由前端交叉耦合反相器（M_{5D}～M_{8D}）构成，当时钟信号 Φ_d 为低电平时，判决电路的输入端被充电至高电平，从而导致了 M_{6D} 和 M_{7D} 截止，由与非门构成的触发器状态保持。此时，尾电流源在时钟信号 Φ_d 的作用下保持关闭状态，所以输入管 M_{1D} 和 M_{2D} 上的输入信号不会影响输出节点的状态。当时钟信号 Φ_d 为高电平时，输入信号的使能端控制判决电路的输出节点放电，从而输入信号被触发器锁存。由于整个判决电路类似于一个差分放大结构，所以只要较小摆幅的输入差分信号就可以实现输出信号的放大。采样判决电路仿真结果如图 9.30 所示，其中包括采样和判决得到的偶数位和奇数位数据，以及采样输出信号。

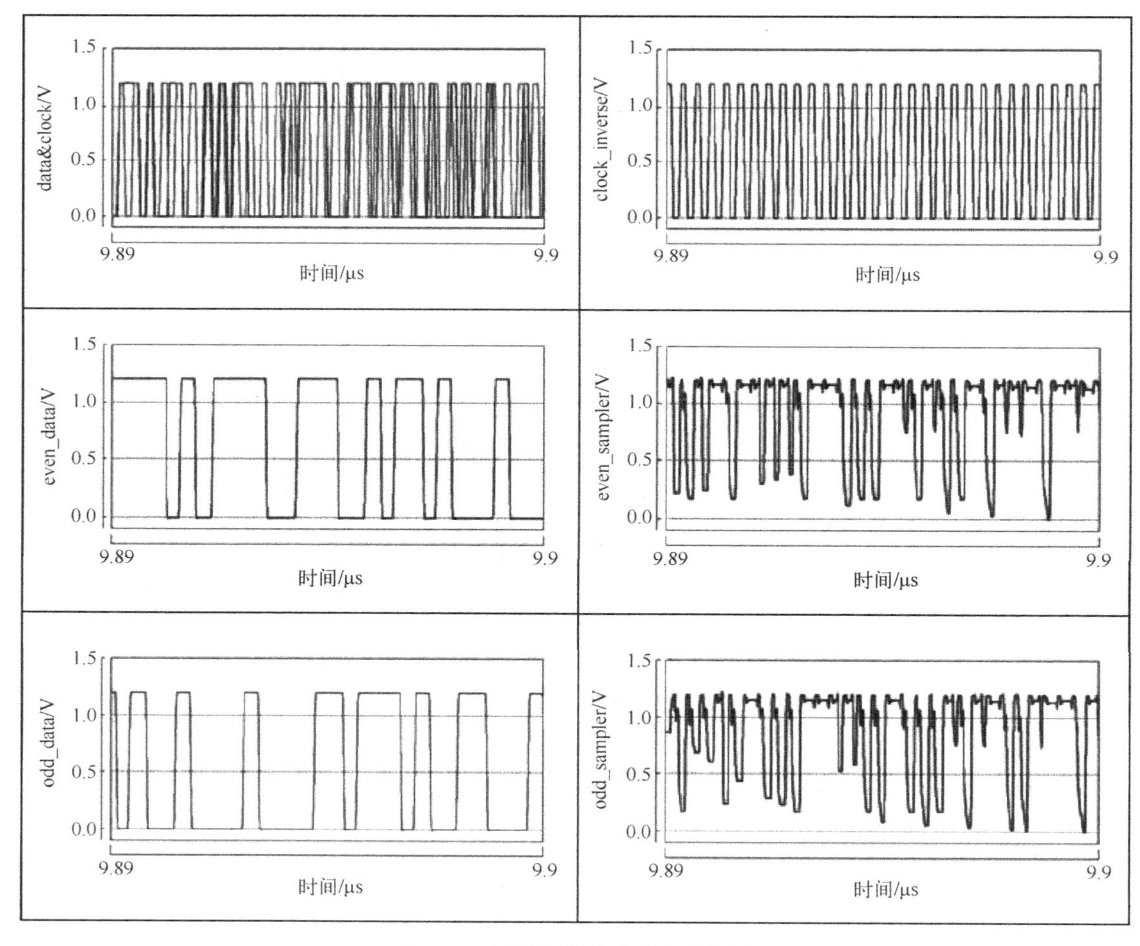

图 9.30 采样和判决电路仿真结果

3. 数字滤波器

数字滤波器的结构如图 9.31 所示，采样得到的数据和边沿信号通过相位数字转换器转换为时钟信号。为了使时钟信号与数据恢复电路达到锁定状态时，时钟信号的上升沿正好位于数据眼图的中心，采用由比例路径和积分路径组成的二阶 Bang-Bang 结构。为了得到较小的时钟抖动，必须降低由 Bang-Bang 环路引入的相位抖动。从采样和判决电路中得到的数据和边沿信息馈入相位数字转换器中，用来判断当前时钟相位相对于数据最佳采样点的延迟和滞后信息。在本设计中，采用两个数据采样点和一个边沿采样点来判断延迟和滞后信息。相位数字转换器超前滞后判决示意图如图 9.32 所示，根据相位数字转换器的超前、滞后和保持信息，可以得到如表 9.3 所示的采样时钟信号与数据的相位真值表，用两位寄存器 Symbol 来表示时钟信号与数据相位信息。

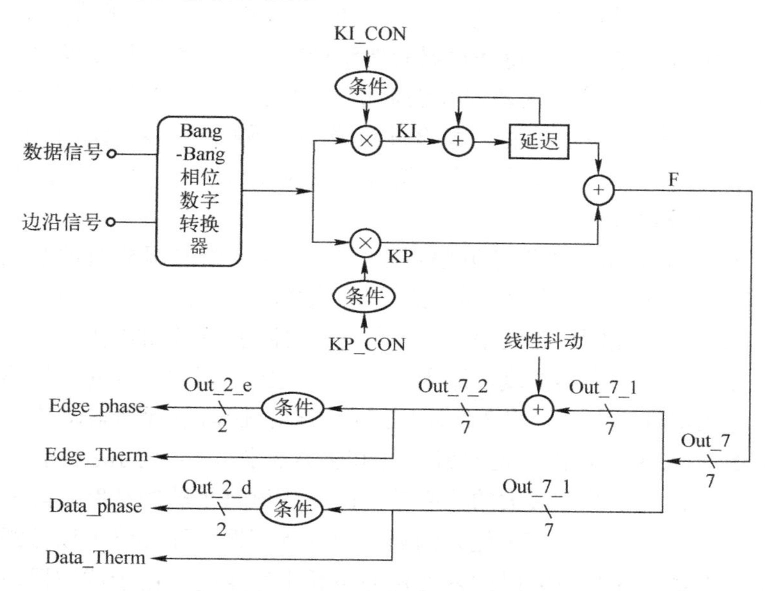

图 9.31　数字滤波器的结构

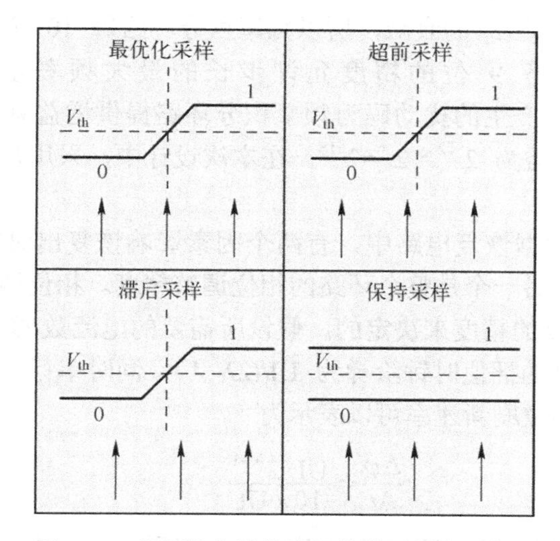

图 9.32　相位数字转换器超前滞后判决示意图

表 9.3　采样时钟信号与数据的相位真值表

Data[i]	Data[i+1]	Edge[i]	Symbol(1:0)		Decision
0	0	0	0	0	Hold
0	0	1	—	—	—
0	1	0	0	1	Early
0	1	1	1	1	Late
1	0	0	1	1	Late
1	0	1	0	1	Early
1	1	0	—	—	—
1	1	1	0	0	Hold

在本设计中，为了防止频率寄存器在一个大的正数和负数之间反复转换调整幅度，频率积分寄存器都采用有符号数，使得寄存器的调整精度有一定的饱和度以跟踪输入数据和本地时钟信号的频率差。时钟信号的超前和滞后信息的判断是通过将并行转串行电路得到的10 位数据和上一次解串得到的 7 位信息合并组成一个数据流，采用两个 5 位的抽取单元 sum1 和 sum2 来判断当前时钟信号与数据信号的超前滞后信息，最后这两个抽取单元合并得到一个 6 位的有符号数 sum。

接下来重点讨论相位和频率积分调整寄存器的宽度。相位调整通过发送 N 位的（N–D）高位到下一级来实现，从而确保一定的增益，这样就可以得到 2^{-D} 增益。假设我们最终需要 9 位控制信号和相位控制环路的增益为 2^{-9}，相位控制寄存器的宽度就是 9+9=18 位。在实际中，我们采用 21 位寄存器宽度，原因在于：假定经过调整达到的比例路径增益为 8，那么 $8\times2^{-12}=2^{-9}$。在本设计中，采用 3 位比例路径增益存储器进行动态调节。

频率积分环路主要用来补偿本地时钟信号和输入数据信号之间的频率差。频率积分环路必须有足够的调整范围以补偿最大的频率差，同时应该有足够的精度来降低自身所引入的噪声。本设计采用 9 位（符号位和 8 位）的频率积分寄存器，而环路可以被跟踪的最大频率差是由频率积分寄存器在 $\mathrm{UI}\times10^6$ 时间内变化的步长来决定的。由于滤波器表决抽取的系数为 10，也就是说频率积分器每 10 个 UI 刷新一次，同时相位调整模块（电流数/模转换器和相位插值器）的衰减引入了 2^5 的衰减，所以频率积分环路每 10 个 UI 调整的最大步长为 2.994 位。从而积分环路 9 位的精度允许步长的最大频率差为 $[2.994/(10\times512)]\times10^6=584.7$。由于阶段效应产生的扰动码为频率积分环路提供增益衰减和调整精度，同时可以得到频率积分环路的增益为 $2^{-12}\times2^{-6}=2^{-18}$。在本次设计中，采用片外调整的方式来动态调整频率积分环路的增益。

在整个时钟信号与数据恢复电路中，有两个因素影响恢复出时钟信号的抖动特性：一是相位插值器的线性度；另一个是整个环路的相位调整精度。相位调整精度主要是由控制相位插值的电流数/模转换器的精度来决定的，假设所需要的电流数/模转换器的精度为 N，那么在一个插值象限所得到的插值时钟阶梯为 UI/(2N–1)，同时串行转并行电路每 10 位转换一次，那么整个环路的相位刷新速率可以表示为

$$\frac{\Delta\varphi}{\Delta t}=\frac{\mathrm{UI}/2^{N-1}}{10\times\mathrm{UI}} \tag{9.9}$$

根据非线性环路频率跟踪的斜率过载效应，可知当系统的最大相位过载斜率为

$$\text{Max}\left\{\frac{\mathrm{d}}{\mathrm{d}t}(A_0\sin\omega_0 t)\right\}=A_0\omega_0 \tag{9.10}$$

为了使系统不出现误码，必须满足：

$$\frac{\Delta\varphi}{\Delta t}\geqslant \text{Max}\left\{\frac{\mathrm{d}}{\mathrm{d}t}(A_0\sin\omega_0 t)\right\}=A_0\omega_0 \tag{9.11}$$

根据实际抖动模板的要求，在 3MHz 处的正弦抖动峰值为 0.1UI，代入式（9.11），并同时考虑随机抖动和确定性抖动的影响，可以计算得到相位电流数/模转换器的精度为 7 位。

该二阶环路通过寄存器 KI_CON 和 KP_CON 分别给积分路径和比例路径置入不同的参数，这样就可以动态调整系统的跟踪带宽。此外，在数字滤波器的设计中，通过加入两个线性抖动源，第一个抖动源主要用于提高相位电流数/模转换器的精度，在时钟节拍的控制下，通过寄存器 F 低 2 位的值来动态地在其高 6 位上加上 0、1/4LSB、1/2LSB 和 3/4LSB，如图 9.33 所示，从而使得两个相邻的相位控制数字码的平均差为 1/4LSB，使得电流数/模转换器的精度提高了 2 位。

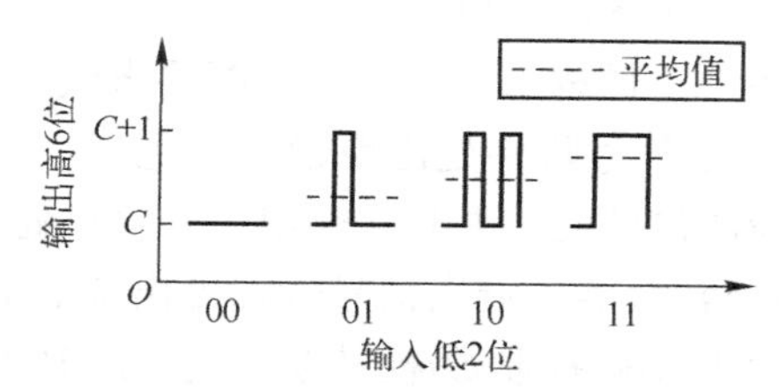

图 9.33　提高电流 DAC 精度的抖动产生原理

另一个抖动源作用于控制边沿采样时钟信号的相位控制数字码上，其抖动频率呈现低频特征，所以不会被相位电流数/模转换器的输入晶体管栅电容滤除。在整个环路的动态跟踪过程中，环路固有的延迟会使锁定点发生偏移，从而增大了恢复时钟信号的抖动特性。线性抖动源加入的目的是抵消环路延迟对于恢复时钟信号的影响，采用预判的方式来动态调控时钟信号相位，从而线性化鉴相器，如图 9.34 所示。

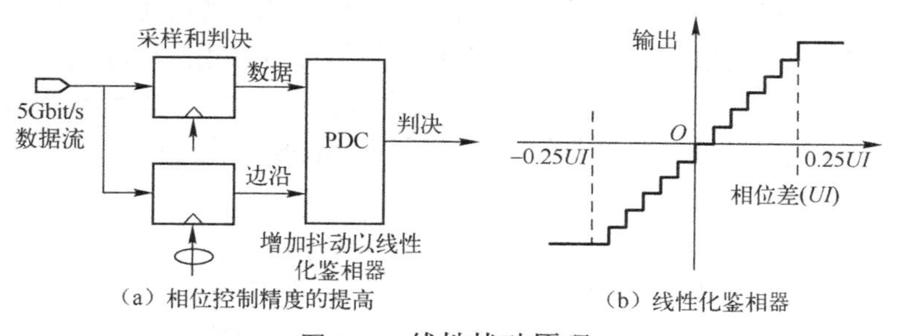

图 9.34　线性扰动原理

4. 电流数/模转换器

基于相位插值型时钟信号与数据恢复电路的分析，电流数/模转换器的精度高低会直接影响整个环路相位刷新的精度，同时很好的数/模转换器静态动态特性是保持相位插值器线性度的首要条件。下面将围绕如何提高电流数/模转换器的静态和动态特性，从电路结构上详细阐述电流数/模转换器的设计要点。如图 9.35 所示，根据控制数字码的不同，传统的电流舵型数/模转换器主要分为两种类型：二进制数字码控制数/模转换器和温度数字码控制数/

模转换器。两者的主要优缺点如下。

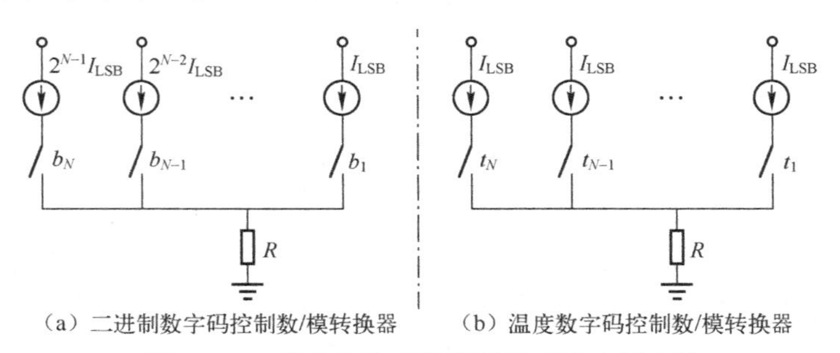

（a）二进制数字码控制数/模转换器　（b）温度数字码控制数/模转换器

图 9.35　N 位电流舵型数/模转换器电路原理图

（1）二进制数字码控制数/模转换器的结构比较简单，由于输入的信号为二进制形式，所以不需要编码电路，而且所需要的电流源数目较少，所以面积较小；温度数字码控制数/模转换器的结构比较复杂，需要二进制数字码转换为温度数字码的编码电路，需要的电流源数目也较多，随着位数的增加，所需面积也会增大。

（2）二进制数字码对于各个不同权重的电流源匹配要求较高。从“01111”到“10000”的电流变化较大，往往会在输出信号阶梯处出现较大的毛刺；而采用温度数字码控制数/模转换器就很容易做到各个电流源的匹配，并且在输出信号阶梯处不会出现毛刺。

（3）对于二进制控制数/模转换器，输出信号阶梯处出现的毛刺常会影响数/模转换器的建立时间，降低速度；而温度数字码控制数/模转换器的 1LSB 转换只要开启一个电流源，所以建立时间较快。

由于接收端的时钟信号与数据恢复电路中用到的电流数/模转换器精度为 5 位，同时电路的工作频率为 500MHz，为了保证后端的相位插值器具有较好的电流线性度，所以采用基于温度数字码的电流舵型数/模转换器。理论上，单位电流源可以设计为各种形式，如 PMOS、NMOS、Cascode 等形式。PMOS 电流源的形式如图 9.36 所示，通过设定 PMOS 晶体管输入栅极电压可以设定该电流源的电流。理想电流源具有无限大的输出阻抗，Cascode 电流源可以增加电流源的输出阻抗，这样就可以降低由于 M_1 源漏电压变化引起的有效沟道长度变化对整个电流源电流的影响。所有 PMOS 晶体管的衬底接电源电压，这样会降低整个电流源的增益，但是这种配置有利于后端电路版图的布局。相比于 NMOS 电流源，PMOS 晶体管的 $1/f$ 噪声较低，所以单位电流源采用 PMOS 电流源形式。

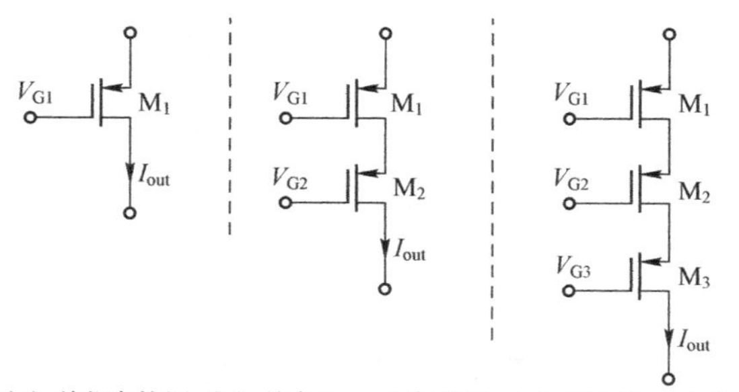

（a）单位电流源（b）单个Cascode电流源（c）两个Cascode电流源

图 9.36　PMOS 电流源的形式

另一个要考虑的问题就是电流源的匹配性问题。影响电流源匹配的主要因素包括晶体管尺寸的变化、阈值电压的变化、电源和偏置电压的变化、栅氧厚度的变化、输出电压的变化等。

梯度误差可以通过合理的电路版图的布局进行抑制，而随机误差必须通过合理的选择晶体管的尺寸来降低。β 和 V_T 两个随机量是相互独立的，并且它们的方差与晶体管的面积成反比，与两个需要匹配的单元距离成正比。由于晶体管尺寸的差异带来的随机量方差可以表示为

$$\sigma^2 = a + \frac{b}{WL} + cW^2 + dL^2 + eWL \tag{9.12}$$

式中，a、b、c、d 是和工艺相关的参数。

$$\frac{\partial\sigma^2}{\partial W} = 2cW + eL - \frac{b}{W^2L} = 0 \Rightarrow 2cW^3L + eW^2L^2 - b = 0$$

$$\frac{\partial\sigma^2}{\partial W} = 2dL + eW - \frac{b}{WL^2} = 0 \Rightarrow 2dWL^3 + eW^2L^2 - b = 0 \tag{9.13}$$

从式（9.13）可得

$$2cW^3L = 2dWL^3 \Rightarrow \frac{W}{L} = \sqrt{\frac{d}{c}} \tag{9.14}$$

在典型情况下，晶体管尺寸越大，匹配程度越好；但是，如果晶体管宽度越大，输出极点就会向原点移动，从而使工作速度降低；所以我们可以通过选择较大的晶体管栅长来达到匹配的效果。匹配误差类似于栅氧梯度误差，主要来自互连线的误差。在高精度数/模转换器中，必须保证所有的单位电流源有准确并且相等的偏置电源和电源电压。电源线连接单位电流源阵列模型和电流准确性示意图如图 9.37 所示，由于互连线固有阻抗的存在，给每个电流源提供电源的电源线从左向右存在一定的电压降，从而导致电流的准确性随着单位电流源个数的增加而降低，在电路设计中，要仔细考虑电源互连线的电压降，从而确保较好的电流准确性。

电流开关的设计主要关注两个问题：开关电阻和时钟馈通。由于需要较高的采样频率，必须保证电流开关快速并且准确地进行状态转换。差分电流开关如图 9.38 所示。为了使开关上的电压降较小，并且同时提高电流数/模转换器的线性度，开关电阻要控制在比较小的值。对于 MOS 开关，就是希望晶体管尺寸比较大。然而，大的晶体管尺寸同时也会带来比较大的寄生电容，导致较大的时钟馈通。

MOS 的开关电阻可以表示为

$$R_{sw} \approx \frac{1}{\beta(V_\Phi - V_T - V_D)} \tag{9.15}$$

式中，β 为晶体管的工艺参数；V_Φ 为栅压；V_T 为晶体管的阈值电压；V_D 为晶体管漏极电压。如图 9.38 所示，晶体管的漏电压就是数/模转换器的输出电压，V_Φ 是通过开关信号 Φ 和 $\overline{\Phi}$ 的电压来表示。我们可以通过调节晶体管的尺寸使得 LSB 有一个最大的开关电阻，对于第 k 位有

$$R_{sw,1} = 2^{k-1}R_{sw,k} \tag{9.16}$$

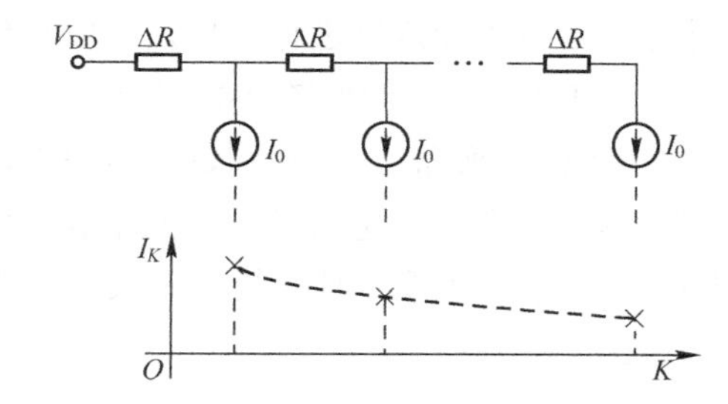

图 9.37　电源线连接单位电流源阵列模型和电流准确性示意图

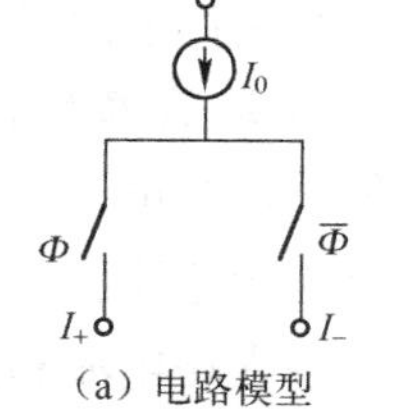

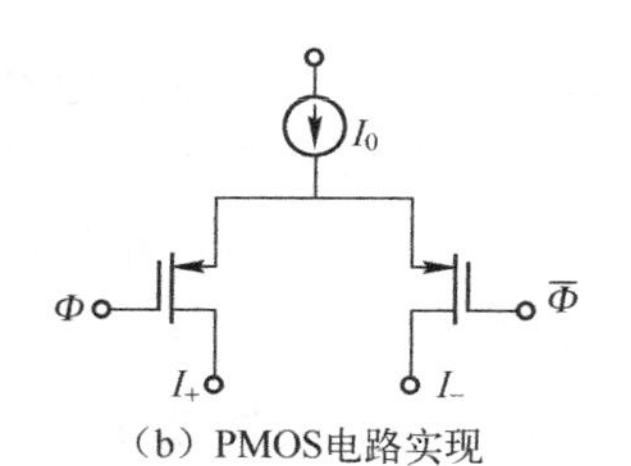

图 9.38　差分电流开关

从而得到的电压信号会有一个线性的增益误差。除此之外，由于开关的引入会增加输出点的寄生电容，同时增加了数/模转换器的非线性增益误差。

时钟馈通的影响主要来源于两个方面：一个是漏源的交叠电容；另外一个是沟道的电荷。交叠电容为

$$C_{ov} = WL_{ov} \tag{9.17}$$

式中，W 表示栅宽；L_{ov} 表示栅交叠长度。当开关工作于线性区时，沟道中的电荷可以表示为

$$Q_{ch} = WLC_{ox}V_{eff} \tag{9.18}$$

式中，C_{ox} 表示单位面积的栅氧化层电容；$V_{eff}=V_{out}$，表示有效的输出电压。当开关管打开或者关闭时，一半的沟道电荷被沟道吸收或者排斥，所以该效应称为电荷注入。这将导致输出节点电压的变化，即

$$\Delta V_{ch} = \frac{Q_{ch}}{2}\frac{1}{C_L} = \frac{WLC_{ox}V_{eff}}{2C_L} \tag{9.19}$$

这时输出电压为 $V_{out} + \Delta V_{ch} + \Delta V_{ov}$。一种有效降低电荷注入影响的方法是用陪元件来吸收从沟通中排斥的电荷。使用陪元件降低沟道的电荷注入效应如图 9.39 所示。陪元件要求栅宽调整为开关管栅宽的一半，以吸收从沟道中排斥的电荷，然而陪元件的工作类似于一个电容，所以它的引入降低了数/模转换器的带宽。

传输门作为电流源开关如图 9.40 所示。通过将 PMOS 和 NMOS 并联使用可以进一步降低开关电阻，由于 PMOS 和 NMOS 的推拉作用，电荷馈通效应可以进一步减小。但是，这种结构存在两个缺点：一是开关管的电路版图布局会变得很复杂，并且在输出节点引入了很大的寄生电容；二是在传输门中需要一个反相时钟，增加了电路设计复杂性。

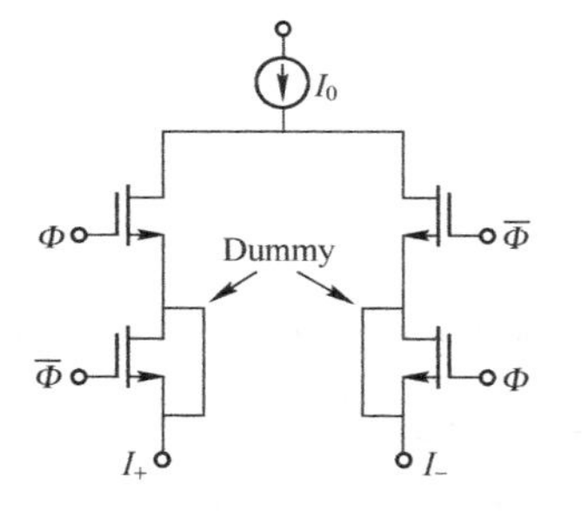

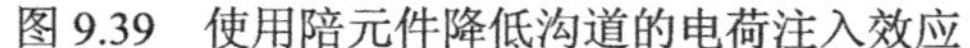
图 9.39 使用陪元件降低沟道的电荷注入效应

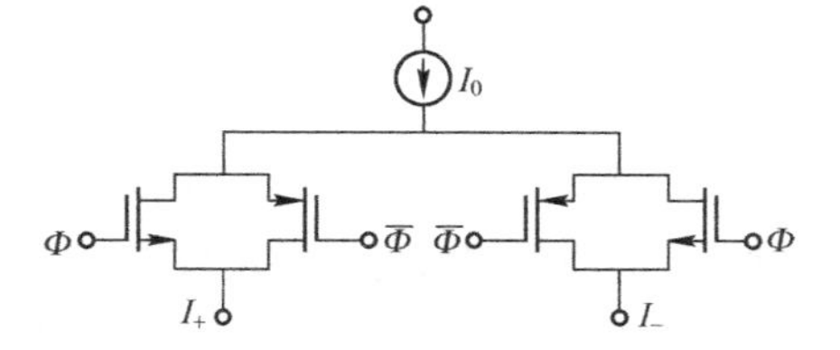

图 9.40 传输门作为电流源开关

如图 9.41 所示，在采样和判决电路中同时对数据和边沿信息进行采样，所以相位插值器分别产生对数据和边沿进行采样的时钟信号。电流 DAC 的结构如图 9.41 所示，这里要设计两个相同的数/模转换器（电流数/模转换器 0 和数/模转换器 1），分别输出两路电流，用于相位插值器进行相位插值。每个电流数/模转换器由 32 个单位电流开关单元组成，所输入的温度数字码用于选择该单位电流流向哪条支路，从而可以通过温度数字码来控制电流比例，在这个转换过程中，两条支路电流和始终为 $32I_0$。

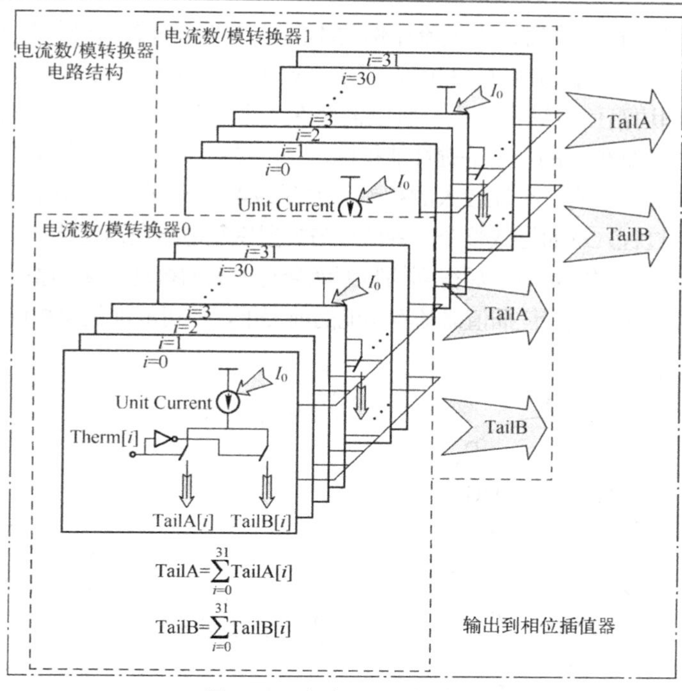

图 9.41　电流 DAC 的结构

电流数/模转换器时域仿真波形如图 9.42 所示，输入的数字码为先上升、后下降的温度数字码。在图 9.42 中，左边的波形为整个时域仿真的结果，可以看出随着温度数字码的增加和减小，电流数/模转换器的输出电流也呈增大和减小状态；右边的波形为左边波形放大的结果，可以看出仿真波形的阶梯很明显，并且在阶梯处没有毛刺出现，说明该电流数/模转换器可以正常工作。

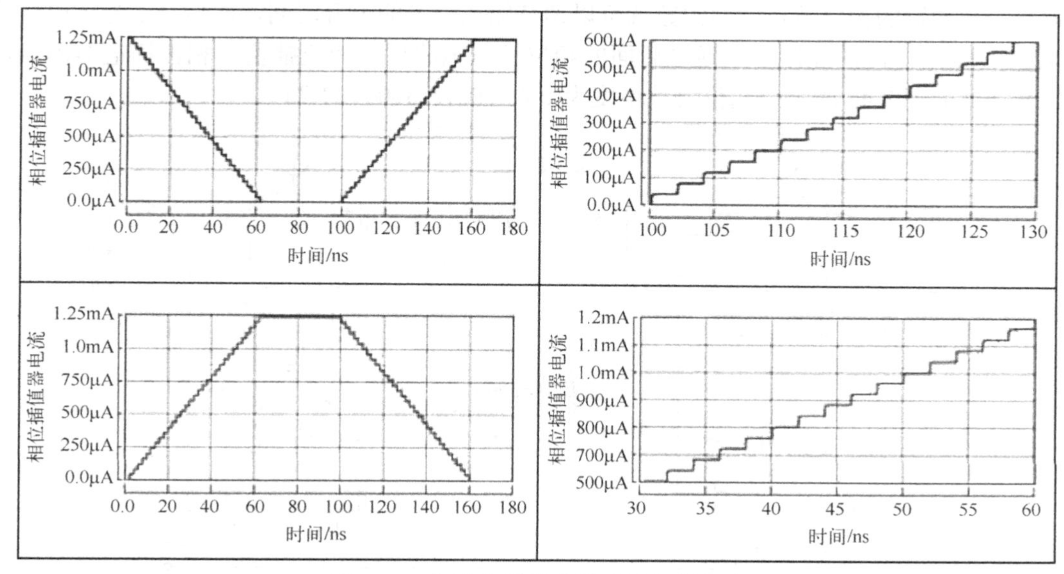

图 9.42　电流数/模转换器时域仿真波形

5. 相位插值器

相位插值器是高速串行接口接收端时钟信号与数据恢复电路的关键模块。在通常情况下，相位插值器根据电流数/模转换器输出电流比例的不同，在两个时钟信号相位差为 90°的时钟信号之间插值出一个信号相位，如图 9.43（a）所示。这里采用 4 相时钟信号（0°，90°，180°，270°）分别对数据和边沿信息进行采样，所以需要在 4 个象限对时钟信号进行插值。

线性度是影响相位插值器的一个关键性能指标，一个设计不良的相位插值器，其输出信号的相位相对于理想的插值位置会有一个比较大的相差，如图 9.43（b）所示，由于其相位差随着电流比例变化是一个非线性过程，从而导致整个时钟信号与数据恢复电路在锁定状态下恢复出来的时钟信号会有很大抖动，经过数据重定时之后得到的数据就会有很大的抖动，影响整个环路的误码率。因此设计的主要出发点是在实现相位插值器基本功能的前提下，尽可能地优化相位插值器的线性度。

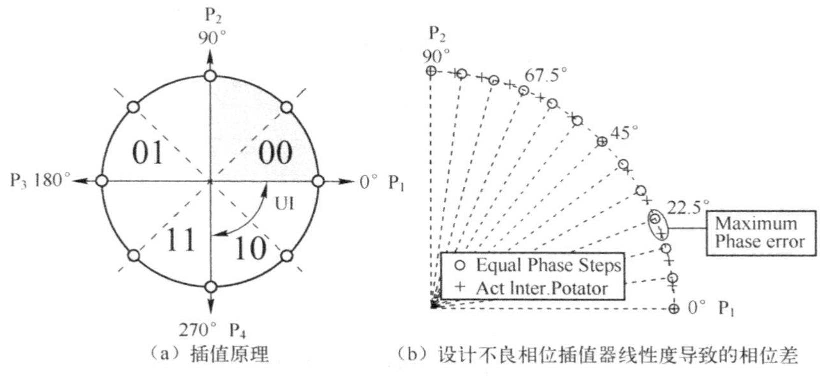

（a）插值原理　　（b）设计不良相位插值器线性度导致的相位差

图 9.43　相位插值器的原理

输入信号的上升时间和相位插值器输出节点的 *RC* 时间常数存在一定的比例关系，这个比例的大小会影响整个相位插值器的线性度。在实际电路设计过程中，为了能够动态调节输入时钟信号的上升时间，设计了一款带输入缓冲器的相位插值器。相位插值器电路如图 9.44 所示，输入缓冲器根据数字滤波器给出的两个控制信号分别选择一个象限进行插值，通过调节第一级缓冲器的输出节点时间常数就可以调节输入信号的上升时间，然后该信号在电流数/模转换器输出电流的控制下，通过后面的相位插值电路进行相位插值。相位插值器的线性度仿真波形如图 9.45 所示，相位调整精度为(6.25/200)×360°=11.25°。

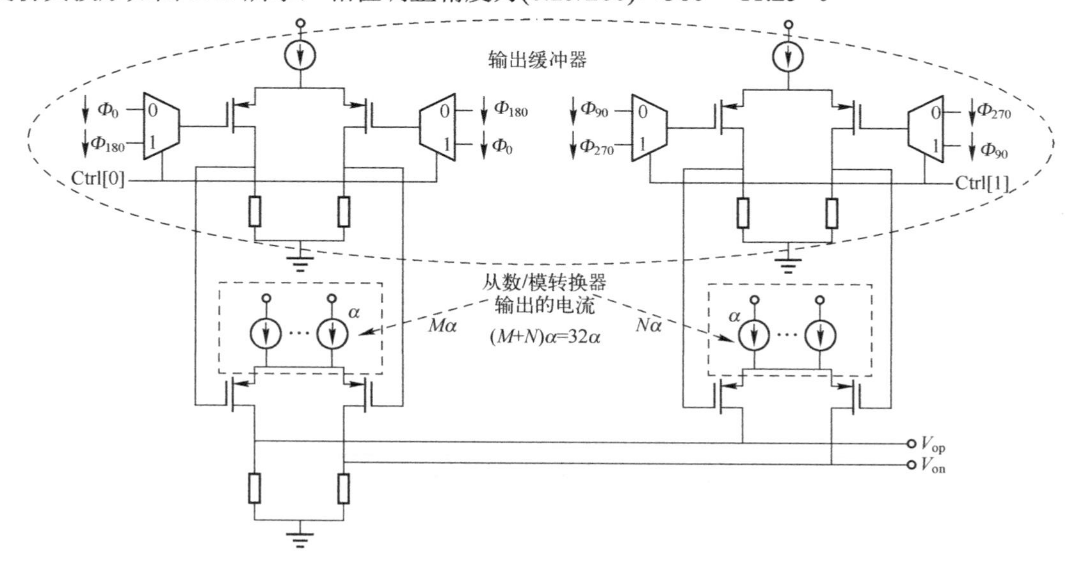

图 9.44　相位插值器电路

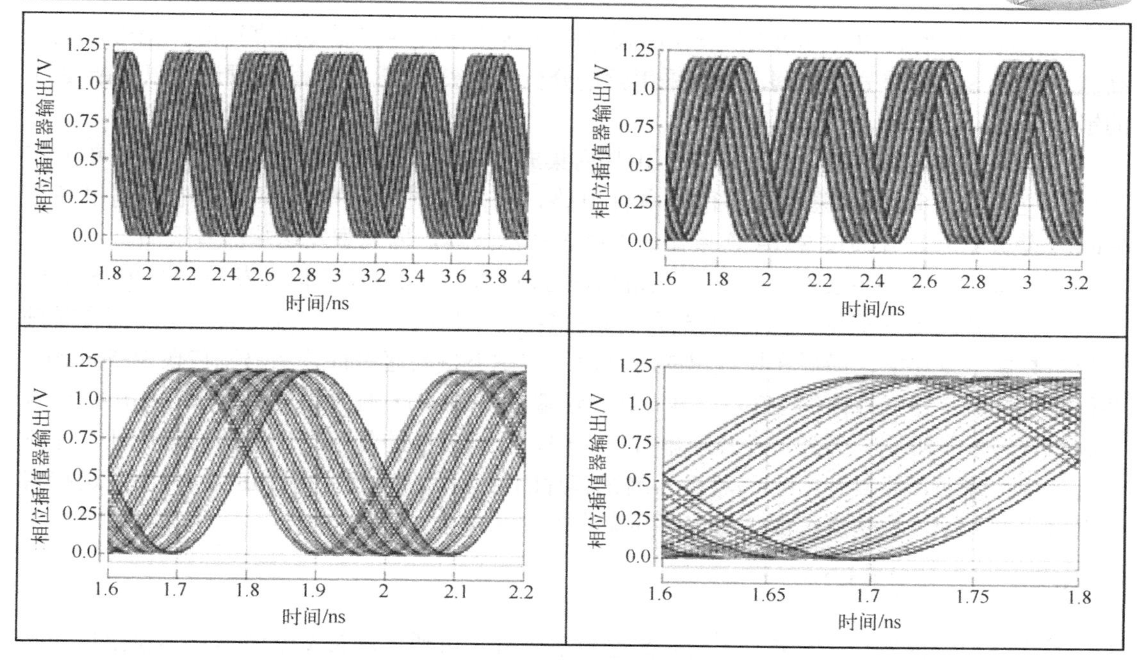

图 9.45　相位插值器的线性度仿真波形

9.5　5Gbit/s 高速串行接口芯片测试

5Gbit/s 高速串行接口芯片如图 9.46 所示，它采用 65nm HVT CMOS 混合信号工艺流片，该芯片面积为 0.756mm^2，包括时钟电路、偏置电路、发送端和接收端电路。该芯片核心部分采用 1.2V/2.5V 电源供电，I/O 部分采用 2.5V 电源供电，片内采用 MOS 去耦合电容滤除电源上的噪声。

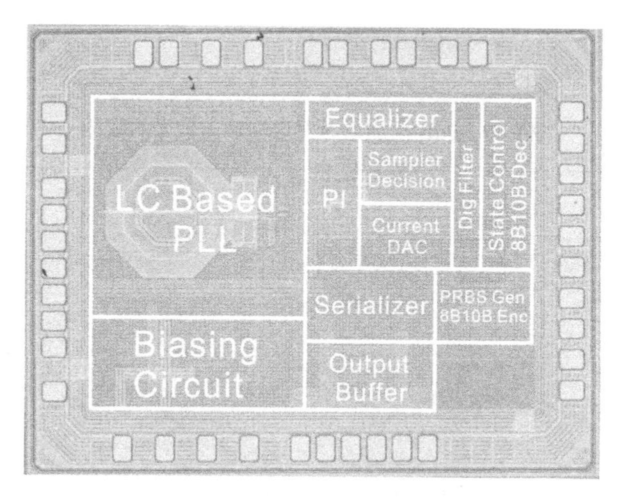

图 9.46　5Gbit/s 高速串行接口芯片

对 5Gbit/s 高速串行接口芯片进行测试主要分为以下 3 个方面。

（1）片内的时钟电路（PLL）分别给发送端和接收端提供所需要的高速时钟信号，通过高截止频率 SMA 差分连接器，外部采用频谱分析仪观察 PLL 输出信号频谱，以判断 PLL 的锁定状态。

（2）发送端在 500MHz 时钟频率下由片内集成的 PRBS7 产生器和 8B10B 编码单元产生 10 位数据，送入发送端的并行转串行电路，最后通过三级电流模驱动电路输出高速 5Gbit/s 差分信号，并通过 SMA 连接器送入高带宽示波器，以观察发送端信号眼图。

（3）接收端电路主要通过发送端电路来进行测试，首先由任意信号发生器产生 5Gbit/s PRBS7 高速串行数字码流，通过测试板上的 SMA 送入接收端，接收端完成数据均衡和时钟信号与数据恢复功能，最后在恢复出的时钟信号控制下将高速串行数字码流转换为 500MHz 并行数字码流，送入片内的 FIFO，再通过发送端的 500MHz 时钟信号进行串化输出，通过示波器观看信号眼图。另外，在高速串行接口中，我们关心的是整个环路的误码特性，在测试过程中，需要产生高速数字码流送入测试芯片的接收端，经过片内 FIFO，再由发送端将数据输出并返回，这样就组成了一个环回模式的测试。

9.5.1 发送端测试

发送端由片内发送 PRBS（2^7-1）高速数字码流，可通过高带宽示波器观察输出信号眼图。0dB 预加重时发送端输出信号的眼图如图 9.47 所示。3.5dB 预加重时发送端输出信号的眼图如图 9.48 所示。6dB 预加重时发送端输出信号的眼图如图 9.49 所示。

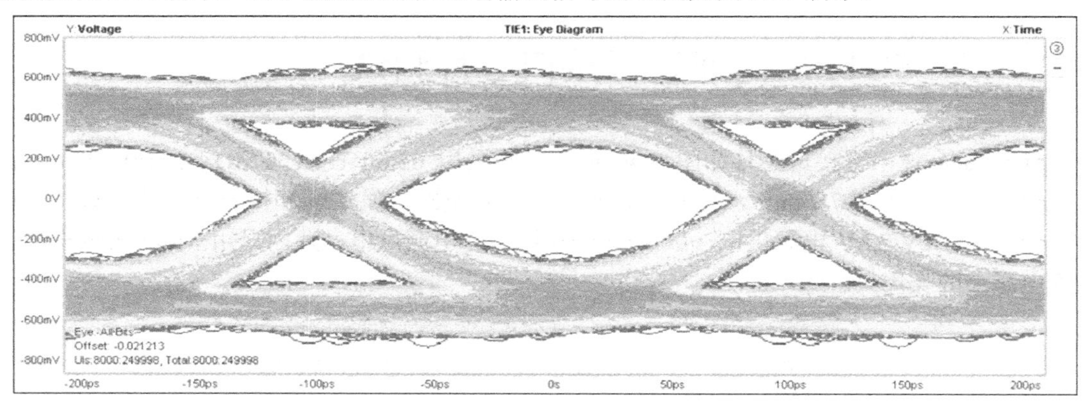

图 9.47　0dB 预加重时发送端输出信号的眼图

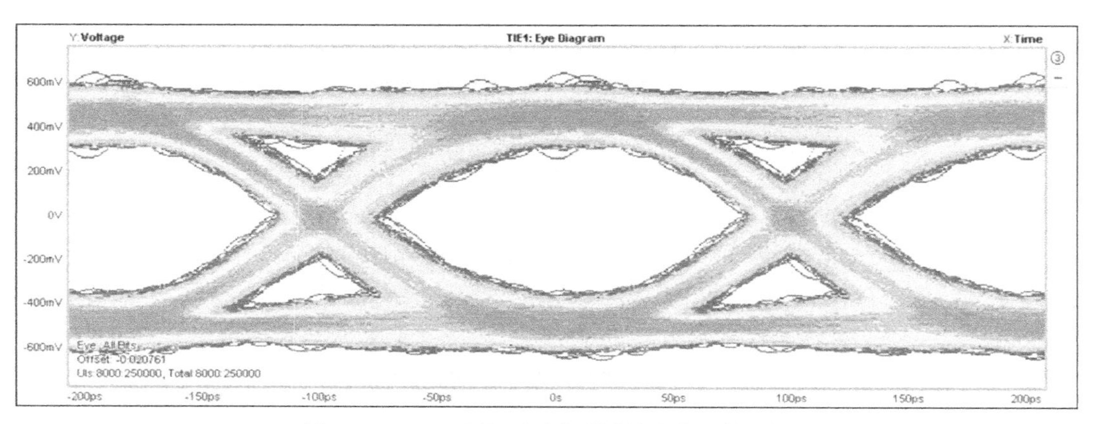

图 9.48　3.5dB 预加重时发送端输出信号的眼图

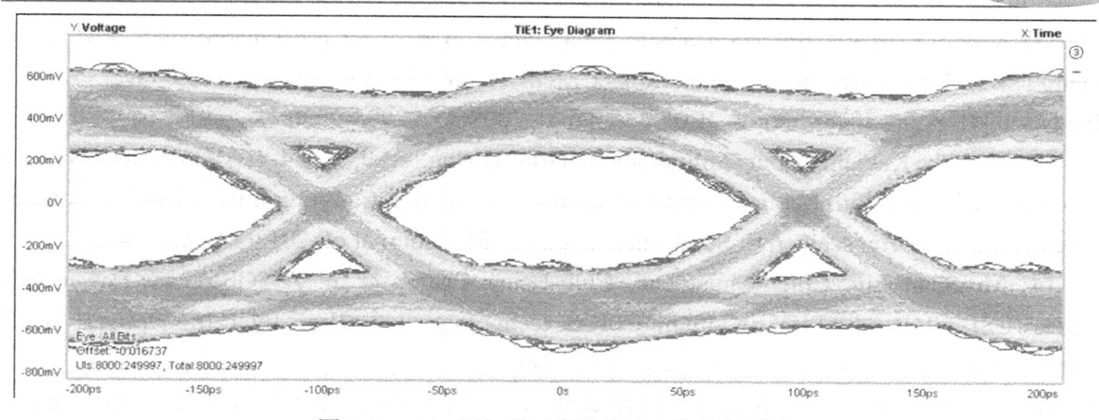

图 9.49　6dB 预加重时发送端输出信号的眼图

9.5.2　接收端测试

接收端误码率测试是通过 FPGA 信号完整性开发板发送高速串行数字码流到接收端，经过片内的时钟信号与数据恢复电路和重定时电路将高速串行数字码流转换为 10 位并行数字码，写入片内的 FIFO，再由接收端的时钟信号进行并转串操作，最后通过发送端驱动器输出到 FPGA 开发板的接收端，测试整个环路的误码率。在 5Gbit/s 工作模式下，整个环路的误码率为 10^{-13}，同时未出现任何误码，接收端误码率测试结果如图 9.50 所示。

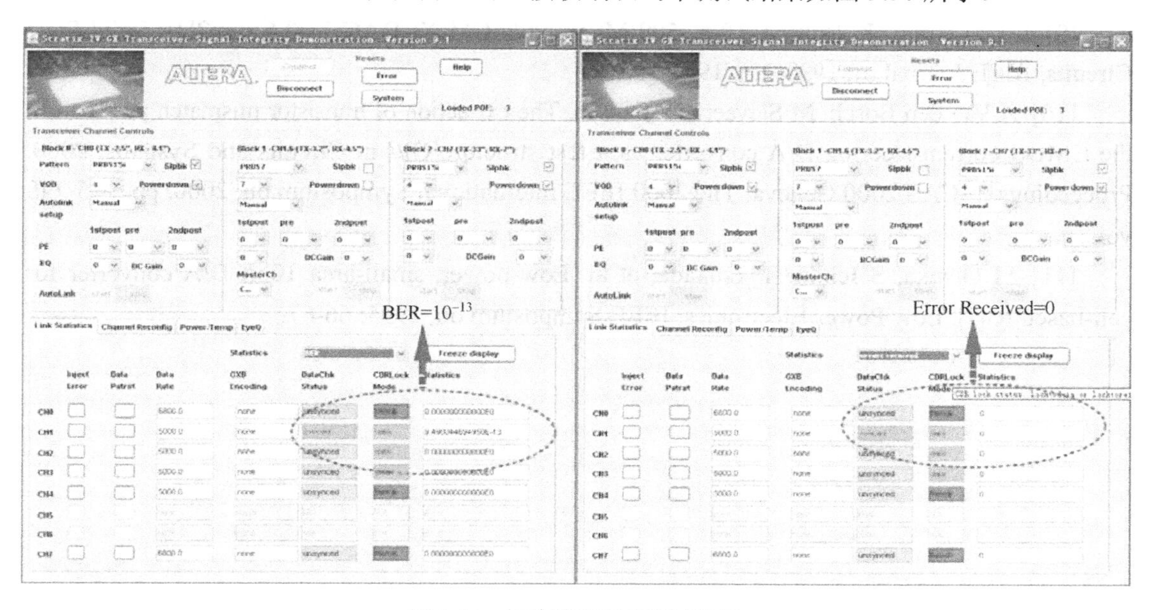

图 9.50　接收端误码率测试结果

9.6　参考文献

[1] J Poulton, R Palmer, A M Fuller, et al. A 14-mW 6.25-Gb/s Transceiver in 90-nm CMOS[J]. Solid-State Circuits, IEEE Journal of, 2007(42): 2745-2757.

[2] Marcel Kossel, Christian Menolfi, Jonas Weiss, et al. A T-Coil-Enhanced 8.5 Gb/s High-Swing SST Transmitter in 65 nm Bulk CMOS With<−16 dB Return Loss Over 10GHz Bandwidth[J]. Solid-State Circuits, IEEE Journal of, 2008(43): 2905-2920.

[3] Kambiz Kaviani, Amir Amirkhany, Charlie Huang, et al. A 0.4-mW/Gb/s Near Ground Receiver Front-End With Replica Transconductance Termination Calibration for a 16-Gb/s Source-Series Terminated Transceiver[J]. Solid-State Circuits, IEEE Journal of, 2013(48): 636-648.

[4] Mu-Shan Lin, Chien-Chun Tsai, Chih-Hsien Chang, et al. A 5Gb/s Low-Power PCI Express/USB3.0 Ready PHY in 40nm CMOS technology with High-Jitter Immunity[J] IEEE Asian Solid-State Circuits Conference, 2009: 177-180.

[5] F O Mahony, J E Jaussi, J Kennedy, et al. A 47 X 10Gb/s 1.4mW/Gb/s Parallel Interface in 45nm CMOS[J]. Solid-State Circuits, IEEE Journal of, 2010(45): 2828-2837.

[6] Ming-ta Hsieh, Gerald E Sobelman. Architectures for Multi-Gigabit Wire-Linked Clock and Data Recovery[J]. IEEE circuits and systems magazine, 2008: 45-57.

[7] B Razavi. Design of Integrated Circuits for Optical Communications[M]. New York: McGraw-Hill, 2003.

[8] M Pelgrom. A 50MHz 10-bit CMOS digital-to-analog converter with 75 Omega buffer[C]. Solid-State Circuits Conference, 1990. Digest of Technical Papers. 37th ISSCC., 1990 IEEE International, 1990.

[9] L Chi-Hung, K Bult. A 10-b, 500-MSample/s CMOS DAC in 0.6 mm2[J]. Solid-State Circuits, IEEE Journal of, 1998(33): 1948-1958.

[10] A Van den Bosch, M Steyaert, W Sansen. The extraction of transistor mismatch parameters: the CMOS current-steering D/A converter as a test structure[C]// in Circuits and Systems, 2000. Proceedings. ISCAS 2000 Geneva. The 2000 IEEE International Symposium on, 2000, pp. 745-748 vol.2.

[11] M Otsuka, S Ichiki, T Tsukada, et al. Low-power, small-area 10bit D/A converter for cell-based IC[J]. Low Power Electronics, IEEE Symposium on, 1995: 66-67.